ŒUVRES

COMPLÈTES

DE LAPLACE.

ŒUVRES

COMPLÈTES

DE LAPLACE,

PUBLIÉES SOUS LES AUSPICES

DE L'ACADÉMIE DES SCIENCES,

PAR

MM. LES SECRÉTAIRES PERPÉTUELS.

TOME TROISIÈME.

PARIS,

GAUTHIER-VILLARS, IMPRIMEUR-LIBRAIRE

DE L'ÉCOLE POLYTECHNIQUE, DU BUREAU DES LONGITUDES,

SUCCESSEUR DE MALLET-BACHELIER,

Quai des Augustins, 55.

M DCCC LXXVIII

TRAITÉ

DE

MÉCANIQUE CÉLESTE,

PAR P. S. LAPLACE,

Membre de l'Institut national de France, et du Bureau
des Longitudes.

TOME TROISIÈME.

DE L'IMPRIMERIE DE CRAPELET.

A PARIS,

Chez J. B. M. DUPRAT, Libraire pour les Mathématiques,
quai des Augustins.

AN XI.

A

BONAPARTE,

DE L'INSTITUT NATIONAL.

Citoyen Premier Consul,

Vous m'avez permis de vous dédier cet Ouvrage. Il m'est doux et honorable de l'offrir au Héros pacificateur de l'Europe, à qui la France doit sa prospérité, sa grandeur et la plus brillante époque de sa gloire ; au Protecteur éclairé des Sciences, qui, formé par elles, voit dans leur étude la source des plus nobles jouissances, et dans leurs progrès le perfectionnement de tous les arts utiles et des institutions sociales. Puisse cet Ouvrage, consacré à la plus sublime des Sciences naturelles, être un monument durable de la reconnaissance que votre accueil et les bienfaits du Gouvernement inspirent à ceux qui les cultivent ! De toutes les vérités qu'il renferme, l'expression de ce sentiment sera toujours pour moi la plus précieuse.

Salut et respect,

LAPLACE.

PRÉFACE.

Nous avons donné, dans la première Partie de cet Ouvrage, les principes généraux de l'équilibre et du mouvement de la matière. Leur application aux mouvements célestes nous a conduit, sans hypothèses et par une série de raisonnements géométriques, à la loi de la gravitation universelle, dont la pesanteur et les mouvements des projectiles sur la Terre ne sont que des cas particuliers. En considérant ensuite un système de corps soumis à cette grande loi de la nature, nous sommes parvenu, au moyen d'une analyse singulière, aux expressions générales de leurs mouvements, de leurs figures et des oscillations des fluides qui les recouvrent; expressions d'où l'on a vu découler tous les phénomènes observés du flux et du reflux de la mer, de la variation des degrés et de la pesanteur à la surface terrestre, de la précession des équinoxes, de la libration de la Lune, de la figure et de la rotation des anneaux de Saturne, et de leur permanence dans le plan de son équateur. Nous en avons déduit les principales inégalités des planètes, et spécialement celles de Jupiter et de Saturne, dont la période embrasse plus de neuf cents années, et qui, n'offrant aux observateurs que des anomalies dont ils ignoraient les lois et la cause, ont paru longtemps faire exception de la théorie de la pesanteur : plus approfondie, elle les a fait connaître, et maintenant ces inégalités en sont une des preuves les plus frappantes. Nous avons développé les variations des éléments du système planétaire qui ne se rétablissent qu'après un très-grand nombre de siècles. Au milieu de tous ces changements, nous avons reconnu la constance des moyens mouvements et des distances moyennes des corps de ce système, que la nature semble avoir disposé primitivement pour une éternelle durée, par les mêmes vues qu'elle nous paraît suivre si admirablement sur la Terre, pour la conservation des individus et la perpétuité des espèces. Par cela seul que ces mouvements sont dirigés dans le même sens et dans des plans peu différents, les orbes des planètes et des satellites doivent toujours être à peu près circulaires et peu inclinés les uns aux autres. Ainsi la variation de l'obliquité de l'écliptique à l'équateur, renfermée constamment dans d'étroites limites, ne produira jamais un printemps perpétuel sur la Terre. Nous avons prouvé que l'attraction du sphéroïde terrestre, ramenant sans cesse vers son centre l'hémisphère que la Lune nous présente, transporte au mouvement de rotation de ce satellite les grandes variations séculaires de son mouvement de révolution, et dérobe pour toujours l'autre hémisphère à nos regards. Enfin, nous avons démontré, sur les mouvements des trois premiers satellites de Jupiter, ce théorème remarquable, savoir, qu'en vertu de leur action mutuelle, la longitude moyenne du premier, vu du centre de Jupiter, moins trois fois celle du second, plus deux fois celle du troisième, est exactement et constamment égale à deux angles droits, en sorte qu'ils ne peuvent jamais être à la fois éclipsés. Il nous reste à considérer particulièrement les perturbations du mouvement des planètes et des comètes autour du Soleil, de la Lune autour de la Terre, et des satellites autour des planètes qu'ils accompagnent. C'est l'objet de la seconde Partie de cet Ouvrage, spécialement consacrée à la perfection des Tables astronomiques.

Les Tables ont suivi les progrès de la Science qui leur sert de base, et ces progrès ont d'abord été d'une extrême lenteur. Pendant très-longtemps, on ne considéra que les mouvements apparents des astres : cet intervalle, dont l'origine se perd dans la plus haute antiquité, et qui fut proprement l'enfance de l'Astronomie, comprend les travaux d'Hipparque et de Ptolémée, et ceux des Indiens, des Arabes et des Perses. Le système de Ptolémée, qu'ils ont successivement adopté, n'est, au fond, qu'une manière de représenter les apparences célestes,

et sous ce rapport, il fut utile à la Science. Telle est la faiblesse de
l'esprit humain, qu'il a souvent besoin de s'aider d'hypothèses, pour
lier les faits entre eux. En bornant les hypothèses à cet usage, en évi-
tant de leur attribuer une réalité qu'elles n'ont point, et en les rectifiant sans cesse par de nouvelles observations, on parvient enfin aux
véritables causes, ou du moins aux lois des phénomènes. L'histoire de
la Philosophie nous offre plus d'un exemple des avantages que peuvent
ainsi procurer les hypothèses, et des erreurs auxquelles on s'expose en
les réalisant. Vers le milieu du xvi⁰ siècle, Copernic, en démêlant
dans les apparences les mouvements réels de la Terre autour du Soleil
et sur elle-même, montra sous un nouveau point de vue l'univers, et
changea la face de l'Astronomie. Un concours inouï de découvertes a
rendu mémorable à jamais dans l'histoire des sciences le siècle suivant,
d'ailleurs illustré par tant de chefs-d'œuvre en littérature et dans les
beaux-arts. Kepler reconnut les lois du mouvement elliptique des planètes; le télescope, trouvé par le plus heureux des hasards et perfectionné aussitôt par Galilée, lui fit voir dans les cieux de nouvelles
inégalités et de nouveaux mondes; l'application que fit Huyghens du
pendule aux horloges, et celle des lunettes au quart de cercle, en
donnant des mesures précises des angles et de la durée, rendirent sensibles les plus petites inégalités des mouvements célestes. En même
temps que l'observation offrait à l'esprit humain de nouveaux phénomènes, il créa, pour les expliquer et les soumettre au calcul, de
nouveaux instruments de la pensée. Néper inventa les logarithmes;
l'Analyse des courbes et la Dynamique prirent naissance dans les
mains de Descartes et de Galilée; Newton découvrit le Calcul différentiel, décomposa la lumière et s'éleva au principe général de la pesanteur. Dans le siècle qui vient de s'écouler, les successeurs de ce grand
homme ont achevé l'édifice dont il avait posé les fondements. Ils ont
perfectionné l'Analyse infinitésimale, inventé le Calcul aux différences
partielles infiniment petites et finies, et réduit en formules la Mécanique
entière. En appliquant ces découvertes à la loi de la pesanteur, ils ont
ramené à cette loi tous les phénomènes célestes, et donné aux théories

et aux Tables astronomiques une précision inespérée dont on est surtout redevable aux travaux des géomètres français, et aux prix propo-
sés par l'Académie des Sciences. Si l'on joint à ces découvertes celles
de Bradley sur l'aberration des étoiles et sur la nutation de l'axe
terrestre; les mesures multipliées des degrés et du pendule, opérations
dont la France a donné l'exemple en envoyant des académiciens au
nord, à l'équateur et dans l'hémisphère austral, pour y observer la
grandeur de ces degrés et l'intensité de la pesanteur; l'arc du méridien
compris entre Dunkerque et Barcelone, déterminé par des opérations
très-précises, et servant de base au système métrique le plus naturel
et le plus simple; les nombreux voyages entrepris pour connaitre les
diverses parties du globe, et pour observer les passages de Vénus sur
le Soleil; la détermination exacte des dimensions du Système solaire,
fruit de ces voyages; la planète Uranus, ses satellites, et deux nouveaux satellites de Saturne, reconnus par Herschel; enfin, si l'on
réunit à toutes ces découvertes l'invention admirable des instruments
à réflexion, si utiles à la mer, et celles des lunettes achromatiques, du
cercle répétiteur et des montres marines, le dernier siècle, envisagé
sous le rapport des progrès de l'esprit humain dans les sciences mathématiques, paraitra digne de celui qui l'a précédé. Le siècle où nous
entrons a commencé sous les auspices les plus favorables à l'Astronomie. Son premier jour a été remarquable par la découverte de la planète Cérès, suivie presque aussitôt de celle de la planète Pallas, dont
la moyenne distance au Soleil est à très-peu près la même. La proximité
de ces deux corps, d'une extrême petitesse, à Jupiter, et la grandeur des
excentricités et des inclinaisons de leurs orbes entrelacés, produisent
dans leurs mouvements des inégalités considérables, qui répandront un
nouveau jour sur la théorie des attractions célestes, et donneront lieu
de la perfectionner encore.

C'est principalement dans les applications de l'Analyse au Système
du monde que se manifeste la puissance de ce merveilleux instrument,
sans lequel il eût été impossible de pénétrer un mécanisme aussi com-
pliqué dans ses effets qu'il est simple dans sa cause. Le géomètre em-

brasse maintenant dans ses formules l'ensemble du système planétaire
et de ses variations successives; il remonte par la pensée aux divers
états qu'il a subis dans les temps les plus reculés, et redescend à tous
ceux que les temps à venir développeront aux observateurs. Il voit ce
sublime spectacle, dont la période embrasse des millions d'années, se
renouveler en peu de siècles dans le système des satellites de Jupiter,
par la promptitude de leurs révolutions, et produire de singuliers phénomènes, entrevus par les astronomes, mais trop composés ou trop
lents pour qu'ils en aient pu déterminer les lois. La théorie de la pesanteur, devenue, par tant d'applications, un moyen de découvertes
aussi certain que l'observation elle-même, lui a fait connaître plusieurs
inégalités nouvelles, et prédire le retour de la comète de 1759, dont
l'action de Jupiter et de Saturne rend les révolutions très-inégales. Par
ce moyen, il a su tirer des observations, comme d'une mine féconde,
un grand nombre d'éléments importants et délicats, qui, sans l'Analyse,
y resteraient éternellement cachés. Telles sont les valeurs respectives
des masses du Soleil, des planètes et des satellites, déterminées par
les révolutions de ces différents corps et par le développement de leurs
inégalités périodiques et séculaires; la vitesse de la lumière et l'ellipticité de Jupiter, données par les éclipses de ses satellites, avec plus
de précision que par l'observation directe; la rotation et l'aplatissement d'Uranus et de Saturne, conclus de la position dans un même
plan des différents corps qui circulent autour de ces deux planètes.
Telles sont encore les parallaxes du Soleil et de la Lune, et la figure
même de la Terre, déduites des inégalités lunaires; car on verra dans
la suite que la Lune, par ses mouvements, décèle à l'Astronomie perfectionnée la petite ellipticité du sphéroïde terrestre, dont elle fit
connaître la rondeur aux premiers astronomes par ses éclipses. Enfin,
par une combinaison heureuse de l'Analyse avec les observations, cet
astre, qui semble avoir été donné à la Terre pour l'éclairer pendant les
nuits, devient encore le guide le plus assuré du navigateur, qu'il garantit des dangers auxquels il fut exposé longtemps par les erreurs de
son estime. La perfection de la théorie et des Tables lunaires, à laquelle

il doit ce précieux avantage et celui de fixer avec exactitude la position des objets qui s'offrent à sa vue, est le fruit des travaux des géomètres et des astronomes, depuis plus d'un demi-siècle; elle réunit tout ce qui peut donner du prix aux découvertes : la grandeur et l'utilité de l'objet, la fécondité des résultats et le mérite de la difficulté vaincue. C'est ainsi que les théories les plus abstraites, en se répandant par de nombreuses applications, sur la nature et sur les arts, sont devenues d'inépuisables sources de biens et de jouissances pour celui même qui les ignore.

TABLE DES MATIÈRES

CONTENUES DANS LE TROISIÈME VOLUME.

SECONDE PARTIE.

THÉORIES PARTICULIÈRES DES MOUVEMENTS CÉLESTES.

LIVRE VI.

THÉORIE DES MOUVEMENTS PLANÉTAIRES.

LIVRE VII.

THÉORIE DE LA LUNE.

TRAITÉ

DE

MÉCANIQUE CÉLESTE.

SECONDE PARTIE.

THÉORIES PARTICULIÈRES DES MOUVEMENTS CÉLESTES.

LIVRE VI.

THÉORIE DES MOUVEMENTS PLANÉTAIRES.

Les mouvements des planètes sont sensiblement troublés par leur attraction mutuelle : il importe de déterminer exactement les inégalités qui en résultent, soit pour vérifier la loi de la pesanteur universelle, soit pour perfectionner les Tables astronomiques, soit enfin pour reconnaître si des causes étrangères au système planétaire ne viennent point altérer sa constitution et ses mouvements. Je me propose ici d'appliquer aux corps de ce système les méthodes et les formules générales présentées dans la Première Partie de cet Ouvrage. Je n'ai développé, dans le Livre II, que les inégalités indépendantes des excentricités et des inclinaisons des orbites, et celles qui ne dépendent que de leur première puissance; mais il est souvent indispensable d'étendre les approximations jusqu'aux carrés et aux puissances supérieures de ces quantités, et même de considérer les termes dépendants du carré de la force perturbatrice. Je commence par exposer les formules de ces inégalités; en substituant ensuite, dans ces formules et dans celles du Livre II, les nombres relatifs à chaque planète, je donne les expressions numériques de son rayon vecteur et de son mouvement tant en longitude qu'en latitude. Bouvard a bien voulu faire le calcul de ces substitutions, et le zèle avec lequel il s'est livré à ce pénible travail lui mérite la reconnaissance des Astronomes. Divers Géomètres ont déjà calculé la plupart des inégalités planétaires : leurs résultats ont servi de vérification à ceux de Bouvard, et, lorsqu'il a trouvé des différences, il a remonté à la source de l'erreur pour s'assurer de l'exactitude de ses calculs. Enfin il a revu avec un soin particulier le calcul des inégalités qui n'avaient point encore été déterminées, et quelques équations de condition qui ont lieu entre ces inégalités m'ont fourni les moyens d'en vérifier plusieurs. Malgré toutes ces précautions, il peut s'être glissé dans les résultats suivants des erreurs, presque inévitables dans un aussi long travail; mais j'ai lieu de penser qu'elles ne portent que sur des quantités insensibles, et qu'elles ne nuiront point à la justesse des Tables fondées sur ces résultats, qui, par leur importance dans l'Astronomie planétaire dont ils sont la base, méritent d'être vérifiés avec les soins que l'on a mis dans le calcul des Tables de logarithmes et de sinus.

Les Théories de Mercure, Vénus, la Terre et Mars n'offrent que des inégalités périodiques peu considérables; elles sont cependant très-sensibles par les observations modernes, qu'elles représentent avec une exactitude remarquable. Le développement des inégalités séculaires de ces planètes et de la Lune fera connaître exactement leurs masses, dont la véritable valeur est la seule chose que leurs théories laissent encore à désirer. C'est principalement dans les mouvements de Jupiter et de Saturne, les deux plus grands corps du système planétaire, que l'attraction mutuelle des planètes est sensible. Leurs moyens mouvements sont presque commensurables, en sorte que cinq fois celui de Saturne est à très-peu près égal à deux fois celui de Jupiter : les inégalités considérables qui naissent de ce rapport, et dont on ignorait les lois et la cause, ont paru longtemps faire exception à la loi de la pesanteur universelle, et maintenant elles en sont une des preuves les plus frappantes. Il est extrêmement curieux de voir avec quelle précision les deux principales inégalités de ces planètes, dont la période embrasse plus de neuf cents années, satisfont aux observations anciennes et modernes; les siècles à venir, en les développant, mettront de plus en plus cet accord en évidence. Pour en faciliter la comparaison aux Astronomes, j'ai porté l'approximation jusqu'aux termes dépendants du carré de la force perturbatrice, ce qui me fait espérer que les valeurs que je leur assigne s'éloigneront fort peu de celles que l'on trouvera par une longue suite d'observations continuées pendant une période entière. Ces inégalités ont sur les variations séculaires des orbes de Jupiter et de Saturne une grande influence, dont je développe les expressions analytique et numérique. Enfin la planète Uranus est assujettie à des inégalités sensibles, que je détermine, et que les observations confirment.

Le premier jour de ce siècle est remarquable par la découverte d'une planète, dont l'orbe est situé entre ceux de Jupiter et de Mars, et à laquelle on a donné le nom de *Cérès*. Elle ne paraît que comme une étoile de la 8e ou 9e grandeur; son excessive petitesse rend donc insensible son action sur le système planétaire; mais elle doit éprouver de la part des autres planètes, et principalement de Jupiter et de Saturne, des perturbations considérables qu'il importe de déterminer. C'est ce que je me propose de faire dans la suite de cet Ouvrage, lorsque l'observation aura fait connaître avec une approximation suffisante les éléments de son orbite.

Il n'y a pas encore trois siècles que Copernic introduisit le premier, dans les Tables astronomiques, le mouvement des planètes autour du Soleil; environ un siècle après, Kepler y fit entrer les lois du mouvement elliptique, qu'il avait reconnues par l'observation, et qui ont conduit Newton à la découverte de la gravitation universelle. Depuis ces trois époques mémorables dans l'histoire des sciences, les progrès de l'Analyse infinitésimale nous ont mis à portée de soumettre au calcul les nombreuses inégalités des planètes qui naissent de leur attraction réciproque, et par ce moyen les Tables ont acquis une précision inattendue. J'ose croire que les résultats suivants leur donneront une précision plus grande encore.

CHAPITRE PREMIER.

FORMULES DES INÉGALITÉS PLANÉTAIRES DÉPENDANTES DES CARRÉS ET DES PUISSANCES
SUPÉRIEURES DES EXCENTRICITÉS ET DES INCLINAISONS DES ORBITES.

*Des inégalités dépendantes des carrés et des produits des excentricités
et des inclinaisons.*

1. Pour déterminer ces inégalités, je reprends l'équation du n° 46
du Livre II,

$$0 = \frac{d^2.\, r\delta r}{dt^2} + \frac{\mu.\, r\delta r}{r^3} - 2\int d\mathrm{R} + r\frac{\partial \mathrm{R}}{\partial r}.$$

On a, par les n°s 20 et 22 du même Livre,

$$\frac{\mu}{a^3} = n^2,$$

$$r = a\left[1 + \tfrac{1}{2}e^2 - e\cos(nt + \varepsilon - \varpi) - \tfrac{1}{2}e^2\cos(2nt + 2\varepsilon - 2\varpi)\right];$$

l'équation différentielle précédente devient ainsi

$$0 = \frac{d^2.\, r\delta r}{dt^2} + n^2.\, r\delta r + 3n^2 a\,\delta r[e\cos(nt + \varepsilon - \varpi) + e^2\cos(2nt + 2\varepsilon - 2\varpi)]$$
$$+ 2\int d\mathrm{R} + r\frac{\partial \mathrm{R}}{\partial r}.$$

Maintenant tous les termes de l'expression de R dépendants du carré
et des produits des excentricités et des inclinaisons des orbites peuvent
être ramenés à l'une ou à l'autre de ces deux formes

$$\mathrm{M}\cos[i(n't - nt + \varepsilon' - \varepsilon) + 2nt + \mathrm{K}],$$
$$\mathrm{N}\cos[i(n't - nt + \varepsilon' - \varepsilon) + \mathrm{L}],$$

i étant susceptible de toutes les valeurs entières positives et négatives, en y comprenant zéro. Considérons d'abord la première forme. Elle donne dans $2\int d\mathrm{R} + r\frac{\partial \mathrm{R}}{\partial r}$ la fonction

$$\left(\frac{2(2-i)n}{in'+(2-i)n}\,\mathrm{M} + a\,\frac{\partial \mathrm{M}}{\partial a}\right)\cos[i(n't - nt + \varepsilon' - \varepsilon) + 2nt + \mathrm{K}].$$

On a vu, dans le Livre II, que la partie de $\frac{\partial r}{a}$ qui dépend des angles

$$i(n't - nt + \varepsilon' - \varepsilon) \quad \text{et} \quad i(n't - nt + \varepsilon' - \varepsilon) + nt + \varepsilon$$

est de cette forme

$$\mathrm{F}\cos i(n't - nt + \varepsilon' - \varepsilon) + e\mathrm{G}\cos[i(n't - nt + \varepsilon' - \varepsilon) + nt + \varepsilon - \varpi]$$
$$+ e'\mathrm{H}\cos[i(n't - nt + \varepsilon' - \varepsilon) + nt + \varepsilon - \varpi'];$$

la fonction

$$3n^2 a\,\partial r[e\cos(nt + \varepsilon - \varpi) + e^2\cos(2nt + 2\varepsilon - 2\varpi)]$$

produira donc la suivante

$$\tfrac{3}{2}n^2 a^2 \left\{ \begin{array}{l} (\mathrm{F} + \mathrm{G})\,e^2\cos[i(n't - nt + \varepsilon' - \varepsilon) + 2nt + 2\varepsilon - 2\varpi] \\ + \mathrm{H}ee'\cos[i(n't - nt + \varepsilon' - \varepsilon) + 2nt + 2\varepsilon - \varpi - \varpi'] \end{array} \right\};$$

ainsi, en n'ayant égard qu'aux termes dépendants de l'angle

$$i(n't - nt + \varepsilon' - \varepsilon) + 2nt,$$

et en observant que, si l'on fait $\mu = 1$, ce qui revient à prendre pour unité de masse celle du Soleil, en négligeant la masse de la planète, on a $n^2 a^3 = 1$; l'équation différentielle en $r\partial r$ devient

$$0 = \frac{d^2.r\partial r}{dt^2} + n^2.r\partial r + \tfrac{3}{2}n^2 a^2 \left\{ \begin{array}{l} (\mathrm{F} + \mathrm{G})\,e^2\cos[i(n't - nt + \varepsilon' - \varepsilon) + 2nt + 2\varepsilon - 2\varpi] \\ + \mathrm{H}ee'\cos[i(n't - nt + \varepsilon' - \varepsilon) + 2nt + 2\varepsilon - \varpi - \varpi'] \end{array} \right\}$$
$$+ n^2 a^2\left(\frac{2(2-i)n}{in' + (2-i)n}\,a\mathrm{M} + a^2\frac{\partial \mathrm{M}}{\partial a}\right)\cos[i(n't - nt + \varepsilon' - \varepsilon) + 2nt + \mathrm{K}],$$

d'où l'on tire, en intégrant,

$$(\mathrm{A})\quad \frac{r\partial r}{a^2} = \frac{\tfrac{3}{2}n^2\left\{ \begin{array}{l} (\mathrm{F}+\mathrm{G})\,e^2\cos[i(n't - nt + \varepsilon' - \varepsilon) + 2nt + 2\varepsilon - 2\varpi] \\ + \mathrm{H}ee'\cos[i(n't - nt + \varepsilon' - \varepsilon) + 2nt + 2\varepsilon - \varpi - \varpi'] \end{array} \right\} + \left(\dfrac{2(2-i)n}{in' + (2-i)n}\,a\mathrm{M} + a^2\dfrac{\partial \mathrm{M}}{\partial a}\right)n^2\cos[i(n't - nt + \varepsilon' - \varepsilon) + 2nt + \mathrm{K}]}{[in' + (3-i)n][in' + (1-i)n]}.$$

Si cette expression de $\frac{r\partial r}{a^2}$ est considérable, et si l'un des diviseurs $in' + (3 - i)n$, $in' + (1 - i)n$ est très-petit, comme cela a lieu dans la théorie de Jupiter troublé par Saturne, lorsque l'on suppose $i = 5$, $2n$ étant à très-peu près égal à $5n'$, la variabilité des éléments des orbites a une influence sensible sur cette expression; il importe donc d'y avoir égard. Pour cela, nous mettrons l'équation différentielle en $r\partial r$ sous cette forme

$$0 = \frac{d^2 . r\partial r}{dt^2} + n^2 r\partial r + n^2 a^2 \mathrm{P} \cos[i(n't - nt + \varepsilon' - \varepsilon) + 2nt + 2\varepsilon]$$
$$+ n^2 a^2 \mathrm{P}' \sin[i(n't - nt + \varepsilon' - \varepsilon) + 2nt + 2\varepsilon].$$

En l'intégrant et négligeant les termes dépendants des différences secondes et supérieures de P et de P', nous aurons

$$\text{B)} \quad \left\{ \begin{aligned} &\frac{r\partial r}{a^2} = \frac{n^2}{[in' + (3 - i)n][in' + (1 - i)n]} \\ &\times \left\{ \begin{aligned} &\left[\mathrm{P} + \frac{2[i(n' - n) + 2n]\frac{d\mathrm{P}'}{dt}}{[in' + (3 - i)n][in' + (1 - i)n]} \right] \cos[i(n't - nt + \varepsilon' - \varepsilon) + 2nt + 2\varepsilon] \\ &+ \left[\mathrm{P}' - \frac{2[i(n' - n) + 2n]\frac{d\mathrm{P}}{dt}}{[in' + (3 - i)n][in' + (1 - i)n]} \right] \sin[i(n't - nt + \varepsilon' - \varepsilon) + 2nt + 2\varepsilon] \end{aligned} \right\} \end{aligned} \right\} .$$

La formule (Y) du n° 46 du Livre II deviendra, en y faisant $\mu = 1$,

$$\text{(C)} \quad \partial v = \frac{\left\{ \begin{aligned} &\frac{2d(r\partial r)}{a^2 . ndt} - \frac{1}{2} \left\{ \begin{aligned} &(\mathrm{F} + \mathrm{G})e^2 \sin[i(n't - nt + \varepsilon' - \varepsilon) + 2nt + 2\varepsilon - 2\varpi] \\ &+ \mathrm{H} ee' \sin[i(n't - nt + \varepsilon' - \varepsilon) + 2nt + 2\varepsilon - \varpi - \varpi'] \end{aligned} \right\} \\ &+ \left[\frac{(6 - 3i)n^2}{[in' + (2 - i)n]^2} a\mathrm{M} - \frac{2na^2\frac{\partial \mathrm{M}}{\partial a}}{in' + (2 - i)n} \right] \sin[i(n't - nt + \varepsilon' - \varepsilon) + 2nt - \mathrm{K}] \end{aligned} \right\}}{\sqrt{1 - e^2}} .$$

En donnant à i toutes les valeurs entières positives et négatives, en y comprenant zéro, on aura toutes les inégalités dans lesquelles le coefficient de nt surpasse ou est surpassé par celui de $n't$ de deux unités.

Si le coefficient $in' + (2 - i)n$ est très-petit, et si cette inégalité est très-sensible, comme cela a lieu dans la théorie d'Uranus troublé par Saturne, alors on mettra la partie de R, dépendante de l'angle

$i(n't - nt + \varepsilon' - \varepsilon) + 2nt + 2\varepsilon$ sous la forme suivante

$$Q \cos[i(n't - nt + \varepsilon' - \varepsilon) + 2nt + 2\varepsilon]$$
$$- Q' \sin[i(n't - nt + \varepsilon' - \varepsilon) + 2nt + 2\varepsilon],$$

et l'on aura

$$\int a \int \int n \, dt \, dR = \frac{(6 - 3i) n^2 a}{[in' + (2 - i)n]^2} \left(Q + \frac{2 \frac{dQ'}{dt}}{in' + (2 - i)n} \right) \sin[i(n't - nt + \varepsilon' - \varepsilon) + 2nt + 2\varepsilon]$$

$$- \frac{(6 - 3i) n^2 a}{[in' + (2 - i)n]^2} \left(Q' - \frac{2 \frac{dQ}{dt}}{in' + (2 - i)n} \right) \cos[i(n't - nt + \varepsilon' - \varepsilon) + 2nt + 2\varepsilon].$$

La formule (Y) du n° 46 du Livre II donnera ainsi

$$(D) \quad \left\{ \begin{aligned}
&\delta v = \frac{2 d(r \partial r)}{a^2 n \, dt} - \frac{1}{2} \left\{ (F + G) e^2 \sin[i(n't - nt + \varepsilon' - \varepsilon) + 2nt + 2\varepsilon - 2\varpi] \right. \\
&\qquad\qquad\qquad\qquad \left. - H e e' \sin[i(n't - nt + \varepsilon' - \varepsilon) + 2nt + 2\varepsilon - \varpi - \varpi'] \right\} \\
&+ \left[\frac{(6 - 3i) n^2}{[in' + (2 - i)n]^2} \left(aQ + \frac{2a \frac{dQ'}{dt}}{in' + (2 - i)n} \right) + \frac{2 n a^2 \frac{\partial Q}{\partial a}}{in' + (2 - i)n} \right] \sin[i(n't - nt + \varepsilon' - \varepsilon) + 2nt + 2\varepsilon] \\
&- \left[\frac{(6 - 3i) n^2}{[in' + (2 - i)n]^2} \left(aQ' - \frac{2a \frac{dQ}{dt}}{in' + (2 - i)n} \right) + \frac{2 n a^2 \frac{\partial Q'}{\partial a}}{in' + (2 - i)n} \right] \cos[i(n't - nt + \varepsilon' - \varepsilon) + 2nt + 2\varepsilon].
\end{aligned} \right.$$

Je supprime, pour plus d'exactitude, le diviseur $\sqrt{1 - e^2}$ dans cette expression de δv, parce que ce diviseur n'affecte point, comme on l'a vu dans le n° 65 du Livre II, la partie de cette expression qui a pour diviseur le carré de $in' + (2 - i)n$, et, dans le cas présent, cette partie est beaucoup plus grande que les autres. De plus, en vertu du même numéro, il faut appliquer cette partie de δv au moyen mouvement de la planète m, et, comme elle est à fort peu près égale à l'inégalité entière dépendante de l'angle $i(n't - nt + \varepsilon' - \varepsilon) + 2nt + 2\varepsilon$, on peut appliquer cette inégalité entière au moyen mouvement de m.

On aura les valeurs de $\frac{dP}{dt}$, $\frac{dP'}{dt}$, $\frac{dQ}{dt}$ et $\frac{dQ'}{dt}$ en différentiant les expressions de P, P', Q, Q' par rapport aux excentricités et aux inclinaisons des orbites, aux positions de leurs périhélies et de leurs nœuds, et en substituant, au lieu des différences de ces quantités, leurs valeurs. Mais on aura plus simplement ces valeurs de $\frac{dP}{dt}$, etc.

de la manière suivante. On déterminera la valeur de P pour une époque éloignée de deux cents ans de la première époque à laquelle on fixe l'origine du temps t. En nommant P_1 cette valeur et T l'intervalle de deux cents années, on aura

$$T\frac{dP}{dt} = P_1 - P.$$

On aura par le même procédé les valeurs de $\frac{dP'}{dt}$, $\frac{dQ}{dt}$, $\frac{dQ'}{dt}$.

Pour conclure l'expression de $\frac{\partial r}{a}$ de celle de $\frac{r\partial r}{a^2}$, nous désignerons par $\frac{\partial_1 r}{a}$ la partie de $\frac{\partial r}{a}$ qui dépend de l'angle $i(n't - nt + \varepsilon' - \varepsilon) + 2nt + 2\varepsilon$, et nous aurons

$$\frac{r\partial r}{a^2} = \frac{r}{a}\left\{ \begin{aligned} &\frac{\partial_1 r}{a} + F\cos[i(n't - nt + \varepsilon' - \varepsilon)] + eG\cos[i(n't - nt + \varepsilon' - \varepsilon) - nt + \varepsilon - \varpi] \\ &+ e'H\cos[i(n't - nt + \varepsilon' - \varepsilon) + nt + \varepsilon - \varpi'] \end{aligned} \right\},$$

d'où l'on tire

$$\frac{\partial_1 r}{a} = \frac{r\partial r}{a^2} + \tfrac{1}{4}(F + 2G)e^2\cos[i(n't - nt + \varepsilon' - \varepsilon) + 2nt + 2\varepsilon - 2\varpi]$$
$$+ \tfrac{1}{2}ee'H\cos[i(n't - nt + \varepsilon' - \varepsilon) + 2nt + 2\varepsilon - \varpi - \varpi'].$$

2. En considérant de la même manière les termes dépendants de l'angle $i(n't - nt + \varepsilon' - \varepsilon)$, et supposant que l'on ait, en ne portant l'approximation que jusqu'aux premières puissances des excentricités,

$$\frac{\partial r}{a} = F\cos i(n't - nt + \varepsilon' - \varepsilon) + eG\cos[i(n't - nt + \varepsilon' - \varepsilon) + nt + \varepsilon - \varpi]$$
$$+ eG'\cos[-i(n't - nt + \varepsilon' - \varepsilon) + nt + \varepsilon - \varpi]$$
$$+ e'H\cos[i(n't - nt + \varepsilon' - \varepsilon) + nt + \varepsilon - \varpi']$$
$$+ e'H'\cos[-i(n't - nt + \varepsilon' - \varepsilon) + nt + \varepsilon - \varpi'],$$

i étant ici positif, on aura

$$(\mathrm{E})\quad \frac{r\partial r}{a^2} = \frac{\left\{ \begin{aligned} &\tfrac{3}{4}n^2\left[\begin{aligned} &(G + G')e^2\cos i(n't - nt + \varepsilon' - \varepsilon) \\ &+ Hee'\cos[i(n't - nt + \varepsilon' - \varepsilon) + \varpi - \varpi'] \\ &+ H'ee'\cos[i(n't - nt + \varepsilon' - \varepsilon) - \varpi + \varpi'] \end{aligned} \right] \\ &+ n^2\left(a^2\frac{\partial N}{\partial a} - \frac{2n}{n'-n}aN\right)\cos[i(n't - nt + \varepsilon' - \varepsilon) + L] \end{aligned} \right\}}{[in' - (i+1)n][in' - (i-1)n]},$$

$$(\mathrm{F}) \quad \delta v = \frac{\left\{\begin{array}{l} \dfrac{2\,d(r\,\delta r)}{a^2 n\,dt} + \frac{1}{4}\left[\begin{array}{l} (\mathrm{G}-\mathrm{G}')e^2 \sin i(n't - nt + \varepsilon' - \varepsilon) \\ + \mathrm{H}ee'\sin[i(n't - nt + \varepsilon' - \varepsilon) + \varpi - \varpi'] \\ - \mathrm{H}'ee'\sin[i(n't - nt + \varepsilon' - \varepsilon) - \varpi + \varpi'] \end{array}\right] \\ + \left(\dfrac{2n}{in' - in}\,a^2\dfrac{\partial \mathrm{N}}{\partial a} - \dfrac{3n^2 i}{(in' - in)^2}\,a\mathrm{N}\right)\sin[i(n't - nt + \varepsilon' - \varepsilon) + \mathrm{L}] \end{array}\right\}}{\sqrt{1 - e^2}}.$$

Si l'on désigne par $\dfrac{\delta_1 r}{a}$ la partie qui dépend à la fois des carrés des excentricités et des inclinaisons des orbites, et de l'angle $i(n't - nt + \varepsilon' - \varepsilon)$, on aura

$$\begin{aligned} \frac{\delta_1 r}{a} = {}& \frac{r\,\delta r}{a^2} + \tfrac{1}{2}(\mathrm{G} + \mathrm{G}' - \mathrm{F})\,e^2 \cos i(n't - nt + \varepsilon' - \varepsilon) \\ & + \tfrac{1}{2}\mathrm{H}\,ee'\cos[i(n't - nt + \varepsilon' - \varepsilon) + \varpi - \varpi'] \\ & - \tfrac{1}{2}\mathrm{H}'ee'\cos[i(n't - nt + \varepsilon' - \varepsilon) - \varpi + \varpi']. \end{aligned}$$

Dans ces trois expressions, i doit être supposé positif.

3. Le grand nombre des inégalités dépendantes des carrés des excentricités et des inclinaisons ne permet pas de les calculer toutes; on se dirigera dans leur choix par les considérations suivantes : 1° si la quantité $in' + (2 - i)n$ diffère peu de $\pm n$, alors l'un ou l'autre des diviseurs $in' + (3 - i)n$ et $in' + (1 - i)n$ de la formule (A) du n° 1 est peu considérable, et par là cette formule peut acquérir une valeur sensible; 2° si la quantité $in' + (2 - i)n$ est peu considérable, les termes de la formule (C) du même numéro qui ont cette quantité pour diviseur peuvent devenir sensibles; 3° si la quantité $i(n' - n)$ diffère peu de $\pm n$, l'un ou l'autre des diviseurs $in' - (i + 1)n$ et $in' - (i - 1)n$ de la formule (E) du numéro précédent est peu considérable, et par là cette formule peut acquérir une valeur sensible; 4° enfin, si la quantité $i(n' - n)$ est peu considérable, les termes de la formule (F) du numéro précédent qui ont ce diviseur peuvent devenir sensibles. Il faut donc calculer avec soin toutes les inégalités assujetties à l'une de ces quatre conditions.

4. Les quantités F, G, G′, H, H′ sont déterminées par les approximations développées dans le Livre II : nous allons déterminer M et N. Pour cela, reprenons la valeur de R du n° 46 du Livre II,

$$ R = \frac{m'(xx' + yy' + zz')}{r'^3} - \frac{m'}{\sqrt{(x' - x)^2 + (y' - y)^2 + (z' - z)^2}}; $$

r' étant ici le rayon vecteur de m'. Prenons pour plan fixe celui de l'orbite primitive de m, et pour ligne des abscisses x la ligne des nœuds de l'orbite de m' avec ce plan. Si l'on nomme v l'angle formé par r et par cette ligne, v' l'angle formé par cette même ligne et par r', et γ la tangente de l'inclinaison respective des deux orbites, on aura

$$ x = r\cos v, \qquad y = r\sin v \qquad z = 0, $$
$$ x' = r'\cos v', \qquad y' = \frac{r'\sin v'}{\sqrt{1 + \gamma^2}}, \qquad z' = \frac{r'\gamma\sin v'}{\sqrt{1 + \gamma^2}}, $$

ce qui donne, en négligeant la quatrième puissance de γ,

$$ R = \frac{m'r}{r'^2}\cos(v' - v) - \frac{m'\gamma^2}{4}\frac{r}{r'^2}\left[\cos(v' - v) - \cos(v' + v)\right] $$
$$ - \frac{m'}{\sqrt{r^2 - 2rr'\cos(v' - v) + r'^2}} + \frac{m'\gamma^2}{4}\frac{rr'\left[\cos(v' - v) - \cos(v' + v)\right]}{\left[r^2 - 2rr'\cos(v' - v) + r'^2\right]^{\frac{3}{2}}}. $$

Supposons, comme dans le n° 48 du Livre II,

$$ \frac{a}{a'^2}\cos(n't - nt + \varepsilon' - \varepsilon) - \left[a^2 - 2aa'\cos(n't - nt + \varepsilon' - \varepsilon) + a'^2\right]^{-\frac{1}{2}} $$
$$ = \tfrac{1}{2}\Sigma A^{(i)}\cos i(n't - nt + \varepsilon' - \varepsilon), $$

$$ \left[a^2 - 2aa'\cos(n't - nt + \varepsilon' - \varepsilon) + a'^2\right]^{-\frac{3}{2}} = \tfrac{1}{2}\Sigma B^{(i)}\cos i(n't - nt + \varepsilon' - \varepsilon), $$

et représentons $M\cos\left[i(n't - nt + \varepsilon' - \varepsilon) + 2nt + K\right]$ par

$$ M^{(0)}\,e^2\cos\left[i(n't - nt + \varepsilon' - \varepsilon) + 2nt + 2\varepsilon - 2\varpi\right] $$
$$ + M^{(1)}ee'\cos\left[i(n't - nt + \varepsilon' - \varepsilon) + 2nt + 2\varepsilon - \varpi - \varpi'\right] $$
$$ + M^{(2)}e'^2\cos\left[i(n't - nt + \varepsilon' - \varepsilon) + 2nt + 2\varepsilon - 2\varpi'\right] $$
$$ + M^{(3)}\gamma^2\cos\left[i(n't - nt + \varepsilon' - \varepsilon) + 2nt + 2\varepsilon - 2H\right], $$

H étant la longitude du nœud ascendant de l'orbite de m' sur celle de m, comptée de la ligne où l'on fixe l'origine de $nt + \varepsilon$. On a, par le n° **22** du Livre II,

$$\frac{r}{a} = 1 + \tfrac{1}{2}e^2 - e\cos(nt + \varepsilon - \varpi) - \tfrac{1}{2}e^2\cos(2nt + 2\varepsilon - 2\varpi),$$

$$v = nt + \varepsilon - \Pi + 2e\sin(nt + \varepsilon - \varpi) + \tfrac{5}{4}e^2\sin(2nt + 2\varepsilon - 2\varpi),$$

ce qui donne les valeurs de $\frac{r'}{a'}$ et de v', en marquant d'un trait les quantités n, ε et e. On a ensuite, par le n° **48** du même Livre, le produit de $\Sigma A^{(i)}\cos[i(n't - nt + \varepsilon' - \varepsilon)]$ par le sinus ou le cosinus d'un angle quelconque $ft + 1$ égal à

$$\Sigma A^{(i)} \genfrac{}{}{0pt}{}{\sin}{\cos}[i(n't - nt + \varepsilon' - \varepsilon) + ft + 1].$$

De là il est facile de conclure

$$M^{(0)} = \frac{m'}{8}\left[i(4i - 5)A^{(i)} + 2(2i - 1)a\frac{\partial A^{(i)}}{\partial a} + a^2\frac{\partial^2 A^{(i)}}{\partial a^2}\right],$$

$$M^{(1)} = -\frac{m'}{4}\left[4(i - 1)^2 A^{(i-1)} + 2(i - 1)a\frac{\partial A^{(i-1)}}{\partial a} - 2(i - 1)a'\frac{\partial A^{(i-1)}}{\partial a'} - aa'\frac{\partial^2 A^{(i-1)}}{\partial a\,\partial a'}\right],$$

$$M^{(2)} = \frac{m'}{8}\left[(i - 2)(4i - 3)A^{(i-2)} - 2(2i - 3)a'\frac{\partial A^{(i-2)}}{\partial a'} + a'^2\frac{\partial^2 A^{(i-2)}}{\partial a'^2}\right],$$

$$M^{(3)} = -\frac{m'}{8}aa' B^{(i-1)},$$

et dans le cas de $i = 1$,

$$M^{(3)} = \frac{m'}{4}\frac{a}{a'^2} - \frac{m'}{8}aa' B^{(0)}.$$

Représentons $N\cos[i(n't - nt + \varepsilon' - \varepsilon) + L]$ par les termes suivants

$$N^{(0)}\cos i(n't - nt + \varepsilon' - \varepsilon)$$
$$+ N^{(1)}ee'\cos[i(n't - nt + \varepsilon' - \varepsilon) + \varpi - \varpi']$$
$$+ N^{(2)}ee'\cos[i(n't - nt + \varepsilon' - \varepsilon) - \varpi + \varpi'];$$

nous aurons

$$N^{(0)} = -\frac{m'}{4}\left[(e^2 + e'^2)\left(4i^2 A^{(i)} - 2a\frac{\partial A^{(i)}}{\partial a} - a^2\frac{\partial^2 A^{(i)}}{\partial a^2}\right) - \frac{\gamma^2}{2}aa'\left(B^{(i-1)} + B^{(i-1)}\right)\right],$$

$$N^{(1)} = \frac{m'}{4}\left[4(i - 1)^2 A^{(i-1)} - 2(i - 1)a\frac{\partial A^{(i-1)}}{\partial a} - 2(i - 1)a'\frac{\partial A^{(i-1)}}{\partial a'} + aa'\frac{\partial^2 A^{(i-1)}}{\partial a\,\partial a'}\right],$$

$$N^{(2)} = \frac{m'}{4}\left[4(i + 1)^2 A^{(i+1)} + 2(i + 1)a\frac{\partial A^{(i+1)}}{\partial a} + 2(i + 1)a'\frac{\partial A^{(i+1)}}{\partial a'} + aa'\frac{\partial^2 A^{(i+1)}}{\partial a\,\partial a'}\right],$$

i étant supposé positif et plus grand que zéro dans ces trois dernières expressions. Dans le cas de $i = 1$, il faut ajouter à $N^{(0)}$ le terme

$$- \frac{m'\gamma^2}{4} \frac{a}{a'^2}.$$

Il est plus commode pour les calculs numériques de n'avoir dans les formules que les différences relatives à l'une ou à l'autre des deux quantités a et a'. On trouve alors, par le n° 49 du Livre II,

$$M^{(1)} = - \frac{m'}{4}\left[(2i-2)(2i-1)A^{(i-1)} + 2(2i-1)a\frac{\partial A^{(i-1)}}{\partial a} + a^2\frac{\partial^2 A^{(i-1)}}{\partial a^2}\right],$$

$$M^{(2)} = \frac{m'}{8}\left[(4i^2 - 7i + 2)A^{(i-2)} + 2(2i-1)a\frac{\partial A^{(i-2)}}{\partial a} + a^2\frac{\partial^2 A^{(i-2)}}{\partial a^2}\right],$$

$$N^{(1)} = \frac{m'}{4}\left[(2i-2)(2i-1)A^{(i-1)} - 2a\frac{\partial A^{(i-1)}}{\partial a} - a^2\frac{\partial^2 A^{(i-1)}}{\partial a^2}\right],$$

$$N^{(2)} = \frac{m'}{4}\left[(2i+2)(2i+1)A^{(i+1)} - 2a\frac{\partial A^{(i+1)}}{\partial a} - a^2\frac{\partial^2 A^{(i+1)}}{\partial a^2}\right].$$

5. Le cas de $i = 0$ mérite une attention particulière. Reprenons la formule (T) du n° 46 du Livre II, et considérons d'abord le terme $\dfrac{d(2rd\delta r + dr\delta r)}{r^2 dv}$ de l'expression de $d\delta v$ donnée par cette formule. On a, par le n° 53 du même Livre, et en n'ayant égard qu'aux termes affectés de l'arc de cercle nt,

$$\frac{r}{a} = 1 - h\sin(nt + \varepsilon) - l\cos(nt + \varepsilon),$$

$$\frac{\delta r}{a} = \frac{m'}{2}(lC + l'D)nt\sin(nt + \varepsilon) - \frac{m'}{2}(hC + h'D)nt\cos(nt + \varepsilon),$$

ce qui donne, en ne considérant que les termes dépendants des carrés et des produits de h, l, h', l', et indépendants des sinus et cosinus de $nt + \varepsilon$ et de ses multiples,

$$d(2rd\delta r + dr\delta r) = - \frac{m'n^2a^2dt^2}{4}[(h^2 + l^2)C + (hh' + ll')D].$$

On a ensuite, par les n°s 19 et 20 du Livre II, $r^2dv = a^2n\,dt\sqrt{1 - e^2}$;

on aura donc

$$\frac{d(2\,r\,d\,\delta r + dr\,\delta r)}{r^2\,dv} = -\frac{m'n\,dt}{4}\left[(h^2 + l^2)\,C + (hh' + ll')\,D\right].$$

On a, par le n° **55** du Livre II,

$$(o, \iota) = -\frac{m'nC}{2}, \qquad \boxed{o, \iota} = \frac{m'nD}{2},$$

partant,

$$\frac{d(2\,r\,d\,\delta r + dr\,\delta r)}{r^2\,dv} = \tfrac{1}{2}dt\left[(o, \iota)\,(h^2 + l^2) - \boxed{o, \iota}\,(hh' + ll')\right].$$

Considérons ensuite le terme $\dfrac{3\,dt^2\,f\,\delta R}{r^2\,dv}$ de la même formule (T). Si l'on n'a égard qu'aux quantités séculaires dépendantes des carrés et des produits des excentricités et des inclinaisons des orbites, on aura, par l'analyse du numéro précédent,

$$\begin{aligned}
\delta R = {}&\frac{m'}{8}\,(h^2 + l^2)\left(2a\,\frac{\partial A^{(0)}}{\partial a} + a^2\,\frac{\partial^2 A^{(0)}}{\partial a^2}\right)\\
&+ \frac{m'}{8}\,(h'^2 + l'^2)\left(2a'\,\frac{\partial A^{(0)}}{\partial a'} + a'^2\,\frac{\partial^2 A^{(0)}}{\partial a'^2}\right)\\
&+ \frac{m'}{4}\,(hh' + ll')\left(4A^{(1)} + 2a\,\frac{\partial A^{(1)}}{\partial a} + 2a'\,\frac{\partial A^{(1)}}{\partial a'} + aa'\,\frac{\partial^2 A^{(1)}}{\partial a\,\partial a'}\right)\\
&+ \frac{m'}{8}\,aa'\,B^{(1)}\left[(p' - p)^2 + (q' - q)^2\right],
\end{aligned}$$

p, p', q, q' exprimant les mêmes choses que dans le n° **51** du Livre II. De là il est facile de conclure, par les n°ˢ **55** et **59** du Livre II,

$$\begin{aligned}
an\,\delta R = {}&-\tfrac{1}{2}(o, \iota)(h^2 + l^2 + h'^2 + l'^2) + \boxed{o, \iota}\,(hh' + ll')\\
&+ \tfrac{1}{2}(o, \iota)\left[(p' - p)^2 + (q' - q)^2\right],
\end{aligned}$$

ce qui donne

$$\begin{aligned}
an\,d\,\delta R = {}&dh\left[-(o, \iota)\,h + \boxed{o, \iota}\,h'\right] + dl\left[-(o, \iota)\,l + \boxed{o, \iota}\,l'\right]\\
&+ (o, \iota)\,dp(p - p') + (o, \iota)\,dq(q - q').
\end{aligned}$$

Le second membre de cette équation devient nul, en vertu des équations (A) et (C) des n°s 55 et 59 du Livre II; on a donc

$$an\, d\, \delta R = o,$$

d'où l'on tire, en observant que $n^2 a^3 = 1$,

$$\frac{3\, dt \int dt\, d\, \delta R}{r^2\, dv} = \frac{3\, m'g\, dt}{na^2\, \sqrt{1 - e^2}},$$

$m'g$ étant une constante arbitraire ajoutée à l'intégrale $\int d\, \delta R$.

Il nous reste à considérer la fonction $\dfrac{dt^2\, (2\, r\, \delta R' + R'\, \delta r)}{r^2\, dv}$, qui entre dans l'expression de $d\, \delta v$, donnée par la formule (T) du n$^\circ$ 46 du Livre II. En négligeant le carré de la force perturbatrice, cette fonction se réduit à $\dfrac{2\, \delta(r R')\, dt^2}{r^2\, dv}$, ou, par le numéro cité, à $-\dfrac{2 a^2\, \dfrac{\partial\, \delta R}{\partial a}\, n\, dt}{\sqrt{1 - e^2}}$. Cette quantité produit d'abord le terme $\dfrac{m'n\, dt\, .\, a^2\, \dfrac{\partial A^{(o)}}{\partial a}}{\sqrt{1 - e^2}}$, qui, ajouté à celui-ci $\dfrac{3\, m'g\, dt}{na^2\, \sqrt{1 - e^2}}$, égal à $\dfrac{3\, m'agn\, dt}{\sqrt{1 - e^2}}$ à cause de $n^2 a^3 = 1$, le détruit, parce que $g = -\frac{1}{3} a\, \dfrac{\partial A^{(o)}}{\partial a}$, par le n$^\circ$ 50 du Livre II. Reprenant ensuite l'expression précédente de δR, nous observerons que la fonction

$$\frac{m'}{8}\, aa'\, B^{(1)}\, [(p'-p)^2 + (q'-q)^2] + \ldots$$

est égale à une constante indépendante du temps t, puisque sa différentielle est nulle en vertu des équations (C) du n$^\circ$ 59 du Livre II; et, si l'on ne considère que les deux planètes m et m', comme nous le ferons dans ce qui va suivre, $(p'-p)^2 + (q'-q)^2$ est, en vertu des mêmes équations, une quantité indépendante du temps; la fonction précédente ne peut donc produire dans $\dfrac{2 n\, dt\, .\, a^2\, \dfrac{\partial\, \delta R}{\partial a}}{\sqrt{1 - e^2}}$ qu'une quantité pareillement indépendante du temps, et que l'on peut ainsi négliger, puisqu'elle peut être supposée se confondre avec la valeur de $n\, dt$. On aura donc, en faisant disparaître les différences partielles de $A^{(o)}$ et de $\Lambda^{(0)}$ en a', au moyen de leurs valeurs données dans le n° 49 du Livre II.

$$2\,n\,dt.a^2\,\frac{\partial\partial\mathrm{R}}{\partial a} = \frac{m'n\,dt}{2}\,(h^2+l^2+h'^2+l'^2)\left(a^2\,\frac{\partial\Lambda^{(0)}}{\partial a}+2\,a^3\,\frac{\partial^2\Lambda^{(0)}}{\partial a^2}+\tfrac{1}{2}a^4\,\frac{\partial^3\Lambda^{(0)}}{\partial a^3}\right)$$
$$-\,m'n\,dt\,(hh'+ll')\left(2\,a^3\,\frac{\partial^2\Lambda^{(1)}}{\partial a^2}+\tfrac{1}{2}a^4\,\frac{\partial^3\Lambda^{(1)}}{\partial a^3}\right).$$

Si l'on rassemble ces différents termes, on aura

$$d\delta v = \frac{m'n\,dt}{8}\,(h^2+l^2)\left(2\,a^2\,\frac{\partial\Lambda^{(0)}}{\partial a}+7\,a^3\,\frac{\partial^2\Lambda^{(0)}}{\partial a^2}+2\,a^4\,\frac{\partial^3\Lambda^{(0)}}{\partial a^3}\right)$$
$$+\frac{m'n\,dt}{4}\,(h'^2+l'^2)\left(2\,a^2\,\frac{\partial\Lambda^{(0)}}{\partial a}+4\,a^3\,\frac{\partial^2\Lambda^{(0)}}{\partial a^2}+a^4\,\frac{\partial^3\Lambda^{(0)}}{\partial a^3}\right)$$
$$-\frac{m'n\,dt}{8}\,(hh'+ll')\left(2\,a\,\Lambda^{(1)}-2\,a^2\,\frac{\partial\Lambda^{(1)}}{\partial a}+15\,a^3\,\frac{\partial^2\Lambda^{(1)}}{\partial a^2}+4\,a^4\,\frac{\partial^3\Lambda^{(1)}}{\partial a^3}\right).$$

On pourra, dans cette expression, négliger les termes indépendants du temps t. Il est facile d'en conclure l'expression de $d\delta v'$, en changeant ce qui est relatif à m dans ce qui est relatif à m', et réciproquement, et en observant que, quoique la valeur de $\Lambda^{(1)}$ relative à l'action de m' sur m soit, par le n° 49 du Livre II, différente de sa valeur relative à l'action de m sur m', cependant on peut, dans l'expression précédente, employer indifféremment l'une ou l'autre valeur. Mais on obtiendra plus facilement $d\delta v'$ par la considération suivante. Si l'on ajoute la valeur de $d\delta v$ multipliée par $m\sqrt{a}$ à la valeur de $d\delta v'$ multipliée par $m'\sqrt{a'}$, on aura, en substituant au lieu des différences partielles de $\Lambda^{(0)}$ et de $\Lambda^{(1)}$ en a' leurs différences partielles en a,

$$m\sqrt{a}.\,d\delta v+m'\sqrt{a'}.\,d\delta v' = -\frac{3\,mm'dt}{4}\,(h^2+l^2+h'^2+l'^2)\left(a\,\frac{\partial\Lambda^{(0)}}{\partial a}+\tfrac{1}{2}a^2\,\frac{\partial^2\Lambda^{(0)}}{\partial a^2}\right)$$
$$-\frac{3\,mm'dt}{2}\,(hh'+ll')\left(\Lambda^{(1)}-a\,\frac{\partial\Lambda^{(1)}}{\partial a}-\tfrac{1}{2}a^2\,\frac{\partial^2\Lambda^{(1)}}{\partial a^2}\right).$$

Si l'on ne considère que deux planètes m et m', la différentielle du second membre de cette équation est nulle en vertu des équations (A) du n° 55 du Livre II; on a donc, en ne considérant que les quantités périodiques séculaires,

$$ 0 = m \sqrt{a} \, . \, d\delta v + m' \sqrt{a'} \, . \, d\delta v', $$

ce qui donne immédiatement $\delta v'$ lorsque l'on a déterminé δv.

La valeur de $d\delta v$ est relative à l'angle compris entre les deux rayons vecteurs r et $r + dr$. Pour avoir sa valeur relative à un plan fixe, nous observerons que, par le n° 46 du Livre II, si l'on nomme $dv_{\prime}$ la projection de dv sur ce plan, on a, en négligeant la quatrième puissance de l'inclinaison de l'orbite,

$$ dv_{\prime} = dv \left(1 + \tfrac{1}{2} s^2 - \frac{1}{2} \frac{ds^2}{dv^2} \right). $$

On a, par le n° 53 du Livre II,

$$ s = q \sin(nt + \varepsilon) - p \cos(nt + \varepsilon) + \dots, $$

ce qui donne

$$ ds = \left(nq - \frac{dp}{dt} \right) dt \cos(nt + \varepsilon) + \left(np + \frac{dq}{dt} \right) dt \sin(nt + \varepsilon) + \dots ; $$

on aura donc, en négligeant les quantités périodiques dépendantes de nt, et en observant que $dv = n dt$, à très-peu près,

$$ dv_{\prime} = dv + \frac{q\,dp - p\,dq}{2}; $$

ainsi, pour avoir la valeur de $d\delta v_{\prime}$, il faut ajouter à la valeur précédente de $d\delta v$ la quantité $\dfrac{q\,dp - p\,dq}{2}$.

Si l'on ne considère que deux planètes m et m', on aura, par le n° 59 du Livre II,

$$ (q\,dp - p\,dq)\,m\sqrt{a} + (q'\,dp' - p'\,dq')\,m'\sqrt{a'} = - \frac{mm'\,dt}{4}\,aa'\,\mathrm{B}^{(1)}\left[(p' - p)^2 + (q' - q)^2\right], $$

et le second membre de cette équation est égal à dt multiplié par une constante; en n'ayant donc égard qu'aux quantités périodiques séculaires, on aura

$$ 0 = m\sqrt{a}\,.\,d\delta v_{\prime} + m'\sqrt{a'}\,.\,d\delta v'_{\prime}, $$

$\delta v_{\prime}$ et $\delta v'_{\prime}$ étant relatifs au plan fixe.

6. Considérons maintenant les inégalités du mouvement en latitude dépendantes des produits des excentricités et des inclinaisons des orbites; reprenons la troisième des équations (P) du n° 46 du Livre II.

$$o = \frac{d^2 z}{dt^2} + \frac{\mu z}{r^3} + \frac{\partial R}{\partial z}.$$

Prenons pour plan fixe celui de l'orbite primitive de m, ce qui permet de supposer z nul dans $\frac{\partial R}{\partial z}$. On aura, par le n° 4, et observant que $z' = r's'$,

$$\frac{\partial R}{\partial z} = \frac{m's'}{r'^2} - \frac{m'r's'}{[r^2 - 2rr'\cos(v'-v) + r'^2]^{\frac{3}{2}}};$$

l'équation différentielle en z deviendra ainsi

$$o = \frac{d^2 z}{dt^2} + n^2 z\left[1 + 3e\cos(nt + \varepsilon - \varpi)\right] + \frac{m'n^2 a^3 s'}{r'^2} - \frac{m'n^2 a^3 r's'}{[r^2 - 2rr'\cos(v'-v) + r'^2]^{\frac{3}{2}}}.$$

Représentons par

$$M\sin\left[i(n't - nt + \varepsilon' - \varepsilon) + 2nt + K\right] + N\sin\left[i(n't - nt + \varepsilon' - \varepsilon) + L\right]$$

la partie de

$$\frac{m's'}{r'^2} - \frac{m'r's'}{[r^2 - 2rr'\cos(v'-v) + r'^2]^{\frac{3}{2}}}$$

dépendante des angles $i(n't - nt + \varepsilon' - \varepsilon) + 2nt$ et $i(n't - nt + \varepsilon' - \varepsilon)$, et supposons qu'en n'ayant égard qu'aux inégalités de z dépendantes de la simple inclinaison des orbites, la partie de z relative à l'angle $i(n't - nt + \varepsilon' - \varepsilon) + nt$ soit

$$\gamma aF\sin\left[i(n't - nt + \varepsilon' - \varepsilon) + nt + \varepsilon - \Pi\right];$$

on aura, en ne conservant que les termes dépendants des produits des excentricités et des inclinaisons,

$$o = \frac{d^2 z}{dt^2} + n^2 z + \tfrac{3}{2}n^2 e\gamma aF \left\{ \begin{array}{l} \sin\left[i(n't - nt + \varepsilon' - \varepsilon) + 2nt + 2\varepsilon - \varpi - \Pi\right] \\ + \sin\left[i(n't - nt + \varepsilon' - \varepsilon) + \varpi - \Pi\right] \end{array} \right\}$$
$$+ n^2 a^3 M\sin\left[i(n't - nt + \varepsilon' - \varepsilon) + 2nt + K\right]$$
$$+ n^2 a^3 N\sin\left[i(n't - nt + \varepsilon' - \varepsilon) + L\right],$$

d'où l'on tire, en intégrant,

$$z = \frac{\frac{2}{3}n^2 e\gamma a \mathrm{F} \sin[i(n't - nt + \varepsilon' - \varepsilon) + 2nt + 2\varepsilon - \varpi - \mathrm{II}] + n^2 a^3 \mathrm{M} \sin[i(n't - nt + \varepsilon' - \varepsilon) + 2nt - \mathrm{K}]}{[in' - (i-1)n][in' - (i-3)n]}$$

$$\frac{\frac{2}{3}n^2 e\gamma a \mathrm{F} \sin[i(n't - nt + \varepsilon' - \varepsilon) + \varpi - \mathrm{II}] + n^2 a^3 \mathrm{N} \sin[i(n't - nt + \varepsilon' - \varepsilon) + \mathrm{L}]}{[in' - (i-1)n][in' - (i-1)n]}.$$

On aura la latitude s, en observant que

$$s = \frac{z}{r} = \frac{z}{a}\left[1 + e \cos(nt + \varepsilon - \varpi)\right];$$

on aura donc s, en divisant l'expression précédente de z par a, et en lui ajoutant la quantité

$$\tfrac{1}{2}e\gamma \mathrm{F} \sin\left[i(n't - nt + \varepsilon' - \varepsilon) + 2nt + 2\varepsilon - \varpi - \mathrm{II}\right]$$
$$+ \tfrac{1}{2}e\gamma \mathrm{F} \sin\left[i(n't - nt + \varepsilon' - \varepsilon) + \varpi - \mathrm{II}\right].$$

Il ne s'agit plus que de déterminer M et N, ce qui sera facile, en suivant l'analyse du n° 4. Mais nous nous dispenserons de suivre ce calcul, parce que les inégalités de cet ordre en latitude sont insensibles, excepté relativement à Jupiter et à Saturne, à cause de la commensurabilité très-approchée de leurs moyens mouvements, et nous donnerons dans le n° 10 un moyen très-simple de déterminer ces dernières inégalités.

Si l'on rapporte le mouvement de m sur un plan fixe très-peu incliné à celui de son orbite primitive, en nommant φ l'inclinaison de cette orbite sur ce plan et θ la longitude de son nœud ascendant, la réduction du mouvement sur l'orbite à ce plan sera, par le n° 22 du Livre II,

$$-\tfrac{1}{4}\tan^2\varphi \sin(2v_, - 2\theta) - \tan\varphi . \delta s \cos(v_, - \theta),$$

$v_,$ étant le mouvement v rapporté au plan fixe. Ainsi le mouvement en latitude introduit dans le mouvement en longitude sur l'écliptique des inégalités dépendantes des carrés et des puissances supérieures des excentricités et des inclinaisons des orbites. Mais ces inégalités sont insensibles, excepté pour Jupiter et Saturne.

3.

En ne considérant que les quantités séculaires, et observant que

$$\tang\varphi \sin\theta = p, \qquad \tang\varphi \cos\theta = q,$$

on aura

$$\delta s = t\,\frac{dq}{dt}\,\sin(nt + \varepsilon) - t\,\frac{dp}{dt}\,\cos(nt + \varepsilon).$$

Le terme $-\tang\varphi.\delta s \cos(v_, - \theta)$ donnera ainsi le suivant $\dfrac{t\,q\,dp - p\,dq}{2\,dt}$, en sorte que l'on aura

$$v_, = v + t\,\frac{q\,dp - p\,dq}{2\,dt},$$

ce qui est conforme à ce que nous avons trouvé dans le numéro précédent.

Des inégalités dépendantes des cubes et des produits de trois dimensions des excentricités et des inclinaisons des orbites, et de leurs puissances supérieures.

7. Les inégalités dépendantes des cubes et des produits de trois dimensions des excentricités et des inclinaisons des orbites sont susceptibles de ces deux formes

$$M \sin[i(n't - nt + \varepsilon' - \varepsilon) + 3nt + K],$$
$$N \sin[i(n't - nt + \varepsilon' - \varepsilon) + nt + L].$$

On peut les déterminer par l'analyse dont nous avons fait usage dans les numéros précédents; mais, comme elles ne deviennent très-sensibles qu'autant qu'elles croissent avec une extrême lenteur, cette considération simplifie leur calcul. Reprenons la formule (Y) du n° 46 du Livre II : on peut y négliger le terme $\dfrac{2\,d(r\,\delta r)}{a^2 n\,dt}$, qui est alors insensible, à cause de la petitesse du coefficient de t dans les inégalités dont il s'agit. Cette formule devient ainsi

$$\delta v = -\frac{dr\,\delta r}{a^2 n\,dt} + 3a\int\int n\,dt\,d\Re + 2\int n\,dt.a^2\,\frac{\partial\Re}{\partial a},$$

le diviseur $\sqrt{1-e^2}$ de cette formule devant être supprimé pour plus
d'exactitude, par le n° 54 du Livre II. Il faut de plus, par ce même
numéro, appliquer, dans la partie elliptique du mouvement de m, ces
inégalités au moyen mouvement de cette planète. Cela posé, si l'on
suppose

$$R = m'\mathrm{P}\sin[i(n't - nt + \varepsilon' - \varepsilon) + 3nt + 3\varepsilon]$$
$$+ m'\mathrm{P}'\cos[i(n't - nt + \varepsilon' - \varepsilon) + 3nt + 3\varepsilon],$$

ce qui comprend tous les termes de R dans lesquels le coefficient de nt
surpasse ou est surpassé de trois unités par celui de $n't$, on aura, par
le n° 65 du Livre II,

$$3a\int'\int'n\,dt\,dR = \frac{3(3 - i)m'n^2a}{[i(n'-n)+3n]^2}$$

$$\left.\begin{array}{l}\left[\mathrm{P}' - \dfrac{2d\mathrm{P}}{[i(n'-n)+3n]dt} - \dfrac{3d^2\mathrm{P}'}{[i(n'-n)+3n]^2dt^2}\right]\sin[i(n't-nt+\varepsilon'-\varepsilon)+3nt+3\varepsilon] \\[2ex] -\left[\mathrm{P} - \dfrac{2d\mathrm{P}'}{[i(n'-n)+3n]dt} - \dfrac{3d^2\mathrm{P}}{[i(n'-n)+3n]^2dt^2}\right]\cos[i(n't-nt+\varepsilon'-\varepsilon)+3nt+3\varepsilon]\end{array}\right\}.$$

On aura ensuite

$$2\int n\,dt.a^2\frac{\partial R}{\partial a} = -\frac{2m'n}{i(n'-n)+3n}\left\{\begin{array}{l} a^2\dfrac{\partial \mathrm{P}}{\partial a}\cos[i(n't-nt+\varepsilon'-\varepsilon)+3nt+3\varepsilon] \\[2ex] -a^2\dfrac{\partial \mathrm{P}'}{\partial a}\sin[i(n't-nt+\varepsilon'-\varepsilon)+3nt+3\varepsilon]\end{array}\right.$$

Supposons enfin qu'en n'ayant égard qu'à l'angle

$$i(n't - nt + \varepsilon' - \varepsilon) + 2nt + 2\varepsilon,$$

on ait

$$\frac{r\partial r}{a^2} = \mathrm{H}\cos[i(n't - nt + \varepsilon' - \varepsilon) + 2nt + 2\varepsilon + \mathrm{A}],$$

H étant déterminé par ce qui précède, et étant affecté du très-petit diviseur $i(n'-n)+3n$; le terme $-\dfrac{dr\partial r}{a^2n\,dt}$ donnera celui-ci

$$-\frac{e\mathrm{H}}{2}\sin[i(n't-nt+\varepsilon'-\varepsilon)+3nt+3\varepsilon-\varpi+\mathrm{A}].$$

On aura ainsi, en ne considérant que les termes qui ont $i(n'-n)+3n$

pour diviseur,

$$\delta v = \frac{3(3-i)m'n^2}{[i(n'-n)+3n]^2}\left\{\begin{array}{l}\left[aP'-\frac{2adP}{[i(n'-n)+3n]dt}-\frac{3ad^2P'}{[i(n'-n)+3n]^2dt^2}\right]\sin[i(n't-nt+\varepsilon'-\varepsilon)+3nt+3\varepsilon]\\[2mm]-\left[aP-\frac{2adP'}{[i(n'-n)+3n]dt}-\frac{3ad^2P}{[i(n'-n)+3n]^2dt^2}\right]\cos[i(n't-nt+\varepsilon'-\varepsilon)+3nt+3\varepsilon]\end{array}\right\}$$

$$-\frac{2m'n}{i(n'-n)-3n}\left[a^2\frac{\partial P}{\partial a}\cos[i(n't-nt+\varepsilon'-\varepsilon)+3nt+3\varepsilon]-a^2\frac{\partial P'}{\partial a}\sin[i(n't-nt+\varepsilon'-\varepsilon)+3nt+3\varepsilon]\right]$$

$$-\frac{eH}{2}\sin[i(n't-nt+\varepsilon'-\varepsilon)+3nt+3\varepsilon-\varpi+A].$$

L'équation différentielle

$$0 = \frac{d^2(r\partial r)}{dt^2}+\frac{v\cdot r\partial r}{r^3}+2\int dR+r\frac{\partial R}{\partial r}$$

donne, en ne considérant que les termes qui ont $i(n'-n)+3n$ pour diviseur,

$$\frac{r\partial r}{a^2}=\frac{2(i-3)m'n}{i(n'-n)+3n}\left\{\begin{array}{l}aP\sin[i(n't-nt+\varepsilon'-\varepsilon)+3nt+3\varepsilon]\\[1mm]+aP'\cos[i(n't-nt+\varepsilon'-\varepsilon)+3nt+3\varepsilon]\end{array}\right\}$$
$$-\frac{3}{2}eH\cos[i(n't-nt+\varepsilon'-\varepsilon)+3nt+3\varepsilon-\varpi+A]$$
$$+\frac{1}{2}eH\cos[i(n't-nt+\varepsilon'-\varepsilon)+nt+\varepsilon-\varpi+A].$$

En réunissant cette équation à celle-ci

$$\frac{r\partial r}{a^2}=H\cos[i(n't-nt+\varepsilon'-\varepsilon)+2nt+2\varepsilon-A],$$

on en tirera

$$\frac{\partial r}{a}=H\cos[i(n'-nt+\varepsilon'-\varepsilon)+2nt+2\varepsilon-A]$$
$$-eH\cos[i(n't-nt+\varepsilon'-\varepsilon)+3nt+3\varepsilon-\varpi+A]$$
$$+eH\cos[i(n't-nt+\varepsilon'-\varepsilon)+nt+\varepsilon-\varpi+A]$$
$$+\frac{2(i-3)m'n}{i(n'-n)+3n}\left\{\begin{array}{l}aP\sin[i(n't-nt+\varepsilon'-\varepsilon)+3nt+3\varepsilon]\\[1mm]+aP'\cos[i(n't-nt+\varepsilon'-\varepsilon)+3nt+3\varepsilon]\end{array}\right\}.$$

Cette valeur de $\frac{\partial r}{a}$ introduit dans δv une inégalité dépendante de l'angle $i(n't-nt+\varepsilon'-\varepsilon)+nt+\varepsilon$, et qui a pour diviseur $i(n'-n)+3n$.

Pour la déterminer, nous reprendrons l'expression de δv donnée par la formule (Y) du n° 46 du Livre II. La partie $\dfrac{2\,r\,d\delta r + dr\,\delta r}{a^2\,n\,dt}$ de cette expression produit dans δv le terme

$$\tfrac{3}{2}e\,\mathrm{H}\sin\left[i(n't - nt + \varepsilon' - \varepsilon) + nt + \varepsilon + \varpi + \mathrm{A}\right].$$

C'est le seul de ce genre qui ait $i(n'-n) + 3n$ pour diviseur. L'inégalité de δv dépendante de l'angle $i(n't - nt + \varepsilon' - \varepsilon) + 2nt + 2\varepsilon$ est à très-peu près, par le n° 1, en n'ayant égard qu'aux termes qui ont $i(n'-n) + 3n$ pour diviseur,

$$2\,\mathrm{H}\sin\left[i(n't - nt + \varepsilon' - \varepsilon) + 2nt + 2\varepsilon + \mathrm{A}\right].$$

En désignant donc cette inégalité par

$$\mathrm{K}\sin\left[i(n't - nt + \varepsilon' - \varepsilon) + 2nt + 2\varepsilon + \mathrm{B}\right],$$

on a dans δv l'inégalité

$$\tfrac{3}{2}e\,\mathrm{K}\sin\left[i(n't - nt + \varepsilon' - \varepsilon) + nt + \varepsilon + \varpi + \mathrm{B}\right].$$

8. C'est principalement dans la théorie de Jupiter et de Saturne que ces diverses inégalités sont sensibles. En supposant $i = 5$, la fonction $i(n'-n) + 3n$ devient $5n' - 2n$, et cette dernière quantité est très-petite, en vertu du rapport qui existe entre les moyens mouvements de ces deux planètes, ce qui donne aux inégalités correspondantes de δr et de δv de grandes valeurs. Pour les déterminer, reprenons l'expression de R donnée dans le n° 4. La partie

$$\frac{m'r}{r'^2}\cos(v' - v) - \frac{m'}{4}\gamma^2\frac{r}{r'^2}\left[\cos(v' - v) - \cos(v' + v)\right] + \frac{\frac{m'}{4}\gamma^2\,rr'\cos(v' - v)}{\left[r^2 - 2rr'\cos(v' - v) + r'^2\right]^{\frac{1}{2}}}$$

ne produit aucun terme de l'ordre des cubes des excentricités, et dépendant de l'angle $5n't - 2nt$; il ne peut donc en résulter que de la partie

$$-\frac{m'}{\sqrt{r^2 - 2rr'\cos(v' - v) + r'^2}} - \frac{\frac{m'}{4}\gamma^2\,rr'\cos(v' - v)}{\left[r^2 - 2rr'\cos(v' - v) + r'^2\right]^{\frac{3}{2}}},$$

et alors les valeurs de P et de P' sont les mêmes, lorsque l'on considère l'action de m' sur m et celle de m sur m'. Déterminons ces valeurs.

On a, par le n° **22** du Livre II, en ne portant la précision que jusqu'aux troisièmes puissances des excentricités inclusivement,

$$\frac{r}{a} = 1 + \tfrac{1}{2}e^2 - (e - \tfrac{3}{8}e^3)\cos(nt + \varepsilon - \varpi) - \tfrac{1}{2}e^2\cos(2nt + 2\varepsilon - 2\varpi) - \tfrac{3}{8}e^3\cos(3nt + 3\varepsilon - 3\varpi),$$

$$v = nt + \varepsilon + (2e - \tfrac{1}{4}e^3)\sin(nt + \varepsilon - \varpi) + \tfrac{5}{4}e^2\sin(2nt + 2\varepsilon - 2\varpi) + \tfrac{13}{12}e^3\sin(3nt + 3\varepsilon - 3\varpi).$$

Cela posé, si l'on développe R suivant les termes dépendants de l'angle $5n't - 2nt$, on aura une expression de cette forme

$$\begin{aligned}
R =\; & M^{(0)}\, e'^3\, \cos(5n't - 2nt + 5\varepsilon' - 2\varepsilon - 3\varpi') \\
& + M^{(1)} e'^2 e \cos(5n't - 2nt + 5\varepsilon' - 2\varepsilon - 2\varpi' - \varpi) \\
& + M^{(2)} e' e^2 \cos(5n't - 2nt + 5\varepsilon' - 2\varepsilon - \varpi' - 2\varpi) \\
& + M^{(3)}\, e^3\, \cos(5n't - 2nt + 5\varepsilon' - 2\varepsilon - 3\varpi) \\
& + M^{(4)} e'\gamma^2 \cos(5n't - 2nt + 5\varepsilon' - 2\varepsilon - \varpi' - 2\Pi) \\
& + M^{(5)} e\gamma^2 \cos(5n't - 2nt + 5\varepsilon' - 2\varepsilon - \varpi' - 2\Pi),
\end{aligned}$$

et l'on trouvera, après toutes les réductions,

$$a' M^{(0)} = -\frac{m'}{48}\left(389\, b^{(2)}_{\frac{1}{2}} + 201\,\alpha\,\frac{db^{(2)}_{\frac{1}{2}}}{d\alpha} + 37\,\alpha^2\,\frac{d^2 b^{(2)}_{\frac{1}{2}}}{d\alpha^2} + \alpha^3\,\frac{d^3 b^{(2)}_{\frac{1}{2}}}{d\alpha^3}\right),$$

$$a' M^{(1)} = \frac{m'}{16}\left(402\, b^{(3)}_{\frac{1}{2}} + 193\,\alpha\,\frac{db^{(3)}_{\frac{1}{2}}}{d\alpha} + 26\,\alpha^2\,\frac{d^2 b^{(3)}_{\frac{1}{2}}}{d\alpha^2} + \alpha^3\,\frac{d^3 b^{(3)}_{\frac{1}{2}}}{d\alpha^3}\right),$$

$$a' M^{(2)} = -\frac{m'}{16}\left(396\, b^{(4)}_{\frac{1}{2}} + 184\,\alpha\,\frac{db^{(4)}_{\frac{1}{2}}}{d\alpha} + 25\,\alpha^2\,\frac{d^2 b^{(4)}_{\frac{1}{2}}}{d\alpha^2} + \alpha^3\,\frac{d^3 b^{(4)}_{\frac{1}{2}}}{d\alpha^3}\right),$$

$$a' M^{(3)} = \frac{m'}{48}\left(380\, b^{(5)}_{\frac{1}{2}} + 174\,\alpha\,\frac{db^{(5)}_{\frac{1}{2}}}{d\alpha} + 24\,\alpha^2\,\frac{d^2 b^{(5)}_{\frac{1}{2}}}{d\alpha^2} + \alpha^3\,\frac{d^3 b^{(5)}_{\frac{1}{2}}}{d\alpha^3}\right),$$

$$a' M^{(4)} = -\frac{m'\alpha}{16}\left(10\, b^{(3)}_{\frac{3}{2}} + \alpha\,\frac{db^{(3)}_{\frac{3}{2}}}{d\alpha}\right),$$

$$a' M^{(5)} = \frac{m'\alpha}{16}\left(7\, b^{(4)}_{\frac{3}{2}} + \alpha\,\frac{db^{(4)}_{\frac{3}{2}}}{d\alpha}\right).$$

De là on tire

$$m'a'\,\mathrm{P} = a'\,\mathrm{M}^{(0)}\,e'^3\sin 3\varpi' + a'\,\mathrm{M}^{(1)}\,e'^2 e\sin(2\varpi' + \varpi)$$
$$+ a'\,\mathrm{M}^{(2)}\,e'e^2\sin(\varpi' + 2\varpi) + a'\,\mathrm{M}^{(3)}e^3\sin 3\varpi$$
$$+ a'\,\mathrm{M}^{(4)}\,e'\gamma^2\sin(2\mathrm{H} + \varpi') + a'\,\mathrm{M}^{(5)}e\gamma^2\sin(2\mathrm{H} + \varpi).$$

On aura $m'a'\mathrm{P}'$, en changeant dans cette expression de $m'a'\mathrm{P}$ les sinus en cosinus, et il sera facile de conclure les valeurs de $a\mathrm{P}$ et de $a\mathrm{P}'$, en multipliant celles de $a'\mathrm{P}$ et de $a'\mathrm{P}'$ par $\frac{a}{a'}$ ou par α. On aura ensuite, en faisant $i = 5$ dans les expressions de δv et de $\frac{\delta r}{a}$ du numéro précédent,

$$\delta v = -\frac{6m'n^2}{(5n'-2n)^2}\left\{\begin{array}{l}\left(a\mathrm{P}' + \dfrac{2a\,d\mathrm{P}}{(5n'-2n)\,dt} - \dfrac{3a\,d^2\mathrm{P}'}{(5n'-2n)^2\,dt^2}\right)\sin(5n't - 2nt + 5\varepsilon' - 2\varepsilon)\\[1.5em] -\left(a\mathrm{P} - \dfrac{2a\,d\mathrm{P}'}{(5n'-2n)\,dt} - \dfrac{3a\,d^2\mathrm{P}}{(5n'-2n)^2\,dt^2}\right)\cos(5n't - 2nt + 5\varepsilon' - 2\varepsilon)\end{array}\right\}$$
$$-\frac{2m'n}{5n'-2n}\left[a^2\frac{\partial\mathrm{P}}{\partial a}\cos(5n't - 2nt + 5\varepsilon' - 2\varepsilon) - a^2\frac{\partial\mathrm{P}'}{\partial a}\sin(5n't - 2nt + 5\varepsilon' - 2\varepsilon)\right]$$
$$-\frac{e\mathrm{H}}{2}\sin(5n't - 2nt + 5\varepsilon' - 2\varepsilon - \varpi + \mathrm{A})$$
$$+\tfrac{5}{4}e\mathrm{K}\sin(5n't - 4nt + 5\varepsilon' - 4\varepsilon + \varpi + \mathrm{B}),$$

$$\frac{\delta r}{a} = \mathrm{H}\cos(5n't - 3nt + 5\varepsilon' - 3\varepsilon + \mathrm{A}) - e\mathrm{H}\cos(5n't - 2nt + 5\varepsilon' - 2\varepsilon - \varpi + \mathrm{A})$$
$$+ e\mathrm{H}\cos(5n't - 4nt + 5\varepsilon' - 4\varepsilon + \varpi + \mathrm{A})$$
$$+ \frac{4m'n}{5n'-2n}[a\mathrm{P}\sin(5n't - 2nt + 5\varepsilon' - 2\varepsilon) + a\mathrm{P}'\cos(5n't - 2nt + 5\varepsilon' - 2\varepsilon)].$$

En supposant $i = -2$, et changeant ce qui est relatif à m dans ce qui est relatif à m', et réciproquement, on aura

$$\delta v' = \frac{15mn'^2}{(5n'-2n)^2}\left\{\begin{array}{l}\left(a'\mathrm{P}' + \dfrac{2a'\,d\mathrm{P}}{(5n'-2n)\,dt} - \dfrac{3a'\,d^2\mathrm{P}'}{(5n'-2n)^3\,dt^2}\right)\sin(5n't - 2nt + 5\varepsilon' - 2\varepsilon)\\[1.5em] -\left(a'\mathrm{P} - \dfrac{2a'\,d\mathrm{P}'}{(5n'-2n)\,dt} - \dfrac{3a'\,d^2\mathrm{P}}{(5n'-2n)^2\,dt^2}\right)\cos(5n't - 2nt + 5\varepsilon' - 2\varepsilon)\end{array}\right\}$$
$$-\frac{2mn'}{5n'-2n}\left[a'^2\frac{\partial\mathrm{P}}{\partial a'}\cos(5n't - 2nt + 5\varepsilon' - 2\varepsilon) - a'^2\frac{\partial\mathrm{P}'}{\partial a'}\sin(5n't - 2nt + 5\varepsilon' - 2\varepsilon)\right]$$
$$-\frac{e'\mathrm{H}'}{2}\sin(5n't - 2nt + 5\varepsilon' - 2\varepsilon - \varpi' + \mathrm{A}')$$
$$+\tfrac{5}{4}e'\mathrm{K}'\sin(3n't - 2nt + 3\varepsilon' - 2\varepsilon + \varpi' + \mathrm{B}'),$$

$$\frac{\delta r'}{a'} = H'\cos(4n't - 2nt + 4\varepsilon' - 2\varepsilon + A') - e'H'\cos(5n't - 2nt + 5\varepsilon' - 2\varepsilon - \varpi' + A')$$
$$\dots e'H'\cos(3n't - 2nt + 3\varepsilon' - 2\varepsilon + \varpi' + A')$$
$$- \frac{10\,mn'}{5n - 2n}[a'P\sin(5n't - 2nt + 5\varepsilon' - 2\varepsilon) + a'P'\cos(5n't - 2nt + 5\varepsilon' - 2\varepsilon)],$$

$H'\cos(4n't - 2nt + 4\varepsilon' - 2\varepsilon + A')$ étant la partie de $\frac{r'\delta r'}{a'^2}$ dépendante de l'angle $4n't - 2nt$, et $K'\sin(4n't - 2nt + 4\varepsilon' - 2\varepsilon + B')$ étant la partie de $\delta r'$ relative au même angle. Dans ces diverses inégalités, nous rapportons, pour plus de simplicité, l'origine des angles à l'intersection commune des deux orbites de Jupiter et de Saturne, comme nous l'avons fait dans le développement de l'expression de R du n° 4, et comme nous le ferons dans le numéro suivant. Nous ne conserverons ainsi que pour l'analogie l'angle H, qu'il faut alors supposer nul.

On déterminera de la manière suivante les différences $\frac{dP}{dt}$, $\frac{d^2P}{dt^2}$, $\frac{dP'}{dt}$, $\frac{d^2P'}{dt^2}$. On calculera, pour l'époque de 1750 et pour une époque plus éloignée de deux cents années juliennes, c'est-à-dire pour 1950, les valeurs de $\frac{de}{dt}$, $\frac{d\varpi}{dt}$, $\frac{de'}{dt}$, $\frac{d\varpi'}{dt}$, $\frac{d\gamma}{dt}$, $\frac{d\Pi}{dt}$. Soient $\frac{de_,}{dt}$, $\frac{d\varpi_,}{dt}$, $\frac{de'_,}{dt}$, $\dots$ ces valeurs pour la seconde de ces époques; on aura, en supposant que t exprime un nombre d'années juliennes,

$$\frac{de_,}{dt} = \frac{de}{dt} + 200\,\frac{d^2e}{dt^2},$$

les différences de et d^2e dans le second membre de cette équation étant relatives à 1750. L'expression de c pour un temps quelconque t est, en négligeant le cube de t et ses puissances supérieures,

$$e + t\,\frac{de}{dt} + \frac{t^2}{2}\,\frac{d^2e}{dt^2},$$

e, $\frac{de}{dt}$, $\frac{d^2e}{dt^2}$ se rapportant à l'époque de 1750. Cette expression peut s'étendre à mille ou douze cents ans avant et après cette époque. On aura de la même manière les expressions de ϖ, e', ϖ', γ et Π. On calculera par leur moyen les valeurs de P correspondantes aux trois époques de 1750, 2250 et 2750. Soient P, $P_{,}$, $P_{,,}$ ces valeurs; l'expression générale de P étant

$$P = t\,\frac{dP}{dt} + \frac{t^2}{2}\,\frac{d^2P}{dt^2},$$

on aura, en faisant successivement $t = 500$, $t = 1000$,

$$P + 500\,\frac{dP}{dt} + 250000 \cdot \frac{1}{2}\,\frac{d^2P}{dt^2} = P_{,},$$

$$P + 1000\,\frac{dP}{dt} + 1000000 \cdot \frac{1}{2}\,\frac{d^2P}{dt^2} = P_{,,},$$

ce qui donne

$$\frac{dP}{dt} = \frac{\{P_{,} - 3P - P_{,,}}{1000},\qquad \frac{d^2P}{dt^2} = \frac{P_{,,} - 2P_{,} + P}{250000}.$$

9. Les termes dépendants des cinquièmes puissances des excentricités peuvent avoir une influence sensible sur les deux grandes inégalités de Jupiter et de Saturne; mais le calcul en est pénible par son excessive longueur. Son importance a déterminé Burckhardt, trèshabile astronome, à l'entreprendre. Il a discuté avec une scrupuleuse attention tous les termes de cet ordre qui dépendent de l'angle $5\,n't - 2\,nt$, en se permettant seulement de négliger les produits des excentricités par la quatrième puissance de l'inclinaison mutuelle des orbites, ce qui ne peut, en effet, produire que des quantités insensibles. L'expression de R du n° 4 est relative à l'action de m' sur m : la partie de cette expression qui a le plus d'influence sur cette inégalité est le produit de m' par le facteur

$$-\frac{1}{\sqrt{r^2 - 2\,rr'\cos(v'-v) + r'^2}} + \frac{\dfrac{\gamma^2}{4}\,rr'[\cos(v'-v) - \cos(v'+v)]}{[r^2 - 2\,rr'\cos(v'-v) + r'^2]^{\frac{3}{2}}}.$$

Ce facteur est le même pour les deux planètes; en le développant et en ne considérant que les produits des excentricités et des inclinaisons, relatifs à l'angle $5n't - 2nt$, on a une fonction de cette forme

$$(O) \begin{cases} N^{(0)}\cos(5n't - 2nt + 5\varepsilon' - 2\varepsilon - 4\varpi' + \varpi) \\ + N^{(1)}\cos(5n't - 2nt + 5\varepsilon' - 2\varepsilon - 3\varpi') \\ + N^{(2)}\cos(5n't - 2nt + 5\varepsilon' - 2\varepsilon - 2\varpi' - \varpi) \\ + N^{(3)}\cos(5n't - 2nt + 5\varepsilon' - 2\varepsilon - \varpi' - 2\varpi) \\ + N^{(4)}\cos(5n't - 2nt + 5\varepsilon' - 2\varepsilon - 3\varpi) \\ + N^{(5)}\cos(5n't - 2nt + 5\varepsilon' - 2\varepsilon + \varpi' - 4\varpi) \\ + N^{(6)}\cos(5n't - 2nt + 5\varepsilon' - 2\varepsilon - 2\varpi' + \varpi - 2\Pi) \\ + N^{(7)}\cos(5n't - 2nt + 5\varepsilon' - 2\varepsilon - \varpi' - 2\Pi) \\ + N^{(8)}\cos(5n't - 2nt + 5\varepsilon' - 2\varepsilon - \varpi - 2\Pi) \\ + N^{(9)}\cos(5n't - 2nt + 5\varepsilon' - 2\varepsilon + \varpi' - 2\varpi - 2\Pi), \end{cases}$$

et l'on trouve (*)

$$a'N^{(0)} = \frac{c'^4 c}{768}\begin{cases} 3138 b'_{\frac{1}{2}} - 13\alpha\frac{db'_{\frac{1}{2}}}{d\alpha} - 1556\alpha^2\frac{d^2 b'_{\frac{1}{2}}}{d\alpha^2} - 438\alpha^3\frac{d^3 b'_{\frac{1}{2}}}{d\alpha^3} \\ - 38\alpha^4\frac{d^4 b'_{\frac{1}{2}}}{d\alpha^4} - \alpha^5\frac{d^5 b'_{\frac{1}{2}}}{d\alpha^5} \end{cases},$$

(*) Les valeurs de $a'N^{(0)}$, $a'N^{(1)}$, ..., $a'N^{(9)}$ données dans le texte sont inexactes. D'abord, ainsi que l'Auteur en a averti dans le Supplément au tome III, elles doivent toutes être prises avec des signes contraires, aussi bien que les nombres $-\dfrac{3125\,\alpha c'^4 c}{768}$ et $-\dfrac{500 c'^4 c}{768\,\alpha^2}$ de la page 31. Mais il y a plus : même après ce changement, les expressions de $a'N^{(7)}$ et de $a'N^{(8)}$ sont encore fautives ; les valeurs exactes de ces quantités sont en effet

$$a'N^{(7)} = \frac{c'\gamma^2}{128}\begin{cases} (280 c^2 + 810 c'^2)\,\alpha b^{(3)}_{\frac{3}{2}} - (60 c^2 - 23 c'^2)\,\alpha^2\frac{db^{(3)}_{\frac{3}{2}}}{d\alpha} \\ - (32 c^2 + 18 c'^2)\,\alpha^3\frac{d^2 b^{(3)}_{\frac{3}{2}}}{d\alpha^2} - (2 c^2 + c'^2)\,\alpha^4\frac{d^3 b^{(3)}_{\frac{3}{2}}}{d\alpha^3} \end{cases},$$

$$a'N^{(8)} = \frac{c\gamma^2}{128}\begin{cases} - (150 c^2 + 1372 c'^2)\,\alpha b^{(4)}_{\frac{3}{2}} - (2 c^2 + 132 c'^2)\,\alpha^2\frac{db^{(4)}_{\frac{3}{2}}}{d\alpha} \\ + (11 c^2 + 26 c'^2)\,\alpha^3\frac{d^2 b^{(4)}_{\frac{3}{2}}}{d\alpha^2} + (c^2 + 2 c'^2)\,\alpha^4\frac{d^3 b^{(4)}_{\frac{3}{2}}}{d\alpha^3} \end{cases}.$$

V. P.

$$a'N^{(1)} = \frac{e'^3}{768}\left\{ \begin{aligned} &-(20267e'^2 + 24896e^2)b'^{(2)}_{\frac{1}{2}} - (7223e'^2 + 8144e^2)\alpha\frac{db'^{(2)}_{\frac{1}{2}}}{d\alpha} \\ &+(1094e'^2 + 3692e^2)\alpha^2\frac{d^2b'^{(2)}_{\frac{1}{2}}}{d\alpha^2} + (482e'^2 + 1436e^2)\alpha^3\frac{d^3b'^{(2)}_{\frac{1}{2}}}{d\alpha^3} \\ &+(41e'^2 + 140e^2)\alpha^4\frac{d^4b'^{(2)}_{\frac{1}{2}}}{d\alpha^4} + (e'^2 + 4e^2)\alpha^5\frac{d^5b'^{(2)}_{\frac{1}{2}}}{d\alpha^5} \end{aligned}\right\}$$

$$-\frac{e'^3\gamma^2}{384}\left\{ \begin{aligned} &590\alpha\left(b'^{(1)}_{\frac{3}{2}} + b'^{(3)}_{\frac{3}{2}}\right) + 255\alpha^2\left(\frac{db'^{(1)}_{\frac{3}{2}}}{d\alpha} + \frac{db'^{(3)}_{\frac{3}{2}}}{d\alpha}\right) \\ &+ 30\alpha^3\left(\frac{d^2b'^{(1)}_{\frac{3}{2}}}{d\alpha^2} + \frac{d^2b'^{(3)}_{\frac{3}{2}}}{d\alpha^2}\right) + \alpha^4\left(\frac{d^3b'^{(1)}_{\frac{3}{2}}}{d\alpha^3} + \frac{d^3b'^{(3)}_{\frac{3}{2}}}{d\alpha^3}\right) \end{aligned}\right\},$$

$$a'N^{(2)} = -\frac{e'^2e}{768}\left\{ \begin{aligned} &-(109392e'^2 + 53064e^2)b'^{(3)}_{\frac{1}{2}} - (42368e'^2 + 23436e^2)\alpha\frac{db'^{(3)}_{\frac{1}{2}}}{d\alpha} \\ &+(10064e'^2 + 2088e^2)\alpha^2\frac{d^2b'^{(3)}_{\frac{1}{2}}}{d\alpha^2} + (1572e'^2 + 1710e^2)\alpha^3\frac{d^3b'^{(3)}_{\frac{1}{2}}}{d\alpha^3} \\ &+(152e'^2 + 192e^2)\alpha^4\frac{d^4b'^{(3)}_{\frac{1}{2}}}{d\alpha^4} + (4e'^2 + 6e^2)\alpha^5\frac{d^5b'^{(3)}_{\frac{1}{2}}}{d\alpha^5} \end{aligned}\right\}$$

$$+\frac{e'^2e\gamma^2}{128}\left\{ \begin{aligned} &595\alpha\left(b'^{(2)}_{\frac{3}{2}} + b'^{(1)}_{\frac{3}{2}}\right) + 245\alpha^2\left(\frac{db'^{(2)}_{\frac{3}{2}}}{d\alpha} + \frac{db'^{(1)}_{\frac{3}{2}}}{d\alpha}\right) \\ &+ 29\alpha^3\left(\frac{d^2b'^{(2)}_{\frac{3}{2}}}{d\alpha^2} + \frac{d^2b'^{(1)}_{\frac{3}{2}}}{d\alpha^2}\right) + \alpha^4\left(\frac{d^3b'^{(2)}_{\frac{3}{2}}}{d\alpha^3} + \frac{d^3b'^{(1)}_{\frac{3}{2}}}{d\alpha^3}\right) \end{aligned}\right\},$$

$$a'N^{(3)} = \frac{e'e^2}{768}\left\{ \begin{aligned} &-(42912e^2 + 199848e'^2)b'^{(1)}_{\frac{1}{2}} - (21728e^2 + 82032e'^2)\alpha\frac{db'^{(1)}_{\frac{1}{2}}}{d\alpha} \\ &-(640e^2 + 2970e'^2)\alpha^2\frac{d^2b'^{(1)}_{\frac{1}{2}}}{d\alpha^2} + (864e^2 + 1854e'^2)\alpha^3\frac{d^3b'^{(1)}_{\frac{1}{2}}}{d\alpha^3} \\ &+(116e^2 + 210e'^2)\alpha^4\frac{d^4b'^{(1)}_{\frac{1}{2}}}{d\alpha^4} + (4e^2 + 6e'^2)\alpha^5\frac{d^5b'^{(1)}_{\frac{1}{2}}}{d\alpha^5} \end{aligned}\right\}$$

$$-\frac{e'e^2\gamma^2}{128}\left\{ \begin{aligned} &580\alpha\left(b'^{(3)}_{\frac{3}{2}} + b'^{(5)}_{\frac{3}{2}}\right) + 234\alpha^2\left(\frac{db'^{(3)}_{\frac{3}{2}}}{d\alpha} + \frac{db'^{(5)}_{\frac{3}{2}}}{d\alpha}\right) \\ &+ 28\alpha^3\left(\frac{d^2b'^{(3)}_{\frac{3}{2}}}{d\alpha^2} + \frac{d^2b'^{(5)}_{\frac{3}{2}}}{d\alpha^2}\right) + \alpha^4\left(\frac{d^3b'^{(3)}_{\frac{3}{2}}}{d\alpha^3} + \frac{d^3b'^{(5)}_{\frac{3}{2}}}{d\alpha^3}\right) \end{aligned}\right\}.$$

$$
a'N^{(4)} = -\frac{e'}{768}\left\{
\begin{aligned}
&-(11840e^2 + 152000e'^2)b^{(5)}_{\frac{1}{2}} - (6560e^2 + 65168e'^2)\alpha\frac{db^{(5)}_{\frac{1}{2}}}{d\alpha}\\
&-(592e^2 + 4720e'^2)\alpha^2\frac{d^2 b^{(5)}_{\frac{1}{2}}}{d\alpha^2} - (152e^2 + 920e'^2)\alpha^3\frac{d^3 b^{(5)}_{\frac{1}{2}}}{d\alpha^3}\\
&+(26e^2 + 128e'^2)\alpha^4\frac{d^4 b^{(5)}_{\frac{1}{2}}}{d\alpha^4} + (e^2 + 4e'^2)\alpha^5\frac{d^5 b^{(5)}_{\frac{1}{2}}}{d\alpha^5}
\end{aligned}
\right\}
$$

$$
-\frac{e^3\gamma^2}{384}\left\{
\begin{aligned}
&554\alpha\left(b^{(4)}_{\frac{3}{2}} + b^{(6)}_{\frac{3}{2}}\right) + 222\alpha^2\left(\frac{db^{(4)}_{\frac{3}{2}}}{d\alpha} + \frac{db^{(6)}_{\frac{3}{2}}}{d\alpha}\right)\\
&+37\alpha^3\left(\frac{d^2 b^{(4)}_{\frac{3}{2}}}{d\alpha^2} + \frac{d^2 b^{(6)}_{\frac{3}{2}}}{d\alpha^2}\right) + \alpha^4\left(\frac{d^3 b^{(4)}_{\frac{3}{2}}}{d\alpha^3} + \frac{d^3 b^{(6)}_{\frac{3}{2}}}{d\alpha^3}\right)
\end{aligned}
\right\},
$$

$$
a'N^{(5)} = -\frac{e'e}{768}\left\{
\begin{aligned}
&11448 b^{(6)}_{\frac{1}{2}} + 18392\alpha\frac{db^{(6)}_{\frac{1}{2}}}{d\alpha} + 1780\alpha^2\frac{d^2 b^{(6)}_{\frac{1}{2}}}{d\alpha^2}\\
&-156\alpha^3\frac{d^3 b^{(6)}_{\frac{1}{2}}}{d\alpha^3} - 29\alpha^4\frac{d^4 b^{(6)}_{\frac{1}{2}}}{d\alpha^4} - \alpha^5\frac{d^5 b^{(6)}_{\frac{1}{2}}}{d\alpha^5}
\end{aligned}
\right\},
$$

$$
a'N^{(6)} = -\frac{e'^2 e\gamma^2}{128}\left\{
-85\alpha b^{(2)}_{\frac{3}{2}} + 85\alpha^2\frac{db^{(2)}_{\frac{3}{2}}}{d\alpha} + 21\alpha^3\frac{d^2 b^{(2)}_{\frac{3}{2}}}{d\alpha^2} + \alpha^4\frac{d^3 b^{(2)}_{\frac{3}{2}}}{d\alpha^3}
\right\},
$$

$$
a'N^{(7)} = -\frac{e'\gamma^2}{128}\left\{
\begin{aligned}
&(56e^2 + 842e'^2)\alpha b^{(3)}_{\frac{3}{2}} + (4e^2 + 87e'^2)\alpha^2\frac{db^{(3)}_{\frac{3}{2}}}{d\alpha}\\
&-(16e^2 + 2e'^2)\alpha^3\frac{d^2 b^{(3)}_{\frac{3}{2}}}{d\alpha^2} - (2e^2 + e'^2)\alpha^4\frac{d^3 b^{(3)}_{\frac{3}{2}}}{d\alpha^3}
\end{aligned}
\right\},
$$

$$
a'N^{(8)} = -\frac{e\gamma^2}{128}\left\{
\begin{aligned}
&-(174e^2 + 196e'^2)\alpha b^{(1)}_{\frac{3}{2}} - (50e^2 + 180e'^2)\alpha^2\frac{db^{(1)}_{\frac{3}{2}}}{d\alpha}\\
&+(14e'^2 - e^2)\alpha^3\frac{d^2 b^{(1)}_{\frac{3}{2}}}{d\alpha^2} + (2e'^2 + e^2)\alpha^4\frac{d^3 b^{(1)}_{\frac{3}{2}}}{d\alpha^3}
\end{aligned}
\right\},
$$

$$
a'N^{(9)} = -\frac{e'e^2\gamma^2}{128}\left\{
580\alpha b^{(5)}_{\frac{3}{2}} + 86\alpha^2\frac{db^{(5)}_{\frac{3}{2}}}{d\alpha} - 8\alpha^3\frac{d^2 b^{(5)}_{\frac{3}{2}}}{d\alpha^2} - \alpha^4\frac{d^3 b^{(5)}_{\frac{3}{2}}}{d\alpha^3}
\right\}.
$$

Lorsque l'on considère l'action de m' sur m, il faut, par le n° 4, augmenter, dans $a'N^{(0)}$, $b^{(1)}_{\frac{1}{2}}$ de $-\dfrac{a}{a'}$ ou de $-\alpha$, ce qui augmente $a'N^{(0)}$ de

$- \dfrac{3125\,\alpha e'^{1}e}{768}$. Lorsque l'on considère l'action de m sur m', il faut augmenter $b_{1}^{(1)}$ de $-\dfrac{1}{\alpha^{2}}$, ce qui augmente $a'\mathrm{N}^{(0)}$ de $-\dfrac{500\,e'^{1}e}{768\,\alpha^{2}}$. Cela posé, on multipliera les valeurs précédentes de $a'\mathrm{N}^{(0)}$, $a'\mathrm{N}^{(1)}$, ... par m', et l'on décomposera chacun des cosinus qu'elles multiplient dans la fonction (O) en sinus et cosinus de $5n't - 2nt + 5\varepsilon' - 2\varepsilon$, ce qui donne à cette fonction la forme suivante

$$m'a'\,\mathrm{P}_{,}\sin(5n't - 2nt + 5\varepsilon' - 2\varepsilon)$$
$$+\, m'a'\,\mathrm{P}'_{,}\cos(5n't - 2nt + 5\varepsilon' - 2\varepsilon).$$

On multipliera pareillement par m les valeurs de $a'\mathrm{N}^{(0)}$, $a'\mathrm{N}^{(1)}$, ..., relatives à l'action de m sur m', et l'on décomposera les cosinus de la fonction (O) en sinus et cosinus de $5n't - 2nt + 5\varepsilon' - 2\varepsilon$, ce qui lui donnera la forme suivante

$$ma'\,\mathrm{P}_{n}\sin(5n't - 2nt + 5\varepsilon' - 2\varepsilon)$$
$$+\, ma'\,\mathrm{P}'_{\bullet}\cos(5n't - 2nt + 5\varepsilon' - 2\varepsilon).$$

On substituera donc successivement ces valeurs dans les expressions de δv et de $\delta v'$ du numéro précédent, et l'on pourra négliger leurs différences secondes, à cause de la petitesse de ces quantités. On aura ainsi les parties des inégalités de Jupiter et de Saturne relatives à l'angle $5n't - 2nt$ et dépendantes des cinquièmes puissances des excentricités et des inclinaisons des orbites.

On peut observer ici qu'en vertu du rapport qui existe entre les moyens mouvements de Jupiter et de Saturne, on a $3125\,\alpha^{3} = 500$. En effet, $\alpha^{3} = \dfrac{n'^{2}}{n^{2}}$, et, de plus, $5n'$ est à fort peu près égal à $2n$, ce qui donne $\dfrac{n'^{2}}{n^{2}} = \dfrac{4}{25}$. De là il suit que la valeur de $a'\mathrm{N}^{(0)}$ est la même, soit que l'on considère l'action de m' sur m, soit que l'on considère l'action de m sur m'. Ainsi, l'on peut conclure la partie précédente de $\delta v'$ de la partie correspondante de δv, en multipliant celle-ci par $-\dfrac{5\,mn'^{2}}{2\,m'n^{2}}\dfrac{a}{a}$.

10. Dans la théorie de Mercure troublé par la Terre, il faut considérer l'inégalité dépendante de l'angle $nt - 4n't$, parce que le moyen mouvement de Mercure est à très-peu près quadruple de celui de la Terre. En supposant que m soit Mercure et m' la Terre, on aura l'inégalité dont il s'agit, en faisant $i = 4$ dans l'expression de δv du n° 7. Vu l'extrême petitesse de cette inégalité, on peut négliger les termes qui n'ont point $(n - 4n')^2$ pour diviseur, et ceux qui dépendent de $\frac{dP}{dt}$ et $\frac{dP'}{dt}$. On aura ainsi

$$\delta v = \frac{3m'n^2}{[n - 4n']^2}\,[a\,P'\sin(nt - 4n't + \varepsilon - 4\varepsilon') + a\,P\cos(nt - 4n't + \varepsilon - 4\varepsilon')].$$

On déterminera facilement P et P' de cette manière. On calculera, par la formule (A) du n° 1, la valeur de $\frac{r\partial r}{a^2}$ correspondante à l'angle $4n't - 2nt$, ce qui revient à faire $i = 4$ dans cette formule. On aura ainsi une valeur de $\frac{r\partial r}{a^2}$ de cette forme

$$\begin{aligned}
&L\,e^2 \quad \cos(4n't - 2nt + 4\varepsilon' - 2\varepsilon - 2\varpi)\\
&+ L^{(1)}ee'\cos(4n't - 2nt + 4\varepsilon' - 2\varepsilon - \varpi - \varpi')\\
&+ L^{(2)}e'^2\cos(4n't - 2nt + 4\varepsilon' - 2\varepsilon - 2\varpi')\\
&+ L^{(3)}\gamma^2\cos(4n't - 2nt + 4\varepsilon' - 2\varepsilon - 2\Pi).
\end{aligned}$$

On observera ensuite que cette valeur de $\frac{r\partial r}{a^2}$ résulte des variations de l'excentricité et du périhélie dépendantes de $nt - 4n't$ dans l'expression elliptique de $\frac{1}{2}\frac{r^2}{a^2}$: cette expression contient le terme $-e\cos(nt + \varepsilon - \varpi)$, dont la variation est

$$-\delta e.\cos(nt + \varepsilon - \varpi) - e\,\delta\varpi.\sin(nt + \varepsilon - \varpi),$$

δe et $\delta\varpi$ étant les variations de e et de ϖ dépendantes de $nt - 4n't$. On a, par le n° 69 du Livre II,

$$\delta e = \frac{m'an}{n - 4n'}\left[\frac{\partial P}{\partial e}\sin(4n't - nt + 4\varepsilon' - \varepsilon) + \frac{\partial P'}{\partial e}\cos(4n't - nt + 4\varepsilon' - \varepsilon)\right],$$

$$e\,\delta\varpi = -\frac{m'an}{n - 4n'}\left[\frac{\partial P}{\partial e}\cos(4n't - nt + 4\varepsilon' - \varepsilon) - \frac{\partial P'}{\partial e}\sin(4n't - nt + 4\varepsilon' - \varepsilon)\right].$$

La variation de $-e\cos(nt + \varepsilon - \varpi)$ devient ainsi

$$\frac{m'an}{n-4n'}\left[\frac{\partial P}{\partial e}\sin(2nt-4n't+2\varepsilon-4\varepsilon'-\varpi) - \frac{\partial P'}{\partial e}\cos(2nt-4n't+2\varepsilon-4\varepsilon'-\varpi)\right].$$

Cette fonction est identique avec l'expression précédente de $\frac{r\partial r}{a^2}$; en changeant donc, dans l'une et dans l'autre, $2nt+2\varepsilon$ dans $nt+\varepsilon+\varpi+\frac{\pi}{2}$, π étant la demi-circonférence, on aura

$$\frac{m'an}{n-4n'}\left[\frac{\partial P}{\partial e}\cos(nt-4n't+\varepsilon-4\varepsilon') + \frac{\partial P'}{\partial e}\sin(nt-4n't+\varepsilon-4\varepsilon')\right]$$
$$= \mathrm{L}\,e^2\ \ \sin(4n't-nt+4\varepsilon'-\varepsilon-3\varpi)$$
$$+ \mathrm{L}^{(1)}ee'\sin(4n't-nt+4\varepsilon'-\varepsilon-\varpi'-2\varpi)$$
$$+ \mathrm{L}^{(2)}e'^2\sin(4n't-nt+4\varepsilon'-\varepsilon-2\varpi'-\varpi)$$
$$+ \mathrm{L}^{(3)}\gamma^2\sin(4n't-nt+4\varepsilon'-\varepsilon-\varpi-2\Pi).$$

Si l'on intègre cette équation par rapport à e, et qu'ensuite on la multiplie par $\frac{3n}{n-4n'}$, on aura

$$\delta v = \frac{3n}{n-4n'}\left\{ \begin{array}{l} \frac{1}{3}\mathrm{L}\,e^3\ \ \sin(4n't-nt+4\varepsilon'-\varepsilon-3\varpi)\\ +\frac{1}{2}\mathrm{L}^{(1)}e^2e'\sin(4n't-nt+4\varepsilon'-\varepsilon-\varpi'-2\varpi)\\ +\ \mathrm{L}^{(2)}ee'^2\sin(4n't-nt+4\varepsilon'-\varepsilon-2\varpi'-\varpi)\\ +\ \mathrm{L}^{(3)}e\gamma^2\sin(4n't-nt+4\varepsilon'-\varepsilon-\varpi-2\Pi) \end{array}\right\}$$

Dans cette intégration, on néglige les termes de P et de P' dépendants de e'^3 et de $e'\gamma^2$; mais l'excentricité de l'orbite de la Terre est si peu considérable relativement à celle de Mercure, et l'inégalité dont il s'agit est si petite, que l'on peut les omettre sans erreur sensible.

11. Il résulte du n° 71 du Livre II que les termes

$$M^{(1)}e'\gamma^2\cos(5n't-2nt+5\varepsilon'-2\varepsilon-2\Pi-\varpi')$$
$$- M^{(5)}e\gamma^2\cos(5n't-2nt+5\varepsilon'-2\varepsilon-2\Pi-\varpi)$$

du développement de R, donné dans le n° 8, produisent, dans la valeur de s ou dans le mouvement de m en latitude, l'inégalité

$$-\frac{2an}{5n'-2n}\left[\begin{array}{l} e'\gamma M^{(1)}\sin(5n't-3nt+5\varepsilon'-3\varepsilon-\Pi-\varpi')\\ + e\gamma M^{(5)}\sin(5n't-3nt+5\varepsilon'-3\varepsilon-\Pi-\varpi) \end{array}\right].$$

Pareillement, les mêmes termes produisent, dans la valeur de s' ou dans le mouvement de m' en latitude, l'inégalité

$$\frac{2a'n'}{5n'-2n}\,\frac{m}{m'}\left[\begin{array}{l}e'\gamma\,\mathrm{M}^{(1)}\sin\left(4n't-2nt+\left\{\varepsilon'-2\varepsilon-\mathrm{II}-\varpi'\right)\right) \\ -\,e\gamma\,\mathrm{M}^{(3)}\sin\left(4n't-2nt+\left\{\varepsilon'-2\varepsilon-\mathrm{II}-\varpi\right)\end{array}\right],$$

II étant, comme dans l'inégalité précédente de s, la longitude du nœud ascendant de l'orbite de m' sur celle de m. Ce sont les seules inégalités sensibles en latitude du système planétaire dépendantes du produit des excentricités et des inclinaisons des orbites.

On a vu, dans le n° 6, que la valeur de δs introduit dans le mouvement de m, réduit au plan fixe, le terme $-\tan g\varphi\,\delta s\cos(v,-\theta)$; en substituant dans ce terme l'inégalité précédente de s, on aura un terme dépendant de $5n't-2nt$, qui doit s'ajouter à la grande inégalité du mouvement de m; mais ce terme est insensible pour Jupiter et Saturne.

CHAPITRE II.

DES INÉGALITÉS DÉPENDANTES DU CARRÉ DE LA FORCE PERTURBATRICE.

12. Les grandes inégalités que nous venons de déterminer en produisent de sensibles, dépendantes du carré de la force perturbatrice : nous en avons donné les expressions analytiques dans les n°s 65 et 69 du Livre II. Il résulte du n° 65 du même Livre que, si l'on désigne par $\Pi \sin\left(5n't - 2nt + 5\varepsilon' - 2\varepsilon + A\right)$ la grande inégalité de Jupiter, on aura

$$-\frac{\Pi^2}{8}\frac{2m'\sqrt{a'}+5m\sqrt{a}}{m'\sqrt{a'}}\cdot\sin 2\left(5n't - 2nt + 5\varepsilon' - 2\varepsilon + A\right)$$

pour l'inégalité correspondante de Jupiter, dépendante du carré de la force perturbatrice ; cette inégalité s'ajoute, comme celle dont elle dérive, au moyen mouvement de la planète.

Pareillement, si l'on désigne par $-\Pi' \sin\left(5n't - 2nt + 5\varepsilon' - 2\varepsilon + A'\right)$ la grande inégalité de Saturne, on aura

$$\frac{\Pi'^2}{8}\frac{2m'\sqrt{a'}+5m\sqrt{a}}{m\sqrt{a}}\cdot\sin 2\left(5n't - 2nt + 5\varepsilon' - 2\varepsilon + A'\right)$$

pour l'inégalité correspondante de Saturne, et qui doit être ajoutée au moyen mouvement de cette planète.

Les variations des excentricités et des périhélies peuvent introduire de semblables inégalités dans les moyens mouvements des deux planètes. Pour les déterminer, nous observerons que l'on a, en n'ayant égard qu'aux cubes et aux produits de trois dimensions des excentri-

5.

cités et des inclinaisons des orbites,

$$3affn\,dt\,dR = -6am'\!\int\!\!\int n^2 dt^2 \left[\begin{array}{l} P\cos(5n't - 2nt + 5\varepsilon' - 2\varepsilon) \\ -\,P'\sin(5n't - 2nt + 5\varepsilon' - 2\varepsilon) \end{array}\right],$$

ce qui donne dans $3affn\,dt\,dR$ la quantité

$$(X)\quad -6am'\!\int\!\!\int n^2 dt^2 \left\{\begin{array}{l} \delta e\left[\dfrac{\partial P}{\partial e}\cos(5n't - 2nt + 5\varepsilon' - 2\varepsilon) - \dfrac{\partial P'}{\partial e}\sin(5n't - 2nt + 5\varepsilon' - 2\varepsilon)\right] \\[2mm] +\,\delta\varpi\left[\dfrac{\partial P}{\partial\varpi}\cos(5n't - 2nt + 5\varepsilon' - 2\varepsilon) - \dfrac{\partial P'}{\partial\varpi}\sin(5n't - 2nt + 5\varepsilon' - 2\varepsilon)\right] \\[2mm] +\,\delta e'\left[\dfrac{\partial P}{\partial e'}\cos(5n't - 2nt + 5\varepsilon' - 2\varepsilon) - \dfrac{\partial P'}{\partial e'}\sin(5n't - 2nt + 5\varepsilon' - 2\varepsilon)\right] \\[2mm] +\,\delta\varpi'\left[\dfrac{\partial P}{\partial\varpi'}\cos(5n't - 2nt + 5\varepsilon' - 2\varepsilon) - \dfrac{\partial P'}{\partial\varpi'}\sin(5n't - 2nt + 5\varepsilon' - 2\varepsilon)\right] \\[2mm] +\,\delta\gamma\left[\dfrac{\partial P}{\partial\gamma}\cos(5n't - 2nt + 5\varepsilon' - 2\varepsilon) - \dfrac{\partial P'}{\partial\gamma}\sin(5n't - 2nt + 5\varepsilon' - 2\varepsilon)\right] \\[2mm] +\,\delta\Pi\left[\dfrac{\partial P}{\partial\Pi}\cos(5n't - 2nt + 5\varepsilon' - 2\varepsilon) - \dfrac{\partial P'}{\partial\Pi}\sin(5n't - 2nt + 5\varepsilon' - 2\varepsilon)\right] \end{array}\right\},$$

δe, $\delta\varpi$, $\delta e'$, $\delta\varpi'$, $\delta\gamma$, $\delta\Pi$ étant les parties de e, ϖ, e', ϖ', γ, Π qui dépendent de l'angle $5n't - 2nt$. On a, par le n° 8,

$$\frac{\partial P}{\partial\varpi} = e\,\frac{\partial P'}{\partial e},\qquad \frac{\partial P'}{\partial\varpi} = -e\,\frac{\partial P}{\partial e},$$

$$\frac{\partial P}{\partial\varpi'} = e'\,\frac{\partial P'}{\partial e'},\qquad \frac{\partial P'}{\partial\varpi'} = -e'\,\frac{\partial P}{\partial e'},$$

$$\frac{\partial P}{\partial\Pi} = \gamma\,\frac{\partial P'}{\partial\gamma},\qquad \frac{\partial P'}{\partial\Pi} = -\gamma\,\frac{\partial P}{\partial\gamma}.$$

De plus, on a, par le n° 69 du Livre II,

$$\frac{\partial P}{\partial e}\cos(5n't - 2nt + 5\varepsilon' - 2\varepsilon) - \frac{\partial P'}{\partial e}\sin(5n't - 2nt + 5\varepsilon' - 2\varepsilon) = \frac{5n' - 2n}{m'an}\,e\,\delta\varpi,$$

$$\frac{\partial P}{\partial e}\sin(5n't - 2nt + 5\varepsilon' - 2\varepsilon) + \frac{\partial P'}{\partial e}\cos(5n't - 2nt + 5\varepsilon' - 2\varepsilon) = -\frac{5n' - 2n}{m'an}\,\delta e;$$

on a pareillement

$$\frac{\partial P}{\partial e'}\cos(5n't - 2nt + 5\varepsilon' - 2\varepsilon) - \frac{\partial P'}{\partial e'}\sin(5n't - 2nt + 5\varepsilon' - 2\varepsilon) = \frac{5n' - 2n}{ma'n'}\,e'\,\delta\varpi',$$

$$\frac{\partial P}{\partial e'}\sin(5n't - 2nt + 5\varepsilon' - 2\varepsilon) + \frac{\partial P'}{\partial e'}\cos(5n't - 2nt + 5\varepsilon' - 2\varepsilon) = -\frac{5n' - 2n}{ma'n'}\,\delta e'.$$

Pour avoir les valeurs de $\delta\gamma$ et de $\delta\Pi$, nous observerons que la latitude s de m au-dessus de l'orbite primitive de m' est $-\gamma\sin(v-\Pi)$, ce qui donne

$$-\delta s = \delta\gamma \sin(v-\Pi) - \gamma\delta\Pi \cos(v-\Pi);$$

or on a, par le n° **71** du Livre II,

$$\delta s = \frac{m'an}{5n'-2n}\left\{ \begin{array}{l} \frac{\partial P}{\partial\gamma}\cos(5n't-2nt+5\varepsilon'-2\varepsilon-v+\Pi) \\ -\frac{\partial P}{\partial\gamma}\sin(5n't-2nt+5\varepsilon'-2\varepsilon-v+\Pi) \end{array} \right\}.$$

En comparant cette expression à la précédente, on aura

$$\delta\gamma = -\frac{m'an}{5n'-2n}\left\{ \begin{array}{l} \frac{\partial P}{\partial\gamma}\sin(5n't-2nt+5\varepsilon'-2\varepsilon) \\ +\frac{\partial P}{\partial\gamma}\cos(5n't-2nt+5\varepsilon'-2\varepsilon) \end{array} \right\},$$

$$\gamma\delta\Pi = \frac{m'an}{5n'-2n}\left\{ \begin{array}{l} \frac{\partial P}{\partial\gamma}\cos(5n't-2nt+5\varepsilon'-2\varepsilon) \\ -\frac{\partial P}{\partial\gamma}\sin(5n't-2nt+5\varepsilon'-2\varepsilon) \end{array} \right\},$$

γ exprimant l'inclinaison respective des deux orbites l'une sur l'autre, et Π étant la longitude du nœud ascendant de l'orbite de m' sur celle de m. Ces quantités varient encore par l'action de m sur m'; en nommant $\delta_{,}\gamma$ et $\delta_{,}\Pi$ ces dernières variations, et représentant par $\delta_{,,}\gamma$ et $\delta_{,,}\Pi$ les variations précédentes dues à l'action de m' sur m, on aura

$$\delta\gamma = \delta_{,}\gamma + \delta_{,,}\gamma, \qquad \delta\Pi = \delta_{,}\Pi + \delta_{,,}\Pi,$$

$$\delta_{,}\gamma = \frac{ma'n'}{m'an}\delta_{,,}\gamma, \qquad \delta_{,}\Pi = \frac{ma'n'}{m'an}\delta_{,,}\Pi.$$

Cela posé, si l'on substitue ces diverses quantités dans la fonction (X), on trouve qu'elle se réduit à zéro. Les variations des excentricités, des périhélies, des nœuds et des inclinaisons des orbites, correspondantes aux deux grandes inégalités de Jupiter et de Saturne, n'introduisent donc dans le moyen mouvement de Jupiter et dans le grand axe de son orbite, considérée comme une ellipse variable, aucune inégalité sensible dépendante du carré de la force perturbatrice, et il est visible que cela a encore lieu pour le moyen mouvement de Saturne et pour le grand axe de son orbite.

13. Considérons présentement les variations des excentricités et des périhélies. Nous avons donné, dans le n° 69 du Livre II, les expressions des accroissements de $\frac{de}{dt}$, $\frac{d\varpi}{dt}$, $\frac{de'}{dt}$, $\frac{d\varpi'}{dt}$, dus aux deux grandes inégalités de Jupiter et de Saturne, et nous avons observé dans le même numéro que les variations de e, ϖ, e', ϖ', relatives à l'angle $5n't - 2nt$, introduisent dans ces expressions des variations semblables à celles qu'y produisent les deux grandes inégalités. En appliquant ces considérations à Jupiter et à Saturne, et désignant par δe et $\delta\varpi$ les variations dues au carré de la force perturbatrice, on trouve

$$\delta e = -\frac{3m'^2a^2n^3}{(5n'-2n)^2}\,\frac{5m\sqrt{a}+2m'\sqrt{a'}}{m'\sqrt{a'}}\left\{\begin{array}{l}\left(P\dfrac{\partial P'}{\partial e} - P'\dfrac{\partial P}{\partial e}\right)t + \dfrac{P\dfrac{\partial P'}{\partial e} + P'\dfrac{\partial P}{\partial e}}{2(5n'-2n)}\cdot\sin 2(5n't-2nt+5\varepsilon'-2\varepsilon)\\ + \dfrac{P'\dfrac{\partial P'}{\partial e} - P\dfrac{\partial P}{\partial e}}{2(5n'-2n)}\cdot\cos 2(5n't-2nt+5\varepsilon'-2\varepsilon)\end{array}\right\}$$

$$-\frac{m'^2a^2n^2}{5n'-2n}\left\{\begin{array}{l}\left(\dfrac{\partial P'}{\partial e}\dfrac{\partial^2 P}{\partial e^2} - \dfrac{\partial P}{\partial e}\dfrac{\partial^2 P'}{\partial e^2} + \dfrac{\partial P'}{\partial\varpi}\dfrac{\partial^2 P}{\partial e\,\partial\varpi} - \dfrac{\partial P}{\partial\varpi}\dfrac{\partial^2 P'}{\partial e\,\partial\varpi}\right)t + \dfrac{\left(\dfrac{\partial P}{\partial e}\right)^2 - \left(\dfrac{\partial P'}{\partial e}\right)^2}{4e(5n'-2n)}\cdot\cos 2(5n't-2nt+5\varepsilon'-2\varepsilon)\\ - \dfrac{\dfrac{\partial P}{\partial e}\,\dfrac{\partial P'}{\partial e}}{2e(5n'-2n)}\cdot\sin 2(5n't-2nt+5\varepsilon'-2\varepsilon)\end{array}\right\}$$

$$+\frac{mm'aa'nn't}{5n'-2n}\left(\frac{\partial P'}{\partial e'}\,\frac{\partial^2 P}{\partial e\,\partial e'} - \frac{\partial P}{\partial e'}\,\frac{\partial^2 P'}{\partial e\,\partial e'} + \frac{\partial P'}{\partial\varpi}\,\frac{\partial^2 P}{\partial e\,\partial\varpi} - \frac{\partial P}{\partial\varpi}\,\frac{\partial^2 P'}{\partial e\,\partial\varpi}\right),$$

$$\delta\varpi = \frac{3m'^2a^2n^3}{(5n'-2n)^2e}\,\frac{5m\sqrt{a}+2m'\sqrt{a'}}{m'\sqrt{a'}}\left\{\begin{array}{l}\left(P\dfrac{\partial P}{\partial e} + P'\dfrac{\partial P'}{\partial e}\right)t + \dfrac{P\dfrac{\partial P}{\partial e} - P'\dfrac{\partial P'}{\partial e}}{2(5n'-2n)}\cdot\sin 2(5n't-2nt+5\varepsilon'-2\varepsilon)\\ + \dfrac{P'\dfrac{\partial P}{\partial e} + P\dfrac{\partial P'}{\partial e}}{2(5n'-2n)}\cdot\cos 2(5n't-2nt+5\varepsilon'-2\varepsilon)\end{array}\right\}$$

$$-\frac{m'^2a^2n^2}{(5n-2n)e}\left\{\begin{array}{l}\left(\dfrac{\partial P}{\partial e}\dfrac{\partial^2 P}{\partial e^2} - \dfrac{\partial P'}{\partial e}\dfrac{\partial^2 P'}{\partial e^2} + \dfrac{\partial P}{\partial\varpi}\dfrac{\partial^2 P}{\partial e\,\partial\varpi} + \dfrac{\partial P'}{\partial\varpi}\dfrac{\partial^2 P'}{\partial e\,\partial\varpi}\right)t + \dfrac{\left(\dfrac{\partial P}{\partial e}\right)^2 - \left(\dfrac{\partial P'}{\partial e}\right)^2}{2e(5n'-2n)}\cdot\sin 2(5n't-2nt+5\varepsilon'-2\varepsilon)\\ + \dfrac{\dfrac{\partial P}{\partial e}\,\dfrac{\partial P'}{\partial e}}{e(5n'-2n)}\cdot\cos 2(5n't-2nt+5\varepsilon'-2\varepsilon)\end{array}\right\}$$

$$+\frac{mm'aa'nn't}{(5n'-2n)e}\left(\frac{\partial P}{\partial e'}\,\frac{\partial^2 P}{\partial e\,\partial e'} + \frac{\partial P'}{\partial e'}\,\frac{\partial^2 P'}{\partial e\,\partial e'} + \frac{\partial P}{\partial\varpi}\,\frac{\partial^2 P}{\partial e\,\partial\varpi} + \frac{\partial P'}{\partial\varpi}\,\frac{\partial^2 P'}{\partial e\,\partial\varpi}\right).$$

Les parties de ces expressions, proportionnelles au temps t, donnent les variations séculaires de l'excentricité et du périhélie dues au carré de la force perturbatrice. Pour avoir les termes périodiques dépendants de ce carré, considérons le terme $2e\sin(nt + \varepsilon - \varpi)$ de l'expression elliptique de la longitude vraie. Si l'on désigne par δe et par $\delta\varpi$ les variations de e et de ϖ dépendantes de l'angle $5n't - 2nt + 5\varepsilon' - 2\varepsilon$, et qui sont dues à la première puissance de la force perturbatrice, et par $\delta'e$ et $\delta'\varpi$ les variations précédentes de e et de ϖ dépendantes du double de cet angle; si l'on désigne ensuite par $\delta\varepsilon$ la somme des deux inégalités de m, l'une dépendante de $5n't - 2nt + 5\varepsilon' - 2\varepsilon$, et l'autre dépendante du double de cet angle, le terme $2e\sin(nt + \varepsilon - \varpi)$ devient

$$(2e + 2\delta e + 2\delta'e)\sin(nt + \varepsilon + \delta\varepsilon - \varpi - \delta\varpi - \delta'\varpi),$$

et par conséquent, en négligeant le cube de la force perturbatrice, il se développe dans les termes suivants

$$2e\sin(nt + \varepsilon + \delta\varepsilon - \varpi)$$
$$+\, 2\delta e\sin(nt + \varepsilon - \varpi) - 2e\delta\varpi\cos(nt + \varepsilon - \varpi)$$
$$+\, [2\delta'e + 2e\,\delta\varpi\,\delta\varepsilon - e(\delta\varpi)^2]\sin(nt + \varepsilon - \varpi)$$
$$-\, [2e\delta'\varpi + 2\delta e\,\delta\varpi - 2\delta\varepsilon\,\delta e]\cos(nt + \varepsilon - \varpi).$$

Le terme $2e\sin(nt + \varepsilon + \delta\varepsilon - \varpi)$ est celui que l'on obtient en augmentant, comme nous le prescrivons, dans la partie elliptique, le moyen mouvement nt, de $\delta\varepsilon$; les deux termes

$$2\delta e\sin(nt + \varepsilon - \varpi) - 2e\delta\varpi\cos(nt + \varepsilon - \varpi)$$

forment l'inégalité dépendante de l'angle $3nt - 5n't + 3\varepsilon - 5\varepsilon'$, que donnent les formules du n° 1. Si l'on substitue ensuite dans les autres termes, au lieu de δe et $\delta\varpi$, leurs valeurs données par le n° 69 du Livre II, et au lieu de $\delta'e$ et $\delta'\varpi$ leurs valeurs données par ce qui précède, leur somme donnera, en négligeant les termes dépendants du sinus et du cosinus de $nt + \varepsilon$, parce qu'ils se confondent avec l'équation du centre,

$$- \frac{3m'^2 a^2 n^3}{(5n' - 2n)^3} \cdot \frac{5m\sqrt{a} + 4m'\sqrt{a'}}{m'\sqrt{a'}} \left(\mathrm{P} \frac{\partial \mathrm{P'}}{\partial e} + \mathrm{P'} \frac{\partial \mathrm{P}}{\partial e} \right) \cos(5nt - 10n't + 5\varepsilon - 10\varepsilon' - \varpi)$$

$$- \frac{3m'^2 a^2 n^3}{(5n' - 2n)^3} \cdot \frac{5m\sqrt{a} + 4m'\sqrt{a'}}{m'\sqrt{a'}} \left(\mathrm{P} \frac{\partial \mathrm{P'}}{\partial e} - \mathrm{P'} \frac{\partial \mathrm{P}}{\partial e} \right) \sin(5nt - 10n't + 5\varepsilon - 10\varepsilon' - \varpi).$$

Cette inégalité peut être mise sous la forme suivante : si l'on représente par $\mathrm{K} \sin(5n't - 3nt + 5\varepsilon' - 3\varepsilon + \mathrm{B})$ l'inégalité de m dépendante de $3nt - 5n't + 3\varepsilon - 5\varepsilon'$, et par $\bar{\bar{\Pi}} \sin(5n't - 2nt + 5\varepsilon' - 2\varepsilon + \bar{\mathrm{A}})$ la grande inégalité, l'inégalité précédente sera, par le n° 69 du Livre II,

$$\frac{1}{4} \frac{5m\sqrt{a} + 4m'\sqrt{a'}}{m'\sqrt{a'}} \, \Pi\mathrm{K} \sin(5nt - 10n't + 5\varepsilon - 10\varepsilon' - \mathrm{B} - \mathrm{A}).$$

On trouvera pareillement, en n'ayant égard qu'aux variations séculaires dépendantes du carré de la force perturbatrice,

$$\delta e' = - \frac{3m^2 a^3 n^3 t}{(5n' - 2n)^2 a'} \cdot \frac{5m\sqrt{a} + 2m'\sqrt{a'}}{m\sqrt{a}} \left(\mathrm{P} \frac{\partial \mathrm{P'}}{\partial e'} - \mathrm{P'} \frac{\partial \mathrm{P}}{\partial e'} \right)$$

$$- \frac{m^2 a'^2 n'^2 t}{5n' - 2n} \left(\frac{\partial \mathrm{P'}}{\partial e'} \frac{\partial^2 \mathrm{P}}{\partial e'^2} - \frac{\partial \mathrm{P}}{\partial e'} \frac{\partial^2 \mathrm{P'}}{\partial e'^2} + \frac{\partial \mathrm{P'}}{\partial \gamma} \frac{\partial^2 \mathrm{P}}{\partial e' \partial \gamma} - \frac{\partial \mathrm{P}}{\partial \gamma} \frac{\partial^2 \mathrm{P'}}{\partial e' \partial \gamma} \right)$$

$$+ \frac{mm' aa' nn' t}{5n' - 2n} \left(\frac{\partial \mathrm{P'}}{\partial e} \frac{\partial^2 \mathrm{P}}{\partial e \partial e'} - \frac{\partial \mathrm{P}}{\partial e} \frac{\partial^2 \mathrm{P'}}{\partial e \partial e'} + \frac{\partial \mathrm{P'}}{\partial \gamma} \frac{\partial^2 \mathrm{P}}{\partial e' \partial \gamma} - \frac{\partial \mathrm{P}}{\partial \gamma} \frac{\partial^2 \mathrm{P'}}{\partial e' \partial \gamma} \right),$$

$$\delta \varpi' = \frac{3m^2 a^3 n^3 t}{(5n' - 2n)^2 a' e'} \cdot \frac{5m\sqrt{a} + 2m'\sqrt{a'}}{m\sqrt{a}} \left(\mathrm{P} \frac{\partial \mathrm{P'}}{\partial e'} + \mathrm{P'} \frac{\partial \mathrm{P}}{\partial e'} \right)$$

$$- \frac{m^2 a'^2 n'^2 t}{(5n' - 2n) e'} \left(\frac{\partial \mathrm{P}}{\partial e'} \frac{\partial^2 \mathrm{P}}{\partial e'^2} - \frac{\partial \mathrm{P'}}{\partial e'} \frac{\partial^2 \mathrm{P'}}{\partial e'^2} + \frac{\partial \mathrm{P}}{\partial \gamma} \frac{\partial^2 \mathrm{P}}{\partial e' \partial \gamma} + \frac{\partial \mathrm{P'}}{\partial \gamma} \frac{\partial^2 \mathrm{P'}}{\partial e' \partial \gamma} \right)$$

$$+ \frac{mm' aa' nn' t}{(5n' - 2n) e'} \left(\frac{\partial \mathrm{P}}{\partial e} \frac{\partial^2 \mathrm{P}}{\partial e \partial e'} + \frac{\partial \mathrm{P'}}{\partial e} \frac{\partial^2 \mathrm{P'}}{\partial e \partial e'} + \frac{\partial \mathrm{P}}{\partial \gamma} \frac{\partial^2 \mathrm{P}}{\partial e' \partial \gamma} + \frac{\partial \mathrm{P'}}{\partial \gamma} \frac{\partial^2 \mathrm{P'}}{\partial e' \partial \gamma} \right).$$

On trouve encore que le mouvement de m' en longitude est affecté de l'inégalité

$$\frac{3m^2 a^3 n^3}{(5n' - 2n)^3 a'} \cdot \frac{3m\sqrt{a} + 2m'\sqrt{a'}}{m\sqrt{a}} \left\{ \begin{array}{l} \left(\mathrm{P} \frac{\partial \mathrm{P'}}{\partial e'} - \mathrm{P'} \frac{\partial \mathrm{P}}{\partial e'} \right) \cos(4nt - 9n't + 4\varepsilon - 9\varepsilon' - \varpi') \\[1em] + \left(\mathrm{P} \frac{\partial \mathrm{P'}}{\partial e'} - \mathrm{P'} \frac{\partial \mathrm{P}}{\partial e'} \right) \sin(4nt - 9n't + 4\varepsilon - 9\varepsilon' - \varpi') \end{array} \right\}$$

Si l'on désigne par

$$\mathrm{K}' \sin(4n't - 2nt + 4\varepsilon' - 2\varepsilon + \mathrm{B}')$$

l'inégalité de m' dépendante de $2nt - 4n't + 2\varepsilon - 4\varepsilon'$, et par

$$- \mathrm{H}' \sin(5n't - 2nt + 5\varepsilon' - 2\varepsilon + \mathrm{A}')$$

la grande inégalité de m', on aura, pour son inégalité dépendante de $4nt - 9n't + 4\varepsilon - 9\varepsilon'$,

$$\frac{1}{4} \frac{3m\sqrt{a} + 2m'\sqrt{a'}}{m\sqrt{a}} \mathrm{H}' \mathrm{K}' \sin(4nt - 9n't + 4\varepsilon - 9\varepsilon' - \mathrm{B}' - \mathrm{A}').$$

14. Les nœuds et les inclinaisons des orbites de Jupiter et de Saturne sont assujettis à des variations analogues aux précédentes. Pour les déterminer, nous observerons que, φ et φ' étant les inclinaisons des orbites sur un plan fixe, et θ et θ' étant les longitudes de leurs nœuds ascendants, on a, par le n° 60 du Livre II, à cause de la petitesse de φ et de φ',

$$\varphi' \sin\theta' - \varphi \sin\theta = \gamma \sin\Pi,$$
$$\varphi' \cos\theta' - \varphi \cos\theta = \gamma \cos\Pi.$$

On a de plus, par le n° 12,

$$\delta(\varphi' \sin\theta') = - \frac{m\sqrt{a}}{m'\sqrt{a'}} \delta(\varphi \sin\theta),$$

$$\delta(\varphi' \cos\theta') = - \frac{m\sqrt{a}}{m'\sqrt{a'}} \delta(\varphi \cos\theta).$$

De ces quatre équations on tire les suivantes

$$\delta\varphi = \frac{-m'\sqrt{a'}}{m\sqrt{a} + m'\sqrt{a'}} [\delta\gamma \cos(\Pi - \theta) - \gamma \delta\Pi \sin(\Pi - \theta)],$$

$$\varphi \,\delta\theta = \frac{-m'\sqrt{a'}}{m\sqrt{a} + m'\sqrt{a'}} [\delta\gamma \sin(\Pi - \theta) + \gamma \delta\Pi \cos(\Pi - \theta)],$$

$$\delta\varphi' = \frac{m\sqrt{a}}{m\sqrt{a} + m'\sqrt{a'}} [\delta\gamma \cos(\Pi - \theta') - \gamma \delta\Pi \sin(\Pi - \theta')],$$

$$\varphi' \,\delta\theta' = \frac{m\sqrt{a}}{m\sqrt{a} + m'\sqrt{a'}} [\delta\gamma \sin(\Pi - \theta') + \gamma \delta\Pi \cos(\Pi - \theta')].$$

Les variations de ρ, θ, ρ' et θ' dépendent ainsi des variations de γ et de Π. On a, par le n° 12,

$$\frac{d\gamma}{dt} = -\frac{m\sqrt{a} + m'\sqrt{a'}}{m'\sqrt{a'}}\, m'an \left\{ \begin{array}{l} \dfrac{\partial P}{\partial\gamma}\cos(5n't - 2nt + 5\varepsilon' - 2\varepsilon) \\[2mm] -\dfrac{\partial P'}{\partial\gamma}\sin(5n't - 2nt + 5\varepsilon' - 2\varepsilon) \end{array} \right\},$$

$$\gamma\frac{d\Pi}{dt} = -\frac{m\sqrt{a} - m'\sqrt{a'}}{m'\sqrt{a'}}\, m'an \left\{ \begin{array}{l} \dfrac{\partial P}{\partial\gamma}\sin(5n't - 2nt + 5\varepsilon' - 2\varepsilon) \\[2mm] +\dfrac{\partial P'}{\partial\gamma}\cos(5n't - 2nt + 5\varepsilon' - 2\varepsilon) \end{array} \right\}.$$

De là on tire, en négligeant les quantités périodiques dont l'effet est insensible, et en observant que

$$\frac{\partial P'}{\partial\gamma}\frac{\partial^2 P}{\partial\gamma^2} - \frac{\partial P}{\partial\gamma}\frac{\partial^2 P'}{\partial\gamma^2} = 0,$$

$$\delta\gamma = -\frac{3m'^2 a^2 n^3}{(5n' - 2n)^2}\frac{m\sqrt{a} + m'\sqrt{a'}}{m'\sqrt{a'}}\frac{5m\sqrt{a} + 2m'\sqrt{a'}}{m'\sqrt{a'}}\, t\left(P\frac{\partial P'}{\partial\gamma} - P'\frac{\partial P}{\partial\gamma}\right)$$

$$+ \frac{m'^2 a^2 n^2}{5n' - 2n}\frac{m\sqrt{a} + m'\sqrt{a'}}{m'\sqrt{a'}}\, t\left(\frac{\partial P'}{\partial e}\frac{\partial^2 P}{\partial e\,\partial\gamma} - \frac{\partial P}{\partial e}\frac{\partial^2 P'}{\partial e\,\partial\gamma}\right)$$

$$+ \frac{mm'aa'nn'}{5n' - 2n}\frac{m\sqrt{a} + m'\sqrt{a'}}{m'\sqrt{a'}}\, t\left(\frac{\partial P'}{\partial e'}\frac{\partial^2 P}{\partial e'\,\partial\gamma} - \frac{\partial P}{\partial e'}\frac{\partial^2 P'}{\partial e'\,\partial\gamma}\right),$$

$$\delta\Pi = \frac{3m'^2 a^2 n^3}{\gamma(5n' - 2n)^2}\frac{m\sqrt{a} + m'\sqrt{a'}}{m'\sqrt{a'}}\frac{5m\sqrt{a} + 2m'\sqrt{a'}}{m'\sqrt{a'}}\, t\left(P\frac{\partial P}{\partial\gamma} + P'\frac{\partial P'}{\partial\gamma}\right)$$

$$+ \frac{m'^2 a^2 n^2}{\gamma(5n' - 2n)}\frac{m\sqrt{a} + m'\sqrt{a'}}{m'\sqrt{a'}}\, t\left\{ \begin{array}{l} \dfrac{\partial P}{\partial e}\dfrac{\partial^2 P}{\partial e\,\partial\gamma} + \dfrac{\partial P'}{\partial e}\dfrac{\partial^2 P'}{\partial e\,\partial\gamma} \\[2mm] + \dfrac{\partial P}{\partial\gamma}\dfrac{\partial^2 P}{\partial\gamma^2} + \dfrac{\partial P'}{\partial\gamma}\dfrac{\partial^2 P'}{\partial\gamma^2} \end{array} \right\}$$

$$+ \frac{mm'aa'nn'}{\gamma(5n' - 2n)}\frac{m\sqrt{a} + m'\sqrt{a'}}{m'\sqrt{a'}}\, t\left\{ \begin{array}{l} \dfrac{\partial P}{\partial e'}\dfrac{\partial^2 P}{\partial e'\,\partial\gamma} + \dfrac{\partial P'}{\partial e'}\dfrac{\partial^2 P'}{\partial e'\,\partial\gamma} \\[2mm] + \dfrac{\partial P}{\partial\gamma}\dfrac{\partial^2 P}{\partial\gamma^2} + \dfrac{\partial P'}{\partial\gamma}\dfrac{\partial^2 P'}{\partial\gamma^2} \end{array} \right\}.$$

15. Si l'on voulait déterminer pour un temps quelconque les éléments des orbites planétaires, il faudrait intégrer les équations différentielles (A) et (C) des n°ˢ 55 et 59 du Livre II, par la méthode ex-

posée dans le n° 56 du même Livre; mais l'ignorance où nous sommes
encore sur les valeurs des masses de plusieurs planètes rend inutile
à l'Astronomie ce calcul, dans lequel il devient indispensable de faire
entrer les variations séculaires dépendantes du carré de la force perturbatrice, que nous venons de déterminer, et qui sont très-sensibles
pour Jupiter et Saturne. Ces variations augmentent les valeurs de $\frac{dh''}{dt}$,
$\frac{dl''}{dt}$, $\frac{dp''}{dt}$, $\frac{dq''}{dt}$, $\frac{dh'}{dt}$, …, relatives à ces deux planètes, respectivement
des quantités

$$\frac{h''\,\partial e''}{e''\,t}+\frac{l''\,\partial\varpi''}{t}, \qquad \frac{l''\,\partial e''}{e''\,t}-\frac{h''\,\partial\varpi''}{t}, \qquad \frac{p''\,\partial\varphi''}{\varphi''\,t}+\frac{q''\,\partial\vartheta''}{t}, \qquad …,$$

en ne considérant dans δe^{iv}, $\delta\varpi^{\text{iv}}$, … que les quantités proportionnelles
au temps t, déterminées dans les numéros précédents. On substituera
dans ces dernières quantités, au lieu de e^{iv}, $\sin\varpi^{\text{iv}}$, $\cos\varpi^{\text{iv}}$, …, leurs
valeurs en h^{iv}, l^{iv}, …; les équations différentielles (A) du n° 55 du
Livre II cesseront d'être linéaires; mais il sera facile de les intégrer
par les méthodes connues d'approximation, lorsque la suite des siècles
aura fait connaître les vraies valeurs des masses planétaires. Dans l'état
actuel de l'Astronomie, il suffit d'avoir les variations séculaires des
éléments des orbites, en séries ordonnées par rapport aux puissances
du temps, en ne portant l'approximation que jusqu'à la seconde
puissance.

On a vu, dans les n°s 57 et 59 du Livre II, que l'état du système
planétaire est stable, c'est-à-dire que les orbites de ce système restent
toujours très-peu excentriques et très-peu inclinées les unes aux autres.
Nous avons déduit ce résultat important du Système du monde de
l'équation trouvée dans le n° 61 du Livre II

$$\text{const.} = (e^2 + \varphi^2)\,m\sqrt{\overline{a}} + (e'^2 + \varphi'^2)\,m'\sqrt{\overline{a'}} + \ldots$$

En effet, le second membre de cette équation est très-petit dans l'état
actuel de ce Système; il le sera donc toujours, ce qui exige que les
excentricités et les inclinaisons des orbites soient toujours peu consi-

dérables. Nous allons faire voir ici que la différentielle de l'équation précédente

$$o = (e\,de + \varphi\,d\varphi)\,m\sqrt{a} + (e'\,de' + \varphi'\,d\varphi')\,m'\sqrt{a'} + \ldots$$

subsiste, en ayant même égard aux variations séculaires des éléments des orbites, déterminées dans les numéros précédents, d'où il suit que ces variations n'altèrent point la stabilité du système planétaire. Pour cela, il suffit de prouver qu'en représentant par m Jupiter, par m' Saturne, et par δe, $\delta e'$, $\delta\varphi$, $\delta\varphi'$ les variations séculaires de e, e', φ, φ', données par ce qui précède, on a

$$o = (e\,\delta e + \varphi\,\delta\varphi)\,m\sqrt{a} + (e'\,\delta e' + \varphi'\,\delta\varphi')\,m'\sqrt{a'}.$$

En substituant dans la fonction $\varphi\,\delta\varphi\,.\,m\sqrt{a} + \varphi'\,\delta\varphi'\,.\,m'\sqrt{a'}$, au lieu de φ, $\delta\varphi$, φ', $\delta\varphi'$, leurs valeurs données dans le numéro précédent, elle devient

$$\frac{mm'\sqrt{aa'}}{m\sqrt{a} + m'\sqrt{a'}}\,\varphi\,\delta\varphi,$$

ce qui change l'équation précédente dans celle-ci

$$o = e\,\delta e\,.\,m\sqrt{a} + e'\,\delta e'\,.\,m'\sqrt{a'} + \frac{mm'\sqrt{aa'}}{m\sqrt{a} + m'\sqrt{a'}}\,\varphi\,\delta\varphi.$$

Considérons d'abord le premier terme de l'expression de δe du n° 13. Ce terme devient, en observant que $n^2 a^3 = 1$,

$$-\frac{3m'\left(5m\sqrt{a} + 2m'\sqrt{a'}\right)}{a\sqrt{a'}\,(5n' - 2n)^2}\,nt\left(P\,\frac{\partial P'}{\partial e} - P'\,\frac{\partial P}{\partial e}\right).$$

Considérons ensuite le premier terme de l'expression de $\delta e'$ du même numéro,

$$-\frac{3m\left(5m\sqrt{a} + 2m'\sqrt{a'}\right)}{a'\sqrt{a}\,(5n' - 2n)^2}\,nt\left(P\,\frac{\partial P'}{\partial e'} - P'\,\frac{\partial P}{\partial e'}\right).$$

Considérons enfin le premier terme de l'expression de $\delta\varphi$ du numéro précédent

$$- \frac{3m'\left(5m\sqrt{a} + 2m'\sqrt{a'}\right)}{a\sqrt{a'}\,(5n'-2n)^2}\, \frac{m\sqrt{a}+m'\sqrt{a'}}{m'\sqrt{a'}}\, nt\left(\mathrm{P}\,\frac{\partial\mathrm{P}'}{\partial\gamma} - \mathrm{P}'\,\frac{\partial\mathrm{P}}{\partial\gamma}\right).$$

On aura, en n'ayant égard qu'à ces termes,

$$e\,\delta e.m\sqrt{a} + e'\,\delta e'.m'\sqrt{a'} + \frac{mm'\sqrt{aa'}}{m\sqrt{a}+m'\sqrt{a'}}\,\gamma\,\delta\gamma$$

$$= - \frac{3mm'\left(5m\sqrt{a}+2m'\sqrt{a'}\right)}{(5n'-2n)^2\sqrt{aa'}}\, nt \left\{ \begin{array}{l} \mathrm{P}\left(e\,\dfrac{\partial\mathrm{P}'}{\partial e} + e'\,\dfrac{\partial\mathrm{P}'}{\partial e'} + \gamma\,\dfrac{\partial\mathrm{P}'}{\partial\gamma}\right) \\[2ex] - \mathrm{P}'\left(e\,\dfrac{\partial\mathrm{P}}{\partial e} + e'\,\dfrac{\partial\mathrm{P}}{\partial e'} + \gamma\,\dfrac{\partial\mathrm{P}}{\partial\gamma}\right) \end{array} \right\};$$

or P et P' étant des fonctions homogènes en e, e' et γ, de la troisième dimension, on a

$$e\,\frac{\partial\mathrm{P}}{\partial e} + e'\,\frac{\partial\mathrm{P}}{\partial e'} + \gamma\,\frac{\partial\mathrm{P}}{\partial\gamma} = 3\mathrm{P},$$

$$e\,\frac{\partial\mathrm{P}'}{\partial e} + e'\,\frac{\partial\mathrm{P}'}{\partial e'} + \gamma\,\frac{\partial\mathrm{P}'}{\partial\gamma} = 3\mathrm{P}';$$

on a donc

$$0 = e\,\delta e.m\sqrt{a} + e'\,\delta e'.m'\sqrt{a'} + \frac{mm'\sqrt{aa'}}{m\sqrt{a}+m'\sqrt{a'}}\,\gamma\,\delta\gamma.$$

Considérons ensuite le terme de δe,

$$\frac{m'^2 t}{a(5n'-2n)}\left(\frac{\partial\mathrm{P}'}{\partial e}\,\frac{\partial^2\mathrm{P}}{\partial e^2} - \frac{\partial\mathrm{P}}{\partial e}\,\frac{\partial^2\mathrm{P}'}{\partial e^2} + \frac{\partial\mathrm{P}'}{\partial\gamma}\,\frac{\partial^2\mathrm{P}}{\partial e\,\partial\gamma} - \frac{\partial\mathrm{P}}{\partial\gamma}\,\frac{\partial^2\mathrm{P}'}{\partial e\,\partial\gamma}\right);$$

le terme de $\delta e'$,

$$\frac{mm' t}{\sqrt{aa'}\,(5n'-2n)}\left(\frac{\partial\mathrm{P}'}{\partial e}\,\frac{\partial^2\mathrm{P}}{\partial e\,\partial e'} - \frac{\partial\mathrm{P}}{\partial e}\,\frac{\partial^2\mathrm{P}'}{\partial e\,\partial e'} + \frac{\partial\mathrm{P}'}{\partial\gamma}\,\frac{\partial^2\mathrm{P}}{\partial e'\,\partial\gamma} - \frac{\partial\mathrm{P}}{\partial\gamma}\,\frac{\partial^2\mathrm{P}'}{\partial e'\,\partial\gamma}\right);$$

enfin le terme de $\delta\gamma$,

$$\frac{m'^2 t}{a(5n'-2n)}\,\frac{m\sqrt{a}+m'\sqrt{a'}}{m'\sqrt{a'}}\left(\frac{\partial\mathrm{P}'}{\partial e}\,\frac{\partial^2\mathrm{P}}{\partial e\,\partial\gamma} - \frac{\partial\mathrm{P}}{\partial e}\,\frac{\partial^2\mathrm{P}'}{\partial e\,\partial\gamma}\right);$$

on aura, en n'ayant égard qu'à ces termes et observant que l'on a

$$o = \frac{\partial P'}{\partial\gamma}\frac{\partial^2 P}{\partial\gamma^2} - \frac{\partial P}{\partial\gamma}\frac{\partial^2 P'}{\partial\gamma^2},$$

$$e\,\delta e.\,m\sqrt{a} + e'\delta e'.\,m'\sqrt{a'} + \frac{mm'\sqrt{aa'}}{m\sqrt{a} + m'\sqrt{a'}}\,\gamma\,\delta\gamma$$

$$= \frac{m'^2 m t}{(5n' - 2n)\sqrt{a}}\left\{\begin{array}{l}\frac{\partial P'}{\partial e}\left(e\frac{\partial^2 P}{\partial e^2} + e'\frac{\partial^2 P}{\partial e\,\partial e'} + \gamma\frac{\partial^2 P}{\partial e\,\partial\gamma}\right)\\[1.5ex] - \frac{\partial P}{\partial e}\left(e\frac{\partial^2 P'}{\partial e^2} + e'\frac{\partial^2 P'}{\partial e\,\partial e'} + \gamma\frac{\partial^2 P'}{\partial e\,\partial\gamma}\right)\\[1.5ex] + \frac{\partial P'}{\partial\gamma}\left(e\frac{\partial^2 P}{\partial e\,\partial\gamma} + e'\frac{\partial^2 P}{\partial e'\,\partial\gamma} + \gamma\frac{\partial^2 P}{\partial\gamma^2}\right)\\[1.5ex] - \frac{\partial P}{\partial\gamma}\left(e\frac{\partial^2 P'}{\partial e\,\partial\gamma} + e'\frac{\partial^2 P'}{\partial e'\,\partial\gamma} + \gamma\frac{\partial^2 P'}{\partial\gamma^2}\right)\end{array}\right\}.$$

$\frac{\partial P}{\partial e}$ et $\frac{\partial P'}{\partial e}$ sont homogènes en e, e' et γ, de la seconde dimension, ce qui donne

$$e\frac{\partial^2 P}{\partial e^2} + e'\frac{\partial^2 P}{\partial e\,\partial e'} + \gamma\frac{\partial^2 P}{\partial e\,\partial\gamma} = 2\frac{\partial P}{\partial e},$$

$$e\frac{\partial^2 P'}{\partial e^2} + e'\frac{\partial^2 P'}{\partial e\,\partial e'} + \gamma\frac{\partial^2 P'}{\partial e\,\partial\gamma} = 2\frac{\partial P'}{\partial e};$$

de plus, $\frac{\partial P}{\partial\gamma}$ et $\frac{\partial P'}{\partial\gamma}$ sont homogènes en e, e' et γ, de la seconde dimension, ce qui donne

$$e\frac{\partial^2 P}{\partial e\,\partial\gamma} + e'\frac{\partial^2 P}{\partial e'\,\partial\gamma} + \gamma\frac{\partial^2 P}{\partial\gamma^2} = 2\frac{\partial P}{\partial\gamma},$$

$$e\frac{\partial^2 P'}{\partial e\,\partial\gamma} + e'\frac{\partial^2 P'}{\partial e'\,\partial\gamma} + \gamma\frac{\partial^2 P'}{\partial\gamma^2} = 2\frac{\partial P'}{\partial\gamma};$$

on a donc encore, en n'ayant égard qu'à ces termes,

$$o = e\,\delta e.\,m\sqrt{a} + e'\delta e'.\,m'\sqrt{a'} + \frac{mm'\sqrt{aa'}}{m\sqrt{a} + m'\sqrt{a'}}\,\gamma\,\delta\gamma.$$

Considérons enfin le terme de δe,

$$\frac{mm't}{(5n' - 2n)\sqrt{aa'}}\left(\frac{\partial P'}{\partial e'}\frac{\partial^2 P}{\partial e\,\partial e'} - \frac{\partial P}{\partial e'}\frac{\partial^2 P'}{\partial e\,\partial e'} + \frac{\partial P'}{\partial\gamma}\frac{\partial^2 P}{\partial e\,\partial\gamma} - \frac{\partial P}{\partial\gamma}\frac{\partial^2 P'}{\partial e\,\partial\gamma}\right);$$

le terme de $\delta e'$,

$$\frac{m^2 t}{(5n'-2n)a'}\left(\frac{\partial P'}{\partial e'}\frac{\partial^2 P}{\partial e'^2}-\frac{\partial P}{\partial e'}\frac{\partial^2 P'}{\partial e'^2}+\frac{\partial P'}{\partial \gamma}\frac{\partial^2 P}{\partial e'\partial \gamma}-\frac{\partial P}{\partial \gamma}\frac{\partial^2 P'}{\partial e'\partial \gamma}\right),$$

et le terme de $\delta\gamma$,

$$\frac{mm'}{(5n'-2n)\sqrt{aa'}}\frac{m\sqrt{a}+m'\sqrt{a'}}{m'\sqrt{a'}}t\left(\frac{\partial P'}{\partial e'}\frac{\partial^2 P}{\partial e'\partial \gamma}-\frac{\partial P}{\partial e'}\frac{\partial^2 P'}{\partial e'\partial \gamma}\right);$$

on aura encore, en n'ayant égard qu'à ces termes,

$$0=c\,\delta e.m\sqrt{a}+e'\,\delta e'.m'\sqrt{a'}+\frac{mm'\sqrt{aa'}}{m\sqrt{a}+m'\sqrt{a'}}\gamma\,\delta\gamma.$$

Cette équation a donc lieu généralement, en ayant même égard aux termes dépendants du carré de la force perturbatrice.

La détermination du plan invariable, donnée dans le n° 62 du Livre II, est fondée sur les trois équations

$$c=m\sqrt{a(1-e^2)}\cos\varphi+m'\sqrt{a'(1-e'^2)}\cos\varphi'+\ldots,$$

$$c'=m\sqrt{a(1-e^2)}\sin\varphi\,\sin\vartheta+m'\sqrt{a'(1-e'^2)}\sin\varphi'\sin\vartheta'+\ldots,$$

$$c''=m\sqrt{a(1-e^2)}\sin\varphi\,\cos\vartheta+m'\sqrt{a'(1-e'^2)}\sin\varphi'\cos\vartheta'+\ldots,$$

a, a', … étant constants par le n° 12, en ayant même égard au carré de la force perturbatrice; la première de ces équations donne, en négligeant les produits de quatre dimensions de c, c', …, φ, φ', …,

$$\text{const.}=(c^2+\varphi^2)m\sqrt{a}+(c'^2+\varphi'^2)m'\sqrt{a'}+\ldots,$$

et l'on vient de voir que les termes dépendants du carré de la force perturbatrice n'altèrent point l'exactitude de cette équation. La seconde des trois équations précédentes donne, en négligeant les produits de trois dimensions de c, c', …, φ, φ', …,

$$0=\delta(\varphi\sin\vartheta)m\sqrt{a}+\delta(\varphi'\sin\vartheta')m'\sqrt{a'}+\ldots;$$

or, en ayant même égard aux termes dépendants du carré de la force perturbatrice, cette équation a lieu par le n° 14; l'équation

$$c' = m\sqrt{a(1-e^2)}\,\sin\varphi\,\sin\theta + m'\sqrt{a'(1-e'^2)}\,\sin\varphi'\,\sin\theta' + \ldots$$

n'est donc point altérée par ces termes, et l'on trouve de la même manière que cela a également lieu pour l'équation

$$c'' = m\sqrt{a(1-e^2)}\,\sin\varphi\,\cos\theta + m'\sqrt{a'(1-e'^2)}\,\sin\varphi'\,\cos\theta' + \ldots;$$

ainsi le plan invariable déterminé par le n° 62 du Livre II reste toujours invariable, en ayant même égard au carré de la force perturbatrice.

16. Les termes dépendants de ce carré peuvent avoir une influence
sensible sur les deux grandes inégalités de Jupiter et de Saturne; nous
allons déterminer les plus considérables. On a vu dans le n° 5 que
l'expression de R ou de δR renferme la fonction

$$\frac{m'}{8}(e^2 + e'^2)\left(2a\frac{\partial A^{(0)}}{\partial a} + a^2\frac{\partial^2 A^{(0)}}{\partial a^2}\right)$$

$$+ \frac{m'}{4}ee'\cos(\varpi' - \varpi)\left(4A^{(1)} + 2a\frac{\partial A^{(1)}}{\partial a} + 2a'\frac{\partial A^{(1)}}{\partial a'} + aa'\frac{\partial^2 A^{(1)}}{\partial a\,\partial a'}\right)$$

$$+ \frac{m'}{8}aa'B^{(1)}\gamma^2.$$

En y faisant croître e, e', ϖ, ϖ' et γ de leurs variations dépendantes de
l'angle $5n't - 2nt$, on aura dans R un terme dépendant du même
angle, et qui, à raison du diviseur $5n' - 2n$, qui affecte ces variations, parait devoir être sensible. Mais on doit observer que ce diviseur
disparait dans dR, parce que, la caractéristique différentielle d se rapportant aux seules coordonnées de m, elle se rapporte aux variations
de e et de ϖ, et par conséquent elle introduit le multiplicateur
$5n' - 2n$; or on a vu que la grande inégalité de m dépend principalement du terme $3a\int\int n\,dt\,d$R; les inégalités du rayon vecteur et de la
longitude, qui dépendent des variations des excentricités et des péri-

hélies relatives à l'angle $5n't - 2nt$, ont donc très-peu d'influence sur les deux grandes inégalités de Jupiter et de Saturne.

On verra dans la suite que les inégalités les plus sensibles de ces deux planètes, dépendantes des simples excentricités des orbites, sont relatives à l'angle $nt - 2n't$. Nommons $\mathrm{F}\cos(nt - 2n't + \varepsilon - 2\varepsilon' + \mathrm{A})$ le terme de $\frac{\delta r}{a}$ qui dépend de cet angle, et $\mathrm{E}\sin(nt - 2n't + \varepsilon - 2\varepsilon' + \mathrm{B})$ le terme de δv dépendant du même angle. Soient

$$\mathrm{F}'\cos(nt - 2n't + \varepsilon - 2\varepsilon' + \mathrm{A}') \quad \text{et} \quad \mathrm{E}'\sin(nt - 2n't + \varepsilon - 2\varepsilon' + \mathrm{B}')$$

les termes correspondants de $\frac{\delta r'}{a}$ et de $\delta v'$. Supposons que R soit relatif à Saturne troublé par Jupiter; en le développant par rapport aux carrés et aux produits des excentricités et des inclinaisons des orbites, et en ne considérant que l'angle $3n't - nt$, on aura, par le n° 4, une fonction de cette forme

$$\mathrm{M}^{(0)}e'^2\cos(3n't - nt + 3\varepsilon' - \varepsilon - 2\varpi')$$
$$+ \mathrm{M}^{(1)}ee'\cos(3n't - nt + 3\varepsilon' - \varepsilon - \varpi - \varpi')$$
$$+ \mathrm{M}^{(2)}e^2\cos(3n't - nt + 3\varepsilon' - \varepsilon - 2\varpi)$$
$$+ \mathrm{M}^{(3)}\gamma^2\cos(3n't - nt + 3\varepsilon' - \varepsilon - 2\Pi).$$

Le premier terme $\mathrm{M}^{(0)}e'^2\cos(3n't - nt + 3\varepsilon' - \varepsilon - 2\varpi')$ résulte du développement de $\mathrm{A}^{(1)}\cos(v' - v)$ dans l'expression de R. Il faut augmenter, dans ce dernier terme, r de δr, r' de $\delta r'$, v de δv, et v' de $\delta v'$, ce qui revient à augmenter, dans son développement, a de δr, a' de $\delta r'$, et $n't - nt$ de $\delta v' - \delta v$. Ce premier terme donne alors les suivants

$$- \mathrm{M}^{(0)}e'^2(\delta v' - \delta v)\sin(3n't - nt + 3\varepsilon' - \varepsilon - 2\varpi')$$
$$+ a\frac{\partial \mathrm{M}^{(0)}}{\partial a}e'^2\frac{\delta r}{a}\cos(3n't - nt + 3\varepsilon' - \varepsilon - 2\varpi')$$
$$+ a'\frac{\partial \mathrm{M}^{(0)}}{\partial a'}e'^2\frac{\delta r'}{a'}\cos(3n't - nt + 3\varepsilon' - \varepsilon - 2\varpi'),$$

d'où résultent, dans R, les termes

$$- \tfrac{1}{4} M^{(0)} e'^2 E' \cos(5n't - 2nt + 5\varepsilon' - 2\varepsilon - 2\varpi' - B')$$

$$- \tfrac{1}{4} M^{(0)} e'^2 E \cos(5n't - 2nt + 5\varepsilon' - 2\varepsilon - 2\varpi' - B)$$

$$+ \tfrac{1}{4} a' \frac{\partial M^{(0)}}{\partial a'} e'^2 F' \cos(5n't - 2nt + 5\varepsilon' - 2\varepsilon - 2\varpi' - A')$$

$$+ \tfrac{1}{4} a \frac{\partial M^{(0)}}{\partial a} e'^2 F \cos(5n't - 2nt + 5\varepsilon' - 2\varepsilon - 2\varpi' - A).$$

Désignons par d'R la différentielle de R, prise en ne faisant varier que les coordonnées de m'. Dans les termes multipliés par E' et F', la partie $5n't - nt$ de l'angle $5n't - 2nt$ est relative à ces coordonnées. Dans les termes multipliés par E et F, la partie $3n't$ du même angle leur est relative; on a donc, en n'ayant égard qu'aux termes précédents de R,

$$a'd'R = \tfrac{1}{2}(5n' - n)\, dt \cdot a' M^{(0)} E' e'^2 \sin(5n't - 2nt + 5\varepsilon' - 2\varepsilon - 2\varpi' - B')$$

$$- \tfrac{1}{2}(5n' - n)\, dt \cdot a'^2 \frac{\partial M^{(0)}}{\partial a'} F' e'^2 \sin(5n't - 2nt + 5\varepsilon' - 2\varepsilon - 2\varpi' - A')$$

$$- \tfrac{3}{2} n'dt \cdot a' M^{(0)} E e'^2 \sin(5n't - 2nt + 5\varepsilon' - 2\varepsilon - 2\varpi' - B)$$

$$- \tfrac{3}{2} n'dt \cdot aa' \frac{\partial M^{(0)}}{\partial a} F e'^2 \sin(5n't - 2nt + 5\varepsilon' - 2\varepsilon - 2\varpi' - A).$$

Le terme $M^{(1)} ee' \cos(3n't - nt + 3\varepsilon' - \varepsilon - \varpi - \varpi')$ résulte du développement de $A^{(2)} \cos(2v' - 2v)$ dans l'expression de R; il faut donc faire varier, dans ce terme, a de δr, a' de $\delta r'$, et $2n't - 2nt$ de $2\delta v' - 2\delta v$, ce qui donne les termes suivants

$$- 2 M^{(1)} ee' (\delta v' - \delta v) \sin(3n't - nt + 3\varepsilon' - \varepsilon - \varpi - \varpi')$$

$$+ a \frac{\partial M^{(1)}}{\partial a} ee' \frac{\delta r}{a} \cos(3n't - nt + 3\varepsilon' - \varepsilon - \varpi - \varpi')$$

$$+ a' \frac{\partial M^{(1)}}{\partial a'} ee' \frac{\delta r'}{a'} \cos(3n't - nt + 3\varepsilon' - \varepsilon - \varpi - \varpi');$$

la partie de $a'd'$R relative à ce terme sera donc

$$(5n' - n)\, dt.a'\,\mathrm{M}^{(1)}\,\mathrm{E}'ee'\sin(5n't - 2nt + 5\varepsilon' - 2\varepsilon - \varpi - \varpi' - \mathrm{B}')$$

$$- \tfrac{1}{2}(5n' - n)\,dt.a'^2 \frac{\partial \mathrm{M}^{(1)}}{\partial a'}\,\mathrm{F}ee'\sin(5n't - 2nt + 5\varepsilon' - 2\varepsilon - \varpi - \varpi' - \mathrm{A}')$$

$$- 3n'dt.a'\,\mathrm{M}^{(1)}\,\mathrm{E}ee'\sin(5n't - 2nt + 5\varepsilon' - 2\varepsilon - \varpi - \varpi' - \mathrm{B})$$

$$- \tfrac{1}{2}n'dt.aa' \frac{\partial \mathrm{M}^{(1)}}{\partial a}\,\mathrm{F}ee'\sin(5n't - 2nt + 5\varepsilon' - 2\varepsilon - \varpi - \varpi' - \mathrm{A}).$$

Le terme $\mathrm{M}^{(2)} e^2 \cos(3n't - nt + 3\varepsilon' - \varepsilon - 2\varpi)$ résulte du développement de $\mathrm{A}^{(3)}\cos(3v' - 3v)$ dans l'expression de R; il faut donc faire varier, dans ce terme, a de δr, a' de $\delta r'$, et $3n't - 3nt$ de $3\delta v' - 3\delta v$, ce qui donne les suivants

$$- 3\mathrm{M}^{(2)}e^2(\delta v' - \delta v)\sin(3n't - nt + 3\varepsilon' - \varepsilon - 2\varpi)$$

$$+ a\frac{\partial \mathrm{M}^{(2)}}{\partial a}\,e^2\,\frac{\delta r}{a}\,\cos(3n't - nt + 3\varepsilon' - \varepsilon - 2\varpi)$$

$$+ a'\frac{\partial \mathrm{M}^{(2)}}{\partial a'}\,e^2\,\frac{\delta r'}{a'}\,\cos(3n't - nt + 3\varepsilon' - \varepsilon - 2\varpi);$$

la partie de $a'd'$R relative à ce terme sera donc

$$\tfrac{1}{2}(5n' - n)\,dt.a'\,\mathrm{M}^{(2)}\,\mathrm{E}'e^2\sin(5n't - 2nt + 5\varepsilon' - 2\varepsilon - 2\varpi - \mathrm{B}')$$

$$- \tfrac{1}{2}(5n' - n)\,dt.a'^2 \frac{\partial \mathrm{M}^{(2)}}{\partial a'}\,\mathrm{F}'e^2\sin(5n't - 2nt + 5\varepsilon' - 2\varepsilon - 2\varpi - \mathrm{A}')$$

$$- \tfrac{3}{2}n'dt.a'\,\mathrm{M}^{(2)}\,\mathrm{E}e^2\sin(5n't - 2nt + 5\varepsilon' - 2\varepsilon - 2\varpi - \mathrm{B})$$

$$- \tfrac{1}{2}n'dt.aa' \frac{\partial \mathrm{M}^{(2)}}{\partial a}\,\mathrm{F}e^2\sin(5n't - 2nt + 5\varepsilon' - 2\varepsilon - 2\varpi - \mathrm{A}).$$

Enfin, le terme $\mathrm{M}^{(3)}\gamma^2\cos(3n't - nt + 3\varepsilon' - \varepsilon - 2\mathrm{H})$ résulte du terme multiplié par $\gamma^2\cos(3v' - v)$ dans l'expression de R; il faut donc y faire varier a de δr, a' de $\delta r'$, $3n't$ de $3\delta v'$, et nt de δv, ce qui donne les suivants

$$- \mathrm{M}^{(3)}\gamma^2(3\delta v' - \delta v)\sin(3n't - nt + 3\varepsilon' - \varepsilon - 2\mathrm{H})$$

$$+ a\frac{\partial \mathrm{M}^{(3)}}{\partial a}\,\gamma^2\,\frac{\delta r}{a}\,\cos(3n't - nt + 3\varepsilon' - \varepsilon - 2\mathrm{H})$$

$$+ a'\frac{\partial \mathrm{M}^{(3)}}{\partial a'}\,\gamma^2\,\frac{\delta r'}{a'}\,\cos(3n't - nt + 3\varepsilon' - \varepsilon - 2\mathrm{H}),$$

7.

d'où résultent, dans $a'd'R$, les termes suivants

$$\tfrac{3}{2}(5n'-n)\,dt\,.\,a'\,M^{(3)}\,E'\gamma^2\sin(5n't-2nt+5\varepsilon'-2\varepsilon-2\Pi-B')$$

$$-\tfrac{1}{2}(5n'-n)\,dt\,.\,a'^2\frac{\partial M^{(3)}}{\partial a'}\,F'\gamma^2\sin(5n't-2nt+5\varepsilon'-2\varepsilon-2\Pi-A')$$

$$-\tfrac{3}{2}n'dt\,.\,a'\,M^{(3)}\,E\gamma^2\sin(5n't-2nt+5\varepsilon'-2\varepsilon-2\Pi-B)$$

$$-\tfrac{1}{2}n'dt\,.\,aa'\frac{\partial M^{(3)}}{\partial a}\,F\gamma^2\sin(5n't-2nt+5\varepsilon'-2\varepsilon-2\Pi-A).$$

Les inégalités les plus sensibles dépendantes des carrés et des produits des excentricités et des inclinaisons des orbites, et qui n'ont point $5n'-2n$ pour diviseur, ou qui ne dépendent point des variations des éléments, relatives à l'angle $5n't-2nt$, se rapportent à l'angle $3n't-nt$. Soit $G\cos(3n't-nt+3\varepsilon'-\varepsilon+C)$ la partie de $\frac{\partial r}{a}$ qui dépend de cet angle; soit $H\sin(3n't-nt+3\varepsilon'-\varepsilon+D)$ la partie de δv qui dépend du même angle. Soient pareillement $G'\cos(3n't-nt+3\varepsilon'-\varepsilon+C')$ et $H'\sin(3n't-nt+3\varepsilon'-\varepsilon+D')$ les parties de $\frac{\partial r'}{a'}$ et de $\delta v'$ relatives au même angle. L'expression de R, développée par rapport aux puissances simples des excentricités, renferme les deux termes suivants

$$N^{(0)}e\cos(nt-2n't+\varepsilon-2\varepsilon'+\varpi)$$
$$+N^{(1)}e'\cos(nt-2n't+\varepsilon-2\varepsilon'+\varpi').$$

Le premier de ces termes résulte du développement de $A^{(2)}\cos(2v'-2v)$ dans l'expression de R; il faut donc augmenter, dans ce développement, a de δr, a' de $\delta r'$, et $2n't-2nt$ de $2\delta v'-2\delta v$, ce qui donne les termes suivants

$$2N^{(0)}e(\delta v'-\delta v)\sin(nt-2n't+\varepsilon-2\varepsilon'+\varpi)$$

$$+a\frac{\partial N^{(0)}}{\partial a}\,e\frac{\partial r}{a}\cos(nt-2n't+\varepsilon-2\varepsilon'+\varpi)$$

$$-a'\frac{\partial N^{(0)}}{\partial a'}\,e\frac{\partial r'}{a'}\cos(nt-2n't+\varepsilon-2\varepsilon'+\varpi);$$

d'où résultent, dans R, les termes suivants

$$N^{(0)} H'e \cos(5n't - 2nt + 5\varepsilon' - 2\varepsilon - \varpi + D')$$
$$\cdot\cdot N^{(0)} H e \cos(5n't - 2nt + 5\varepsilon' - 2\varepsilon - \varpi + D)$$
$$+ \tfrac{1}{2} a' \frac{\partial N^{(0)}}{\partial a} G'e \cos(5n't - 2nt + 5\varepsilon' - 2\varepsilon - \varpi + C')$$
$$+ \tfrac{1}{2} a \frac{\partial N^{(0)}}{\partial a} G e \cos(5n't - 2nt + 5\varepsilon' - 2\varepsilon - \varpi + C).$$

Pour avoir la partie correspondante de d'R, il faut, dans les termes multipliés par H' et G', faire varier l'angle $5n't - nt$, et, dans les termes multipliés par H et G, ne faire varier que $2n't$, ce qui donne

$$a'd'R = - (5n' - n) dt.a' N^{(0)} H'e \sin(5n't - 2nt + 5\varepsilon' - 2\varepsilon - \varpi + D')$$
$$- \tfrac{1}{2}(5n' - n) dt.a'^2 \frac{\partial N^{(0)}}{\partial a'} G'e \sin(5n't - 2nt + 5\varepsilon' - 2\varepsilon - \varpi + C')$$
$$+ 2n'dt.a' N^{(0)} He \sin(5n't - 2nt + 5\varepsilon' - 2\varepsilon - \varpi + D)$$
$$- n'dt.aa' \frac{\partial N^{(0)}}{\partial a} G e \sin(5n't - 2nt + 5\varepsilon' - 2\varepsilon - \varpi + C).$$

Le terme $N^{(1)} e' \cos(nt - 2n't + \varepsilon - 2\varepsilon' + \varpi')$ résulte du développement de $A^{(1)} \cos(v' - v)$ dans R; il faut donc faire varier, dans ce terme, a de δr, a' de $\delta r'$, et $n't - nt$ de $\delta v' - \delta v$, ce qui donne les suivants

$$N^{(1)} e' (\delta v' - \delta v) \sin(nt - 2n't + \varepsilon - 2\varepsilon' + \varpi')$$
$$+ a \frac{\partial N^{(1)}}{\partial a} e' \frac{\delta r}{a} \cos(nt - 2n't + \varepsilon - 2\varepsilon' + \varpi')$$
$$+ a' \frac{\partial N^{(1)}}{\partial a'} e' \frac{\delta r'}{a} \cos(nt - 2n't + \varepsilon - 2\varepsilon' + \varpi').$$

La partie de $a'd'R$ relative à ces termes sera donc

$$- \tfrac{1}{2}(5n' - n) dt.a' N^{(1)} H'e' \sin(5n't - 2nt + 5\varepsilon' - 2\varepsilon - \varpi' + D')$$
$$- \tfrac{1}{2}(5n' - n) dt.a'^2 \frac{\partial N^{(1)}}{\partial a'} G'e' \sin(5n't - 2nt + 5\varepsilon' - 2\varepsilon - \varpi' + C')$$
$$+ n'dt.a' N^{(1)} He' \sin(5n't - 2nt + 5\varepsilon' - 2\varepsilon - \varpi' + D)$$
$$- n'dt.aa' \frac{\partial N^{(1)}}{\partial a} G e' \sin(5n't - 2nt + 5\varepsilon' - 2\varepsilon - \varpi' + C).$$

Les valeurs de $M^{(0)}$, $M^{(1)}$, $M^{(2)}$, $M^{(3)}$ sont déterminées par les formules du n° 4, en y changeant ce qui est relatif à m dans ce qui est relatif à m', et réciproquement. Les valeurs de $N^{(0)}$ et $N^{(1)}$ seront déterminées par les équations

$$a' N^{(0)} = -2ma' A^{(2)} - \tfrac{1}{2}maa' \frac{\partial A^{(2)}}{\partial a},$$

$$a' N^{(1)} = ma' A^{(1)} - \tfrac{1}{2}ma'^2 \frac{\partial A^{(1)}}{\partial a'}.$$

En réunissant toutes ces expressions partielles de $a'd'R$, on aura un terme de cette forme

$$mn' \, 1 \, dt \sin(5n't - 2nt + 5\varepsilon' - 2\varepsilon - 0).$$

Le terme $3a' \int\int n'dt$ d'R de l'expression de $\delta v'$ donnera ainsi

$$- \frac{3n'^2 \, 1 \, m}{(5n' - 2n)^2} \sin(5n't - 2nt + 5\varepsilon' - 2\varepsilon - 0).$$

C'est le terme le plus sensible de la grande inégalité de Saturne dépendant du carré de la force perturbatrice.

Si l'expression de R, divisée par la masse perturbatrice, était la même pour Jupiter et pour Saturne, on aurait, par le n° 65 du Livre II, l'inégalité correspondante de Jupiter, en multipliant la précédente par $- \dfrac{m'\sqrt{a'}}{m\sqrt{a}}$; mais la valeur de $A^{(1)}$ n'est pas la même pour les deux planètes, et par conséquent les termes

$$M^{(0)}e'^2 \cos(3n't - nt + 3\varepsilon' - \varepsilon - 2\varpi') \quad \text{et} \quad N^{(1)}e'\cos(nt - 2n't + \varepsilon - 2\varepsilon' + \varpi'),$$

divisés par les masses perturbatrices, sont différents pour chacune d'elles. Mais il résulte du n° 65 du Livre II qu'en n'ayant égard qu'aux termes qui ont $(5n' - 2n)^2$ pour diviseur, on a, dans ce cas,

$$m \int dR_1 + m' \int d'R = 0,$$

R, étant ce que devient R relativement à Jupiter, et la caractéristique différentielle d se rapportant aux coordonnées de Jupiter; d'où il suit que l'inégalité de Jupiter qui correspond à la précédente est

$$\frac{3\,m'\,n'^2}{(5\,n' - 2\,n)^2}\sqrt{\frac{a'}{a}}\ \mathrm{I}\,\sin(5\,n'\,t - 2\,n\,t + 5\,\varepsilon' - 2\,\varepsilon - O).$$

17. Dans les inégalités de Jupiter et de Saturne, dans lesquelles le coefficient de t n'est pas $5\,n' - 2\,n$ et ne diffère pas de cette quantité du coefficient n pour Jupiter ou du coefficient n' pour Saturne, il faut augmenter $n\,t$ et $n'\,t$ de leurs grandes inégalités dépendantes de $5\,n'\,t - 2\,n\,t$. En effet, on a vu que ces grandes inégalités doivent être ajoutées aux moyens mouvements dans les formules du mouvement elliptique; elles doivent donc être ajoutées aux mêmes quantités dans le développement de R. Soit $\mathrm{H}\cos(i'\,n'\,t - i\,n\,t + \mathrm{A})$ un terme quelconque de ce développement, et $\mathrm{L}\sin(i'\,n'\,t - i\,n\,t + \mathrm{B})$ l'inégalité correspondante de Jupiter. En augmentant $n\,t$ et $n'\,t$ de leurs grandes inégalités dans le terme $\mathrm{H}\cos(i'\,n'\,t - i\,n\,t + \mathrm{A})$, il en résultera un terme de la forme $q\,\mathrm{H}\cos[i'\,n'\,t - i\,n\,t \pm (5\,n'\,t - 2\,n\,t) + \mathrm{A} + \mathrm{E}]$. Maintenant, la suite des opérations qui lient H à L donne aux parties de H les diviseurs $(i'\,n' - i\,n)^2$, $i'\,n' - i\,n$, $i'\,n' - i\,n \pm n$. La même suite d'opérations donnera à l'inégalité correspondante aux parties de $q\,\mathrm{H}\cos[i'\,n'\,t - i\,n\,t \pm (5\,n'\,t - 2\,n\,t) + \mathrm{A} + \mathrm{E}]$ les diviseurs $[i'\,n' - i\,n \pm (5\,n' - 2\,n)]^2$, $i'\,n' - i\,n \pm (5\,n' - 2\,n)$, $i'\,n' - i\,n \pm (5\,n' - 2\,n) \pm n$. Si $i'\,n' - i\,n$ ou $i'\,n' - i\,n \pm n$ ne sont pas très-petits de l'ordre $5\,n' - 2\,n$, on peut négliger $5\,n' - 2\,n$ dans ces derniers diviseurs, et alors l'inégalité correspondante à

$$q\,\mathrm{H}\cos[i'\,n'\,t - i\,n\,t \pm (5\,n'\,t - 2\,n\,t) + \mathrm{A} + \mathrm{E}]$$

sera

$$q\,\mathrm{L}\sin[i'\,n'\,t - i\,n\,t \pm (5\,n'\,t - 2\,n\,t) + \mathrm{B} + \mathrm{E}];$$

ce qui revient à augmenter, dans $\mathrm{L}\sin(i'\,n'\,t - i\,n\,t + \mathrm{B})$, $n\,t$ et $n'\,t$ des grandes inégalités.

Il faut pareillement augmenter, dans les termes dépendants des simples excentricités, les quantités e, e', ϖ, ϖ' de leurs variations dépendantes de l'angle $5\,n'\,t - 2\,n\,t$; mais on s'assurera facilement qu'il n'en résulte que des inégalités insensibles.

18. Les coefficients des inégalités des planètes varient à raison des variations séculaires des éléments des orbites. On peut y avoir égard de la manière suivante : on mettra d'abord l'inégalité relative à un angle quelconque $i'n't - int$ sous cette forme

$$\mathrm{P}\sin(i'n't - int + i'\varepsilon' - i\varepsilon) + \mathrm{P}'\cos(i'n't - int + i'\varepsilon' - i\varepsilon).$$

On déterminera les valeurs de P et de P' pour l'époque de 1750; en faisant ensuite

$$\operatorname{tang} \mathrm{A} = \frac{\mathrm{P}'}{\mathrm{P}}, \quad \mathrm{L} = \sqrt{\mathrm{P}^2 + \mathrm{P}'^2},$$

le signe de $\sin \mathrm{A}$ étant le même que celui de P', et son cosinus étant du même signe que P, l'inégalité dont il s'agit sera

$$\mathrm{L}\sin(i'n't - int + i'\varepsilon' - i\varepsilon + \mathrm{A}).$$

On déterminera les valeurs de P et de P' pour 1950, en ayant égard aux variations séculaires des éléments des orbites, et l'on aura ainsi pour cette inégalité, en 1950,

$$(\mathrm{L} + \delta\mathrm{L})\sin(i'n't - int + i'\varepsilon' - i\varepsilon + \mathrm{A} + \delta\mathrm{A});$$

en exprimant donc par t le nombre des années juliennes écoulées depuis 1750, l'inégalité précédente, relative au temps t, prendra cette forme

$$\left(\mathrm{L} + \frac{t\,\delta\mathrm{L}}{200}\right)\sin\left(i'n't - int + i'\varepsilon' - i\varepsilon + \mathrm{A} + \frac{t\,\delta\mathrm{A}}{200}\right).$$

Sous cette forme, elle pourra s'étendre plusieurs siècles avant et après 1750; mais ce calcul ne doit avoir lieu que pour les inégalités un peu considérables.

Relativement aux deux grandes inégalités de Jupiter et de Saturne, il sera utile de porter l'approximation jusqu'au carré du temps, dans la partie qui a pour diviseur $(5n' - 2n)^2$. Cette partie de l'expression de δv est, par le n° 8,

$$\frac{6m'n^2}{(5n' - 2n)^2}\left\{ \begin{array}{l} \left[a\mathrm{P}' + \dfrac{2a\,d\mathrm{P}}{(5n' - 2n)\,dt} - \dfrac{3a\,d^2\mathrm{P}'}{(5n' - 2n)^2\,dt^2}\right]\sin(5n't - 2nt + 5\varepsilon' - 2\varepsilon) \\[2ex] - \left[a\mathrm{P} - \dfrac{2a\,d\mathrm{P}'}{(5n' - 2n)\,dt} - \dfrac{3a\,d^2\mathrm{P}}{(5n' - 2n)^2\,dt^2}\right]\cos(5n't - 2nt + 5\varepsilon' - 2\varepsilon) \end{array} \right\}$$

les valeurs de P, P' et de leurs différences étant relatives à un temps
quelconque t. En les développant en séries ordonnées par rapport aux
puissances du temps, et en ne conservant que sa seconde puissance et
les différences premières et secondes de P et de P', la quantité précédente devient

$$
-\frac{6m'n^2}{(5n'-2n)^2}
\left\{
\begin{aligned}
&\left\{
\begin{aligned}
&aP' + \frac{2a\,dP}{(5n'-2n)dt} - \frac{3a\,d^2P'}{(5n'-2n)^2 dt^2}\\
&+ t\left[a\frac{dP'}{dt} + \frac{2a\,d^2P}{(5n'-2n)dt^2}\right] + \tfrac{1}{2}t^2 a\frac{d^2P'}{dt^2}
\end{aligned}
\right\}\sin(5n't - 2nt + 5\varepsilon' - 2\varepsilon)\\[2ex]
&-\left\{
\begin{aligned}
&aP - \frac{2a\,dP'}{(5n'-2n)dt} - \frac{3a\,d^2P}{(5n'-2n)^2 dt^2}\\
&+ t\left[a\frac{dP}{dt} - \frac{2a\,d^2P'}{(5n'-2n)dt^2}\right] + \tfrac{1}{2}t^2 a\frac{d^2P}{dt^2}
\end{aligned}
\right\}\cos(5n't - 2nt + 5\varepsilon' - 2\varepsilon)
\end{aligned}
\right\};
$$

les valeurs de P, P' et de leurs différences étant ici relatives à l'époque
de 1750, et déterminées par la méthode du n° 8; les autres parties de
la grande inégalité de m étant peu considérables, il suffira d'avoir
égard, par ce qui précède, à la première puissance du temps. Cette
grande inégalité prendra ainsi la forme suivante

$$
(A + Bt + Ct^2)\sin(5n't - 2nt + 5\varepsilon' - 2\varepsilon)
$$
$$
+ (A' + B't + C't^2)\cos(5n't - 2nt + 5\varepsilon' - 2\varepsilon).
$$

On donnera à la grande inégalité de m' la même forme sous laquelle
il sera facile de réduire en Tables ces inégalités.

Si l'on veut réduire l'inégalité précédente à un seul terme, on
la calculera pour les trois époques de 1750, 2250 et 2750. Soit
$6\sin(5n't - 2nt + 5\varepsilon' - 2\varepsilon + A)$ cette grande inégalité pour 1750;
soient $6_{,}$, $A_{,}$, $6_{,,}$, $A_{,,}$ ce que deviennent 6 et A aux époques de 2250 et
de 2750. Cette inégalité relative à un temps quelconque t sera

$$
\left(6 + t\frac{d6}{dt} + \tfrac{1}{2}t^2\frac{d^2 6}{dt^2}\right)\sin\left(5n't - 2nt + 5\varepsilon' - 2\varepsilon + A + t\frac{dA}{dt} + \tfrac{1}{2}t^2\frac{d^2 A}{dt^2}\right),
$$

les différences de 6 et de A se rapportant ici à l'époque de 1750. On aura ensuite, par le n° 8,

$$\frac{d\delta}{dt} = \frac{\delta' - 3\delta - \delta''}{1000}, \qquad \frac{d^2\delta}{dt^2} = \frac{\delta'' - 2\delta' + \delta}{250000},$$

$$\frac{d\Lambda}{dt} = \frac{\Lambda' - 3\Lambda - \Lambda''}{1000}, \qquad \frac{d^2\Lambda}{dt^2} = \frac{\Lambda'' - 2\Lambda' + \Lambda}{250000}.$$

Conformément à la remarque que nous avons faite dans le n° 1, ces deux grandes inégalités de Jupiter et de Saturne doivent être respectivement appliquées à leurs moyens mouvements.

CHAPITRE III.

DES PERTURBATIONS PLANÉTAIRES DUES A L'ELLIPTICITÉ DU SOLEIL.

18bis. Le Soleil étant doué d'un mouvement de rotation, sa figure ne doit pas être exactement sphérique. Nous allons déterminer l'influence de son ellipticité sur les mouvements des planètes. Si l'on nomme ρ cette ellipticité, q le rapport de la force centrifuge à la pesanteur, à l'équateur solaire, et μ la déclinaison d'une planète m relativement à cet équateur; si, de plus, on prend pour unité la masse du Soleil, et que l'on nomme D son demi-diamètre, il résulte du n° 35 du Livre III que l'ellipticité du Soleil ajoute à la fonction R du n° 46 du Livre II la quantité

$$(\rho - \tfrac{1}{2}q)\,\frac{D^2}{r^3}\,(\mu^2 - \tfrac{1}{3});$$

l'équation différentielle en $r\,\delta r$ du n° 46 du Livre II deviendra donc, en n'ayant égard qu'à cette partie de R, en négligeant le carré de μ et en observant qu'ici $\int dR = g + R$, g étant une arbitraire,

$$o = \frac{d^2.r\,\delta r}{dt^2} + \frac{n^2 a^3.r\,\delta r}{r^3} + 2g + \frac{(\rho - \tfrac{1}{2}q)\,D^2}{3r^3}.$$

Pour déterminer la constante g, nous observerons que la formule (Y) du n° 46 du Livre II donne, dans δv, la quantité

$$3angt + (\rho - \tfrac{1}{2}q)\frac{D^2}{a^2}\,nt.$$

nt exprimant le moyen mouvement de la planète, cette quantité doit être nulle; on a donc

$$g = -\frac{(\rho - \tfrac{1}{2}q)\,D^2}{3a^3},$$

et par conséquent l'équation différentielle en $r\,\delta r$ devient, en observant que $n^2 a^3 = 1$, et négligeant le carré de e,

$$o = \frac{d^2 . r\,\delta r}{dt^2} + n^2 r\,\delta r[1 + 3e\cos(nt + \varepsilon - \varpi)] - \frac{2(\rho - \frac{1}{2}q)}{3} n^2 D^2$$
$$+ \frac{(\rho - \frac{1}{2}q)}{3} n^2 D^2[1 + 3e\cos(nt + \varepsilon - \varpi)],$$

ce qui donne, en intégrant,

$$\frac{r\,\delta r}{a^2} = \frac{1}{3}(\rho - \frac{1}{2}q)\frac{D^2}{a^2}\left[1 - 3ent\sin(nt + \varepsilon - \varpi)\right].$$

La partie elliptique de $\dfrac{r^2}{a^2}$ est $1 - 2e\cos(nt + \varepsilon - \varpi)$; en y faisant donc varier ϖ de $\delta\varpi$, on aura

$$\frac{r\,\delta r}{a^2} = - e\,\delta\varpi \sin(nt + \varepsilon - \varpi).$$

Si l'on compare cette expression de $\dfrac{r\,\delta r}{a^2}$ à la précédente, on aura

$$\delta\varpi = (\rho - \tfrac{1}{2}q)\frac{D^2}{a^2}\,nt = (\rho - \tfrac{1}{2}q)\frac{D^2 t}{a^{\frac{7}{2}}};$$

l'effet le plus sensible de l'ellipticité du Soleil sur le mouvement de la planète dans son orbite est donc un mouvement direct dans son péri-hélie; mais, ce mouvement étant réciproque à la racine carrée de la septième puissance du grand axe de l'ellipse planétaire, on voit qu'il ne peut être sensible que pour Mercure.

Pour avoir l'effet de l'ellipticité du Soleil sur la position de l'orbite, reprenons la troisième des équations (P) du n° 46 du Livre II. Cette équation peut être mise sous la forme suivante

$$o = \frac{d^2 z}{dt^2} + \frac{n^2 a^3 z}{r^3} + \frac{\partial R}{\partial z}.$$

Prenons pour plan fixe celui de l'équateur solaire, ce qui donne

$\mu^2 = \frac{z^2}{r^2}$. En observant ensuite que $r^2 = x^2 + y^2 + z^2$, on aura

$$\frac{\partial R}{\partial z} = 3(p - \tfrac{1}{2}q)\frac{n^2 D^2}{a^2}\, z;$$

l'équation différentielle précédente devient ainsi

$$o = \frac{d^2 z}{dt^2} + n^2 z\left[1 - \frac{3\,\partial r}{a} + 3(p - \tfrac{1}{2}q)\frac{D^2}{a^2}\right];$$

or on a, par ce qui précède,

$$\frac{\partial r}{a} = \tfrac{1}{3}(p - \tfrac{1}{2}q)\frac{D^2}{a^2};$$

on a donc

$$o = \frac{d^2 z}{dt^2} + n^2 z\left[1 + 2(p - \tfrac{1}{2}q)\frac{D^2}{a^2}\right],$$

ce qui donne, en intégrant,

$$z = a\gamma \sin\left\{nt\left[1 + (p - \tfrac{1}{2}q)\frac{D^2}{a^2}\right] - \theta\right\},$$

γ étant l'inclinaison de l'orbite à l'équateur solaire, et θ étant une constante arbitraire. Ainsi les nœuds de l'orbite sur cet équateur ont un mouvement rétrograde égal au mouvement direct du périhélie, et qui, par conséquent, ne peut être sensible que pour Mercure. On voit en même temps que, l'ellipticité du Soleil n'ayant aucune influence ni sur l'excentricité de l'orbe de la planète ni sur son inclinaison à l'équateur solaire, elle ne peut pas altérer la stabilité du système planétaire.

CHAPITRE IV.

DES PERTURBATIONS DU MOUVEMENT DES PLANÈTES, PRODUITES PAR L'ACTION DE LEURS SATELLITES.

19. Les théorèmes du n° 10 du Livre II offrent un moyen aussi simple qu'exact pour déterminer les perturbations des planètes dues à l'action de leurs satellites. On a vu, dans le numéro cité, que le centre commun de gravité de la planète et de ses satellites décrit à très-peu près une orbe elliptique autour du Soleil. En considérant cet orbe comme étant l'ellipse même de la planète, la position respective des satellites entre eux et par rapport au Soleil donnera celle de la planète par rapport au centre commun de gravité, et par conséquent les perturbations que la planète éprouve de la part de ses satellites. Soient M la masse de la planète, R le rayon vecteur du centre commun de gravité, U l'angle que ce rayon fait avec une droite invariable prise sur l'orbite de ce centre, et d'où l'on compte les longitudes. Soient m, m', ... les masses des satellites; r, r', ... leurs rayons vecteurs; v, v', ... leurs longitudes vraies; s, s', ... leurs latitudes au-dessus de l'orbite du centre commun de gravité. Enfin soient X, Y, Z les coordonnées rectangles de la planète, en supposant leur origine au centre commun de gravité et prenant le rayon R pour l'axe des X, Z étant la coordonnée perpendiculaire au plan de l'orbite de ce centre. On aura à très-peu près, par la propriété du centre de gravité et en observant que les masses des satellites sont très-petites par rapport à celle de la planète,

$$0 = MX + mr\cos(v - U) + m'r'\cos(v' - U) + \ldots,$$
$$0 = MY + mr\sin(v - U) + m'r'\sin(v' - U) + \ldots,$$
$$0 = MZ + mrs + m'r's' + \ldots.$$

La perturbation du rayon vecteur est à très-peu près égale à X, et par conséquent à

$$-\frac{m}{M}\,r\cos(v-\mathrm{U})-\frac{m'}{M}\,r'\cos(v'-\mathrm{U})-\ldots.$$

La perturbation du mouvement de la planète en longitude est à très-peu près $\frac{\mathrm{Y}}{\mathrm{R}}$, et par conséquent égale à

$$-\frac{m}{M}\,\frac{r}{\mathrm{R}}\sin(v-\mathrm{U})-\frac{m'}{M}\,\frac{r'}{\mathrm{R}}\sin(v'-\mathrm{U})-\ldots.$$

Enfin, la perturbation du mouvement de la planète en latitude est à très-peu près $\frac{\mathrm{Z}}{\mathrm{R}}$, et par conséquent égale à

$$-\frac{m}{M}\,\frac{rs}{\mathrm{R}}-\frac{m'}{M}\,\frac{r's'}{\mathrm{R}}-\ldots$$

Ces diverses perturbations ne sont sensibles que pour la Terre troublée par la Lune; les masses des satellites de Jupiter sont si petites par rapport à celle de la planète, et leurs élongations vues du Soleil sont si peu considérables que ces perturbations sont insensibles. Il y a tout lieu de croire que cela a également lieu pour Saturne et Uranus.

CHAPITRE V.

CONSIDÉRATIONS SUR LA PARTIE ELLIPTIQUE DU RAYON VECTEUR
ET DU MOUVEMENT DES PLANÈTES.

20. Nous avons déterminé, dans le Chapitre VI du Livre II, les arbitraires de manière que le moyen mouvement et l'équation du centre ne reçussent aucun changement par l'action mutuelle des planètes; or on a, dans l'hypothèse elliptique, $\dfrac{1+m}{a^3} = n^2$, la masse du Soleil étant prise pour unité, ce qui donne

$$a = n^{-\frac{2}{3}}(1 + \tfrac{1}{3}m);$$

tel est donc le grand axe dont on doit faire usage dans la partie elliptique du rayon vecteur.

Si, comme nous le ferons dans la suite, on suppose

$$a = n^{-\frac{2}{3}}, \quad a' = n'^{-\frac{2}{3}}, \quad \ldots,$$

il faudra, dans le calcul de la partie elliptique du rayon vecteur, augmenter respectivement a, a', ... des quantités $\tfrac{1}{3}ma$, $\tfrac{1}{3}m'a'$, ...; mais cette augmentation n'est sensible que pour Jupiter et Saturne.

On appliquera ensuite au rayon vecteur les corrections données par les formules du n° 50 du Livre II et par les numéros précédents. Ces corrections contiennent les deux termes

$$- m'a f e \cos(nt + \varepsilon - \varpi), \quad - m'a f' e' \cos(nt + \varepsilon - \varpi'),$$

f et f' étant déterminés par les deux équations suivantes

$$f = \tfrac{2}{3} a^2 \frac{\partial A^{(0)}}{\partial a} + \tfrac{1}{4} a^3 \frac{\partial^2 A^{(0)}}{\partial a^2},$$

$$f' = \tfrac{1}{4}\left(a\, A^{(1)} - a^2 \frac{\partial A^{(1)}}{\partial a} - a^3 \frac{\partial^2 A^{(1)}}{\partial a^2} \right),$$

équations données par le n° 50 du Livre II. La partie précédente du rayon vecteur peut être réunie dans une même Table avec la partie elliptique de ce rayon.

CHAPITRE VI.

VALEURS NUMÉRIQUES DES DIVERSES QUANTITÉS QUI ENTRENT DANS LES EXPRESSIONS
DES INÉGALITÉS PLANÉTAIRES.

21. Pour réduire en nombres les formules exposées dans le Livre II
et dans les Chapitres précédents, on est parti des données suivantes :

Masses des planètes, celle du Soleil étant prise pour unité.

$$\text{Mercure}\dots\dots\dots\dots\dots\quad m = \frac{1}{2025810},$$

$$\text{Vénus}\dots\dots\dots\dots\dots\quad m' = \frac{1}{383130},$$

$$\text{La Terre}\dots\dots\dots\dots\dots\quad m'' = \frac{1}{329630},$$

$$\text{Mars}\dots\dots\dots\dots\dots\quad m''' = \frac{1}{1846082},$$

$$\text{Jupiter}\dots\dots\dots\dots\dots\quad m^{\text{\tiny IV}} = \frac{1}{1067,09},$$

$$\text{Saturne}\dots\dots\dots\dots\dots\quad m^{\text{\tiny V}} = \frac{1}{3359,40},$$

$$\text{Uranus}\dots\dots\dots\dots\dots\quad m^{\text{\tiny VI}} = \frac{1}{19504}.$$

De toutes ces masses, celle de Jupiter est la mieux connue; je l'ai conclue de l'équation suivante, qui résulte du n° 25 du Livre II. Si l'on
nomme T la révolution sidérale d'une planète m, T celle d'un de ses
satellites, dont q est le sinus de l'angle sous lequel le rayon moyen
de son orbite est vu du centre du Soleil à la moyenne distance de la

planète à ce centre ; la masse de la planète, celle du Soleil étant prise
pour unité, est

$$\frac{q^3 \left(\frac{T}{T'}\right)^2}{1 - q^3 \left(\frac{T}{T'}\right)^2}.$$

On a, relativement au quatrième satellite,

$$q = \sin 1530'', 38,$$
$$T = 4332^j, 602208,$$
$$T' = 16^j, 6890,$$

d'où l'on tire

$$m = \frac{1}{1067,09}.$$

La masse de Saturne a été conclue de la même manière, en suppo-
posant la révolution sidérale de son sixième satellite égale à 15^j, 9453,
et l'angle sous lequel le rayon moyen de l'orbe de ce satellite est vu du
Soleil, dans les distances moyennes de Saturne, égal à 552'', 47. La
masse d'Uranus a pareillement été conclue en supposant, conformément aux observations d'Herschel, la durée de la révolution sidérale de
son quatrième satellite égale à 13^j, 4559, et le rayon moyen de l'orbe
de ce satellite, vu du Soleil, dans la moyenne distance d'Uranus, égal
à 136'', 512. Mais les plus grandes élongations de ces satellites à leurs
planètes respectives ne sont pas aussi certaines que celle du quatrième
satellite de Jupiter. Leur observation mérite toute l'attention des astronomes.

La masse de la Terre a été déterminée de cette manière. Si l'on prend
pour unité la moyenne distance de la Terre au Soleil, l'arc décrit par
la Terre dans une seconde de temps sera le rapport de la circonférence
au rayon, divisé par le nombre des secondes de l'année sidérale, ou par
365 25638'', 4. En divisant le carré de cet arc par le diamètre, on aura
$\frac{1479565}{10^{20}}$ pour son sinus verse : c'est la quantité dont la Terre tombe
vers le Soleil pendant une seconde, en vertu de son mouvement relatif

autour de cet astre. Sur le parallèle terrestre dont le carré du sinus de latitude est $\frac{1}{3}$, l'attraction de la Terre fait tomber les corps dans une seconde de $3^{m},66553$. Pour réduire cette attraction à la moyenne distance de la Terre au Soleil, il faut la multiplier par le carré du sinus de la parallaxe solaire, et diviser le produit par le nombre de mètres que renferme cette distance; or le rayon terrestre sur le parallèle que nous considérons est de 6369374 mètres; en divisant donc ce nombre par le sinus de la parallaxe solaire, supposée égale à $27'',2$, on aura le rayon moyen de l'orbe terrestre exprimé en mètres; d'où il suit que l'effet de l'attraction de la Terre, à la moyenne distance de cette planète au Soleil, est égal au produit de la fraction $\frac{3,66553}{6369374}$ par le cube du sinus de $27'',2$; il est par conséquent égal à $\frac{4,48855}{10^{10}}$. En retranchant cette fraction de $\frac{1479565}{10^{20}}$, on aura $\frac{1479560,5}{10^{10}}$ pour l'effet de l'attraction du Soleil à la même distance; les masses du Soleil et de la Terre sont donc dans le rapport des nombres 1479560,5 et 4,4885, d'où il suit que la masse de la Terre est $\frac{1}{329630}$. Si la parallaxe du Soleil est un peu différente de celle que nous avons admise, la valeur de la masse de la Terre doit varier comme le cube de cette parallaxe, comparé à celui de $27'',2$.

J'ai conclu la masse de Vénus des formules, que je donnerai dans la suite, de la diminution séculaire de l'obliquité de l'écliptique à l'équateur, en supposant cette diminution égale à $154'',30$. C'est, en effet, celle qui résulte des observations qui me paraissent mériter le plus de confiance. Quant aux masses de Mercure et de Mars, j'ai supposé, d'après les observations, les diamètres moyens de Mercure, Mars et Jupiter, vus à la moyenne distance de la Terre au Soleil, respectivement de $21'',60$, $35'',19$ et $626'',04$. Ces diamètres donneraient leurs masses, celle de Jupiter étant connue, si l'on connaissait la loi de leurs densités; or, en comparant les masses de la Terre, de Jupiter et de Saturne à leurs volumes, on trouve que la densité de ces trois planètes est à peu près en raison inverse de leurs moyennes distances au Soleil; j'ai donc adopté la même hypothèse relativement aux trois planètes

Mercure, Mars et Jupiter, d'où résultent les valeurs précédentes des masses de Mercure et de Mars. L'irradiation et les autres difficultés qu'offre l'observation des diamètres planétaires, jointes à l'incertitude de l'hypothèse adoptée sur la loi de leurs densités, rend ces valeurs d'autant plus incertaines, que cette hypothèse s'éloigne de la vérité, relativement aux masses de Vénus et d'Uranus. Heureusement Mercure et Mars n'ont qu'une très-petite influence sur le système planétaire, et il sera facile de corriger les résultats suivants qu'elles affectent, lorsque le développement des inégalités séculaires aura fait connaître exactement leurs masses.

22. *Moyens mouvements sidéraux des planètes, pour une année julienne de 365^j ¼, ou valeurs de n, n', ...*

$$
\begin{aligned}
\text{Mercure} \dots &\quad n &&= 1660807\overset{''}{6},50, \\
\text{Vénus} \dots &\quad n' &&= 6501980,00, \\
\text{La Terre} \dots &\quad n'' &&= 3999930,09, \\
\text{Mars} \dots &\quad n''' &&= 2126701,00, \\
\text{Jupiter} \dots &\quad n^{IV} &&= 337210,78, \\
\text{Saturne} \dots &\quad n^{V} &&= 135792,34, \\
\text{Uranus} \dots &\quad n^{VI} &&= 47606,62.
\end{aligned}
$$

En employant pour n, n', ... ces valeurs, le temps t désigne un nombre d'années juliennes. De là, en prenant pour unité la moyenne distance du Soleil à la Terre, on a conclu, par la loi de Kepler, les distances suivantes des planètes au Soleil :

Distances moyennes des planètes au Soleil, ou demi-grands axes de leurs orbites.

$$
\begin{aligned}
\text{Mercure} \dots &\quad a &&= 0,3870981 2, \\
\text{Vénus} \dots &\quad a' &&= 0,7233230, \\
\text{La Terre} \dots &\quad a'' &&= 1,00000000, \\
\text{Mars} \dots &\quad a''' &&= 1,5236935 2, \\
\text{Jupiter} \dots &\quad a^{IV} &&= 5,2011 6636, \\
\text{Saturne} \dots &\quad a^{V} &&= 9,5378709 0, \\
\text{Uranus} \dots &\quad a^{VI} &&= 19.1833050 0.
\end{aligned}
$$

L'action mutuelle des planètes altère un peu ces moyennes distances; nous déterminerons, dans la suite, ces altérations.

Rapports des excentricités aux moyennes distances,
ou valeurs de e, e', ..., pour 1750.

$$
\begin{aligned}
\text{Mercure} \dots\dots\dots\dots & \quad e \ \ = 0,20551320, \\
\text{Vénus} \dots\dots\dots\dots & \quad e' = 0,00688405, \\
\text{La Terre} \dots\dots\dots\dots & \quad e'' = 0,01681395, \\
\text{Mars} \dots\dots\dots\dots & \quad e''' = 0,09308767, \\
\text{Jupiter} \dots\dots\dots\dots & \quad e'' = 0,04807670, \\
\text{Saturne} \dots\dots\dots\dots & \quad e^v = 0,05622460, \\
\text{Uranus} \dots\dots\dots\dots & \quad e^{vi} = 0,04669950.
\end{aligned}
$$

Longitudes des périhélies en 1750, ou valeurs de ϖ, ϖ', ...

$$
\begin{aligned}
\text{Mercure} \dots\dots\dots\dots & \quad \varpi \ \ = 81,7401, \\
\text{Vénus} \dots\dots\dots\dots & \quad \varpi' = 142,1241, \\
\text{La Terre} \dots\dots\dots\dots & \quad \varpi'' = 109.5790, \\
\text{Mars} \dots\dots\dots\dots & \quad \varpi''' = 368,3037, \\
\text{Jupiter} \dots\dots\dots\dots & \quad \varpi'' = 11,5012, \\
\text{Saturne} \dots\dots\dots\dots & \quad \varpi^v = 97,9466, \\
\text{Uranus} \dots\dots\dots\dots & \quad \varpi^{vi} = 185.1262.
\end{aligned}
$$

Inclinaisons des orbites à l'écliptique en 1750, ou valeurs de φ, φ', ...

$$
\begin{aligned}
\text{Mercure} \dots\dots\dots\dots & \quad \varphi \ \ = 7,7778, \\
\text{Vénus} \dots\dots\dots\dots & \quad \varphi' = 3,7701, \\
\text{Mars} \dots\dots\dots\dots & \quad \varphi'' = 2,0556, \\
\text{Jupiter} \dots\dots\dots\dots & \quad \varphi'' = 1,4636, \\
\text{Saturne} \dots\dots\dots\dots & \quad \varphi^v = 2,7762, \\
\text{Uranus} \dots\dots\dots\dots & \quad \varphi^{vi} = 0,8596,
\end{aligned}
$$

Longitudes des nœuds ascendants sur l'écliptique de 1750,
ou valeurs de θ, θ', ...

$$
\begin{aligned}
\text{Mercure} \dots\dots\dots\dots & \quad \theta \ \ = 50,3836, \\
\text{Vénus} \dots\dots\dots\dots & \quad \theta' = 82,7093, \\
\text{Mars} \dots\dots\dots\dots & \quad \theta''' = 52,9376, \\
\text{Jupiter} \dots\dots\dots\dots & \quad \theta'' = 108,7846, \\
\text{Saturne} \dots\dots\dots\dots & \quad \theta^v = 123,8960, \\
\text{Uranus} \dots\dots\dots\dots & \quad \theta^{vi} = 80,7015.
\end{aligned}
$$

Toutes ces longitudes sont comptées de l'équinoxe moyen du printemps, à l'époque du 31 décembre 1749, à midi, temps moyen à

Paris. On doit observer ici que l'on entend par *longitude du périhélie* la distance du périhélie au nœud ascendant, comptée sur l'orbite, plus la longitude du nœud.

23. On a obtenu les résultats suivants par les formules du n° 49 du Livre II :

MERCURE ET VÉNUS.

$$\alpha = \frac{a}{a'} = 0,53516076,$$

d'où l'on a conclu

$$b_{-\frac{1}{2}}^{(0)} = 2,145969210,$$
$$b_{-\frac{1}{2}}^{(1)} = -0,515245873.$$

Ensuite,

$$b_{\frac{1}{2}}^{(0)} = 2,1721751, \qquad b_{\frac{1}{2}}^{(1)} = 0,6057052, \qquad b_{\frac{1}{2}}^{(2)} = 0,2465877,$$
$$b_{\frac{1}{2}}^{(3)} = 0,1107665, \qquad b_{\frac{1}{2}}^{(4)} = 0,0520855, \qquad b_{\frac{1}{2}}^{(5)} = 0,0251378.$$
$$b_{\frac{1}{2}}^{(6)} = 0,0123166, \qquad b_{\frac{1}{2}}^{(7)} = 0,0060633, \qquad b_{\frac{1}{2}}^{(8)} = 0,0029287;$$
$$b_{\frac{1}{2}}^{(9)} = 0,0012758;$$

$$\frac{db_{\frac{1}{2}}^{(0)}}{d\alpha} = 0,780206, \qquad \frac{db_{\frac{1}{2}}^{(1)}}{d\alpha} = 1,457891, \qquad \frac{db_{\frac{1}{2}}^{(2)}}{d\alpha} = 1,070071,$$
$$\frac{db_{\frac{1}{2}}^{(3)}}{d\alpha} = 0,691487, \qquad \frac{db_{\frac{1}{2}}^{(4)}}{d\alpha} = 0,423818, \qquad \frac{db_{\frac{1}{2}}^{(5)}}{d\alpha} = 0,252376,$$
$$\frac{db_{\frac{1}{2}}^{(6)}}{d\alpha} = 0,147708, \qquad \frac{db_{\frac{1}{2}}^{(7)}}{d\alpha} = 0,085953, \qquad \frac{db_{\frac{1}{2}}^{(8)}}{d\alpha} = 0,050726,$$

$$\frac{d^2 b_{\frac{1}{2}}^{(0)}}{d\alpha^2} = 2,756285, \qquad \frac{d^2 b_{\frac{1}{2}}^{(1)}}{d\alpha^2} = 2,426165, \qquad \frac{d^2 b_{\frac{1}{2}}^{(2)}}{d\alpha^2} = 3,395022,$$
$$\frac{d^2 b_{\frac{1}{2}}^{(3)}}{d\alpha^2} = 3,381072, \qquad \frac{d^2 b_{\frac{1}{2}}^{(4)}}{d\alpha^2} = 2,826559, \qquad \frac{d^2 b_{\frac{1}{2}}^{(5)}}{d\alpha^2} = 2,137906,$$
$$\frac{d^2 b_{\frac{1}{2}}^{(6)}}{d\alpha^2} = 1,511016, \qquad \frac{d^2 b_{\frac{1}{2}}^{(7)}}{d\alpha^2} = 1,014134.$$

$$-\frac{d^3 b^{(0)}_{\frac{1}{2}}}{dx^3} = 11,308703, \qquad -\frac{d^3 b^{(1)}_{\frac{1}{2}}}{dx^3} = 12,064245, \qquad -\frac{d^3 b^{(2)}_{\frac{1}{2}}}{dx^3} = 11,983424,$$

$$-\frac{d^3 b^{(3)}_{\frac{1}{2}}}{dx^3} = 14,584366, \qquad -\frac{d^3 b^{(4)}_{\frac{1}{2}}}{dx^3} = 16,067040, \qquad -\frac{d^3 b^{(5)}_{\frac{1}{2}}}{dx^3} = 15,617274,$$

$$-\frac{d^3 b^{(6)}_{\frac{1}{2}}}{dx^3} = 13,720218;$$

$$-\frac{d^4 b^{(2)}_{\frac{1}{2}}}{dx^4} = 69,60594, \qquad -\frac{d^4 b^{(3)}_{\frac{1}{2}}}{dx^4} = 82,36773, \qquad -\frac{d^4 b^{(4)}_{\frac{1}{2}}}{dx^4} = 92,72610,$$

$$\frac{d^4 b^{(5)}_{\frac{1}{2}}}{dx^4} = 105,33962;$$

$$b^{(0)}_{\frac{3}{2}} = 4,214154, \qquad b^{(1)}_{\frac{3}{2}} = 3,035376, \qquad b^{(2)}_{\frac{3}{2}} = 1,950536,$$

$$b^{(3)}_{\frac{3}{2}} = 1,192372, \qquad b^{(4)}_{\frac{3}{2}} = 0,708667, \qquad b^{(5)}_{\frac{3}{2}} = 0,413762,$$

$$b^{(6)}_{\frac{3}{2}} = 0,238807;$$

$$\frac{d b^{(2)}_{\frac{3}{2}}}{dx} = 12,50630, \qquad \frac{d b^{(3)}_{\frac{3}{2}}}{dx} = 9,76666, \qquad \frac{d b^{(4)}_{\frac{3}{2}}}{dx} = 7,08399,$$

$$\frac{d b^{(5)}_{\frac{3}{2}}}{dx} = 4,88781;$$

$$-\frac{d^2 b^{(3)}_{\frac{3}{2}}}{dx^2} = 78,09476, \qquad \frac{d^2 b^{(4)}_{\frac{3}{2}}}{dx^2} = 67,14764.$$

MERCURE ET LA TERRE.

$$\alpha = \frac{a}{a''} = 0,38709812,$$

d'où l'on a conclu

$$b^{(0)}_{-\frac{1}{2}} = 2,07565247,$$

$$b^{(1)}_{-\frac{1}{2}} = -\ 0,37970591.$$

Ensuite,

$$b_{\frac{1}{2}}^{(0)} = 2,081980, \qquad b_{\frac{1}{2}}^{(1)} = 0,411140, \qquad b_{\frac{1}{2}}^{(2)} = 0,120178,$$

$$b_{\frac{1}{2}}^{(3)} = 0,038900, \qquad b_{\frac{1}{2}}^{(4)} = 0,013202, \qquad b_{\frac{1}{2}}^{(5)} = 0,004603,$$

$$b_{\frac{1}{2}}^{(6)} = 0,001629, \qquad b_{\frac{1}{2}}^{(7)} = 0,000573, \qquad b_{\frac{1}{2}}^{(8)} = 0,000177;$$

$$\frac{db_{\frac{1}{2}}^{(0)}}{dx} = 0,464378, \qquad \frac{db_{\frac{1}{2}}^{(1)}}{dx} = 1,199633, \qquad \frac{db_{\frac{1}{2}}^{(2)}}{dx} = 0,665739,$$

$$\frac{db_{\frac{1}{2}}^{(3)}}{dx} = 0,316756, \qquad \frac{db_{\frac{1}{2}}^{(4)}}{dx} = 0,141792, \qquad \frac{db_{\frac{1}{2}}^{(5)}}{dx} = 0,061433,$$

$$\frac{db_{\frac{1}{2}}^{(6)}}{dx} = 0,026130, \qquad \frac{db_{\frac{1}{2}}^{(7)}}{dx} = 0,011153;$$

$$\frac{d^2 b_{\frac{1}{2}}^{(0)}}{dx^2} = 1,672199, \qquad \frac{d^2 b_{\frac{1}{2}}^{(1)}}{dx^2} = 1,220775, \qquad \frac{d^2 b_{\frac{1}{2}}^{(2)}}{dx^2} = 2,235935,$$

$$\frac{d^2 b_{\frac{1}{2}}^{(3)}}{dx^2} = 1,852364, \qquad \frac{d^2 b_{\frac{1}{2}}^{(4)}}{dx^2} = 1,197245, \qquad \frac{d^2 b_{\frac{1}{2}}^{(5)}}{dx^2} = 0,670874;$$

$$\frac{d^3 b_{\frac{1}{2}}^{(2)}}{dx^3} = 5,49232, \qquad \frac{d^3 b_{\frac{1}{2}}^{(3)}}{dx^3} = 5,45663, \qquad \frac{d^3 b_{\frac{1}{2}}^{(4)}}{dx^3} = 6,51373;$$

$$b_{\frac{3}{2}}^{(0)} = 2,871833, \qquad b_{\frac{3}{2}}^{(1)} = 1,576062, \qquad b_{\frac{3}{2}}^{(2)} = 0,747619,$$

$$b_{\frac{3}{2}}^{(3)} = 0,334212, \qquad b_{\frac{3}{2}}^{(4)} = 0,153779;$$

$$\frac{db_{\frac{3}{2}}^{(3)}}{dx} = 3,05535.$$

MERCURE ET MARS.

$$\alpha = \frac{a}{a''} = 0,25405312,$$

d'où l'on a conclu

$$b_{-\frac{1}{2}}^{0} = 2,0324084,$$

$$b_{-\frac{1}{2}}^{(1)} = -0,25198657.$$

74   MÉCANIQUE CÉLESTE.

Ensuite,

$$b_{\frac{1}{2}}^{(0)} = 2,033500, \qquad b_{\frac{1}{2}}^{(1)} = 0.260462, \qquad b_{\frac{1}{2}}^{(2)} = 0.049765,$$

$$b_{\frac{1}{2}}^{(3)} = 0.010546, \qquad b_{\frac{1}{2}}^{(4)} = 0.002331, \qquad b_{\frac{1}{2}}^{(5)} = 0.000538;$$

$$\frac{db_{\frac{1}{2}}^{(0)}}{dx} = 0.273829, \qquad \frac{db_{\frac{1}{2}}^{(1)}}{dx} = 1.077839, \qquad \frac{db_{\frac{1}{2}}^{(2)}}{dx} = 0.402980,$$

$$\frac{db_{\frac{1}{2}}^{(3)}}{dx} = 0.127139, \qquad \frac{db_{\frac{1}{2}}^{(4)}}{dx} = 0.037781;$$

$$\frac{d^2 b_{\frac{1}{2}}^{(0)}}{dx^2} = 1,244725, \qquad \frac{d^2 b_{\frac{1}{2}}^{(1)}}{dx^2} = 0.656780, \qquad \frac{d^2 b_{\frac{1}{2}}^{(2)}}{dx^2} = 1.778641,$$

$$\frac{d^2 b_{\frac{1}{2}}^{(3)}}{dx^2} = 1,050458;$$

$$b_{\frac{3}{2}}^{(0)} = 2.322536, \qquad b_{\frac{3}{2}}^{(1)} = 0.863876, \qquad b_{\frac{3}{2}}^{(2)} = 0.372085.$$

MERCURE ET JUPITER.

$$x = \frac{a}{a''} = 0.07442555,$$

d'où l'on a conclu

$$b_{-\frac{1}{2}}^{(0)} = 2.00277053,$$

$$b_{-\frac{1}{2}}^{(1)} = -0.07437397.$$

En déterminant, au moyen de ces équations et des formules du n° 49 du Livre II, les valeurs de $b_{\frac{1}{2}}^{(0)}$, $b_{\frac{1}{2}}^{(1)}$, ..., on a reconnu qu'elles deviennent de plus en plus inexactes, ce qui a lieu dans tous les cas où x est peu considérable, parce que alors ces valeurs sont les différences de nombres qui diffèrent très-peu entre eux; en sorte qu'il faudrait avoir ces nombres avec une très-grande précision, pour déterminer exactement ces différences, ce qui exigerait l'usage des Tables de logarithmes à dix ou douze décimales. Pour obvier à cet inconvénient, il faut recourir à la valeur de $b_s^{(i)}$ en séries : on trouve, par le numéro cité,

$$b_s^{(i)} = \frac{s(s+1)(s+2)\ldots(s+i-1)}{1.2.3\ldots i} x^i \left\{ \begin{aligned} & 1 + \frac{s}{1}\frac{s+i}{i+1} x^2 + \frac{s(s-1)}{1.2}\frac{(s+i)(s+i+1)}{(i+1)(i+2)} x^4 \\ & + \frac{s(s+1)(s+2)}{1.2.3}\frac{(s+i)(s+i+1)(s+i+2)}{(i+1)(i+2)(i+3)} x^6 + \ldots \end{aligned} \right\}$$

Cette valeur de $b_s^{(i)}$ est ici très-convergente, à cause de la petitesse de z : c'est par son moyen que l'on a déterminé les valeurs de $b_{\frac{1}{2}}^{(0)}$, $b_{\frac{1}{2}}^{(1)}$, …, $b_{\frac{1}{2}}^{(0)}$, …, dans tous les cas où z est peu considérable. On a trouvé de cette manière, pour Mercure et Jupiter,

$$b_{\frac{1}{2}}^{(0)} = 2,002778, \qquad b_{\frac{1}{2}}^{(1)} = 0,074581, \qquad b_{\frac{1}{2}}^{(2)} = 0,004164,$$

$$b_{\frac{1}{2}}^{(3)} = 0,000258, \qquad b_{\frac{1}{2}}^{(4)} = 0,000017;$$

$$\frac{db_{\frac{1}{2}}^{(0)}}{dz} = 0,074891, \qquad \frac{db_{\frac{1}{2}}^{(1)}}{dz} = 1,006269, \qquad \frac{db_{\frac{1}{2}}^{(2)}}{dz} = 0,111380,$$

$$\frac{db_{\frac{1}{2}}^{(3)}}{dz} = 0,010428;$$

$$\frac{d^2 b_{\frac{1}{2}}^{(0)}}{dz^2} = 1,018876, \qquad \frac{d^2 b_{\frac{1}{2}}^{(1)}}{dz^2} = 0,171781, \qquad \frac{d^2 b_{\frac{1}{2}}^{(2)}}{dz^2} = 1,499780;$$

$$b_{\frac{3}{2}}^{(0)} = 2,025143, \qquad b_{\frac{3}{2}}^{(1)} = 0,225613, \qquad b_{\frac{3}{2}}^{(2)} = 0,020984.$$

MERCURE ET SATURNE.

$$z = \frac{a}{a'} = 0,04058547,$$

d'où l'on a conclu

$$b_{-\frac{1}{2}}^{0} = 2,00083368,$$

$$b_{-\frac{1}{2}}^{(1)} = -0,04057711.$$

Ensuite,

$$b^{(0)}_{\frac{1}{2}} = 2,000823, \qquad b^{(1)}_{\frac{1}{2}} = 0,040610, \qquad b^{(2)}_{\frac{1}{2}} = 0,001236,$$

$$b^{(3)}_{\frac{1}{2}} = 0,000042, \qquad b^{(4)}_{\frac{1}{2}} = 0,000001;$$

$$-\frac{db^{(0)}_{\frac{1}{2}}}{dx} = 0,040662, \qquad -\frac{db^{(1)}_{\frac{1}{2}}}{dx} = 1,001841, \qquad -\frac{db^{(2)}_{\frac{1}{2}}}{dx} = 0,060919,$$

$$-\frac{db^{(3)}_{\frac{1}{2}}}{dx} = 0,003085;$$

$$-\frac{d^2 b^{(0)}_{\frac{1}{2}}}{dx^2} = 1,003904, \qquad -\frac{d^2 b^{(1)}_{\frac{1}{2}}}{dx^2} = 0,091840, \qquad -\frac{d^2 b^{(2)}_{\frac{1}{2}}}{dx^2} = 1,469188.$$

MERCURE ET URANUS.

$$\alpha = \frac{a}{a''} = 0,02017895,$$

d'où l'on a conclu

$$b^{0}_{-\frac{1}{2}} = 2,00020360,$$

$$b^{(1)}_{-\frac{1}{2}} = -0,02017792.$$

Ensuite,

$$b^{(0)}_{\frac{1}{2}} = 2,000182, \qquad b^{(1)}_{\frac{1}{2}} = 0,020183, \qquad b^{(2)}_{\frac{1}{2}} = 0,000306;$$

$$-\frac{db^{(0)}_{\frac{1}{2}}}{dx} = 0,020196, \qquad -\frac{db^{(1)}_{\frac{1}{2}}}{dx} = 1,000913.$$

VÉNUS ET LA TERRE.

$$\alpha = \frac{a'}{a''} = 0,72333230,$$

d'où l'on a conclu

$$b^{0}_{-\frac{1}{2}} = 2,27159162,$$

$$b^{(1)}_{-\frac{1}{2}} = -0,67226315.$$

Ensuite,

$$b^{(0)}_{\frac{1}{2}} = 2,386343, \qquad b^{(1)}_{\frac{1}{2}} = 0,942413, \qquad b^{(2)}_{\frac{1}{2}} = 0,527589,$$

$$b^{(3)}_{\frac{1}{2}} = 0,323359, \qquad b^{(4)}_{\frac{1}{2}} = 0,206811, \qquad b^{(5)}_{\frac{1}{2}} = 0,135616,$$

$$b^{(6)}_{\frac{1}{2}} = 0,090412, \qquad b^{(7)}_{\frac{1}{2}} = 0,061101, \qquad b^{(8)}_{\frac{1}{2}} = 0,041731;$$

$$\frac{db^{(0)}_{\frac{1}{2}}}{dx} = 1,643709, \qquad \frac{db^{(1)}_{\frac{1}{2}}}{dx} = 2,272414, \qquad \frac{db^{(2)}_{\frac{1}{2}}}{dx} = 2,069770,$$

$$\frac{db^{(3)}_{\frac{1}{2}}}{dx} = 1,738781, \qquad \frac{db^{(4)}_{\frac{1}{2}}}{dx} = 1,407491, \qquad \frac{db^{(5)}_{\frac{1}{2}}}{dx} = 1,113704,$$

$$\frac{db^{(6)}_{\frac{1}{2}}}{dx} = 0,867147, \qquad \frac{db^{(7)}_{\frac{1}{2}}}{dx} = 0,668830;$$

$$\frac{d^2 b^{(0)}_{\frac{1}{2}}}{dx^2} = 7,719923, \qquad \frac{d^2 b^{(1)}_{\frac{1}{2}}}{dx^2} = 7,531096, \qquad \frac{d^2 b^{(2)}_{\frac{1}{2}}}{dx^2} = 8,558595,$$

$$\frac{d^2 b^{(3)}_{\frac{1}{2}}}{dx^2} = 9,112527, \qquad \frac{d^2 b^{(4)}_{\frac{1}{2}}}{dx^2} = 9,107400, \qquad \frac{d^2 b^{(5)}_{\frac{1}{2}}}{dx^2} = 8,634030,$$

$$\frac{d^2 b^{(6)}_{\frac{1}{2}}}{dx^2} = 7,842733;$$

$$\frac{d^3 b^{(0)}_{\frac{1}{2}}}{dx^3} = 56,55335, \qquad \frac{d^3 b^{(1)}_{\frac{1}{2}}}{dx^3} = 57,35721, \qquad \frac{d^3 b^{(2)}_{\frac{1}{2}}}{dx^3} = 58,19633,$$

$$\frac{d^3 b^{(3)}_{\frac{1}{2}}}{dx^3} = 62,87646, \qquad \frac{d^3 b^{(4)}_{\frac{1}{2}}}{dx^3} = 66,32409, \qquad \frac{d^3 b^{(5)}_{\frac{1}{2}}}{dx^3} = 70,54326;$$

$$b^{(0)}_{\frac{3}{2}} = 9,992539, \qquad b^{(1)}_{\frac{3}{2}} = 8,871894, \qquad b^{(2)}_{\frac{3}{2}} = 7,386580,$$

$$b^{(3)}_{\frac{3}{2}} = 5,953940, \qquad b^{(4)}_{\frac{3}{2}} = 4,704321, \qquad b^{(5)}_{\frac{3}{2}} = 3,652052;$$

$$\frac{db^{(0)}_{\frac{3}{2}}}{dx} = 56,65440, \qquad \frac{db^{(1)}_{\frac{3}{2}}}{dx} = 50,90290.$$

VÉNUS ET MARS.

$$z = \frac{a'}{a''} = 0,47472320,$$

d'où l'on a conclu

$$b^{(0)}_{-\frac{1}{2}} = 2,11436649,$$

$$b^{(1)}_{-\frac{1}{2}} = -0,46094390.$$

Ensuite,

$$b^{(0)}_{\frac{1}{2}} = 2,129668, \qquad b^{(1)}_{\frac{1}{2}} = 0,521624, \qquad b^{(2)}_{\frac{1}{2}} = 0,187726,$$

$$b^{(3)}_{\frac{1}{2}} = 0,074675, \qquad b^{(4)}_{\frac{1}{2}} = 0,031127, \qquad b^{(5)}_{\frac{1}{2}} = 0,013337,$$

$$b^{(6)}_{\frac{1}{2}} = 0,005829;$$

$$\frac{db^{(0)}_{\frac{1}{2}}}{dz} = 0,631752, \qquad \frac{db^{(1)}_{\frac{1}{2}}}{dz} = 1,330781, \qquad \frac{db^{(2)}_{\frac{1}{2}}}{dz} = 0,884106,$$

$$\frac{db^{(3)}_{\frac{1}{2}}}{dz} = 0,510976, \qquad \frac{db^{(4)}_{\frac{1}{2}}}{dz} = 0,279002, \qquad \frac{db^{(5)}_{\frac{1}{2}}}{dz} = 0,147606;$$

$$\frac{d^2 b^{(0)}_{\frac{1}{2}}}{dz^2} = 2,192778, \qquad \frac{d^2 b^{(1)}_{\frac{1}{2}}}{dz^2} = 1,815836, \qquad \frac{d^2 b^{(2)}_{\frac{1}{2}}}{dz^2} = 2,795574,$$

$$\frac{d^2 b^{(3)}_{\frac{1}{2}}}{dz^2} = 2,628516, \qquad \frac{d^2 b^{(4)}_{\frac{1}{2}}}{dz^2} = 3,004429;$$

$$\frac{d^3 b^{(0)}_{\frac{1}{2}}}{dz^3} = 7,65440, \qquad \frac{d^3 b^{(1)}_{\frac{1}{2}}}{dz^3} = 8,45655, \qquad \frac{d^3 b^{(2)}_{\frac{1}{2}}}{dz^3} = 8,17676,$$

$$\frac{d^3 b^{(3)}_{\frac{1}{2}}}{dz^3} = 10,66513;$$

$$b^{(0)}_{\frac{3}{2}} = 3,523572, \qquad b^{(1)}_{\frac{3}{2}} = 2,304481, \qquad b^{(2)}_{\frac{3}{2}} = 1,325959,$$

$$b^{(3)}_{\frac{3}{2}} = 0,722687;$$

$$\frac{db^{(2)}_{\frac{3}{2}}}{dz} = 8,47521.$$

VÉNUS ET JUPITER.

$$x = \frac{a'}{a''} = 0,13907116,$$

d'où l'on a conclu

$$b^{(0)}_{-\frac{1}{2}} = 2,00968215,$$

$$b^{(1)}_{-\frac{1}{2}} = -0,13873412.$$

Ensuite,

$$b^{(0)}_{\frac{1}{2}} = 2,009778, \qquad b^{(1)}_{\frac{1}{2}} = 0,140092, \qquad b^{(2)}_{\frac{1}{2}} = 0,014623,$$

$$b^{(3)}_{\frac{1}{2}} = 0,001695. \qquad b^{(4)}_{\frac{1}{2}} = 0,000206, \qquad b^{(5)}_{\frac{1}{2}} = 0,000026;$$

$$\frac{db^{(0)}_{\frac{1}{2}}}{dx} = 0,142160, \qquad \frac{db^{(1)}_{\frac{1}{2}}}{dx} = 1,022206, \qquad \frac{db^{(2)}_{\frac{1}{2}}}{dx} = 0,212046,$$

$$\frac{db^{(3)}_{\frac{1}{2}}}{dx} = 0,036783, \qquad \frac{db^{(4)}_{\frac{1}{2}}}{dx} = 0,006111;$$

$$\frac{d^2 b^{(0)}_{\frac{1}{2}}}{dx^2} = 1,067532, \qquad \frac{d^2 b^{(1)}_{\frac{1}{2}}}{dx^2} = 0,325869, \qquad \frac{d^2 b^{(2)}_{\frac{1}{2}}}{dx^2} = 1,575190,$$

$$\frac{d^2 b^{(3)}_{\frac{1}{2}}}{dx^2} = 0,533951;$$

$$b^{(0)}_{\frac{3}{2}} = 2,089736, \qquad b^{(1)}_{\frac{3}{2}} = 0,432801, \qquad b^{(2)}_{\frac{3}{2}} = 0,075054.$$

VÉNUS ET SATURNE.

$$x = \frac{a'}{a''} = 0,07583790,$$

d'où l'on a conclu

$$b^{(0)}_{-\frac{1}{2}} = 2,00287673,$$

$$b^{(1)}_{-\frac{1}{2}} = -0,07578334.$$

Ensuite,

$$b_{\frac{1}{2}}^{(0)} = 2,002886, \qquad b_{\frac{1}{2}}^{(1)} = 0,076002, \qquad b_{\frac{1}{2}}^{(2)} = 0,004323,$$

$$b_{\frac{1}{2}}^{(3)} = 0,000273, \qquad b_{\frac{1}{2}}^{(4)} = 0,000018;$$

$$\frac{db_{\frac{1}{2}}^{(0)}}{d\alpha} = 0,076331, \qquad \frac{db_{\frac{1}{2}}^{(1)}}{d\alpha} = 1,006490, \qquad \frac{db_{\frac{1}{2}}^{(2)}}{d\alpha} = 0,114267,$$

$$\frac{db_{\frac{1}{2}}^{(3)}}{d\alpha} = 0,011085;$$

$$\frac{d^2 b_{\frac{1}{2}}^{(0)}}{d\alpha^2} = 1,019629, \qquad \frac{d^2 b_{\frac{1}{2}}^{(1)}}{d\alpha^2} = 0,172510, \qquad \frac{d^2 b_{\frac{1}{2}}^{(2)}}{d\alpha^2} = 1,419950;$$

$$b_{\frac{3}{2}}^{(0)} = 2,026116, \qquad b_{\frac{3}{2}}^{(1)} = 0,229988, \qquad b_{\frac{3}{2}}^{(2)} = 0,021791.$$

VÉNUS ET URANUS.

$$\alpha = \frac{a'}{a''} = 0,0377063\,4,$$

d'où l'on a conclu

$$b_{-\frac{1}{2}}^{(0)} = 2,00071095,$$

$$b_{-\frac{1}{2}}^{(1)} = -0,03769964.$$

Ensuite,

$$b_{\frac{1}{2}}^{(0)} = 2,000712, \qquad b_{\frac{1}{2}}^{(1)} = 0,037725, \qquad b_{\frac{1}{2}}^{(2)} = 0,001067,$$

$$b_{\frac{1}{2}}^{(3)} = 0,000034;$$

$$\frac{db_{\frac{1}{2}}^{(0)}}{d\alpha} = 0,716690, \qquad \frac{db_{\frac{1}{2}}^{(1)}}{d\alpha} = 1,000829, \qquad \frac{db_{\frac{1}{2}}^{(2)}}{d\alpha} = 0,056634.$$

LA TERRE ET MARS.

$$\alpha = \frac{a''}{a'''} = 0,6563003\,0,$$

d'où l'on a conclu

$$b_{-\frac{1}{2}}^{(0)} = 2,22192173,$$

$$b_{-\frac{1}{2}}^{(1)} = -0,61874262.$$

Ensuite,

$$b^{(0)}_{\frac{1}{2}} = 2,291132, \qquad b^{(1)}_{\frac{1}{2}} = 0,804563, \qquad b^{(2)}_{\frac{1}{2}} = 0,405584,$$

$$b^{(3)}_{\frac{1}{2}} = 0,224598, \qquad b^{(4)}_{\frac{1}{2}} = 0,129973, \qquad b^{(5)}_{\frac{1}{2}} = 0,077170,$$

$$b^{(6)}_{\frac{1}{2}} = 0,046595, \qquad b^{(7)}_{\frac{1}{2}} = 0,028480, \qquad b^{(8)}_{\frac{1}{2}} = 0,017565;$$

$$\frac{db^{(0)}_{\frac{1}{2}}}{dx} = 1,228078, \qquad \frac{db^{(1)}_{\frac{1}{2}}}{dx} = 1,871211, \qquad \frac{db^{(2)}_{\frac{1}{2}}}{dx} = 1,601236,$$

$$\frac{db^{(3)}_{\frac{1}{2}}}{dx} = 1,240990, \qquad \frac{db^{(4)}_{\frac{1}{2}}}{dx} = 0,920710, \qquad \frac{db^{(5)}_{\frac{1}{2}}}{dx} = 0,666207,$$

$$\frac{db^{(6)}_{\frac{1}{2}}}{dx} = 0,473942, \qquad \frac{db^{(7)}_{\frac{1}{2}}}{dx} = 0,333444;$$

$$\frac{d^2 b^{(0)}_{\frac{1}{2}}}{dx^2} = 4,985108, \qquad \frac{d^2 b^{(1)}_{\frac{1}{2}}}{dx^2} = 4,744671, \qquad \frac{d^2 b^{(2)}_{\frac{1}{2}}}{dx^2} = 5,731111,$$

$$\frac{d^2 b^{(3)}_{\frac{1}{2}}}{dx^2} = 6,057860, \qquad \frac{d^2 b^{(4)}_{\frac{1}{2}}}{dx^2} = 5,776483, \qquad \frac{d^2 b^{(5)}_{\frac{1}{2}}}{dx^2} = 5,141993,$$

$$\frac{d^2 b^{(6)}_{\frac{1}{2}}}{dx^2} = 4,388001;$$

$$\frac{d^3 b^{(0)}_{\frac{1}{2}}}{dx^3} = 29,03400, \qquad \frac{d^3 b^{(1)}_{\frac{1}{2}}}{dx^3} = 29,78930, \qquad \frac{d^3 b^{(2)}_{\frac{1}{2}}}{dx^3} = 30,18848,$$

$$\frac{d^3 b^{(3)}_{\frac{1}{2}}}{dx^3} = 33,29381, \qquad \frac{d^3 b^{(4)}_{\frac{1}{2}}}{dx^3} = 36,32093, \qquad \frac{d^3 b^{(5)}_{\frac{1}{2}}}{dx^3} = 37,23908;$$

$$b^{(0)}_{\frac{3}{2}} = 6,856336, \qquad b^{(1)}_{\frac{3}{2}} = 5,727893, \qquad b^{(2)}_{\frac{3}{2}} = 4,404530,$$

$$b^{(3)}_{\frac{3}{2}} = 3,255964, \qquad b^{(4)}_{\frac{3}{2}} = 2,351254, \qquad b^{(5)}_{\frac{3}{2}} = 1,671668,$$

$$b^{(6)}_{\frac{3}{2}} = 1,174650;$$

$$\frac{db^{(2)}_{\frac{3}{2}}}{d\alpha} = 31,80897, \qquad \frac{db^{(3)}_{\frac{3}{2}}}{d\alpha} = 32,26285, \qquad \frac{db^{(5)}_{\frac{3}{2}}}{d\alpha} = 18,25867.$$

LA TERRE ET JUPITER.

$$\alpha = \frac{a''}{a''''} = 0,19226461,$$

d'où l'on a conclu

$$b^{(0)}_{-\frac{1}{2}} = 2,01852593,$$

$$b^{(1)}_{-\frac{1}{2}} = -0,19137205.$$

Ensuite,

$$b^{(0)}_{\frac{1}{2}} = 2,018885, \qquad b^{(1)}_{\frac{1}{2}} = 0,195003, \qquad b^{(2)}_{\frac{1}{2}} = 0,028195,$$

$$b^{(3)}_{\frac{1}{2}} = 0,004516, \qquad b^{(4)}_{\frac{1}{2}} = 0,000779, \qquad b^{(5)}_{\frac{1}{2}} = 0,000132,$$

$$b^{(6)}_{\frac{1}{2}} = 0,000023;$$

$$\frac{db^{(0)}_{\frac{1}{2}}}{d\alpha} = 0,200586, \qquad \frac{db^{(1)}_{\frac{1}{2}}}{d\alpha} = 1,043204, \qquad \frac{db^{(2)}_{\frac{1}{2}}}{d\alpha} = 0,297995,$$

$$\frac{db^{(3)}_{\frac{1}{2}}}{d\alpha} = 0,070932, \qquad \frac{db^{(4)}_{\frac{1}{2}}}{d\alpha} = 0,016369, \qquad \frac{db^{(5)}_{\frac{1}{2}}}{d\alpha} = 0,003448;$$

$$\frac{d^2 b^{(0)}_{\frac{1}{2}}}{d\alpha^2} = 1,132355, \qquad \frac{d^2 b^{(1)}_{\frac{1}{2}}}{d\alpha^2} = 0,466165, \qquad \frac{d^2 b^{(2)}_{\frac{1}{2}}}{d\alpha^2} = 1,628667,$$

$$\frac{d^2 b^{(3)}_{\frac{1}{2}}}{d\alpha^2} = 0,746681;$$

$$\frac{d^3 b^{(0)}_{\frac{1}{2}}}{d\alpha^3} = 1,472714, \qquad \frac{d^3 b^{(1)}_{\frac{1}{2}}}{d\alpha^3} = 2,874986, \qquad \frac{d^3 b^{(2)}_{\frac{1}{2}}}{d\alpha^3} = 1,418830;$$

$$b^{(0)}_{\frac{3}{2}} = 2,176460, \qquad b^{(1)}_{\frac{3}{2}} = 0,619063, \qquad b^{(2)}_{\frac{3}{2}} = 0,148198,$$

$$b^{(3)}_{\frac{3}{2}} = 0,032439.$$

LA TERRE ET SATURNE.

$$\alpha = \frac{a''}{a^{v}} = 0,10484520,$$

d'où l'on a conclu

$$b^{(0)}_{-\frac{1}{2}} = \quad 2,00550004,$$

$$b^{(1)}_{-\frac{1}{2}} = -0,10470094.$$

Ensuite,

$$b^{(0)}_{\frac{1}{2}} = 2,005535, \qquad b^{(1)}_{\frac{1}{2}} = 0,105283, \qquad b^{(2)}_{\frac{1}{2}} = 0,008282,$$

$$b^{(3)}_{\frac{1}{2}} = 0,000724, \qquad b^{(4)}_{\frac{1}{2}} = 0,000066;$$

$$\frac{db^{(0)}_{\frac{1}{2}}}{d\alpha} = 0,106155, \qquad \frac{db^{(1)}_{\frac{1}{2}}}{d\alpha} = 1,012536, \qquad \frac{db^{(2)}_{\frac{1}{2}}}{d\alpha} = 0,158723,$$

$$\frac{db^{(3)}_{\frac{1}{2}}}{d\alpha} = 0,020779;$$

$$\frac{d^2 b^{(0)}_{\frac{1}{2}}}{d\alpha^2} = 1,037816, \qquad \frac{d^2 b^{(1)}_{\frac{1}{2}}}{d\alpha^2} = 0,246193, \qquad \frac{d^2 b^{(2)}_{\frac{1}{2}}}{d\alpha^2} = 1,526303;$$

$$b^{(0)}_{\frac{3}{2}} = 2,050321, \qquad b^{(1)}_{\frac{3}{2}} = 0,321144, \qquad b^{(2)}_{\frac{3}{2}} = 0,041977.$$

LA TERRE ET URANUS.

$$\alpha = \frac{a''}{a^{vi}} = 0,05212866,$$

d'où l'on a conclu

$$b^{(0)}_{-\frac{1}{2}} = \quad 2,00135893,$$

$$b^{(1)}_{-\frac{1}{2}} = -0,05211095.$$

Ensuite,

$$b^{(0)}_{\frac{1}{2}} = 2,001355, \qquad b^{(1)}_{\frac{1}{2}} = 0,052182, \qquad b^{(2)}_{\frac{1}{2}} = 0,002040,$$

$$b^{(3)}_{\frac{1}{2}} = 0,000089;$$

$$\frac{db^{(0)}_{\frac{1}{2}}}{d\alpha} = 0,052288, \qquad \frac{db^{(1)}_{\frac{1}{2}}}{d\alpha} = 1,003060, \qquad \frac{db^{(2)}_{\frac{1}{2}}}{d\alpha} = 0,078449.$$

MARS ET JUPITER.

$$\alpha = \frac{a'''}{a^{\text{iv}}} = 0,29295212,$$

d'où l'on a conclu

$$b^{(0)}_{-\frac{1}{2}} = \cdot\ 2,0431457\tilde{6},$$

$$b^{(1)}_{-\frac{1}{2}} = -0,28977479.$$

Ensuite,

$$b^{(0)}_{\frac{1}{2}} = 2,045112, \qquad b^{(1)}_{\frac{1}{2}} = 0,302922, \qquad b^{(2)}_{\frac{1}{2}} = 0,066812,$$

$$b^{(3)}_{\frac{1}{2}} = 0,016357, \qquad b^{(4)}_{\frac{1}{2}} = 0,004192, \qquad b^{(5)}_{\frac{1}{2}} = 0,001109,$$

$$b^{(6)}_{\frac{1}{2}} = 0,000297, \qquad b^{(7)}_{\frac{1}{2}} = 0,000081;$$

$$\frac{db^{(0)}_{\frac{1}{2}}}{dx} = 0,324004, \qquad \frac{db^{(1)}_{\frac{1}{2}}}{dx} = 1,105998, \qquad \frac{db^{(2)}_{\frac{1}{2}}}{dx} = 0,473717,$$

$$\frac{db^{(3)}_{\frac{1}{2}}}{dx} = 0,172096, \qquad \frac{db^{(4)}_{\frac{1}{2}}}{dx} = 0,058420, \qquad \frac{db^{(5)}_{\frac{1}{2}}}{dx} = 0,019258,$$

$$\frac{db^{(6)}_{\frac{1}{2}}}{dx} = 0,006173;$$

$$\frac{d^2 b^{(0)}_{\frac{1}{2}}}{dx^2} = 1,338759, \qquad \frac{d^2 b^{(1)}_{\frac{1}{2}}}{dx^2} = 0,794557, \qquad \frac{d^2 b^{(2)}_{\frac{1}{2}}}{dx^2} = 1,871538,$$

$$\frac{d^2 b^{(3)}_{\frac{1}{2}}}{dx^2} = 1,258858, \qquad \frac{d^2 b^{(4)}_{\frac{1}{2}}}{dx^2} = 0,623184;$$

$$\frac{d^3 b^{(0)}_{\frac{1}{2}}}{dx^3} = 2,69358, \qquad \frac{d^3 b^{(1)}_{\frac{1}{2}}}{dx^3} = 3,77722, \qquad \frac{d^3 b^{(2)}_{\frac{1}{2}}}{dx^3} = 2,91068,$$

$$\frac{d^3 b^{(3)}_{\frac{1}{2}}}{dx^3} = 5,47068;$$

$$b_{\frac{3}{2}}^{(0)} = 2,444762, \qquad b_{\frac{3}{2}}^{(1)} = 1,040206, \qquad b_{\frac{3}{2}}^{(2)} = 0,376693.$$

$$b_{\frac{3}{2}}^{(3)} = 0,127942;$$

$$\frac{db_{\frac{3}{2}}^{(0)}}{dx} = 3,48815, \qquad \frac{db_{\frac{3}{2}}^{(1)}}{dx} = 4,80540, \qquad \frac{db_{\frac{3}{2}}^{(2)}}{dx} = 2,99684.$$

MARS ET SATURNE.

$$\alpha = \frac{a''}{a'} = 0,15975187,$$

d'où l'on a conclu

$$b_{-\frac{1}{2}}^{(0)} = 2,01278081,$$

$$b_{-\frac{1}{2}}^{(1)} = -0,15924060.$$

Ensuite,

$$b_{\frac{1}{2}}^{(0)} = 2,012945, \qquad b_{\frac{1}{2}}^{(1)} = 0,161305, \qquad b_{\frac{1}{2}}^{(2)} = 0,019347,$$

$$b_{\frac{1}{2}}^{(3)} = 0,002577, \qquad b_{\frac{1}{2}}^{(4)} = 0,000360, \qquad b_{\frac{1}{2}}^{(5)} = 0,000052;$$

$$\frac{db_{\frac{1}{2}}^{(0)}}{dx} = 0,164463, \qquad \frac{db_{\frac{1}{2}}^{(1)}}{dx} = 1,029493, \qquad \frac{db_{\frac{1}{2}}^{(2)}}{dx} = 0,244843,$$

$$\frac{db_{\frac{1}{2}}^{(3)}}{dx} = 0,048740, \qquad \frac{db_{\frac{1}{2}}^{(4)}}{dx} = 0,009065;$$

$$\frac{d^2 b_{\frac{1}{2}}^{(0)}}{dx^2} = 1,090095, \qquad \frac{d^2 b_{\frac{1}{2}}^{(1)}}{dx^2} = 0,379322, \qquad \frac{d^2 b_{\frac{1}{2}}^{(2)}}{dx^2} = 1,596248.$$

$$\frac{d^2 b_{\frac{1}{2}}^{(3)}}{dx^2} = 0,620632;$$

$$b_{\frac{3}{2}}^{(0)} = 2,119585, \qquad b_{\frac{3}{2}}^{(1)} = 0,503071, \qquad b_{\frac{3}{2}}^{(2)} = 0,100136.$$

MARS ET URANUS.

$$\alpha = \frac{a''}{a^{vi}} = 0,07942807,$$

d'où l'on a conclu

$$b^{(0)}_{-\frac{1}{2}} = 2,00315565,$$

$$b^{(1)}_{-\frac{1}{2}} = -0,07936538.$$

Ensuite,

$$b^{(0)}_{\frac{1}{2}} = 2,003167, \qquad b^{(1)}_{\frac{1}{2}} = 0,079617, \qquad b^{(2)}_{\frac{1}{2}} = 0,004746,$$

$$b^{(3)}_{\frac{1}{2}} = 0,000314, \qquad b^{(4)}_{\frac{1}{2}} = 0,000022;$$

$$\frac{db^{(0)}_{\frac{1}{2}}}{d\alpha} = 0,079995, \qquad \frac{db^{(1)}_{\frac{1}{2}}}{d\alpha} = 1,007144, \qquad \frac{db^{(2)}_{\frac{1}{2}}}{d\alpha} = 0,119822,$$

$$\frac{db^{(3)}_{\frac{1}{2}}}{d\alpha} = 0,011982.$$

JUPITER ET SATURNE.

$$\alpha = \frac{a^{iv}}{a^{v}} = 0,54531725,$$

d'où l'on a conclu

$$b^{(0)}_{-\frac{1}{2}} = 2,15168241,$$

$$b^{(1)}_{-\frac{1}{2}} = -0,52421272.$$

Ensuite,

$$b^{(0)}_{\frac{1}{2}} = 2,1802348, \qquad b^{(1)}_{\frac{1}{2}} = 0,6206406, \qquad b^{(2)}_{\frac{1}{2}} = 0,2576379,$$

$$b^{(3)}_{\frac{1}{2}} = 0,1179750, \qquad b^{(4)}_{\frac{1}{2}} = 0,0565522, \qquad b^{(5)}_{\frac{1}{2}} = 0,0278360,$$

$$b^{(6)}_{\frac{1}{2}} = 0,0139345, \qquad b^{(7)}_{\frac{1}{2}} = 0,0070481, \qquad b^{(8)}_{\frac{1}{2}} = 0,0035837,$$

$$b^{(9)}_{\frac{1}{2}} = 0,0018056, \qquad b^{(10)}_{\frac{1}{2}} = 0,0008632, \qquad b^{(11)}_{\frac{1}{2}} = 0,0003223;$$

$$\frac{db_{\frac{1}{2}}^{(0)}}{dx} = 0,808789, \qquad \frac{db_{\frac{1}{2}}^{(1)}}{dx} = 1,483154, \qquad \frac{db_{\frac{1}{2}}^{(2)}}{dx} = 1,105160,$$

$$\frac{db_{\frac{1}{2}}^{(3)}}{dx} = 0,726550, \qquad \frac{db_{\frac{1}{2}}^{(4)}}{dx} = 0,453285, \qquad \frac{db_{\frac{1}{2}}^{(5)}}{dx} = 0,274717,$$

$$\frac{db_{\frac{1}{2}}^{(6)}}{dx} = 0,163506, \qquad \frac{db_{\frac{1}{2}}^{(7)}}{dx} = 0,096019, \qquad \frac{db_{\frac{1}{2}}^{(8)}}{dx} = 0,056171,$$

$$\frac{db_{\frac{1}{2}}^{(9)}}{dx} = 0,033083, \qquad \frac{db_{\frac{1}{2}}^{(10)}}{dx} = 0,020265;$$

$$\frac{d^2 b_{\frac{1}{2}}^{(0)}}{dx^2} = 2,875229, \qquad \frac{d^2 b_{\frac{1}{2}}^{(1)}}{dx^2} = 2,552788, \qquad \frac{d^2 b_{\frac{1}{2}}^{(2)}}{dx^2} = 3,521040,$$

$$\frac{d^2 b_{\frac{1}{2}}^{(3)}}{dx^2} = 3,533622, \qquad \frac{d^2 b_{\frac{1}{2}}^{(4)}}{dx^2} = 2,995647, \qquad \frac{d^2 b_{\frac{1}{2}}^{(5)}}{dx^2} = 2,302428,$$

$$\frac{d^2 b_{\frac{1}{2}}^{(6)}}{dx^2} = 1,664586, \qquad \frac{d^2 b_{\frac{1}{2}}^{(7)}}{dx^2} = 1,144377, \qquad \frac{d^2 b_{\frac{1}{2}}^{(8)}}{dx^2} = 0,760603,$$

$$\frac{d^2 b_{\frac{1}{2}}^{(9)}}{dx^2} = 0,485135;$$

$$\frac{d^3 b_{\frac{1}{2}}^{(0)}}{dx^3} = 12,128630, \qquad \frac{d^3 b_{\frac{1}{2}}^{(1)}}{dx^3} = 12,878804, \qquad \frac{d^3 b_{\frac{1}{2}}^{(2)}}{dx^3} = 12,832050.$$

$$\frac{d^3 b_{\frac{1}{2}}^{(3)}}{dx^3} = 15,454850, \qquad \frac{d^3 b_{\frac{1}{2}}^{(4)}}{dx^3} = 17,058155, \qquad \frac{d^3 b_{\frac{1}{2}}^{(5)}}{dx^3} = 16,655445,$$

$$\frac{d^3 b_{\frac{1}{2}}^{(6)}}{dx^3} = 14,958762, \qquad \frac{d^3 b_{\frac{1}{2}}^{(7)}}{dx^3} = 12,234874, \qquad \frac{d^3 b_{\frac{1}{2}}^{(8)}}{dx^3} = 9,566420;$$

$$\frac{d^4 b_{\frac{1}{2}}^{(0)}}{dx^4} = 84,40159, \qquad \frac{d^4 b_{\frac{1}{2}}^{(1)}}{dx^4} = 83,94825, \qquad \frac{d^4 b_{\frac{1}{2}}^{(2)}}{dx^4} = 87,3027,$$

$$\frac{d^4 b_{\frac{1}{2}}^{(3)}}{dx^4} = 89,8615, \qquad \frac{d^4 b_{\frac{1}{2}}^{(4)}}{dx^4} = 101,3809, \qquad \frac{d^4 b_{\frac{1}{2}}^{(5)}}{dx^4} = 113,5238,$$

$$\frac{d^4 b_{\frac{1}{2}}^{(6)}}{dx^4} = 118,6607, \qquad \frac{d^4 b_{\frac{1}{2}}^{(7)}}{dx^4} = 115,9588;$$

$$\frac{d^3 b_{\frac{1}{2}}^{(0)}}{dx^3} = 747,480, \qquad \frac{d^3 b_{\frac{1}{2}}^{(1)}}{dx^3} = 753,417, \qquad \frac{d^3 b_{\frac{1}{2}}^{(2)}}{dx^3} = 761,843,$$

$$\frac{d^3 b_{\frac{1}{2}}^{(3)}}{dx^3} = 785,884, \qquad \frac{d^3 b_{\frac{1}{2}}^{(4)}}{dx^3} = 819,180, \qquad \frac{d^3 b_{\frac{1}{2}}^{(5)}}{dx^3} = 884,505.$$

$$\frac{d^3 b_{\frac{1}{2}}^{(6)}}{dx^3} = 912,301;$$

$$b_{\frac{3}{2}}^{(0)} = 4,358387, \qquad b_{\frac{3}{2}}^{(1)} = 3,185493, \qquad b_{\frac{3}{2}}^{(2)} = 2,082131,$$

$$b_{\frac{3}{2}}^{(3)} = 1,295672, \qquad b_{\frac{3}{2}}^{(4)} = 0,784084, \qquad b_{\frac{3}{2}}^{(5)} = 0,466047,$$

$$b_{\frac{3}{2}}^{(6)} = 0,273629, \qquad b_{\frac{3}{2}}^{(7)} = 0,158799, \qquad b_{\frac{3}{2}}^{(8)} = 0,092290,$$

$$b_{\frac{3}{2}}^{(9)} = 0,053922;$$

$$\frac{d b_{\frac{3}{2}}^{(0)}}{dx} = 14,681324, \qquad \frac{d b_{\frac{3}{2}}^{(1)}}{dx} = 15,239657, \qquad \frac{d b_{\frac{3}{2}}^{(2)}}{dx} = 13,416026,$$

$$\frac{d b_{\frac{3}{2}}^{(3)}}{dx} = 10,598611, \qquad \frac{d b_{\frac{3}{2}}^{(4)}}{dx} = 7,802247, \qquad \frac{d b_{\frac{3}{2}}^{(5)}}{dx} = 5,470398,$$

$$\frac{d b_{\frac{3}{2}}^{(6)}}{dx} = 3,710043, \qquad \frac{d b_{\frac{3}{2}}^{(7)}}{dx} = 2,426079, \qquad \frac{d b_{\frac{3}{2}}^{(8)}}{dx} = 1,563695;$$

$$\frac{d^2 b_{\frac{3}{2}}^{(0)}}{dx^2} = 96,68536, \qquad \frac{d^2 b_{\frac{3}{2}}^{(1)}}{dx^2} = 94,91701, \qquad \frac{d^2 b_{\frac{3}{2}}^{(2)}}{dx^2} = 93,19282,$$

$$\frac{d^2 b_{\frac{3}{2}}^{(3)}}{dx^2} = 86,90215, \qquad \frac{d^2 b_{\frac{3}{2}}^{(4)}}{dx^2} = 75,08115, \qquad \frac{d^2 b_{\frac{3}{2}}^{(5)}}{dx^2} = 61,10155,$$

$$\frac{d^2 b_{\frac{3}{2}}^{(6)}}{dx^2} = 47,48185, \qquad \frac{d^2 b_{\frac{3}{2}}^{(7)}}{dx^2} = 35,74355;$$

$$\frac{d^3 b_{\frac{3}{2}}^{(0)}}{dx^3} = 830,0586, \qquad \frac{d^3 b_{\frac{3}{2}}^{(1)}}{dx^3} = 830,1580, \qquad \frac{d^3 b_{\frac{3}{2}}^{(2)}}{dx^3} = 810,1045,$$

$$\frac{d^3 b_{\frac{3}{2}}^{(3)}}{dx^3} = 785,5855, \qquad \frac{d^3 b_{\frac{3}{2}}^{(4)}}{dx^3} = 740,6775, \qquad \frac{d^3 b_{\frac{3}{2}}^{(5)}}{dx^3} = 666,4080,$$

$$\frac{d^3 b_{\frac{3}{2}}^{(6)}}{dx^3} = 574,9115.$$

JUPITER ET URANUS.

$$\alpha = \frac{a''}{a^{vi}} = 0,27112980,$$

d'où l'on a conclu

$$b^{(0)}_{-\frac{1}{2}} = 2,03692776,$$

$$b^{(1)}_{-\frac{1}{2}} = -0,26861497.$$

Ensuite,

$$b^{(0)}_{\frac{1}{2}} = 2,038359, \qquad b^{(1)}_{\frac{1}{2}} = 0,278966, \qquad b^{(2)}_{\frac{1}{2}} = 0,056906,$$

$$b^{(3)}_{\frac{1}{2}} = 0,012879, \qquad b^{(4)}_{\frac{1}{2}} = 0,003058, \qquad b^{(5)}_{\frac{1}{2}} = 0,000745,$$

$$b^{(6)}_{\frac{1}{2}} = 0,000185;$$

$$\frac{db^{(0)}_{\frac{1}{2}}}{d\alpha} = 0,295410, \qquad \frac{db^{(1)}_{\frac{1}{2}}}{d\alpha} = 1,089551, \qquad \frac{db^{(2)}_{\frac{1}{2}}}{d\alpha} = 0,433630,$$

$$\frac{db^{(3)}_{\frac{1}{2}}}{d\alpha} = 0,145398, \qquad \frac{db^{(4)}_{\frac{1}{2}}}{d\alpha} = 0,045930, \qquad \frac{db^{(5)}_{\frac{1}{2}}}{d\alpha} = 0,015410;$$

$$\frac{d^2 b^{(0)}_{\frac{1}{2}}}{d\alpha^2} = 1,283434, \qquad \frac{d^2 b^{(1)}_{\frac{1}{2}}}{d\alpha^2} = 0,714932, \qquad \frac{d^2 b^{(2)}_{\frac{1}{2}}}{d\alpha^2} = 1,815451,$$

$$\frac{d^2 b^{(3)}_{\frac{1}{2}}}{d\alpha^2} = 1,133359;$$

$$b^{(0)}_{\frac{3}{2}} = 2,372983, \qquad b^{(1)}_{\frac{3}{2}} = 0,938794, \qquad b^{(2)}_{\frac{3}{2}} = 0,315186,$$

$$b^{(3)}_{\frac{3}{2}} = 0,099260.$$

SATURNE ET URANUS.

$$\alpha = \frac{a^{v}}{a^{vi}} = 0,49719638,$$

d'où l'on a conclu

$$b^{(0)}_{-\frac{1}{2}} = 2,12564287,$$

$$b^{(1)}_{-\frac{1}{2}} = -0,48131675.$$

Ensuite,

$$b_{\frac{1}{2}}^{(0)} = 2,144440, \qquad b_{\frac{1}{2}}^{(1)} = 0,552007, \qquad b_{\frac{1}{2}}^{(2)} = 0,208313,$$

$$b_{\frac{1}{2}}^{(3)} = 0,086834, \qquad b_{\frac{1}{2}}^{(4)} = 0,037909, \qquad b_{\frac{1}{2}}^{(5)} = 0,016990,$$

$$b_{\frac{1}{2}}^{(6)} = 0,007728, \qquad b_{\frac{1}{2}}^{(7)} = 0,003522, \qquad b_{\frac{1}{2}}^{(8)} = 0,001547;$$

$$\frac{db_{\frac{1}{2}}^{(0)}}{d\alpha} = 0,683055, \qquad \frac{db_{\frac{1}{2}}^{(1)}}{d\alpha} = 1,373806, \qquad \frac{db_{\frac{1}{2}}^{(2)}}{d\alpha} = 0,949128,$$

$$\frac{db_{\frac{1}{2}}^{(3)}}{d\alpha} = 0,572896, \qquad \frac{db_{\frac{1}{2}}^{(4)}}{d\alpha} = 0,327198, \qquad \frac{db_{\frac{1}{2}}^{(5)}}{d\alpha} = 0,181370,$$

$$\frac{db_{\frac{1}{2}}^{(6)}}{d\alpha} = 0,098799, \qquad \frac{db_{\frac{1}{2}}^{(7)}}{d\alpha} = 0,053642;$$

$$\frac{d^2 b_{\frac{1}{2}}^{(0)}}{d\alpha^2} = 2,377102, \qquad \frac{d^2 b_{\frac{1}{2}}^{(1)}}{d\alpha^2} = 2,017767, \qquad \frac{d^2 b_{\frac{1}{2}}^{(2)}}{d\alpha^2} = 2,992245,$$

$$\frac{d^2 b_{\frac{1}{2}}^{(3)}}{d\alpha^2} = 2,881218, \qquad \frac{d^2 b_{\frac{1}{2}}^{(4)}}{d\alpha^2} = 2,278077, \qquad \frac{d^2 b_{\frac{1}{2}}^{(5)}}{d\alpha^2} = 1,616470,$$

$$\frac{d^2 b_{\frac{1}{2}}^{(6)}}{d\alpha^2} = 1,067430;$$

$$\frac{d^3 b_{\frac{1}{2}}^{(0)}}{d\alpha^3} = 8,798999, \qquad \frac{d^3 b_{\frac{1}{2}}^{(1)}}{d\alpha^3} = 9,578267, \qquad \frac{d^3 b_{\frac{1}{2}}^{(2)}}{d\alpha^3} = 9,425450,$$

$$\frac{d^3 b_{\frac{1}{2}}^{(3)}}{d\alpha^3} = 11,904140, \qquad \frac{d^3 b_{\frac{1}{2}}^{(4)}}{d\alpha^3} = 12,988670, \qquad \frac{d^3 b_{\frac{1}{2}}^{(5)}}{d\alpha^3} = 12,135721;$$

$$b_{\frac{3}{2}}^{(0)} = 3,750905, \qquad b_{\frac{3}{2}}^{(1)} = 2,547992, \qquad b_{\frac{3}{2}}^{(2)} = 1,530452,$$

$$b_{\frac{3}{2}}^{(3)} = 0,872105, \qquad b_{\frac{3}{2}}^{(4)} = 0,482564, \qquad b_{\frac{3}{2}}^{(5)} = 0,262146;$$

$$\frac{db_{\frac{3}{2}}^{(2)}}{d\alpha} = 9,75656, \qquad \frac{db_{\frac{3}{2}}^{(3)}}{d\alpha} = 7,24097, \qquad \frac{db_{\frac{3}{2}}^{(4)}}{d\alpha} = 4,95052.$$

CHAPITRE VII.

EXPRESSIONS NUMÉRIQUES DES VARIATIONS SÉCULAIRES DES ÉLÉMENTS DES ORBITES PLANÉTAIRES.

24. Nous allons présentement donner les valeurs numériques des variations séculaires des éléments des orbites planétaires. Reprenons pour cela les variations différentielles des excentricités, des périhélies, des inclinaisons et des nœuds des orbites, données dans les n°s 58 et 60 du Livre II. Pour les réduire en nombres, il faut d'abord déterminer les valeurs numériques des quantités $(0, 1)$, $\boxed{0, 1}$, ... On a d'abord calculé les valeurs de $(0, 1)$ et $\boxed{0, 1}$, au moyen des formules suivantes, données dans le n° 55 du Livre II,

$$(0, 1) = - \frac{3\,m'n\,\alpha^2\,b^{(1)}_{-\frac{3}{2}}}{4(1 - \alpha^2)^2}, \quad \boxed{0, 1} = - \frac{3\,m'n\,\alpha\left[(1 + \alpha^2)\,b^{(1)}_{-\frac{1}{2}} + \frac{1}{2}\alpha\,b^{(0)}_{-\frac{1}{2}}\right]}{2(1 - \alpha^2)^2}.$$

On en a conclu les valeurs de $(1, 0)$ et $\boxed{1, 0}$, au moyen des équations suivantes, trouvées dans le même numéro,

$$(1, 0) = \frac{m\sqrt{a}}{m'\sqrt{a'}}\,(0, 1), \quad \boxed{1, 0} = \frac{m\sqrt{a}}{m'\sqrt{a'}}\,\boxed{0, 1}.$$

On a obtenu de cette manière les résultats suivants réduits en secondes, et dans lesquels les chiffres 0, 1, 2, 3, 4, 5, 6 se rapportent respectivement à Mercure, Vénus, la Terre, Mars, Jupiter, Saturne et Uranus. On a multiplié les masses précédentes des planètes respectivement par les facteurs indéterminés $1 + \mu$, $1 + \mu'$, $1 + \mu''$, ..., afin

MÉCANIQUE CÉLESTE.

de pouvoir corriger immédiatement ces résultats, quand on aura les corrections des masses.

$$(0, 1) = (1 + \mu') \cdot 9'',421152, \qquad \boxed{0, 1} = (1 + \mu') \cdot 6'',053725,$$
$$(0, 2) = (1 + \mu'') \cdot 2'',971746, \qquad \boxed{0, 2} = (1 + \mu'') \cdot 1'',411096,$$
$$(0, 3) = (1 + \mu''') \cdot 0'',125403, \qquad \boxed{0, 3} = (1 + \mu'') \cdot 0'',039496,$$
$$(0, 4) = (1 + \mu^{\rm iv}) \cdot 4'',862570, \qquad \boxed{0, 4} = (1 + \mu^{\rm iv}) \cdot 0'',451633,$$
$$(0, 5) = (1 + \mu^{\rm v}) \cdot 0'',248641, \qquad \boxed{0, 5} = (1 + \mu^{\rm v}) \cdot 0'',012610,$$
$$(0, 6) = (1 + \mu^{\rm vi}) \cdot 0'',005252, \qquad \boxed{0, 6} = (1 + \mu^{\rm vi}) \cdot 0'',000129;$$

$$(1, 0) = (1 + \mu) \cdot 1'',303450, \qquad \boxed{1, 0} = (1 + \mu) \cdot 0'',837553,$$
$$(1, 2) = (1 + \mu'') \cdot 22'',889753, \qquad \boxed{1, 2} = (1 + \mu'') \cdot 19'',058562,$$
$$(1, 3) = (1 + \mu''') \cdot 0'',457288, \qquad \boxed{1, 3} = (1 + \mu''') \cdot 0'',263124,$$
$$(1, 4) = (1 + \mu^{\rm iv}) \cdot 12'',750512, \qquad \boxed{1, 4} = (1 + \mu^{\rm iv}) \cdot 2'',211195,$$
$$(1, 5) = (1 + \mu^{\rm v}) \cdot 0'',640032, \qquad \boxed{1, 5} = (1 + \mu^{\rm v}) \cdot 0'',060621,$$
$$(1, 6) = (1 + \mu^{\rm vi}) \cdot 0'',013439, \qquad \boxed{1, 6} = (1 + \mu^{\rm vi}) \cdot 0'',000634;$$

$$(2, 0) = (1 + \mu) \cdot 0'',301154, \qquad \boxed{2, 0} = (1 + \mu) \cdot 0'',142855,$$
$$(2, 1) = (1 + \mu') \cdot 16'',749060, \qquad \boxed{2, 1} = (1 + \mu') \cdot 13'',945671,$$
$$(2, 3) = (1 + \mu''') \cdot 1'',336417, \qquad \boxed{2, 3} = (1 + \mu''') \cdot 1'',027656,$$
$$(2, 4) = (1 + \mu^{\rm iv}) \cdot 21'',444015, \qquad \boxed{2, 4} = (1 + \mu^{\rm iv}) \cdot 5'',129740,$$
$$(2, 5) = (1 + \mu^{\rm v}) \cdot 1'',050745, \qquad \boxed{2, 5} = (1 + \mu^{\rm v}) \cdot 0'',137390,$$
$$(2, 6) = (1 + \mu^{\rm vi}) \cdot 0'',021899, \qquad \boxed{2, 6} = (1 + \mu^{\rm vi}) \cdot 0'',001428;$$

$$(3, 0) = (1 + \mu) \cdot 0'',057600, \qquad \boxed{3, 0} = (1 + \mu) \cdot 0'',018142,$$
$$(3, 1) = (1 + \mu') \cdot 1'',518147, \qquad \boxed{3, 1} = (1 + \mu') \cdot 0'',873545,$$
$$(3, 2) = (1 + \mu'') \cdot 6'',063413, \qquad \boxed{3, 2} = (1 + \mu'') \cdot 4'',662522,$$
$$(3, 4) = (1 + \mu^{\rm iv}) \cdot 44'',479510, \qquad \boxed{3, 4} = (1 + \mu^{\rm iv}) \cdot 16'',108309,$$
$$(3, 5) = (1 + \mu^{\rm v}) \cdot 2'',031918, \qquad \boxed{3, 5} = (1 + \mu^{\rm v}) \cdot 0'',404446,$$
$$(3, 6) = (1 + \mu^{\rm vi}) \cdot 0'',041468, \qquad \boxed{3, 6} = (1 + \mu^{\rm vi}) \cdot 0'',004114;$$

$$(4,0) = (1+\mu) \ . \ 0'',000699, \qquad [4,0] = (1+\mu) \ . \ 0'',000065,$$

$$(4,1) = (1+\mu') \ . \ 0'',013244, \qquad [4,1] = (1+\mu') \ . \ 0'',002297,$$

$$(4,2) = (1+\mu'') \ . \ 0'',030439, \qquad [4,2] = (1+\mu'') \ . \ 0'',007281,$$

$$(4,3) = (1+\mu''') \ . \ 0'',013916, \qquad [4,3] = (1+\mu''') \ . \ 0'',005040,$$

$$(4,5) = (1+\mu^{\text{v}}) \ . \ 23'',771411, \qquad [4,5] = (1+\mu^{\text{v}}) \ . \ 15'',537640,$$

$$(4,6) = (1+\mu^{\text{vi}}) \ . \ 0'',298294, \qquad [4,6] = (1+\mu^{\text{vi}}) \ . \ 0'',100143:$$

$$(5,0) = (1+\mu) \ . \ 0'',000083, \qquad [5,0] = (1+\mu) \ . \ 0'',000004,$$

$$(5,1) = (1+\mu') \ . \ 0'',001545, \qquad [5,1] = (1+\mu') \ . \ 0'',000146,$$

$$(5,2) = (1+\mu'') \ . \ 0'',003467, \qquad [5,2] = (1+\mu'') \ . \ 0'',000454,$$

$$(5,3) = (1+\mu''') \ . \ 0'',001478, \qquad [5,3] = (1+\mu''') \ . \ 0'',000294,$$

$$(5,4) = (1+\mu^{\text{iv}}) \ . \ 55'',263722, \qquad [5,4] = (1+\mu^{\text{iv}}) \ . \ 36'',121899,$$

$$(5,6) = (1+\mu^{\text{vi}}) \ . \ 1'',096340, \qquad [5,6] = (1+\mu^{\text{vi}}) \ . \ 0'',658505;$$

$$(6,0) = (1+\mu) \ . \ 0'',000007, \qquad [6,0] = (1+\mu) \ . \ 0'',000000,$$

$$(6,1) = (1+\mu') \ . \ 0'',000133, \qquad [6,1] = (1+\mu') \ . \ 0'',000007,$$

$$(6,2) = (1+\mu'') \ . \ 0'',000296, \qquad [6,2] = (1+\mu'') \ . \ 0'',000019,$$

$$(6,3) = (1+\mu''') \ . \ 0'',000124, \qquad [6,3] = (1+\mu''') \ . \ 0'',000012,$$

$$(6,4) = (1+\mu^{\text{iv}}) \ . \ 2'',838932, \qquad [6,4] = (1+\mu^{\text{iv}}) \ . \ 0'',953096,$$

$$(6,5) = (1+\mu^{\text{v}}) \ . \ 4'',488196, \qquad [6,5] = (1+\mu^{\text{v}}) \ . \ 2'',695783.$$

25. Au moyen de ces valeurs et des formules données dans les nᵒˢ 58 et 60 du Livre II, on a conclu les résultats suivants, dans lesquels $\frac{d\varpi}{dt}$ exprime le mouvement sidéral du périhélie en longitude, à l'époque de 1750, et pendant une année de 365ᴶ¼; $\frac{2\,de}{dt}$ est la variation annuelle de l'équation du centre, ou du double de l'excentricité, à la même époque; $\frac{d\varphi}{dt}$ est la variation annuelle de l'inclinaison de l'orbite à l'écliptique fixe de 1750; $\frac{d\varphi'}{dt}$ est la variation annuelle de l'inclinaison de l'orbite à l'écliptique vraie; $\frac{d\theta}{dt}$ est le mouvement annuel et sidéral du nœud ascendant de l'orbite sur l'écliptique fixe de 1750; $\frac{d\theta_1}{dt}$ est le mouvement annuel et sidéral du même nœud sur l'écliptique vraie.

MERCURE.

$$\frac{d\varpi}{dt} = 17'',367383 + 9'',302569.\mu' + 2'',870161.\mu'' + 0'',129151.\mu''' + 4'',814947.\mu^{\text{IV}} + 0'',245303.\mu^{\text{V}} + 0'',005252.\mu^{\text{VI}},$$

$$2\frac{de}{dt} = 0'',042252 + 0'',067742.\mu' + 0'',020096.\mu'' - 0'',007190.\mu''' - 0'',038766.\mu^{\text{IV}} + 0'',000358.\mu^{\text{V}} + 0'',000012.\mu^{\text{VI}},$$

$$\frac{d\varphi}{dt} = -0'',370349 - 0'',271453.\mu' - 0'',000162.\mu''' - 0'',088777.\mu^{\text{IV}} - 0'',009924.\mu^{\text{V}} - 0'',000033.\mu^{\text{VI}},$$

$$\frac{d\varphi_1}{dt} = 0'',547557 + 0'',211140.\mu' + 0'',001569.\mu''' + 0'',302730.\mu^{\text{IV}} + 0'',032015.\mu^{\text{V}} + 0'',000103.\mu^{\text{VI}},$$

$$\frac{d\theta}{dt} = -13'',040106 - 5'',446264.\mu' - 2'',974745.\mu'' - 0'',092442.\mu''' - 4'',308989.\mu^{\text{IV}} - 0'',212929.\mu^{\text{V}} - 0'',004737.\mu^{\text{VI}},$$

$$\frac{d\theta_1}{dt} = -23'',354327 - 0'',301154.\mu - 12'',513661.\mu' - 2'',974745.\mu'' - 0'',443748.\mu''' - 6'',750288.\mu^{\text{IV}} - 0'',363854.\mu^{\text{V}} - 0'',006877.\mu^{\text{VI}}.$$

VÉNUS.

$$\frac{d\varpi'}{dt} = -7'',231874 - 13'',318446.\mu - 17'',761229.\mu'' + 3'',715362.\mu''' + 19'',863664.\mu^{\text{IV}} + 0'',258684.\mu^{\text{V}} + 0'',010091.\mu^{\text{VI}},$$

$$2\frac{de'}{dt} = -0'',804218 - 0'',279256.\mu - 0'',312252.\mu'' - 0'',019686.\mu''' - 0'',188714.\mu^{\text{IV}} - 0'',004348.\mu^{\text{V}} + 0'',000038.\mu^{\text{VI}},$$

$$\frac{d\varphi'}{dt} = -0'',049228 + 0'',077777.\mu + 0'',006658.\mu''' - 0'',116834.\mu^{\text{IV}} - 0'',016835.\mu^{\text{V}} + 0'',000006.\mu^{\text{VI}},$$

$$\frac{d\varphi'_1}{dt} = 0'',137464 + 0'',059807.\mu - 0'',012801.\mu''' + 0'',079659.\mu^{\text{IV}} + 0'',010803.\mu^{\text{V}} - 0'',000004.\mu^{\text{VI}},$$

$$\frac{d\theta'}{dt} = -30'',558630 + 1'',055720.\mu - 22'',889753.\mu'' - 0'',234914.\mu'''$$
$$- 8'',215138.\mu^{IV} - 0'',264164.\mu^{V} - 0'',010381.\mu^{VI},$$

$$\frac{d\vartheta'}{dt} = -56'',752351 + 0'',510648.\mu - 16'',749053.\mu' - 22'',889753.\mu''$$
$$- 0'',884798.\mu''' - 15'',842800.\mu^{IV} - 0'',881230.\mu^{V}$$
$$- 0'',015365.\mu^{VI}.$$

LA TERRE.

$$\frac{d\varpi''}{dt} = 36'',881443 - 1'',280628.\mu + 11'',769371.\mu' + 4'',772107.\mu''$$
$$+ 21'',001210.\mu''' + 0'',598970.\mu^{IV} + 0'',020413.\mu^{V},$$

$$2\,\frac{de''}{dt} = -0'',579130 - 0'',024866.\mu + 0'',093936.\mu' - 0'',153500.\mu''$$
$$- 0'',493018.\mu''' - 0'',002806.\mu^{IV} + 0'',000124.\mu^{V}.$$

MARS.

$$\frac{d\varpi'''}{dt} = 48'',386296 + 0'',049209.\mu + 1'',577303.\mu' + 6'',571974.\mu''$$
$$+ 38'',002750.\mu''' + 2'',141598.\mu^{IV} + 0'',043462.\mu^{V},$$

$$2\,\frac{de'''}{dt} = 1'',149806 + 0'',007292.\mu + 0'',004832.\mu' + 0'',124976.\mu''$$
$$+ 0'',972168.\mu''' + 0'',040638.\mu^{IV} - 0'',000100.\mu^{V},$$

$$\frac{d\gamma''}{dt} = -0'',906791 + 0'',000284.\mu - 0'',040575.\mu' - 0'',786665.\mu'''$$
$$- 0'',079599.\mu^{IV} - 0'',000236.\mu^{V},$$

$$\frac{d\varrho''}{dt} = -0'',040074 - 0'',001199.\mu + 0'',407078.\mu' - 0'',407404.\mu^{IV}$$
$$- 0'',038437.\mu^{V} - 0'',000112.\mu^{VI},$$

$$\frac{d\theta''}{dt} = -30'',025415 + 0'',161185.\mu + 0'',969343.\mu' - 6'',063413.\mu''$$
$$- 24'',244144.\mu^{IV} - 0'',822630.\mu^{V} - 0'',025756.\mu^{VI},$$

$$\frac{d\theta'''}{dt} = -70'',338499 - 0'',982701.\mu - 26'',474072.\mu' - 6'',063413.\mu''$$
$$- 1'',336417.\mu''' - 33'',999862.\mu^{IV} - 1'',447980.\mu^{V}$$
$$- 0'',034054.\mu^{VI}.$$

JUPITER.

$$\frac{d\varpi^{iv}}{dt} = 20'',369659 + 0'',000574.\mu + 0'',013364.\mu' + 0'',030362.\mu''$$
$$+ 0'',006319.\mu''' + 19'',931701.\mu^{v} + 0'',387339.\mu^{vi},$$

$$2\frac{de^{iv}}{dt} = 1'',711168 - 0'',000024.\mu + 0'',000028.\mu' + 0'',000244.\mu''$$
$$- 0'',000588.\mu''' + 1'',707742.\mu^{v} + 0'',003766.\mu^{vi},$$

$$\frac{d\varphi^{iv}}{dt} = - 0'',241174 + 0'',000068.\mu + 0'',000313.\mu' + 0'',000346.\mu''$$
$$- 0'',243621.\mu^{v} + 0'',001720.\mu^{vi},$$

$$\frac{d\varphi_{,}^{iv}}{dt} = - 0'',688820 - 0'',029292.\mu - 0'',395414.\mu' - 0'',032856.\mu''$$
$$- 0'',232852.\mu^{v} + 0'',001594.\mu^{vi},$$

$$\frac{d\theta^{iv}}{dt} = 19'',926792 + 0'',001570.\mu + 0'',018076.\mu' - 0'',030439.\mu''$$
$$- 0'',001413.\mu''' + 20'',078923.\mu^{v} - 0'',139915.\mu^{vi},$$

$$\frac{d\theta_{,}^{iv}}{dt} = -45'',257336 - 0'',976008.\mu - 39'',594863.\mu' - 0'',030439.\mu''$$
$$- 1'',201089.\mu''' - 21'',444015.\mu^{iv} + 18'',140621.\mu^{v}$$
$$- 0'',151543.\mu^{vi}.$$

SATURNE.

$$\frac{d\varpi^{v}}{dt} = 49'',730637 + 0'',000068.\mu + 0'',001531.\mu' + 0'',003334.\mu''$$
$$+ 0'',001697.\mu''' + 48'',737068.\mu^{iv} + 0'',986939.\mu^{vi},$$

$$2\frac{de^{v}}{dt} = - 3'',334597 - 0'',000000.\mu + 0'',000001.\mu' + 0'',000002.\mu''$$
$$- 0'',000048.\mu''' - 3'',394812.\mu^{iv} + 0'',060260.\mu^{vi},$$

$$\frac{d\varphi^{v}}{dt} = 0'',307841 + 0'',000009.\mu + 0'',000055.\mu' + 0'',000043.\mu''$$
$$+ 0'',298443.\mu^{iv} + 0'',009291.\mu^{vi},$$

$$\frac{d\varphi_{,}^{v}}{dt} = - 0'',479290 - 0'',033813.\mu - 0'',598513.\mu' - 0'',038709.\mu''$$
$$+ 0'',182639.\mu^{iv} + 0'',009106.\mu^{vi},$$

$$\frac{d\theta^{v}}{dt} = -27'',794110 + 0'',000011.\mu + 0'',000130.\mu' - 0'',003467.\mu''$$
$$- 0'',000996.\mu''' - 26'',957559.\mu^{iv} - 0'',832229.\mu^{vi},$$

$$\frac{d\theta_{,}^{v}}{dt} = -58'',770060 - 0'',342473.\mu - 18'',158175.\mu' - 0'',003467.\mu''$$
$$- 0'',436463.\mu''' - 37'',941234.\mu^{iv} - 1'',050744.\mu^{v}$$
$$- 0'',837504.\mu^{vi}.$$

URANUS.

$$\frac{d\varpi''}{dt} = 7'',576700 + 0'',000008.\mu + 0'',000132.\mu' + 0'',000293.\mu''$$
$$+ 0'',000147.\mu''' + 3'',737130.\mu'''' + 3'',838990.\mu^v,$$

$$\frac{de''}{dt} = -0'',333901 - 0'',000000.\mu - 0'',000000.\mu' - 0'',000000.\mu''$$
$$+ 0'',000001.\mu''' - 0'',036890.\mu'''' - 0'',297012.\mu^v.$$

$$\frac{d\zeta''}{dt} = -0'',150807 + 0'',000000.\mu + 0'',000000.\mu' + 0'',000001.\mu''$$
$$- 0'',027888.\mu'''' - 0'',122920.\mu^v,$$

$$\frac{d\zeta'''}{dt} = -0'',084754 - 0'',016951.\mu + 0'',031312.\mu' - 0'',018232.\mu''$$
$$+ 0'',182767.\mu'''' - 0'',094142.\mu^v,$$

$$\frac{d\varsigma''}{dt} = 8'',736037 + 0'',000051.\mu + 0'',000450.\mu' - 0'',000296.\mu''$$
$$+ 0'',000144.\mu''' + 1'',532043.\mu'''' + 6'',803645.\mu^v,$$

$$\frac{d\varsigma'''}{dt} = -106'',183322 - 2'',433693.\mu - 73'',505817.\mu' - 0'',000296.\mu''$$
$$- 2'',897429.\mu'''' - 31'',484265.\mu^v + 4'',160079.\mu^{vi}$$
$$- 0'',021901.\mu^{vii}.$$

Je n'ai point compris dans les formules précédentes les variations de l'orbe terrestre; on les déterminera par les équations

$$\tan\varphi'' \sin\theta'' = p'', \qquad \tan\varphi'' \cos\theta'' = q''.$$

Quant aux valeurs de p'' et de q'', on les déterminera par les formules du n° 59 du Livre II, et l'on aura, en prenant pour plan fixe l'écliptique de 1750,

$$p'' = t\frac{dp''}{dt} + \frac{t^2}{2}\frac{d^2p''}{dt^2} + \ldots,$$

$$q'' = t\frac{dq''}{dt} + \frac{t^2}{2}\frac{d^2q''}{dt^2} + \ldots,$$

t exprimant le nombre des années juliennes écoulées depuis 1750, et les valeurs de $\frac{dp''}{dt}$, $\frac{dq''}{dt}$, $\frac{d^2p''}{dt^2}$, $\cdots$ se rapportant à cette époque. On pourra ne considérer que la première puissance de t dans ces deux séries, lorsque t n'excédera pas 300; et lorsqu'il ne surpassera pas

1000 ou 1200, on pourra rejeter les puissances supérieures au carré, ce qui est permis, même relativement aux observations les plus anciennes, vu leur imperfection. On trouve, par les formules citées,

$$\frac{dp''}{dt} = \quad 0'',236792 + 0'',025989.\mu \; + 0'',266408.\mu' + 0'',029082.\mu'' -$$
$$- 0'',067966.\mu''' - 0'',016809.\mu^v + 0'',000088.\mu^{vi},$$

$$\frac{dq''}{dt} = -1'',546156 - 0'',026304.\mu \; - 0'',956638.\mu' - 0'',031898.\mu''$$
$$- 0'',488376.\mu''' - 0'',042658.\mu^v - 0'',000282.\mu^{vi}.$$

26. On a vu, dans le Chapitre III, que l'ellipticité du Soleil produit dans les périhélies des orbes planétaires un léger mouvement égal à

$$\left(\rho - \frac{1}{2}q\right)\frac{D^2}{a^2}\,nt.$$

Considérons ce mouvement par rapport à Mercure. q est le rapport de la force centrifuge à la pesanteur à l'équateur solaire; soit mt le mouvement angulaire de rotation du Soleil; la force centrifuge à l'équateur solaire sera $m^2 D$. Si l'on exprime par S la masse du Soleil, on aura $\frac{S}{a''^3} = n''^2$, ou $S = n''^2 a''^3$, ce qui donne la pesanteur $\frac{S}{D^2}$ à l'équateur solaire égale à $\frac{n''^2 a''^3}{D^2}$; on a donc

$$q = \frac{m^2}{n''^2}\,\frac{D^3}{a''^3}.$$

La durée de la rotation du Soleil est, suivant les observations, à très-peu près égale à $25^j,417$. La durée de la révolution sidérale de la Terre est de $365^j,256$, d'où l'on tire

$$\frac{m}{n''} = \frac{365,256}{25,417}.$$

Le demi-diamètre apparent du Soleil, dans sa moyenne distance, est de $2968''$, ce qui donne

$$\frac{D}{a''} = \sin 2968'';$$

on a donc

$$q = 0,0000209268.$$

Dans le cas de l'homogénéité du Soleil. on a, par le n° 24 du Livre III.
$\rho = \frac{5}{4} q$; le mouvement du périhélie de Mercure, produit par l'ellipticité du Soleil, est donc alors égal à

$$\frac{3}{4} q \frac{D^2}{a^2} nt,$$

et par conséquent à

$$\frac{3}{4} q (\sin 2968'')^2 \left(\frac{a''}{a}\right)^2 nt.$$

En substituant, pour a, a'' et n, leurs valeurs données dans le Chapitre V, cette quantité devient $0'',037810 . t$. Elle augmente la valeur précédente de $\frac{d\varpi}{dt}$ de la quantité $0'',037810$. Cette quantité presque insensible devient plus petite encore si, comme il y a tout lieu de le croire, le Soleil est formé de couches dont la densité croit de la surface au centre; on peut donc la négliger pour Mercure, et à plus forte raison pour les autres planètes. Les variations des nœuds et des inclinaisons des orbites, dépendantes de la même cause, peuvent être également négligées.

CHAPITRE VIII.

THÉORIE DE MERCURE.

27. Les inégalités de toutes les planètes, indépendantes des excentricités, et celles qui ne dépendent que de leurs premières puissances ont été calculées par les formules du n° 50 du Livre II. On a d'abord déterminé les valeurs de $A^{(0)}$, $A^{(1)}$, ... et de leurs différences par les formules du n° 49 du même Livre ; ensuite on a obtenu les résultats suivants, dans lesquels j'ai omis les perturbations du rayon vecteur dont l'effet sur la longitude géocentrique de la planète est au-dessous d'une seconde. Pour déterminer la limite qu'une inégalité du rayon vecteur doit atteindre pour produire une seconde sur la longitude géocentrique de Mercure, nous observerons que, si l'on nomme V cette longitude, et si l'on fait $\frac{r}{r''} = \alpha$, on a, pour la variation δV correspondante à δr,

$$\delta V = -\frac{\delta r}{r''} \frac{\sin(v - v'')}{1 - 2\alpha \cos(v - v'') + \alpha^2}.$$

Le maximum de la fonction

$$\frac{\sin(v - v'')}{1 - 2\alpha \cos(v - v'') + \alpha^2}$$

correspond à

$$\cos(v - v'') = \frac{2\alpha}{1 + \alpha^2},$$

ce qui donne $\frac{1}{1 - \alpha^2}$ pour ce maximum ; on a donc alors

$$\delta r = -r''(1 - \alpha^2)\delta V.$$

Si l'on suppose $\delta V = \pm 1''$, et si l'on prend pour r et r'' les moyennes distances de Mercure et de la Terre au Soleil, on aura, par ce qui précède, $r'' = 1$, $x = 0,3870981\,2$, d'où l'on tire

$$\delta r = \mp 0,0000001335;$$

on peut donc négliger toutes les inégalités du rayon vecteur de Mercure dont le coefficient est au-dessous de $\pm 0,000001$. Parmi les inégalités du mouvement en longitude, nous ne rapporterons que celles dont le coefficient est au-dessus d'un quart de seconde, excepté les inégalités qui dépendent de la simple distance angulaire de la planète, et qui peuvent être réduites dans une même Table avec des inégalités plus considérables.

Inégalités de Mercure indépendantes des excentricités.

$$
\delta v = \ (1+\mu')
\left\{
\begin{array}{l}
2'',044299.\sin\ (n't - nt + \varepsilon' - \varepsilon)\\
- 4'',497255.\sin 2\,(n't - nt + \varepsilon' - \varepsilon)\\
- 0'',395294.\sin 3\,(n't - nt + \varepsilon' - \varepsilon)\\
- 0'',090322.\sin 4\,(n't - nt + \varepsilon' - \varepsilon)\\
- 0'',027485.\sin 5\,(n't - nt + \varepsilon' - \varepsilon)
\end{array}
\right\}
$$

$$
+ (1+\mu'')
\left\{
\begin{array}{l}
0'',622493.\sin\ (n''t - nt + \varepsilon'' - \varepsilon)\\
- 0'',511250.\sin 2\,(n''t - nt + \varepsilon'' - \varepsilon)\\
- 0'',052163.\sin 3\,(n''t - nt + \varepsilon'' - \varepsilon)\\
- 0'',009652.\sin 4\,(n''t - nt + \varepsilon'' - \varepsilon)
\end{array}
\right\}
$$

$$
+ (1+\mu''')
\left\{
\begin{array}{l}
1'',757209.\sin\ (n'''t - nt + \varepsilon''' - \varepsilon)\\
- 0'',365384.\sin 2\,(n'''t - nt + \varepsilon''' - \varepsilon)\\
- 0'',009624.\sin 3\,(n'''t - nt + \varepsilon''' - \varepsilon)
\end{array}
\right\},
$$

$$
\delta r = -(1+\mu')
\left\{
\begin{array}{l}
0,0000000376\\
- 0,0000094094.\cos\ (n't - nt + \varepsilon' - \varepsilon)\\
- 0,0000015545.\cos 2\,(n't - nt + \varepsilon' - \varepsilon)\\
+ 0,0000001702.\cos 3\,(n't - nt + \varepsilon' - \varepsilon)\\
+ 0,0000000437.\cos 4\,(n't - nt + \varepsilon' - \varepsilon)
\end{array}
\right\}.
$$

Inégalités dépendantes de la première puissance des excentricités.

$$
\delta v = \quad (1 + \mu') \left\{
\begin{aligned}
& 0'',911114 . \sin(n't + \varepsilon' - \varpi) \\
& - 12'',440900 . \sin(2n't - nt + 2\varepsilon' - \varepsilon - \varpi) \\
& - 5'',204241 . \sin(3n't - 2nt + 3\varepsilon' - 2\varepsilon - \varpi) \\
& + 0'',290090 . \sin(3n't - 2nt + 3\varepsilon' - 2\varepsilon - \varpi') \\
& + 0'',907384 . \sin(4n't - 3nt + 4\varepsilon' - 3\varepsilon - \varpi) \\
& - 0'',545742 . \sin(2nt - n't + 2\varepsilon - \varepsilon' - \varpi) \\
& + 1'',217550 . \sin(3nt - 2n't + 3\varepsilon - 2\varepsilon' - \varpi)
\end{aligned}
\right.
$$

$$
+ (1 + \mu'') \left\{
\begin{aligned}
& 0'',294499 . \sin(n''t + \varepsilon'' - \varpi) \\
& - 1'',425025 . \sin(2n''t - nt + 2\varepsilon'' - \varepsilon - \varpi) \\
& + 0'',753543 . \sin(3n''t - 2nt + 3\varepsilon'' - 2\varepsilon - \varpi)
\end{aligned}
\right.
$$

$$
+ (1 + \mu''') \left\{
\begin{aligned}
& 0'',729463 . \sin(n'''t + \varepsilon''' - \varpi) \\
& - 1'',765962 . \sin(n'''t + \varepsilon''' - \varpi''') \\
& - 10'',119405 . \sin(2n'''t - nt + 2\varepsilon''' - \varepsilon - \varpi)
\end{aligned}
\right.
$$

$$
- (1 + \mu^{\mathrm{v}}) \left\{
\begin{aligned}
& 0'',259774 . \sin(n^{\mathrm{v}}t + \varepsilon^{\mathrm{v}} - \varpi^{\mathrm{v}}) \\
& + 1'',220658 . \sin(2n^{\mathrm{v}}t - nt + 2\varepsilon^{\mathrm{v}} - \varepsilon - \varpi)
\end{aligned}
\right\}.
$$

$$
\delta r = - (1 + \mu') . 0,0000013482 . \cos(3n't - 2nt + 3\varepsilon' - 2\varepsilon - \varpi)
$$

$$
- (1 + \mu''') . 0,0000029625 . \cos(2n'''t - nt + 2\varepsilon''' - \varepsilon - \varpi).
$$

Inégalités dépendantes des carrés et des produits des excentricités
et des inclinaisons des orbites.

Ces inégalités ont été calculées par les formules des n°s **1, 2** et **4**. Le double du mouvement de Mercure diffère très-peu de cinq fois le mouvement de Vénus, en sorte que $5(n' - n) + 2n$ est à très-peu près égal à $- n$; il faut donc, par le n° **3**, considérer l'inégalité dépendante de $3nt - 5n't$. L'angle $3n't - nt$ croit avec assez de lenteur pour avoir égard à l'inégalité qui en dépend. Pareillement, le mouvement de Mercure étant égal à très-peu près à quatre fois celui de la Terre, $4(n'' - n) + 2n$ diffère peu de $- n$; il faut donc, par le n° **3**, considérer l'inégalité dépendante de $2nt - 4n''t$. On trouve ainsi

$$\delta v = -(1+\mu')\left\{\begin{array}{l} 5'',217417.\sin(3nt - 5n't + 3\varepsilon - 5\varepsilon' - 48°,1210) \, ; \\ + 1'',844641.\sin(3n't - nt + 3\varepsilon' - \varepsilon + 45°,12191 \end{array}\right.$$

$$-(1+\mu'').0'',813190.\sin(2nt - 4n''t + 2\varepsilon - 4\varepsilon' - 45°,7735),$$

$$\delta r = (1+\mu').0,0000016056.\cos(3nt - 5n't + 3\varepsilon - 5\varepsilon' - 47°,7420.$$

*Inégalités dépendantes des cubes et des produits de trois dimensions
des excentricités et des inclinaisons des orbites.*

La première de ces inégalités dépend de l'angle $2nt - 5n't$; elle
a été calculée par les formules du n° 7. La seconde dépend de l'angle
$nt - 4n''t$; elle a été calculée suivant la méthode du n° 10. On a trouvé
ainsi

$$\delta v = -(1+\mu').26'',184460.\sin(2nt - 5n't + 2\varepsilon - 5\varepsilon' + 33°,5852)$$

$$-(1+\mu''). 2'',131517.\sin(nt - 4n''t + \varepsilon - 4\varepsilon'' + 21°,1522).$$

Les inégalités du mouvement de Mercure en latitude ont été calculées
par les formules du n° 51 du Livre II. Comme elles sont insensibles et
au-dessous d'un quart de seconde, je crois inutile de les rapporter ici.

CHAPITRE IX.

THÉORIE DE VÉNUS.

28. Si l'on fait $\dfrac{r'}{r''} = \alpha$, et si l'on nomme V' la longitude géocentrique de Vénus, l'équation

$$\partial r = - r''(1 - \alpha^2)\, \partial V,$$

donnée dans le numéro précédent, deviendra, relativement à cette planète,

$$\partial r' = - r''(1 - \alpha^2)\, \partial V'.$$

En prenant pour r' et r'' les moyennes distances de Vénus et de la Terre au Soleil, on a, par le n° **23**, $\alpha = 0{,}72333230$; en faisant donc $\partial V' = \pm 1''$, on aura

$$\partial r' = \mp 0{,}0000007489.$$

On peut ainsi négliger les inégalités du rayon vecteur dont le coefficient est au-dessous de $0{,}0000007$. Nous négligerons les inégalités du mouvement en longitude au-dessous d'un quart de seconde.

Inégalités de Vénus indépendantes des excentricités.

$$\delta v' = (1 + \mu'')
\begin{cases}
 15'',481270.\sin\ (n''t - n't + \varepsilon'' - \varepsilon') \\
+ 35'',260470.\sin 2(n''t - n't + \varepsilon'' - \varepsilon') \\
- 22'',388478.\sin 3(n''t - n't + \varepsilon'' - \varepsilon') \\
- 3'',261481.\sin 4(n''t - n't + \varepsilon'' - \varepsilon') \\
- 1'',067587.\sin 5(n''t - n't + \varepsilon'' - \varepsilon') \\
- 0'',448709.\sin 6(n''t - n't + \varepsilon'' - \varepsilon') \\
- 0'',215203.\sin 7(n''t - n't + \varepsilon'' - \varepsilon') \\
- 0'',111751.\sin 8(n''t - n't + \varepsilon'' - \varepsilon')
\end{cases}$$

$$
+(1+\mu'')\left\{
\begin{array}{l}
0'',246629 . \sin (n''t - n't + \varepsilon'' - \varepsilon')\\
- 0'',327119 . \sin 2(n''t - n't + \varepsilon'' - \varepsilon')\\
- 0'',033497 . \sin 3(n''t - n't + \varepsilon'' - \varepsilon')\\
- 0'',007196 . \sin 4(n''t - n't + \varepsilon'' - \varepsilon')
\end{array}\right.
$$

$$
+(1+\mu^{iv})\left\{
\begin{array}{l}
8'',923260 . \sin (n^{iv}t - n't + \varepsilon^{iv} - \varepsilon')\\
- 2'',708716 . \sin 2(n^{iv}t - n't + \varepsilon^{iv} - \varepsilon')\\
- 0'',123561 . \sin 3(n^{iv}t - n't + \varepsilon^{iv} - \varepsilon')\\
- 0'',008501 . \sin 4(n^{iv}t - n't + \varepsilon^{iv} - \varepsilon')
\end{array}\right.
$$

$$
+(1+\mu^{v})\left\{
\begin{array}{l}
0'',587881 . \sin (n^{v}t - n't + \varepsilon^{v} - \varepsilon')\\
- 0'',123022 . \sin 2(n^{v}t - n't + \varepsilon^{v} - \varepsilon')\\
- 0'',004031 . \sin 3(n^{v}t - n't + \varepsilon^{v} - \varepsilon')
\end{array}\right.,
$$

$$
\delta r'' = (1+\mu'')\left\{
\begin{array}{l}
-0,0000003145\\
+0,0000038362 . \cos (n''t - n't + \varepsilon'' - \varepsilon')\\
+0,0000165050 . \cos 2(n''t - n't + \varepsilon'' - \varepsilon')\\
-0,0000140155 . \cos 3(n''t - n't + \varepsilon'' - \varepsilon')\\
-0,0000024255 . \cos 4(n''t - n't + \varepsilon'' - \varepsilon')\\
-0,0000008873 . \cos 5(n''t - n't + \varepsilon'' - \varepsilon')\\
-0,0000004021 . \cos 6(n''t - n't + \varepsilon'' - \varepsilon')\\
-0,0000002033 . \cos 7(n''t - n't + \varepsilon'' - \varepsilon')\\
-0,0000001094 . \cos 8(n''t - n't + \varepsilon'' - \varepsilon')
\end{array}\right.
$$

$$
+(1+\mu^{iv})\left\{
\begin{array}{l}
-0,0000003106\\
-0,0000048903 . \cos (n^{iv}t - n't + \varepsilon^{iv} - \varepsilon')\\
-0,0000021911 . \cos 2(n^{iv}t - n't + \varepsilon^{iv} - \varepsilon')\\
-0,0000001155 . \cos 3(n^{iv}t - n't + \varepsilon^{iv} - \varepsilon')\\
-0,0000000098 . \cos 4(n^{iv}t - n't + \varepsilon^{iv} - \varepsilon')
\end{array}\right.\,.
$$

Inégalités dépendantes de la première puissance des excentricités.

$$
\delta v' = (1+\mu).2'',472014 . \sin(2n't - nt + 2\varepsilon' - \varepsilon - \varpi)
$$

$$
+(1+\mu'')\left\{
\begin{array}{l}
0'',225044 . \sin (n''t + \varepsilon'' - \varpi')\\
- 0'',394198 . \sin (n''t + \varepsilon'' - \varpi'')\\
+ 0'',503442 . \sin (2n''t - n't + 2\varepsilon'' - \varepsilon' - \varpi')\\
- 0'',350134 . \sin (2n''t - n't + 2\varepsilon'' - \varepsilon' - \varpi'')\\
- 4'',782561 . \sin (3n''t - 2n't + 3\varepsilon'' - 2\varepsilon' - \varpi')\\
+ 14'',710902 . \sin (3n''t - 2n't + 3\varepsilon'' - 2\varepsilon' - \varpi'')\\
- 0'',924314 . \sin (4n''t - 3n't + 4\varepsilon'' - 3\varepsilon' - \varpi')\\
+ 2'',924841 . \sin (4n''t - 3n't + 4\varepsilon'' - 3\varepsilon' - \varpi'')\\
- 2'',135011 . \sin (5n''t - 4n't + 5\varepsilon'' - 4\varepsilon' - \varpi')\\
+ 6'',779405 . \sin (5n''t - 4n't + 5\varepsilon'' - 4\varepsilon' - \varpi'')\\
+ 0'',328502 . \sin (3n't - 2n''t + 3\varepsilon' - 2\varepsilon'' - \varpi')
\end{array}\right\}
$$

$$- (1 + \mu'').3,372700.\sin(3n''t - 2n't + 3\varepsilon'' - 2\varepsilon' - \varpi'')$$

$$+ (1 + \mu^{iv}) \begin{cases} - 4'',641646.\sin(n^{iv}t + \varepsilon^{iv} - \varpi^{iv}) \\ - 0''.991075.\sin(2n^{iv}t - n't + 2\varepsilon^{iv} - \varepsilon' - \varpi') \\ + 0'',717378.\sin(2n^{iv}t - n't + 2\varepsilon^{iv} - \varepsilon' - \varpi'') \\ - 0'',504538.\sin(3n^{iv}t - 2n't + 3\varepsilon^{iv} - 2\varepsilon' - \varpi^{iv}) \end{cases}$$

$$- (1 + \mu^{v}).0'',675132.\sin(n^{v}t + \varepsilon^{v} - \varpi^{v}).$$

$$\delta r' = + (1 + \mu).0,0000008831.\cos(2n't - nt + 2\varepsilon' - \varepsilon - \varpi)$$

$$+ (1 + \mu'') \begin{cases} 0,0000016482.\cos(3n''t - 2n't + 3\varepsilon'' - 2\varepsilon' - \varpi'') \\ - 0,0000011406.\cos(5n''t - 4n't + 5\varepsilon'' - 4\varepsilon' - \varpi') \\ + 0,0000036421.\cos(5n''t - 4n't + 5\varepsilon'' - 4\varepsilon' - \varpi'') \end{cases}$$

$$- (1 + \mu'').\quad 0,0000019404.\cos(3n''t - 2n't + 3\varepsilon''' - 2\varepsilon' - \varpi'').$$

*Inégalités dépendantes des carrés et des produits de deux dimensions
des excentricités et des inclinaisons des orbites.*

$$\delta v' = - (1 + \mu).\quad 1'',029617.\sin(4n't - 3nt + 4\varepsilon' - 3\varepsilon - 43°,8980)$$

$$- (1 + \mu'') \begin{cases} 4'',645172.\sin(5n''t - 3n't + 5\varepsilon'' - 3\varepsilon' + 23°,2302) \\ + 0'',275774.\sin(4n''t - 2n't + 4\varepsilon'' - 2\varepsilon' + 29°,9358) \end{cases}$$

$$+ (1 + \mu'').\quad 6'',202706.\sin(3n''t - n't + 3\varepsilon''' - \varepsilon' + 73°,2065).$$

En vertu des rapports qui existent entre les moyens mouvements de
Mercure, Vénus, la Terre et Mars, les quantités $2n - 5n'$, $5n'' - 3n'$
et $n' - 3n'''$ sont très-petites par rapport à n'; ainsi, par le n° 3, les
inégalités précédentes paraissent être les seules de l'ordre des carrés
des excentricités qui puissent être sensibles.

*Inégalités dépendantes des cubes et des produits de trois dimensions
des excentricités et des inclinaisons des orbites.*

$$\delta v' = (1 + \mu).3'',656920.\sin(2nt - 5n't + 2\varepsilon - 5\varepsilon' + 33°,5852).$$

Inégalités du mouvement de Vénus en latitude.

Les formules du n° 51 donnent

$$
\delta s' = - (1 + \mu'')
\left\{
\begin{aligned}
& 0'',385197 . \sin(\, n'' t + \varepsilon'' - \theta') \\
& + 0'',280655 . \sin(2 n'' t - \ n' t + 2\varepsilon'' - \ \varepsilon - \theta') \\
& + 0'',226675 . \sin(3 n'' t - 2 n' t + 3\varepsilon'' - 2\varepsilon - \theta') \\
& + 0'',251485 . \sin(4 n'' t - 3 n' t + 4\varepsilon'' - 3\varepsilon - \theta') \\
& + 0'',964615 . \sin(5 n'' t - 4 n' t + 5\varepsilon'' - 4\varepsilon - \theta') \\
& - 0'',241108 . \sin(2 n' t - \ n'' t + 2\varepsilon' - \ \varepsilon' - \theta')
\end{aligned}
\right\}
$$

$$
- (1 + \mu''). \quad 0'',458953 . \sin(3 n'' t - 2 n' t + 4\varepsilon'' - 2\varepsilon' - \Pi'')
$$

$$
+ (1 + \mu^{iv}). \quad 0'',498190 . \sin(2 n'' t - \ n' t + 2\varepsilon'' - \ \varepsilon' - \Pi^{iv}),
$$

Π'' étant ici la longitude du nœud ascendant de l'orbite de Mars sur celle de Vénus, et Π^{iv} étant la longitude du nœud ascendant de l'orbite de Jupiter sur celle de Vénus.

CHAPITRE X.

THÉORIE DU MOUVEMENT DE LA TERRE.

29. V' étant la longitude géocentrique de Vénus, et z étant supposé égal à $\frac{r'}{r''}$, V' sera fonction de z et de $v'-v''$; on aura donc, par le n° 27,

$$\delta V' = -\frac{\delta z \sin(v'-v'')}{1 - 2 z \cos(v'-v'') + z^2},$$

ce qui donne, par le même numéro, lorsque $\delta V'$ est à son maximum,

$$\delta V' = -\frac{\delta z}{1 - z^2}.$$

En ne faisant varier que r'' dans δz, on a $\delta z = -\frac{z \delta r''}{r''}$; partant

$$\delta r'' = r'' \frac{1 - z^2}{z} \delta V'.$$

En supposant $\delta V' = \pm 1''$, et prenant pour r' et r'' les moyennes distances de Vénus et de la Terre au Soleil, on aura

$$\delta r'' = \pm 0,000001035.$$

Si l'on nomme V'' la longitude géocentrique de Mars, et si l'on fait $\frac{r''}{r'''} = z$, on aura, par le n° 27,

$$\delta r'' = r'''(1 - z^2) \delta V''';$$

en prenant pour r'' et r''' les moyennes distances de la Terre et de Mars au Soleil, on a

$$\alpha = 0,6563003o,$$
$$r''' = 1,5236932.$$

En supposant donc $\delta V''' = \pm 1''$, on aura

$$\delta r'' = \pm 0,000001363;$$

on peut donc négliger les inégalités de $\delta r''$ dont le coefficient est au-dessous de $\pm\,0,000001$. Nous négligerons les inégalités du mouvement de la Terre en longitude, au-dessous d'un quart de seconde.

Inégalités de la Terre indépendantes des excentricités.

$$\delta v'' = (1+\mu')\left\{\begin{array}{l}
16'',329870 . \sin\ (n't - n''t + \varepsilon' - \varepsilon'')\\
-\ 18'',567565 . \sin 2(n't - n''t + \varepsilon' - \varepsilon'')\\
-\ 2'',294582 . \sin 3(n't - n''t + \varepsilon' - \varepsilon'')\\
-\ 0'',695799 . \sin 4(n't - n''t + \varepsilon' - \varepsilon'')\\
-\ 0'',281511 . \sin 5(n't - n''t + \varepsilon' - \varepsilon'')\\
-\ 0'',132113\ \sin 6(n't - n''t + \varepsilon' - \varepsilon'')\\
-\ 0'',067984 . \sin 7(n't - n''t + \varepsilon' - \varepsilon'')\\
-\ 0'',037202 . \sin 8(n't - n''t + \varepsilon' - \varepsilon'')
\end{array}\right.$$

$$+ (1+\mu'')\left\{\begin{array}{l}
1'',318563 . \sin\ (n'''t - n''t + \varepsilon''' - \varepsilon'')\\
+\ 10'',750115 . \sin 2(n'''t - n''t + \varepsilon''' - \varepsilon'')\\
-\ 0'',664350 . \sin 3(n'''t - n''t + \varepsilon''' - \varepsilon'')\\
-\ 0'',145130 . \sin 4(n'''t - n''t + \varepsilon''' - \varepsilon'')\\
-\ 0'',048984 . \sin 5(n'''t - n''t + \varepsilon''' - \varepsilon'')\\
-\ 0'',019931 . \sin 6(n'''t - n''t + \varepsilon''' - \varepsilon'')\\
-\ 0'',009032 . \sin 7(n'''t - n''t + \varepsilon''' - \varepsilon'')
\end{array}\right.$$

$$+ (1+\mu^{iv})\left\{\begin{array}{l}
21'',787301 . \sin\ (n^{iv}t - n''t + \varepsilon^{iv} - \varepsilon'')\\
-\ 8'',253880 . \sin 2(n^{iv}t - n''t + \varepsilon^{iv} - \varepsilon'')\\
-\ 0'',517808 . \sin 3(n^{iv}t - n''t + \varepsilon^{iv} - \varepsilon'')\\
-\ 0'',051076 . \sin 4(n^{iv}t - n''t + \varepsilon^{iv} - \varepsilon'')
\end{array}\right.$$

$$+ (1+\mu^{v})\left\{\begin{array}{l}
1'',356204 . \sin\ (n^{v}t - n''t + \varepsilon^{v} - \varepsilon'')\\
-\ 0'',342623 . \sin 2(n^{v}t - n''t + \varepsilon^{v} - \varepsilon'')\\
-\ 0'',012792 . \sin 3(n^{v}t - n''t + \varepsilon^{v} - \varepsilon'')
\end{array}\right\},$$

$$\delta r'' = (1+\mu')\left\{\begin{array}{l}
0,0000015553\\
-\ 0,0000060012 . \cos\ (n't - n''t + \varepsilon' - \varepsilon'')\\
-\ 0,0000171431 . \cos 2(n't - n''t + \varepsilon' - \varepsilon'')\\
+\ 0,0000037072 . \cos 3(n't - n''t + \varepsilon' - \varepsilon'')\\
+\ 0,0000009358 . \cos 4(n't - n''t + \varepsilon' - \varepsilon'')\\
+\ 0,0000004086 . \cos 5(n't - n''t + \varepsilon' - \varepsilon'')\\
+\ 0,0000002008 . \cos 6(n't - n''t + \varepsilon' - \varepsilon'')
\end{array}\right.$$

$$+(1+\mu'')\left\{\begin{array}{l}
-\,0,0000000178\\
+\,0,0000005487.\cos\,(n'''t-n''t+\varepsilon'''-\varepsilon'')\\
+\,0,0000080620.\cos2(n'''t-n''t+\varepsilon'''-\varepsilon'')\\
-\,0,0000006175.\cos3(n'''t-n''t+\varepsilon'''-\varepsilon'')\\
-\,0,0000001643.\cos4(n'''t-n''t+\varepsilon'''-\varepsilon'')
\end{array}\right\}$$

$$+(1+\mu''')\left\{\begin{array}{l}
-\,0,0000011581\\
+\,0,0000159384.\cos\,(n'''t-n''t+\varepsilon'''-\varepsilon'')\\
-\,0,0000090986.\cos2(n'''t-n''t+\varepsilon'''-\varepsilon'')\\
-\,0,0000006550.\cos3(n'''t-n''t+\varepsilon'''-\varepsilon'')\\
-\,0,0000007041.\cos4(n'''t-n''t+\varepsilon'''-\varepsilon'')
\end{array}\right\}$$

$$+(1+\mu')\left\{\begin{array}{l}
-\,0,0000000580\\
+\,0,0000010337.\cos\,(n't-n''t+\varepsilon'-\varepsilon'')\\
-\,0,0000003859.\cos2(n't-n''t+\varepsilon'-\varepsilon'')
\end{array}\right\}$$

Inégalités dépendantes de la première puissance des excentricités.

$$\delta v''=(1+\mu')\left\{\begin{array}{l}
0'',234290.\sin(\;n't+\varepsilon'-\varpi'')\\
-\,0'',400233.\sin(2n't-n''t+2\varepsilon'-\varepsilon''-\varpi'')\\
+\,0'',448083.\sin(2n''t-n't+2\varepsilon''-\varepsilon'-\varpi'')\\
-\,0'',521547.\sin(2n''t-n't+2\varepsilon''-\varepsilon'-\varpi')\\
-\,11'',318247.\sin(3n''t-2n't+3\varepsilon''-2\varepsilon'-\varpi'')\\
+\,3'',661696.\sin(3n''t-2n't+3\varepsilon''-2\varepsilon'-\varpi')\\
-\,7'',231346.\sin(4n''t-3n't+4\varepsilon''-3\varepsilon'-\varpi'')\\
+\,2'',229704.\sin(4n''t-3n't+4\varepsilon''-3\varepsilon'-\varpi')\\
+\,0'',667802.\sin(5n''t-4n't+5\varepsilon''-4\varepsilon'-\varpi'')
\end{array}\right\}$$

$$+(1+\mu'')\left\{\begin{array}{l}
-\,3'',381490.\sin(2n'''t-n''t+2\varepsilon'''-\varepsilon''-\varpi'')\\
+\,6'',597711.\sin(2n'''t-n''t+2\varepsilon'''-\varepsilon''-\varpi''')\\
-\,0'',269754.\sin(3n'''t-2n''t+3\varepsilon'''-2\varepsilon''-\varpi'')\\
+\,2'',043057.\sin(3n'''t-2n''t+3\varepsilon'''-2\varepsilon''-\varpi''')\\
-\,0'',330240.\sin(4n'''t-3n''t+4\varepsilon'''-3\varepsilon''-\varpi'')\\
+\,2'',491082.\sin(4n'''t-3n''t+4\varepsilon'''-3\varepsilon''-\varpi''')\\
-\,0'',416405.\sin(5n'''t-4n''t+5\varepsilon'''-4\varepsilon''-\varpi''')
\end{array}\right\}$$

$$+(1+\mu^{iv})\left\{\begin{array}{l}
0'',932384.\sin(n^{iv}t+\varepsilon^{iv}-\varpi'')\\
-\,7'',839149.\sin(n^{iv}t+\varepsilon^{iv}-\varpi^{iv})\\
-\,4'',605075.\sin(2n^{iv}t-n''t+2\varepsilon^{iv}-\varepsilon''-\varpi'')\\
+\,1'',871601.\sin(2n^{iv}t-n''t+2\varepsilon^{iv}-\varepsilon''-\varpi^{iv})\\
-\,1'',677049.\sin(3n^{iv}t-2n''t+3\varepsilon^{iv}-2\varepsilon''-\varpi^{iv})\\
-\,0'',459646.\sin(2n''t-n^{iv}t+2\varepsilon''-\varepsilon^{iv}-\varpi'')\\
-\,0'',289022.\sin(2n''t-n^{iv}t+2\varepsilon''-\varepsilon^{iv}-\varpi^{iv})
\end{array}\right\}$$

$$+(1+\mu^{\text{v}})\begin{cases} -1'',110867.\sin(n^{\text{v}}t + \varepsilon^{\text{v}} - \varpi^{\text{v}}) \\ -0'',468371.\sin(2n^{\text{v}}t - n''t + 2\varepsilon^{\text{v}} - \varepsilon'' - \varpi'') \end{cases}$$

$$\delta r'' = (1+\mu')\begin{cases} -0,0000030439.\cos(3n''t - 2n't + 3\varepsilon'' - 2\varepsilon' - \varpi'') \\ -0,000049815.\cos(4n''t - 3n't + 4\varepsilon'' - 3\varepsilon' - \varpi'') \\ +0,0000015895.\cos(4n''t - 3n't + 4\varepsilon'' - 3\varepsilon' - \varpi') \end{cases}$$

$$+(1+\mu'')\ .\ 0,0000017707.\cos(4n''t - 3n't + 4\varepsilon'' - 3\varepsilon'' - \varpi'')$$

$$+(1+\mu^{\text{vi}})\begin{cases} -0,0000030410.\cos(2n^{\text{vi}}t - n''t + 2\varepsilon^{\text{vi}} - \varepsilon' - \varpi'') \\ +0,0000012652.\cos(2n^{\text{vi}}t - n''t - 2\varepsilon^{\text{vi}} - \varepsilon' - \varpi^{\text{vi}}) \\ -0,0000018101.\cos(3n^{\text{vi}}t - 2n''t + 3\varepsilon^{\text{vi}} - 2\varepsilon' - \varpi^{\text{vi}}) \end{cases}$$

Inégalités dépendantes des carrés et des produits des excentricités et des inclinaisons des orbites.

$$\delta v' = (1+\mu').\ 3'',473997.\sin(5n''t - 3n't + 5\varepsilon'' - 3\varepsilon' + 23°,3759)$$

$$+(1+\mu''')\begin{cases} 3'',067701.\sin(4n'''t - 2n''t + 4\varepsilon''' - 2\varepsilon'' + 75°,3506) \\ -1'',085790.\sin(5n'''t - 3n''t + 5\varepsilon''' - 3\varepsilon'' - 76°,02141) \end{cases}$$

En vertu des rapports qui existent entre les moyens mouvements de Vénus, la Terre et Mars, $5n'' - 3n'$ et $4n''' - 2n''$ sont de petits coefficients, en sorte que, par le n° 3, les deux premières de ces inégalités sont les seules de cet ordre qui doivent être sensibles. On a cependant calculé la troisième, parce que $3n''' - 5n''$ n'étant à peu près que le tiers de n'', il était utile de s'assurer que cette inégalité n'acquiert par cette considération qu'une valeur très-peu sensible.

Inégalités dépendantes du cube et des produits de trois dimensions des excentricités et des inclinaisons des orbites.

$$\delta v'' = (1+\mu).0'',215787.\sin(nt - 4n''t + \varepsilon - 4\varepsilon'' + 21°,1522).$$

Inégalités périodiques du mouvement de la Terre en latitude.

On a trouvé, par les formules du n° 51 du Livre II,

$$\delta s'' = (1+\mu')\begin{cases} 0'',306112.\sin(2n''t - n't + 2\varepsilon'' - \varepsilon' - \theta') \\ +0'',723012.\sin(4n''t - 3n't + 4\varepsilon'' - 3\varepsilon' - \theta') \end{cases}$$

$$+(1+\mu''').\ 0'',508343.\sin(2n'''t - n''t + 2\varepsilon''' - \varepsilon'' - \theta''').$$

Inégalités de la Terre dépendantes de l'action de la Lune.

30. Si l'on nomme U la longitude de la Lune vue du centre de la
Terre, et v'' la longitude de la Terre vue du centre du Soleil; si l'on
nomme encore R le rayon vecteur de la Lune, et r'' celui de la Terre;
enfin, si l'on désigne par m et M les masses de la Lune et de la Terre,
et par s la latitude de la Lune; on a vu, dans le Chapitre IV, que l'inégalité du mouvement de la Terre en longitude, produite par l'action de
la Lune, est

$$- \frac{m}{M} \frac{R}{r''} \sin(U - v'').$$

L'inégalité du rayon vecteur de la Terre est

$$- \frac{m}{M} R \cos(U - v''),$$

et l'inégalité du mouvement de la Terre en latitude est

$$- \frac{m}{M} \frac{R}{r''} s.$$

Il faut, pour plus d'exactitude, substituer $\dfrac{m}{M + m}$ au lieu de $\dfrac{m}{M}$ dans les
expressions de ces trois inégalités.

Nous supposerons, conformément aux phénomènes des marées
(Livre IV, n°^{os} 31 et 35),

$$\frac{m}{R^3} = \frac{3S}{r''^3},$$

S étant la masse du Soleil. Or on a, par la théorie des forces centrales,

$$\frac{M + m}{R^3} = n_{,}^2, \qquad \frac{S}{r''^3} = n''^2,$$

$n_{,}t$ étant le moyen mouvement de la Lune; on a donc

$$\frac{m}{M + m} = \frac{3 n''^2}{n_{,}^2}.$$

Suivant les observations, $\dfrac{n''}{n_{,}} = 0,0748013$, ce qui donne

$$\frac{m}{M+m} = \frac{1}{59,6},$$

et, par conséquent,

$$\frac{m}{M} = \frac{1}{58,6}.$$

Nous supposerons ensuite la parallaxe horizontale du Soleil égale à 27″,2, et la parallaxe moyenne horizontale de la Lune égale à 10661″, d'où l'on tire

$$\frac{R}{r''} = \frac{27,2}{10661},$$

et conséquemment

$$\delta v'' = -27'',2524 . \sin(U - v''),$$
$$\delta r'' = -0,00004 2808 . \cos(U - v'').$$

En prenant ensuite pour s la plus grande inégalité de la Lune en latitude, que nous supposerons égale à $57231''. \sin(U - \theta)$, $U - \theta$ étant la distance de la Lune à son nœud ascendant, on aura

$$- 2'',4499 . \sin(U - \theta)$$

pour l'inégalité du mouvement de la Terre en latitude; il faut l'ajouter à la valeur précédente de $\delta s''$ pour avoir la valeur entière de $\delta s''$. Cette valeur entière, prise avec un signe contraire, donne les inégalités du mouvement apparent du Soleil en latitude. Elle influe sur l'obliquité de l'écliptique, conclue de l'observation des hauteurs du Soleil vers les solstices : elle influe encore sur le moment de l'équinoxe, conclu des observations du Soleil vers les équinoxes, et sur l'ascension droite et la déclinaison des étoiles, déterminées par leur comparaison avec le Soleil. Vu la précision des observations modernes, il est nécessaire d'y avoir égard. Il est facile de voir que la déclinaison apparente du Soleil en est augmentée de la quantité

$$\frac{\delta s''. \cos(\text{obliquité de l'écliptique})}{\cos(\text{déclinaison du Soleil})},$$

et que son ascension droite apparente en est augmentée de la quantité

$$\frac{\delta\varpi''.\sin(\text{obliquité de l'écliptique}).\cos(\text{ascension droite du Soleil})}{\cos(\text{déclinaison du Soleil})};$$

il faut donc diminuer de ces quantités les déclinaisons et les ascensions droites observées du Soleil, pour avoir celles qu'on observerait si la Terre ne quittait point le plan de l'écliptique.

Des variations séculaires de l'orbe terrestre, de l'équateur et de la longueur de l'année.

31. Nous avons donné, dans le n° 26, les variations séculaires des éléments de l'orbe terrestre; mais l'influence de ces variations sur les phénomènes les plus importants de l'Astronomie nous engage à les déterminer avec plus de précision, en ayant égard au carré du temps. t exprimant un nombre quelconque d'années juliennes écoulées depuis 1750, on a trouvé, par la méthode du n° 58 du Livre II, et en adoptant les valeurs des masses des planètes données dans le n° 21, le coefficient de l'équation du centre de l'orbite terrestre égal à

$$2E - t.0'',579130 - t^2.0'',00002074{,}6,$$

$2E$ étant ce coefficient au commencement de 1750, où t est nul. On a trouvé pareillement la longitude sidérale du périhélie de l'orbe terrestre égale à

$$\varpi'' + t.36'',88144{,}3 + t^2.0'',0002454382.$$

Enfin, les valeurs de p'' et de q'', pour un temps quelconque t, ont été trouvées respectivement égales à

$$t.0'',236793 + t^2.0'',0000665275,$$
$$- t.1'',546156 + t^2.0'',0000208253.$$

Nous avons présenté dans les n°^{s} 6 et 7 du livre V les formules de la précession des équinoxes et de l'inclinaison de l'équateur soit à une écliptique fixe, soit à l'écliptique vraie; mais ces formules supposent que la valeur de p'' est sous la forme $\Sigma c \sin(gt + 6)$, et que q'' est sous la forme $\Sigma c \cos(gt + 6)$. On a vu, dans le n° 59 du Livre II, que les expressions finies de p'' et de q'' se présentent sous ces formes, et l'on peut déterminer, par la méthode exposée dans le n° 56 du même Livre, les valeurs de c, g, 6, etc.; mais cela suppose les masses des planètes exactement connues, et l'on a vu l'incertitude qui existe encore à cet égard. Ainsi, au lieu de faire le calcul pénible que cette méthode exige, il est préférable de le simplifier en n'étendant les résultats qu'à mille ou douze cents ans avant et après l'époque de 1750, ce qui suffit aux besoins de l'Astronomie. On pourra facilement recommencer ces calculs à mesure que le développement des variations séculaires fera mieux connaître les masses des planètes. Donnons aux valeurs de p'' et de q'' les formes suivantes, comprises dans celles-ci, $\Sigma c \sin(gt + 6)$, $\Sigma c \cos(gt + 6)$,

$$c \sin 6 - c \cos 6 \sin gt - c \sin 6 \sin\left(g't + \frac{\pi}{2}\right),$$

$$c \cos 6 - c \cos 6 \cos gt - c \sin 6 \cos\left(g't + \frac{\pi}{2}\right),$$

π étant la demi-circonférence dont le rayon est l'unité. Si l'on développe ces deux fonctions par rapport aux puissances du temps t, on aura, en les comparant aux séries précédentes,

$$cg \; \cos 6 = - 0'',236793, \qquad cg' \; \sin 6 = - 1'',546156,$$
$$cg^2 \cos 6 = \;\;\; 0'',00004165o6, \qquad cg'^2 \sin 6 = \;\;\; 0'',0001330550,$$

d'où il est facile de conclure

$$g = - 111'',978, \qquad g' = - 54'',7845.$$
$$c \sin 6 = 17967'',0, \qquad c \cos 6 = 1346'',21.$$

Maintenant on a vu, dans le n° 6 du Livre V, que la précession ψ des équinoxes par rapport à l'écliptique fixe de 1750 est, en ne considérant que les variations séculaires,

$$lt + \zeta + \Sigma\left[\left(\frac{l}{f} - 1\right) \tang h + \cot h\right] \frac{lc}{f} \sin(ft + 6).$$

Pour avoir $\Sigma c \sin(ft + \theta)$, il faut, par le n° 5 du même Livre, augmenter, dans $\Sigma c \sin(gt + \theta)$, l'angle $gt + \theta$ de lt, ce qui donne $f = g + l$; on aura ainsi

$$\Sigma c \sin(ft + \theta) = c \sin(lt + \theta) - c \cos\theta \sin(gt + lt) - c \sin\theta \sin\left(g't + lt + \frac{\pi}{2}\right);$$

par conséquent,

$$\psi = lt + \zeta + c \cot h \sin(lt + \theta) - \frac{l}{l + g} c \cos\theta \left(\cot h - \frac{g}{l + g} \tang h\right) \sin(gt + lt)$$
$$- \frac{l}{l + g'} c \sin\theta \left(\cot h - \frac{g'}{l + g'} \tang h\right) \sin\left(g't + lt + \frac{\pi}{2}\right).$$

En nommant ensuite V l'inclinaison de l'équateur à l'écliptique fixe de 1750, on aura, par le n° 6 du Livre V,

$$V = h - \Sigma \frac{lc}{f} \cos(ft + \theta).$$

Pour avoir $\Sigma c \cos(ft + \theta)$, il faut, par le n° 5 du même Livre, augmenter, dans $\Sigma c \cos(gt + \theta)$, l'angle $gt + \theta$ de lt; on aura ainsi

$$\Sigma c \cos(ft + \theta) = c \cos(lt + \theta) - c \cos\theta \cos(gt + lt) - c \sin\theta \cos\left(g't + lt + \frac{\pi}{2}\right);$$

partant,

$$V = h - c \cos(lt + \theta) + \frac{l}{l + g} c \cos\theta \cos(gt + lt)$$
$$+ \frac{l}{l + g'} c \sin\theta \cos\left(g't + lt + \frac{\pi}{2}\right).$$

ψ' exprimant la précession des équinoxes par rapport à l'écliptique vraie, et V' étant l'inclinaison de l'équateur à cette écliptique, on trouvera, par le n° 7 du Livre V,

$$\psi' = lt + \zeta + \frac{g}{l + g} c \cos\theta \left(\cot h + \frac{l}{l + g} \tang h\right) \sin(gt + lt)$$
$$+ \frac{g'}{l + g'} c \sin\theta \left(\cot h + \frac{l}{l + g'} \tang h\right) \sin\left(g't + lt + \frac{\pi}{2}\right),$$

$$V' = h - \frac{g}{l + g} c \cos\theta \cos(gt + lt) - \frac{g'}{l + g'} c \sin\theta \cos\left(g't + lt + \frac{\pi}{2}\right).$$

L'expression de ψ' donne

$$\frac{d\psi'}{dt} = l + cg\cos\theta\left(\cot h + \frac{l}{l+g}\,\mathrm{tang}\,h\right)\cos(gt + lt)$$
$$+ cg'\sin\theta\left(\cot h + \frac{l}{l+g'}\,\mathrm{tang}\,h\right)\cos\left(g't + lt + \frac{\pi}{2}\right).$$

En retranchant de cette valeur de $\frac{d\psi'}{dt}$, lorsque t est nul, sa valeur à une autre époque, la différence réduite en temps, en raison de la circonférence pour une année tropique, donnera l'accroissement de l'année tropique depuis 1750. On voit, par cette formule et par la différentiation de l'expression générale de ψ' donnée dans le n° 7 du Livre V, que l'action du Soleil et de la Lune change considérablement la loi de la variation de la longueur de l'année. Dans les hypothèses les plus vraisemblables sur les masses des planètes, l'étendue entière de cette variation, ainsi que l'étendue entière de la variation de l'obliquité de l'écliptique à l'équateur, sont réduites à peu près au quart de la valeur qu'elles auraient sans cette action.

Suivant les observations, on a, en 1750, $\frac{d\psi'}{dt} = 154'',63$; mais, par ce qui précède, on a, à cette époque,

$$\frac{d\psi'}{dt} = l + cg\cos\theta\left(\cot h + \frac{l}{l+g}\,\mathrm{tang}\,h\right);$$

on a donc

$$l + cg\cos\theta\left(\cot h + \frac{l}{l+g}\,\mathrm{tang}\,h\right) = 154'',63,$$

équation dans laquelle on peut, en négligeant le carré de c, substituer pour h l'obliquité de l'écliptique à l'équateur en 1750. Cette obliquité, suivant les observations, était alors égale à $26°,0796$, d'où l'on tire

$$l = 155'',542.$$

On a ensuite, en 1750,

$$\psi' = h - \frac{g}{l+g}\,c\cos\theta,$$

ce qui donne

$$h = 26°,0796 - 3460'',3.$$

Au moyen de ces valeurs, on trouve,

$$\psi = t.155'',542 + 2°,92883 + 42118'',3.\sin(t.155'',542 + 95°,2389)$$
$$- 71289'',2.\cos(t.100'',757) - 16521'',1.\sin(t.43'',564),$$

$$V = 26°,0796 - 3460'',3 - 18017'',4.\cos(t.155'',542 + 95°,2389)$$
$$+ 4806'',5.\cos(t.43'',564) - 27736'',3.\sin(t.100'',757),$$

$$\psi' = t.155'',542 + 2°,92883 - 29288'',3.\cos(t.100'',757)$$
$$- 13374'',2.\sin(t.43'',564),$$

$$V' = 26°,0796 - 3460'',3.[1 - \cos(t.43'',564)] - 9769'',2.\sin(t.100'',757).$$

On pourra, par ces expressions, déterminer la précession des équinoxes et l'obliquité de l'écliptique dans l'intervalle de mille ou douze cents ans avant et après l'époque de 1750, en observant de faire t négatif pour les temps antérieurs à cette époque; on pourra même les étendre aux observations d'Hipparque, vu leur imperfection.

La valeur précédente de ψ' donne, pour l'accroissement de l'année tropique à partir de 1750,

$$- 0^{j},00008356g.[1 - \cos(t.43'',564)] - 0^{j},00042327.\sin(t.100'',757);$$

d'où il suit qu'au temps d'Hipparque, ou 128 ans avant l'ère chrétienne, l'année tropique était de $12'',326$ plus longue qu'en 1750; l'obliquité de l'écliptique était plus grande alors de $2832'',27$.

Une époque astronomique remarquable est celle où le grand axe de l'orbe terrestre coïncidait avec la ligne des équinoxes; car alors l'équinoxe vrai et l'équinoxe moyen étaient réunis. Je trouve par les formules précédentes que ce phénomène a eu lieu vers l'an 4004 avant l'ère chrétienne, époque où la plupart de nos chronologistes placent la création du monde, et qui, sous ce point de vue, peut être considérée comme une époque astronomique. En effet, on a pour ce temps $t = -5754$, et l'expression précédente de ψ' donne

$$\psi' = - 87°,8530;$$

c'est la longitude de l'équinoxe fixe de 1750 par rapport à l'équinoxe d'alors. L'expression précédente de ϖ'' donne, pour la longitude du périgée de l'orbe terrestre ou de l'apogée solaire, comptée de l'équinoxe fixe de 1750,

$$\varpi'' = 89^o, 1700.$$

Cette longitude, par rapport à l'équinoxe de l'année 4004 avant l'ère chrétienne, était donc $1^o, 3170$, d'où il suit que l'instant où la longitude de l'apogée solaire, comptée de l'équinoxe mobile, était nulle, précède d'environ 69 ans l'époque où l'on fixe la création du monde. Cette différence paraîtra bien petite, si l'on considère l'inexactitude des expressions précédentes de ψ' et de ϖ'', lorsqu'on les rapporte à un temps aussi éloigné, et l'incertitude qui subsiste encore, soit relativement au mouvement des équinoxes, soit à l'égard des valeurs que nous supposons aux masses des planètes.

Une autre époque astronomique remarquable est celle où le grand axe de l'orbe terrestre était perpendiculaire à la ligne des équinoxes; car alors le solstice vrai et le solstice moyen étaient réunis. Cette seconde époque est beaucoup plus rapprochée de nous, et remonte à peu près à l'année 1250. Si l'on suppose, en effet, $t = -500$, les formules précédentes donnent $100^o, 0189$ pour la longitude de l'apogée solaire, comptée de l'équinoxe mobile; ainsi, l'instant où cette longitude était de 100° répond à fort peu près au commencement de 1249. L'incertitude des éléments du calcul en laisse une, au moins d'une année, sur ce résultat.

CHAPITRE XI.

THÉORIE DE MARS.

32. On a par le n° 29, dans le cas du maximum de $\delta V'''$,

$$\delta\alpha = (1 - \alpha^2)\,\delta V''',$$

α étant égal à $\dfrac{r''}{r'''}$. Si l'on ne fait varier que r'' dans α, on aura

$$\delta r'' = -\frac{r''^2}{r'''}(1 - \alpha^2)\,\delta V'''.$$

En prenant pour r'' et r''' les moyennes distances de la Terre et de Mars au Soleil, et supposant $\delta V''' = \pm 1''$, on aura

$$\delta r'' = \mp 0,00000207\text{6};$$

on peut donc négliger les inégalités du rayon vecteur r'' dont les coefficients sont au-dessous de $\pm 0,000002$. Nous négligerons les inégalités du mouvement de Mars en longitude au-dessous d'un quart de seconde.

Inégalités de Mars indépendantes des excentricités.

$$\delta v'' = (1 + \mu')\left\{\begin{array}{l} 0'',644302.\sin\ (n't - n''t + \varepsilon' - \varepsilon'') \\ -0'',076897.\sin 2(n't - n''t + \varepsilon' - \varepsilon'') \\ -0'',015431.\sin 3(n't - n''t + \varepsilon' - \varepsilon'') \\ -0'',004222.\sin 4(n't - n''t + \varepsilon' - \varepsilon'') \end{array}\right.$$

$$+ (1 + \mu'') \left\{ \begin{array}{l}
21'',570470 . \sin \ (n''l - n^{v}l + \varepsilon'' - \varepsilon^{v}) \\
- \ 2'',989780 . \sin 2 (n''l - n^{v}l + \varepsilon'' - \varepsilon^{v}) \\
- \ 0'',564852 . \sin 3 (n''l - n^{v}l + \varepsilon'' - \varepsilon^{v}) \\
- \ 0'',179760 . \sin 4 (n''l - n^{v}l + \varepsilon'' - \varepsilon^{v}) \\
- \ 0'',071291 . \sin 5 (n''l - n^{v}l + \varepsilon'' - \varepsilon^{v}) \\
- \ 0'',031909 . \sin 6 (n''l - n^{v}l + \varepsilon'' - \varepsilon^{v}) \\
- \ 0'',015408 . \sin 7 (n''l - n^{v}l + \varepsilon'' - \varepsilon^{v})
\end{array} \right.$$

$$+ (1 + \mu^{iv}) \left\{ \begin{array}{l}
75'',434700 . \sin \ (n^{iv}l - n^{v}l + \varepsilon^{iv} - \varepsilon^{v}) \\
- 41'',969330 . \sin 2 (n^{iv}l - n^{v}l + \varepsilon^{iv} - \varepsilon^{v}) \\
- \ 3'',642865 . \sin 3 (n^{iv}l - n^{v}l + \varepsilon^{iv} - \varepsilon^{v}) \\
- \ 0'',533236 . \sin 4 (n^{iv}l - n^{v}l + \varepsilon^{iv} - \varepsilon^{v}) \\
- \ 0'',102363 . \sin 5 (n^{iv}l - n^{v}l + \varepsilon^{iv} - \varepsilon^{v}) \\
- \ 0'',041427 . \sin 6 (n^{iv}l - n^{v}l + \varepsilon^{iv} - \varepsilon^{v})
\end{array} \right.$$

$$+ (1 + \mu^{v}) \left\{ \begin{array}{l}
4'',147390 . \sin \ (n^{v}l - n''l + \varepsilon^{v} - \varepsilon'') \\
- \ 1'',369345 . \sin 2 (n^{v}l - n''l + \varepsilon^{v} - \varepsilon'') \\
- \ 0'',071260 . \sin 3 (n^{v}l - n''l + \varepsilon^{v} - \varepsilon'') \\
- \ 0'',005799 . \sin 4 (n^{v}l - n''l + \varepsilon^{v} - \varepsilon'')
\end{array} \right.$$

$$\delta r'' = (1 + \mu') \left\{ \begin{array}{l}
0,0000016104 \\
+ 0,0000021917 . \cos \ (n'l - n''l + \varepsilon' - \varepsilon'') \\
+ 0,0000001972 . \cos 2 (n'l - n''l + \varepsilon' - \varepsilon'') \\
+ 0,0000000418 . \cos 3 (n'l - n''l + \varepsilon' - \varepsilon'')
\end{array} \right.$$

$$+ (1 + \mu'') \left\{ \begin{array}{l}
0,0000023860 \\
- 0,0001875641 . \cos \ (n''l - n^{v}l + \varepsilon'' - \varepsilon^{v}) \\
+ 0,0000052387 . \cos 2 (n''l - n^{v}l + \varepsilon'' - \varepsilon^{v}) \\
+ 0,0000011969 . \cos 3 (n''l - n^{v}l + \varepsilon'' - \varepsilon^{v}) \\
+ 0,0000004169 . \cos 4 (n''l - n^{v}l + \varepsilon'' - \varepsilon^{v}) \\
+ 0,0000001733 . \cos 5 (n''l - n^{v}l + \varepsilon'' - \varepsilon^{v}) \\
+ 0,0000000796 . \cos 6 (n''l - n^{v}l + \varepsilon'' - \varepsilon^{v})
\end{array} \right.$$

$$+ (1 + \mu^{iv}) \left\{ \begin{array}{l}
- 0,0000066174 \\
+ 0,0000784371 . \cos \ (n^{iv}l - n^{v}l + \varepsilon^{iv} - \varepsilon^{v}) \\
- 0,0000679436 . \cos 2 (n^{iv}l - n^{v}l + \varepsilon^{iv} - \varepsilon^{v}) \\
- 0,0000069390 . \cos 3 (n^{iv}l - n^{v}l + \varepsilon^{iv} - \varepsilon^{v}) \\
- 0,0000010930 . \cos 4 (n^{iv}l - n^{v}l + \varepsilon^{iv} - \varepsilon^{v}) \\
- 0,0000002004 . \cos 5 (n^{iv}l - n^{v}l + \varepsilon^{iv} - \varepsilon^{v}) \\
- 0,0000000520 . \cos 6 (n^{iv}l - n^{v}l + \varepsilon^{iv} - \varepsilon^{v})
\end{array} \right.$$

$$+ (1+\mu^{\text{v}})\begin{cases} -0,0000003173 \\ +0,0000017062.\cos\left(n^{\text{v}}t - n'''t + \varepsilon^{\text{v}} - \varepsilon'''\right) \\ -0,0000023275.\cos2\left(n^{\text{v}}t - n'''t + \varepsilon^{\text{v}} - \varepsilon'''\right) \\ -0,0000001399.\cos3\left(n^{\text{v}}t - n'''t + \varepsilon^{\text{v}} - \varepsilon'''\right) \\ -0,0000000125.\cos4\left(n^{\text{v}}t - n'''t + \varepsilon^{\text{v}} - \varepsilon'''\right) \end{cases}.$$

Inégalités dépendantes de la première puissance des excentricités.

$$\delta v'' = (1+\mu')\begin{cases} 3'',341189.\sin\left(2n''t - n't + 2\varepsilon'' - \varepsilon' - \varpi''\right) \\ -\ 0'',779586.\sin\left(2n''t - n't + 2\varepsilon'' - \varepsilon' - \varpi'\right) \end{cases}$$

$$+ (1+\mu'')\begin{cases} 2'',156325.\sin\left(n''t + \varepsilon'' - \varpi''\right) \\ -\ 0'',415215.\sin\left(2n''t - n't + 2\varepsilon'' - \varepsilon' - \varpi''\right) \\ -\ 31'',218207.\sin\left(2n'''t - n''t + 2\varepsilon''' - \varepsilon'' - \varpi'''\right) \\ +\ 15'',811920.\sin\left(2n'''t - n''t + 2\varepsilon''' - \varepsilon'' - \varpi''\right) \\ -\ 20'',111960.\sin\left(3n'''t - 2n''t + 3\varepsilon''' - 2\varepsilon'' - \varpi'''\right) \\ +\ 2'',611122.\sin\left(3n'''t - 2n''t + 3\varepsilon''' - 2\varepsilon'' - \varpi''\right) \\ +\ 2'',091815.\sin\left(4n'''t - 3n''t + 4\varepsilon''' - 3\varepsilon'' - \varpi'''\right) \\ -\ 0'',244306.\sin\left(4n'''t - 3n''t + 4\varepsilon''' - 3\varepsilon'' - \varpi''\right) \\ +\ 0'',370141.\sin\left(5n'''t - 4n''t + 5\varepsilon''' - 4\varepsilon'' - \varpi'''\right) \end{cases}$$

$$+ (1+\mu^{\text{iv}})\begin{cases} 16'',945362.\sin\left(n^{\text{iv}}t + \varepsilon^{\text{iv}} - \varpi^{\text{iv}}\right) \\ -\ 16'',564830.\sin\left(n^{\text{iv}}t + \varepsilon^{\text{iv}} - \varpi^{\text{v}}\right) \\ -\ 72'',692383.\sin\left(2n^{\text{iv}}t - n'''t + 2\varepsilon^{\text{iv}} - \varepsilon''' - \varpi'''\right) \\ +\ 8'',003396.\sin\left(2n^{\text{iv}}t - n'''t + 2\varepsilon^{\text{iv}} - \varepsilon''' - \varpi^{\text{iv}}\right) \\ +\ 7'',088590.\sin\left(3n^{\text{iv}}t - 2n'''t + 3\varepsilon^{\text{iv}} - 2\varepsilon''' - \varpi'''\right) \\ -\ 11'',015046.\sin\left(3n^{\text{iv}}t - 2n'''t + 3\varepsilon^{\text{iv}} - 2\varepsilon''' - \varpi^{\text{iv}}\right) \\ +\ 0'',679171.\sin\left(4n^{\text{iv}}t - 3n'''t + 4\varepsilon^{\text{iv}} - 3\varepsilon''' - \varpi'''\right) \\ -\ 1'',088395.\sin\left(4n^{\text{iv}}t - 3n'''t + 4\varepsilon^{\text{iv}} - 3\varepsilon''' - \varpi^{\text{iv}}\right) \\ -\ 8'',853862.\sin\left(2n'''t - n^{\text{iv}}t + 2\varepsilon''' - \varepsilon^{\text{iv}} - \varpi'''\right) \\ -\ 0'',631233.\sin\left(2n'''t - n^{\text{iv}}t + 2\varepsilon''' - \varepsilon^{\text{iv}} - \varpi^{\text{iv}}\right) \\ +\ 5'',719628.\sin\left(3n'''t - 2n^{\text{iv}}t + 3\varepsilon''' - 2\varepsilon^{\text{iv}} - \varpi^{\text{v}}\right) \\ +\ 0'',611530.\sin\left(4n'''t - 3n^{\text{iv}}t + 4\varepsilon''' - 3\varepsilon^{\text{iv}} - \varpi'''\right) \end{cases}$$

$$+ (1+\mu^{\text{v}})\begin{cases} 0'',443697.\sin\left(n^{\text{v}}t + \varepsilon^{\text{v}} - \varpi^{\text{iv}}\right) \\ -\ 2'',151005.\sin\left(n^{\text{v}}t + \varepsilon^{\text{v}} - \varpi^{\text{v}}\right) \\ -\ 5'',549601.\sin\left(2n^{\text{v}}t - n^{\text{iv}}t + 2\varepsilon^{\text{v}} - \varepsilon^{\text{iv}} - \varpi^{\text{iv}}\right) \\ +\ 0'',407952.\sin\left(2n^{\text{v}}t - n'''t + 2\varepsilon^{\text{v}} - \varepsilon''' - \varpi^{\text{v}}\right) \\ -\ 0'',309401.\sin\left(3n^{\text{v}}t - 2n'''t + 3\varepsilon^{\text{v}} - 2\varepsilon^{\text{iv}} - \varpi^{\text{v}}\right) \\ -\ 0'',483901.\sin\left(2n'''t - n^{\text{v}}t + 2\varepsilon''' - \varepsilon^{\text{v}} - \varpi'''\right) \end{cases}$$

$$\delta r''' = (1+\mu') \left\{ \begin{array}{l} 0,0000044700 . \cos(2n'''t - n't + 2\varepsilon''' - \varepsilon' - \varpi''') \\ - 0,0000009713 . \cos(2n'''t - n't + 2\varepsilon''' - \varepsilon' - \varpi') \end{array} \right.$$

$$+ (1+\mu'') \left\{ \begin{array}{l} - 0,0000022865 . \cos(n''t + \varepsilon'' - \varpi'') \\ + 0,0000086337 . \cos(2n'''t - n''t + 2\varepsilon''' - \varepsilon'' - \varpi''') \\ - 0,0000031269 . \cos(2n'''t - n''t + 2\varepsilon''' - \varepsilon'' - \varpi'') \\ - 0,0000200331 . \cos(3n'''t - 2n''t + 3\varepsilon''' - 2\varepsilon'' - \varpi''') \\ + 0,0000025454 . \cos(3n'''t - 2n''t + 3\varepsilon''' - 2\varepsilon' - \varpi'') \\ + 0,0000030863 . \cos(4n'''t - 3n''t + 4\varepsilon''' - 3\varepsilon'' - \varpi''') \\ + 0,0000040239 . \cos(4n'''t - 3n''t + 4\varepsilon''' - 3\varepsilon'' - \varpi'') \end{array} \right.$$

$$+ (1+\mu^{iv}) \left\{ \begin{array}{l} 0,0000035825 . \cos(n'''t + \varepsilon''' - \varpi'') \\ - 0,0000107986 . \cos(n^{iv}t + \varepsilon^{iv} - \varpi'') \\ + 0,0000031431 . \cos(n^{iv}t + \varepsilon^{iv} - \varpi^{iv}) \\ - 0,0000599470 . \cos(2n^{iv}t - n'''t + 2\varepsilon^{iv} - \varepsilon''' - \varpi'') \\ + 0,0000069892 . \cos(2n^{iv}t - n'''t + 2\varepsilon^{iv} - \varepsilon''' - \varpi^{iv}) \\ + 0,0000114352 . \cos(3n^{iv}t - 2n'''t + 3\varepsilon^{iv} - 2\varepsilon''' - \varpi'') \\ - 0,0000169741 . \cos(3n^{iv}t - 2n'''t + 3\varepsilon^{iv} - 2\varepsilon''' - \varpi^{iv}) \\ - 0,0000020307 . \cos(4n^{iv}t - 3n'''t + 4\varepsilon^{iv} - 3\varepsilon''' - \varpi^{iv}) \\ + 0,0000087307 . \cos(2n'''t - n^{iv}t + 2\varepsilon''' - \varepsilon^{iv} - \varpi'') \\ - 0,0000063983 . \cos(3n'''t - 2n^{iv}t + 3\varepsilon''' - 2\varepsilon^{iv} - \varpi'') \end{array} \right.$$

$$- (1+\mu^{v}) . \quad 0,0000061906 . \cos(2n^{v}t - n'''t + 2\varepsilon^{v} - \varepsilon''' - \varpi''').$$

Inégalités dépendantes des carrés et des produits des excentricités et des inclinaisons des orbites.

$$\delta v'' = -(1+\mu') . \quad 21'',295121 . \sin(3n''t - n't + 3\varepsilon'' - \varepsilon' + 72°,7083)$$

$$- (1+\mu'') \left\{ \begin{array}{l} 4'',365840 . \sin(3n'''t - n''t + 3\varepsilon''' - \varepsilon'' + 81°,3318) \\ + 13'',490141 . \sin(4n'''t - 2n''t + 4\varepsilon''' - 2\varepsilon'' + 75°,3518) \\ + 8'',228086 . \sin(5n'''t - 3n''t + 5\varepsilon''' - 3\varepsilon'' + 75°,9814) \end{array} \right.$$

$$+ (1+\mu^{iv}) \left\{ \begin{array}{l} - 1'',428330 . \sin(n^{iv}t + n''t + \varepsilon^{iv} + \varepsilon'' - 59°,0333) \\ - 4'',457166 . \sin(2n^{iv}t + 2\varepsilon^{iv} + 66°,7969) \\ + 3'',998174 . \sin(n^{iv}t - n''t + \varepsilon^{iv} - \varepsilon'' + 60°,7691) \end{array} \right\} .$$

La dernière de ces inégalités peut être réunie à l'inégalité indépendante des excentricités

$$(1+\mu^{iv}) . 75'',434700 . \sin(n^{iv}t - n''t + \varepsilon^{iv} - \varepsilon''');$$

leur somme donne l'inégalité

$$(1 + \mu^{\text{iv}}).\ 77'',813921 . \sin(n^{\text{iv}}t - n'''t + \varepsilon^{\text{iv}} - \varepsilon''' + 2°,6702).$$

$$\delta r''' = -(1 + \mu').\quad 0,00000234161 . \cos(3n''t - n't + 3\varepsilon'' - \varepsilon' + 71°,9904)$$

$$+ (1 + \mu'') \left\{ \begin{array}{l} 0,000005043 . \cos(3n'''t - n''t + 3\varepsilon''' - \varepsilon'' + 80°,8704) \\ + 0,000070248 . \cos(4n'''t - 2n''t + 4\varepsilon''' - 2\varepsilon'' - 65°,4042) \\ - 0,000075032 . \cos(5n'''t - 3n''t + 5\varepsilon''' - 3\varepsilon'' + 76°,0641) \end{array} \right\}$$

$$+ (1 + \mu^{\text{iv}}) \left\{ \begin{array}{l} 0,000080002 . \cos(2n^{\text{iv}}t + 2\varepsilon^{\text{iv}} + 66°,9975) \\ + 0,000041488 . \cos(n^{\text{iv}}t - n'''t + \varepsilon^{\text{iv}} - \varepsilon''' + 65°,7214) \end{array} \right\}.$$

La dernière de ces inégalités peut être réunie à l'inégalité indépendante des excentricités

$$(1 + \mu^{\text{iv}}).0,0000784371 . \cos(n^{\text{iv}}t - n'''t + \varepsilon^{\text{iv}} - \varepsilon''');$$

leur somme donne l'inégalité

$$(1 + \mu^{\text{iv}}).0,0000806432 . \cos(n^{\text{iv}}t - n'''t + \varepsilon^{\text{iv}} - \varepsilon''' + 2°,8133).$$

Les inégalités du mouvement de Mars en latitude sont très-peu sensibles. En désignant par Π^{iv} la longitude du nœud ascendant de l'orbite de Jupiter sur celle de Mars, on trouve

$$\delta s''' = (1 + \mu^{\text{iv}}) \left\{ \begin{array}{l} 0'',291339 . \sin(n^{\text{iv}}t + \varepsilon^{\text{iv}} - \Pi^{\text{iv}}) \\ + 1'',244657 . \sin(2n^{\text{iv}}t - n'''t + 2\varepsilon^{\text{iv}} - \varepsilon''' - \Pi^{\text{iv}}) \end{array} \right\}.$$

CHAPITRE XII.

THÉORIE DE JUPITER.

33. L'attraction réciproque des planètes entre elles et sur le Soleil est principalement sensible dans la théorie de Jupiter et de Saturne, et nous allons en voir naître les plus grandes inégalités du système planétaire. L'équation

$$\delta r'' = - \frac{r''^2}{r''} \left(1 - \alpha^2 \right) \delta V'',$$

trouvée dans le numéro précédent relativement à Mars, devient, pour Jupiter,

$$\delta r'^{v} = - \frac{r'^{v2}}{r''} \left(1 - \alpha^2 \right) \delta V'^{v}.$$

Si l'on prend pour r'' et r'^{v} les moyennes distances de la Terre et de Jupiter au Soleil, et si l'on suppose $\delta V'^{v} = \pm 1''$, on aura

$$\delta r'^{v} = \mp 0,0000409225;$$

on peut ainsi négliger les inégalités de $\delta r'^{v}$ au-dessous de $\mp 0,000041$. Nous négligerons les inégalités du mouvement de Jupiter en longitude et en latitude au-dessous d'un quart de seconde.

Inégalités de Jupiter indépendantes des excentricités.

$$\delta v'^{v} = \left(1 + \mu'' \right) \left\{ \begin{array}{l} 0'',372941 . \sin \left(n''t - n'^{v}t + \varepsilon'' - \varepsilon'^{v} \right) \\ - \; 0'',000266 . \sin 2 \left(n''t - n'^{v}t + \varepsilon'' - \varepsilon'^{v} \right) \end{array} \right\}$$

$$+ (1 + \mu^{v}) \left\{ \begin{aligned}
& 255'',591700 . \sin (n^{v} t - n^{vv} t + \varepsilon^{v} - \varepsilon^{vv}) \\
&- 630'',883870 . \sin 2(n^{v} t - n^{vv} t + \varepsilon^{v} - \varepsilon^{vv}) \\
&- 52'',690013 . \sin 3(n^{v} t - n^{vv} t + \varepsilon^{v} - \varepsilon^{vv}) \\
&- 12'',118299 . \sin 4(n^{v} t - n^{vv} t + \varepsilon^{v} - \varepsilon^{vv}) \\
&- 3'',736337 . \sin 5(n^{v} t - n^{vv} t + \varepsilon^{v} - \varepsilon^{vv}) \\
&- 1'',322283 . \sin 6(n^{v} t - n^{vv} t + \varepsilon^{v} - \varepsilon^{vv}) \\
&- 0'',527541 . \sin 7(n^{v} t - n^{vv} t + \varepsilon^{v} - \varepsilon^{vv}) \\
&- 0'',234833 . \sin 8(n^{v} t - n^{vv} t + \varepsilon^{v} - \varepsilon^{vv}) \\
&- 0'',127385 . \sin 9(n^{v} t - n^{vv} t + \varepsilon^{v} - \varepsilon^{vv})
\end{aligned} \right\}$$

$$+ (1 + \mu^{vv}) \left\{ \begin{aligned}
& 3'',246102 . \sin (n^{vi} t - n^{vv} t + \varepsilon^{vi} - \varepsilon^{vv}) \\
&- 1'',318815 . \sin 2(n^{vi} t - n^{vv} t + \varepsilon^{vi} - \varepsilon^{vv}) \\
&- 0'',136065 . \sin 3(n^{vi} t - n^{vv} t + \varepsilon^{vi} - \varepsilon^{vv}) \\
&- 0'',018447 . \sin 4(n^{vi} t - n^{vv} t + \varepsilon^{vi} - \varepsilon^{vv})
\end{aligned} \right\} ,$$

$$\delta \iota^{vv} = (1 + \mu^{v}) \left\{ \begin{aligned}
&- 0,00006205586 \\
&+ 0,000676876 0 . \cos (n^{v} t - n^{vv} t + \varepsilon^{v} - \varepsilon^{vv}) \\
&- 0,002896620 0 . \cos 2(n^{v} t - n^{vv} t + \varepsilon^{v} - \varepsilon^{vv}) \\
&- 0,000302136 7 . \cos 3(n^{v} t - n^{vv} t + \varepsilon^{v} - \varepsilon^{vv}) \\
&- 0,000078251 4 . \cos 4(n^{v} t - n^{vv} t + \varepsilon^{v} - \varepsilon^{vv}) \\
&- 0,000025895 2 . \cos 5(n^{v} t - n^{vv} t + \varepsilon^{v} - \varepsilon^{vv}) \\
&- 0,000009477 9 . \cos 6(n^{v} t - n^{vv} t + \varepsilon^{v} - \varepsilon^{vv}) \\
&- 0,000003756 0 . \cos 7(n^{v} t - n^{vv} t + \varepsilon^{v} - \varepsilon^{vv}) \\
&- 0,000001478 1 . \cos 8(n^{v} t - n^{vv} t + \varepsilon^{v} - \varepsilon^{vv}) \\
&- 0,000000479 9 . \cos 9(n^{v} t - n^{vv} t + \varepsilon^{v} - \varepsilon^{vv})
\end{aligned} \right\} .$$

Inégalités dépendantes de la première puissance des excentricités.

Plusieurs de ces inégalités étant considérables, il importe d'avoir les variations de leurs coefficients : nous allons donner celles des coefficients qui surpassent cent secondes dans l'expression de $\delta \iota^{vv}$. Les coefficients des inégalités dépendantes de ϖ^{v} ont e^{vv} pour multiplicateur; en nommant donc $A e^{vv}$ l'un de ces coefficients, sa variation sera $A e^{vv} \frac{\partial e^{vv}}{e^{vv}}$, et l'on verra dans la suite qu'en ayant égard aux quantités dépendantes du carré de la force perturbatrice, et dont nous avons donné les expressions analytiques dans le n° 13, on a

$$\delta e^{vv} = t . 1'',016936 .$$

Pareillement, les coefficients des inégalités dépendantes de ϖ^v ont e^v
pour multiplicateur; en nommant donc Be^v l'un de ces coefficients, sa
variation sera $Be^v\,\dfrac{\delta e^v}{e^v}$, et l'on verra dans la suite que

$$\delta e^{v} = -t.1'',984469.$$

Cela posé, on trouve

$$
e^{v} = (1+\mu^{iv})\left\{
\begin{aligned}
&\ \ \ 26'',569412 \cdot \sin(n^v t + \varepsilon^v - \varpi^{iv})\\
&- 29'',914770 \cdot \sin(n^v t + \varepsilon^v - \varpi^v)\\
&- (427'',078201 + t.0'',014929) \cdot \sin(2n^v t - n^{iv}t + 2\varepsilon^v - \varepsilon^{iv} - \varpi^{iv})\\
&+ (174'',796601 - t.0'',0096906) \cdot \sin(2n^v t - n^{iv}t + 2\varepsilon^v - \varepsilon^{iv} - \varpi^v)\\
&- (137'',224760 + t.0'',0045603) \cdot \sin(3n^v t - 2n^{iv}t + 3\varepsilon^v - 2\varepsilon^{iv} - \varpi^{iv})\\
&+ (262'',168424 - t.0'',0145351) \cdot \sin(3n^v t - 2n^{iv}t + 3\varepsilon^v - 2\varepsilon^{iv} - \varpi^v)\\
&+ 24'',460840 \cdot \sin(4n^v t - 3n^{iv}t + 4\varepsilon^v - 3\varepsilon^{iv} - \varpi^{iv})\\
&- 48'',239570 \cdot \sin(4n^v t - 3n^{iv}t + 4\varepsilon^v - 3\varepsilon^{iv} - \varpi^v)\\
&+ 3'',233695 \cdot \sin(5n^v t - 4n^{iv}t + 5\varepsilon^v - 4\varepsilon^{iv} - \varpi^{iv})\\
&- 8'',585382 \cdot \sin(5n^v t - 4n^{iv}t + 5\varepsilon^v - 4\varepsilon^{iv} - \varpi^v)\\
&+ 1'',256948 \cdot \sin(6n^v t - 5n^{iv}t + 6\varepsilon^v - 5\varepsilon^{iv} - \varpi^{iv})\\
&- 2'',818833 \cdot \sin(6n^v t - 5n^{iv}t + 6\varepsilon^v - 5\varepsilon^{iv} - \varpi^v)\\
&+ 0'',460731 \cdot \sin(7n^v t - 6n^{iv}t + 7\varepsilon^v - 6\varepsilon^{iv} - \varpi^{iv})\\
&- 1'',004913 \cdot \sin(7n^v t - 6n^{iv}t + 7\varepsilon^v - 6\varepsilon^{iv} - \varpi^v)\\
&- 16'',074450 \cdot \sin(2n^{iv}t - n^v t + 2\varepsilon^{iv} - \varepsilon^v - \varpi^{iv})\\
&- 1'',758450 \cdot \sin(2n^{iv}t - n^v t + 2\varepsilon^{iv} - \varepsilon^v - \varpi^v)\\
&+ 39'',742746 \cdot \sin(3n^{iv}t - 2n^v t + 3\varepsilon^{iv} - 2\varepsilon^v - \varpi^{iv})\\
&- 1'',087650 \cdot \sin(3n^{iv}t - 2n^v t + 3\varepsilon^{iv} - 2\varepsilon^v - \varpi^v)\\
&- 3'',973709 \cdot \sin(4n^{iv}t - 3n^v t + 4\varepsilon^{iv} - 3\varepsilon^v - \varpi^{iv})\\
&- 0'',533617 \cdot \sin(4n^{iv}t - 3n^v t + 4\varepsilon^{iv} - 3\varepsilon^v - \varpi^v)\\
&+ 1'',100702 \cdot \sin(5n^{iv}t - 4n^v t + 5\varepsilon^{iv} - 4\varepsilon^v - \varpi^{iv})\\
&- 0'',256755 \cdot \sin(5n^{iv}t - 4n^v t + 5\varepsilon^{iv} - 4\varepsilon^v - \varpi^v)
\end{aligned}
\right\}
$$

$$
+ (1+\mu^{vii})\left\{
\begin{aligned}
&\ \ \ 0'',381491 \cdot \sin(n^{vii}t + \varepsilon^{vii} - \varpi^{vi})\\
&- 0'',726050 \cdot \sin(n^{vii}t + \varepsilon^{vii} - \varpi^{vii})\\
&- 1'',645307 \cdot \sin(2n^{vii}t - n^{vi}t + 2\varepsilon^{vii} - \varepsilon^{vi} - \varpi^{vi})\\
&+ 0'',316891 \cdot \sin(2n^{vii}t - n^{vi}t + 2\varepsilon^{vii} - \varepsilon^{vi} - \varpi^{vii})\\
&- 0'',394947 \cdot \sin(3n^{vii}t - 2n^{vi}t + 3\varepsilon^{vii} - 2\varepsilon^{vi} - \varpi^{vii})
\end{aligned}
\right\},
$$

$$\delta r''' = (1+\mu^{\text{v}}) \left\{ \begin{aligned}
&0,0000206111.\cos(n^{\text{iv}}t + \varepsilon^{\text{iv}} - \varpi^{\text{iv}}) \\
&- 0,0000795246.\cos(n^{\text{v}}t + \varepsilon^{\text{v}} - \varpi^{\text{iv}}) \\
&+ 0,0000492096.\cos(n^{\text{v}}t + \varepsilon^{\text{v}} - \varpi^{\text{v}}) \\
&- 0,0002922130.\cos(2n^{\text{v}}t - n^{\text{iv}}t + 2\varepsilon^{\text{v}} - \varepsilon^{\text{iv}} - \varpi^{\text{iv}}) \\
&+ 0,0001688085.\cos(2n^{\text{v}}t - n^{\text{iv}}t + 2\varepsilon^{\text{v}} - \varepsilon^{\text{iv}} - \varpi^{\text{v}}) \\
&- 0,0004584483.\cos(3n^{\text{v}}t - 2n^{\text{iv}}t + 3\varepsilon^{\text{v}} - 2\varepsilon^{\text{iv}} - \varpi^{\text{iv}}) \\
&+ 0,0000947822.\cos(3n^{\text{v}}t - 2n^{\text{iv}}t + 3\varepsilon^{\text{v}} - 2\varepsilon^{\text{iv}} - \varpi^{\text{v}}) \\
&+ 0,0001259149.\cos(4n^{\text{v}}t - 3n^{\text{iv}}t + 4\varepsilon^{\text{v}} - 3\varepsilon^{\text{iv}} - \varpi^{\text{iv}}) \\
&- 0,0002421113.\cos(4n^{\text{v}}t - 3n^{\text{iv}}t + 4\varepsilon^{\text{v}} - 3\varepsilon^{\text{iv}} - \varpi^{\text{v}}) \\
&+ 0,0000268383.\cos(5n^{\text{v}}t - 4n^{\text{iv}}t + 5\varepsilon^{\text{v}} - 4\varepsilon^{\text{iv}} - \varpi^{\text{iv}}) \\
&- 0,0000516048.\cos(5n^{\text{v}}t - 4n^{\text{iv}}t + 5\varepsilon^{\text{v}} - 4\varepsilon^{\text{iv}} - \varpi^{\text{v}}) \\
&+ 0,0000579151.\cos(2n^{\text{iv}}t - n^{\text{v}}t + 2\varepsilon^{\text{iv}} - \varepsilon^{\text{v}} - \varpi^{\text{iv}}) \\
&- 0,0001346530.\cos(3n^{\text{iv}}t - 2n^{\text{v}}t + 3\varepsilon^{\text{iv}} - 2\varepsilon^{\text{v}} - \varpi^{\text{iv}})
\end{aligned} \right\}.$$

Inégalités dépendantes des carrés et des produits des excentricités et des inclinaisons (*).

$$\delta v''' = (1+\mu^{\text{v}}) \left\{ \begin{aligned}
&3'',097780.\sin(n^{\text{v}}t + n^{\text{iv}}t + \varepsilon^{\text{v}} + \varepsilon^{\text{iv}} + 50°,5438) \\
&- 17'',218232.\sin(2n^{\text{v}}t + 2\varepsilon^{\text{v}} + 17°,7111) \\
&+ 36'',185942.\sin(3n^{\text{v}}t - n^{\text{iv}}t + 3\varepsilon^{\text{v}} - \varepsilon^{\text{iv}} + 88°,5148) \\
&- 55'',787912.\sin(4n^{\text{v}}t - 2n^{\text{iv}}t + 4\varepsilon^{\text{v}} - 2\varepsilon^{\text{iv}} - 63°,5635) \\
&+ (522'',425601 - t.0'',013202)\sin\left(\begin{aligned} &3n^{\text{iv}}t - 5n^{\text{v}}t + 3\varepsilon^{\text{iv}} - 5\varepsilon^{\text{v}} \\ &+ 61°,8669 + t.155'',89 \end{aligned} \right) \\
&+ 5'',083765.\sin(6n^{\text{v}}t - 4n^{\text{iv}}t + 6\varepsilon^{\text{v}} - 4\varepsilon^{\text{iv}} - 60°,4778) \\
&+ 7'',643221.\sin(n^{\text{v}}t - n^{\text{iv}}t + \varepsilon^{\text{v}} - \varepsilon^{\text{iv}} + 48°,0929) \\
&- 19'',407399.\sin(2n^{\text{v}}t - 2n^{\text{iv}}t + 2\varepsilon^{\text{v}} - 2\varepsilon^{\text{iv}} + 47°,4210)
\end{aligned} \right\}.$$

Ces deux dernières inégalités, réunies aux deux suivantes,

$$(1+\mu^{\text{v}})[155'',591700.\sin(n^{\text{v}}t - n^{\text{iv}}t + \varepsilon^{\text{v}} - \varepsilon^{\text{iv}}) - 630'',883870.\sin 2(n^{\text{v}}t - n^{\text{iv}}t + \varepsilon^{\text{v}} - \varepsilon^{\text{iv}})]$$

que nous avons trouvées précédemment, et qui sont indépendantes des excentricités, donnent celles-ci

$$(1+\mu^{\text{v}}) \left\{ \begin{aligned}
&- 261'',200420.\sin(n^{\text{iv}}t - n^{\text{v}}t + \varepsilon^{\text{iv}} - \varepsilon^{\text{v}} - 1°,2756) \\
&+ 645'',364888.\sin(2n^{\text{iv}}t - 2n^{\text{v}}t + 2\varepsilon^{\text{iv}} - 2\varepsilon^{\text{v}} - 1°,2957)
\end{aligned} \right\}.$$

(*) La valeur de $\delta v'''$ a été reproduite conformément à l'édition originale. Dans la deuxième édition, dont le tome III porte le millésime de 1839 et a été imprimé par conséquent après la mort de l'Auteur, l'angle + 50°,5438, qui figure à la première ligne de $\delta v'''$, est remplacé par - 74°,5200; au lieu du coefficient - 55'',787912 de la quatrième ligne, on lit - 54'',787912; enfin, dans cette même ligne, l'angle - 63°,5635 est changé en - 64°,2284.

On a ensuite

$$\delta r'^{v} = (1+\mu^{v}) \left\{ \begin{array}{l} 0,0000822415.\cos(2n^{v}t + 2\varepsilon^{v} + 12^{\circ},2392) \\ + 0,0000226252.\cos(3n^{v}t - n^{vi}t + 3\varepsilon^{v} - \varepsilon^{iv} - 24^{\circ},2093) \\ - 0,0001010533.\cos(4n^{v}t - 2n^{vi}t + 4\varepsilon^{v} - 2\varepsilon^{iv} - 56^{\circ},7449) \\ - (0,0021114502 - t.0,0000000532 3).\cos\left(\begin{array}{l}3n^{vi}t - 5n^{v}t + 3\varepsilon^{iv} - 5\varepsilon^{v}\\ + 61^{\circ},7749 + t.155'',60\end{array}\right) \\ - 0,0000652204.\cos(2n^{v}t - 2n^{vi}t + 2\varepsilon^{v} - 2\varepsilon^{iv} + 60^{\circ},1641) \end{array} \right\}$$

En réunissant la dernière de ces inégalités à la suivante,

$$- (1+\mu^{v}).0,0028966300.\cos 2(n^{v}t - n^{vi}t + \varepsilon^{v} - \varepsilon^{iv}),$$

que nous avons trouvée précédemment, et qui est indépendante des excentricités, on a celle-ci,

$$- (1+\mu^{v}).0,0029251892.\cos(2n^{vi}t - 2n^{v}t + 2\varepsilon^{iv} - 2\varepsilon^{v} - 1^{\circ},1505).$$

Les inégalités précédentes de $\delta r'^{v}$ ont été calculées par les formules (A), (C), (E) et (F) des n°s 1 et 2, à l'exception de l'inégalité dépendante de l'angle $3n^{vi}t - 5n^{v}t$; $5n^{v} - 2n^{vi}$ étant un coefficient très-petit en vertu du rapport qui existe entre les moyens mouvements de Jupiter et de Saturne, l'angle $3n^{vi}t - 5n^{v}t$ diffère très-peu de $n^{vi}t$; on a donc fait usage, pour calculer cette inégalité, des formules (B) et (C) du n° 1 et de la méthode du n° 18.

Inégalités dépendantes du cube et des produits de trois et de cinq dimensions des excentricités et des inclinaisons des orbites, ainsi que du carré de la force perturbatrice.

La grande inégalité de Jupiter a été calculée par les formules des n°s 7, 8, 9, 13, 14, 15, 16 et 17. On a trouvé, par le n° 8,

$$a^{v}M^{(0)} = -5,2439100.m^{v},$$
$$a^{v}M^{(1)} = 9,6074688.m^{v},$$
$$a^{v}M^{(2)} = -5,8070750.m^{v},$$
$$a^{v}M^{(3)} = 1,1620283.m^{v},$$
$$a^{v}M^{(4)} = -0,6385781.m^{v},$$
$$a^{v}M^{(5)} = 0,3320740.m^{v}.$$

De là on a conclu, pour 1750,

$$a^{\text{v}}\text{P} = 0,0001093026,$$

$$a^{\text{v}}\text{P}' = - 0,0010230972.$$

On a déterminé ces valeurs pour 2250 et pour 2750. Pour cela, il a été nécessaire de déterminer les valeurs de e'', e^{v}, ϖ'', ϖ^{v}, γ et Π en séries ordonnées par rapport aux puissances du temps, en portant la précision jusqu'au carré du temps. On a d'abord calculé, par les formules du n° 13, les variations séculaires de $\delta e''$, δe^{v}, $\delta\varpi''$ et $\delta\varpi^{\text{v}}$ dépendantes du carré de la force perturbatrice, et l'on a trouvé pour ces variations

$$\delta e'' = t.\ 0'',161352,$$

$$\delta\varpi'' = t.\ 1'',089325,$$

$$\delta e^{\text{v}} = - t.\ 0'',317171,$$

$$\delta\varpi^{\text{v}} = t.10'',008401.$$

Les coefficients de t, dans ces expressions, sont les parties de $\dfrac{de''}{dt}$, $\dfrac{d\varpi''}{dt}$, $\dfrac{de^{\text{v}}}{dt}$, $\dfrac{d\varpi^{\text{v}}}{dt}$ dépendantes du carré de la force perturbatrice; il faut les ajouter aux valeurs des mêmes quantités déterminées dans le n° 25, ce qui donne, pour ces valeurs entières en 1750,

$$\frac{de''}{dt} = 1'',016936,$$

$$\frac{d\varpi''}{dt} = 21'',459284,$$

$$\frac{de^{\text{v}}}{dt} = - 1'',984469,$$

$$\frac{d\varpi^{\text{v}}}{dt} = 59'',739037.$$

On a déterminé, par le même procédé, ces valeurs pour 1950, et l'on a trouvé, pour cette époque,

$$\frac{de^{iv}}{dt} = \quad 1'',006705.$$

$$\frac{d\varpi^{iv}}{dt} = \quad 21'',769069,$$

$$\frac{de^{v}}{dt} = -\,2'',001540,$$

$$\frac{d\varpi^{v}}{dt} = \quad 59'',952898.$$

De là on a conclu, par le n° 8, les expressions suivantes de e'', ϖ'', e', ϖ', pour un temps quelconque t,

$$e'' = e^{iv} + t.\,1'',016936 - t^2.0'',0000255775,$$
$$\varpi'' = \varpi'' + t.21'',759281 + t^2.0'',000774625,$$
$$e' = e' - t.\,1'',984469 - t^2.0'',0000426775,$$
$$\varpi' = \varpi' + t.59'',739037 + t^2.0'',000534652,$$

les valeurs de e'', ϖ'', e', ϖ' dans les seconds membres de ces équations étant celles de 1750.

On a déterminé les valeurs de γ et de Π au moyen des équations

$$\varphi' \sin\theta' - \varphi'' \sin\theta'' = \gamma \sin\Pi,$$
$$\varphi' \cos\theta' - \varphi'' \cos\theta'' = \gamma \cos\Pi.$$

Ensuite on a déterminé les valeurs de $\frac{d\gamma}{dt}$ et de $\frac{d\Pi}{dt}$ au moyen des différentielles de ces équations, en y substituant, pour $\frac{d\varphi''}{dt}$, $\frac{d\varphi'}{dt}$, $\frac{d\theta''}{dt}$, $\frac{d\theta'}{dt}$, leurs valeurs données dans le n° 25. On a trouvé de cette manière, pour 1750,

$$\gamma = 1°,3982, \qquad \Pi = 139°,7142,$$
$$\frac{d\gamma}{dt} = -\,0'',000326. \qquad \frac{d\Pi}{dt} = -\,80'',537447.$$

Les formules du n° 14 donnent, pour les variations séculaires de γ et de Π dépendantes du carré de la force perturbatrice,

$$\delta\gamma = t.0'',000568, \qquad \delta\Pi = -\,t.0'',023552.$$

En ajoutant les coefficients de t dans ces équations aux valeurs précé-
dentes de $\frac{d\gamma}{dt}$ et de $\frac{d\Pi}{dt}$, on aura, pour les valeurs complètes de ces quantités en 1750,

$$\frac{d\gamma}{dt} = 0'',000242, \qquad \frac{d\Pi}{dt} = -\,80'',560999.$$

On a trouvé par le même procédé, pour 1950,

$$\frac{d\gamma}{dt} = -\,0'',004589, \qquad \frac{d\Pi}{dt} = -\,81'',487827.$$

De là on a conclu, par le n° 8, pour un temps quelconque t.

$$\gamma = \gamma + t.\,0'',000242 - t^2.0'',0000120775,$$
$$\Pi = \Pi - t.80'',560999 - t^2.0'',0023170701,$$

les valeurs de γ et de Π, dans les seconds membres de ces équations,
étant celles de 1750. Cela posé, on a trouvé, pour 2250,

$$a^v P = -\,0,000080189,$$
$$a^v P' = -\,0,001006510,$$

et pour 2750,

$$a^v P = -\,0,000260997,$$
$$a^v P' = -\,0,000954603,$$

d'où l'on a conclu, par le n° 8,

$$a^v \frac{dP}{dt} = -\,0,0000003876666,$$

$$a^v \frac{dP'}{dt} = -\,0,000000002145,$$

$$a^v \frac{d^2 P}{dt^2} = 0,00000000034734,$$

$$a^v \frac{d^2 P'}{dt^2} = 0,00000000014128o.$$

La partie de δv^{iv} donnée dans le n° 18,

$$-\frac{6m^{v}n^{iv\,2}}{(5n^{v}-2n^{iv})^{2}}\left\{\begin{aligned}&\left[\begin{aligned}&a^{iv}P'+\frac{2a^{iv}dP}{(5n^{v}-2n^{iv})dt}-\frac{3a^{iv}d^{2}P'}{(5n^{v}-2n^{iv})^{2}dt^{2}}\\&+t\left(a^{iv}\frac{dP'}{dt}+\frac{2a^{iv}d^{2}P}{(5n^{v}-2n^{iv})dt^{2}}\right)+\tfrac{1}{2}t^{2}a^{iv}\frac{d^{2}P'}{dt^{2}}\end{aligned}\right]\sin(5n^{v}t-2n^{iv}t+5\varepsilon^{v}-2\varepsilon^{iv})\\-&\left[\begin{aligned}&a^{iv}P-\frac{2a^{iv}dP'}{(5n^{v}-2n^{iv})dt}-\frac{3a^{iv}d^{2}P}{(5n^{v}-2n^{iv})^{2}dt^{2}}\\&+t\left(a^{iv}\frac{dP}{dt}-\frac{2a^{iv}d^{2}P'}{(5n^{v}-2n^{iv})dt^{2}}\right)+\tfrac{1}{2}t^{2}a^{iv}\frac{d^{2}P}{dt^{2}}\end{aligned}\right]\cos(5n^{v}t-2n^{iv}t+5\varepsilon^{v}-2\varepsilon^{iv})\end{aligned}\right\},$$

devient ainsi, en la réduisant en nombres,

$$\begin{aligned}&(3900'',616270-t.0'',025982-t^{2}.0'',000059403)\sin(5n^{v}t-2n^{iv}t+5\varepsilon^{v}-2\varepsilon^{iv})\\+&(368'',910343-t.1'',461994+t^{2}.0'',000242476)\cos(5n^{v}t-2n^{iv}t+5\varepsilon^{v}-2\varepsilon^{iv}).\end{aligned}$$

La grande inégalité de Jupiter se compose de plusieurs autres parties : elle renferme encore, par le n° 8, la fonction

$$-\frac{2m^{v}n^{iv}}{5n^{v}-2n^{iv}}\left[\begin{aligned}&a^{iv\,2}\frac{\partial P}{\partial a^{iv}}\cos(5n^{v}t-2n^{iv}t+5\varepsilon^{v}-2\varepsilon^{iv})\\-&a^{iv\,2}\frac{\partial P'}{\partial a^{iv}}\sin(5n^{v}t-2n^{iv}t+5\varepsilon^{v}-2\varepsilon^{iv})\end{aligned}\right].$$

Pour la réduire en nombres, il faut calculer les valeurs de $a^{v\,2}\frac{\partial M^{(0)}}{\partial a^{iv}}$, $a^{v\,2}\frac{\partial M^{(1)}}{\partial a^{iv}}$, ... On a trouvé

$$a^{v\,2}\frac{\partial M^{(0)}}{\partial a^{iv}}=-26,46390.m^{v},$$

$$a^{v\,2}\frac{\partial M^{(1)}}{\partial a^{iv}}=\quad 65,75870.m^{v},$$

$$a^{v\,2}\frac{\partial M^{(2)}}{\partial a^{iv}}=-50,22714.m^{v},$$

$$a^{v\,2}\frac{\partial M^{(3)}}{\partial a^{iv}}=\quad 12,14696.m^{v},$$

$$a^{v\,2}\frac{\partial M^{(4)}}{\partial a^{iv}}=-\ 6,75963.m^{v},$$

$$a^{v\,2}\frac{\partial M^{(5)}}{\partial a^{iv}}=\quad 4,13173.m^{v}.$$

On a conclu de ces valeurs celles de $a^{\text{v}}\dfrac{\partial M^{(0)}}{\partial a^{\text{v}}}$, $a^{\text{v}}\dfrac{\partial M^{(1)}}{\partial a^{\text{v}}}$, $\ldots$, qui sont nécessaires dans la théorie de Saturne, au moyen de l'équation générale

$$a^{\text{v}}\frac{\partial M^{(i)}}{\partial a^{\text{v}}}+a^{\text{vi}}\frac{\partial M^{(i)}}{\partial a^{\text{vi}}}=-M^{(i)}.$$

On a trouvé ensuite, pour 1750,

$$-\frac{2m^{\text{v}}n^{\text{vi}}}{5n^{\text{v}}-2n^{\text{vi}}}\left[\begin{array}{l} a^{\text{vi}2}\dfrac{\partial P}{\partial a^{\text{vi}}}\cos(5n^{\text{v}}t-2n^{\text{vi}}t+5\varepsilon^{\text{v}}-2\varepsilon^{\text{vi}}) \\[2ex] -a^{\text{vi}2}\dfrac{\partial P}{\partial a^{\text{vi}}}\sin(5n^{\text{v}}t-2n^{\text{vi}}t+5\varepsilon^{\text{v}}-2\varepsilon^{\text{vi}}) \end{array}\right]$$

$$=-53'',175501.\sin(5n^{\text{v}}t-2n^{\text{vi}}t+5\varepsilon^{\text{v}}-2\varepsilon^{\text{vi}})$$
$$+16'',543260.\cos(5n^{\text{v}}t-2n^{\text{vi}}t+5\varepsilon^{\text{v}}-2\varepsilon^{\text{vi}}).$$

et pour 1950, on a trouvé cette fonction égale à

$$-51'',965436.\sin(5n^{\text{v}}t-2n^{\text{vi}}t+5\varepsilon^{\text{v}}-2\varepsilon^{\text{vi}})$$
$$+19'',906909.\cos(5n^{\text{v}}t-2n^{\text{vi}}t+5\varepsilon^{\text{v}}-2\varepsilon^{\text{vi}}).$$

d'où l'on a conclu la valeur de cette fonction, pour un temps quelconque t, égale à

$$-(53'',175501-t.0'',0060503)\sin(5n^{\text{v}}t-2n^{\text{vi}}t+5\varepsilon^{\text{v}}-2\varepsilon^{\text{vi}})$$
$$+(16'',543260+t.0'',0168182)\cos(5n^{\text{v}}t-2n^{\text{vi}}t+5\varepsilon^{\text{v}}-2\varepsilon^{\text{vi}}).$$

La grande inégalité de Jupiter renferme encore, par le n° 8, le terme

$$-\frac{e^{\text{iv}}\Pi}{2}\sin(5n^{\text{v}}t-2n^{\text{vi}}t+5\varepsilon^{\text{v}}-2\varepsilon^{\text{vi}}-\varpi^{\text{iv}}+A);$$

ce terme, en 1750, était égal à

$$2'',531758.\sin(5n^{\text{v}}t-2n^{\text{vi}}t+5\varepsilon^{\text{v}}-2\varepsilon^{\text{vi}})$$
$$-5'',672724.\cos(5n^{\text{v}}t-2n^{\text{vi}}t+5\varepsilon^{\text{v}}-2\varepsilon^{\text{vi}}),$$

et en 1950 il sera égal à

$$2'',165507 . \sin(5n^{\mathrm{v}}t - 2n''t + 5\varepsilon^{\mathrm{v}} - 2\varepsilon^{\mathrm{iv}})$$
$$- 5'',681970 . \cos(5n^{\mathrm{v}}t - 2n''t + 5\varepsilon^{\mathrm{v}} - 2\varepsilon^{\mathrm{iv}}),$$

d'où l'on a conclu, pour un temps quelconque t, ce terme égal à

$$(2'',531738 - t.0'',0018310) \sin(5n^{\mathrm{v}}t - 2n''t + 5\varepsilon^{\mathrm{v}} - 2\varepsilon^{\mathrm{iv}})$$
$$- (5'',672724 + t.0'',0000460) \cos(5n^{\mathrm{v}}t - 2n''t + 5\varepsilon^{\mathrm{v}} - 2\varepsilon^{\mathrm{iv}}).$$

Pour déterminer la partie de la grande inégalité de Jupiter dépendante des produits de cinq dimensions des excentricités et des inclinaisons des orbites, on a déterminé, par le n° 9, les valeurs de $N^{(0)}$, $N^{(1)}$, … pour les deux époques de 1750 et de 1950, et l'on a trouvé (*) :

En 1750.	En 1950.
$a^{\mathrm{v}}N^{(0)} = - 0,00000135044,$	$a^{\mathrm{v}}N^{(0)} = - 0,00000129983.$
$a^{\mathrm{v}}N^{(1)} = - 0,00000789719,$	$a^{\mathrm{v}}N^{(1)} = - 0,0000075771.$
$a^{\mathrm{v}}N^{(2)} = 0,0000198552,$	$a^{\mathrm{v}}N^{(2)} = 0,0000196012,$
$a^{\mathrm{v}}N^{(3)} = - 0,0000175127,$	$a^{\mathrm{v}}N^{(3)} = - 0,0000173415.$
$a^{\mathrm{v}}N^{(4)} = 0,0000066540,$	$a^{\mathrm{v}}N^{(4)} = 0,0000066551,$
$a^{\mathrm{v}}N^{(5)} = - 0,0000009177,$	$a^{\mathrm{v}}N^{(5)} = - 0,0000009408.$
$a^{\mathrm{v}}N^{(6)} = - 0,0000003618,$	$a^{\mathrm{v}}N^{(6)} = - 0,0000003562,$
$a^{\mathrm{v}}N^{(7)} = - 0,0000003643,$	$a^{\mathrm{v}}N^{(7)} = - 0,0000003460,$
$a^{\mathrm{v}}N^{(8)} = 0,0000001720,$	$a^{\mathrm{v}}N^{(8)} = 0,0000001712,$
$a^{\mathrm{v}}N^{(9)} = - 0,0000000730;$	$a^{\mathrm{v}}N^{(9)} = - 0,0000000732.$

De là on a conclu l'inégalité correspondante relative à Saturne, que nous donnerons ci-après, et, en la multipliant par le facteur $- \dfrac{m^{\mathrm{v}}\sqrt{a^{\mathrm{v}}}}{m''\sqrt{a''}}$,

(*) Ces valeurs de $a^{\mathrm{v}}N^{(0)}$, $a^{\mathrm{v}}N^{(1)}$, … sont celles qui figurent dans l'édition originale. Dans la deuxième édition, les valeurs de $a^{\mathrm{v}}N^{(7)}$ et de $a^{\mathrm{v}}N^{(8)}$ sont différentes; on y lit, pour 1750,

$$a^{\mathrm{v}}N^{(7)} = - 0,0000002616, \qquad a^{\mathrm{v}}N^{(8)} = 0,0000006855,$$

et, pour 1950,

$$a^{\mathrm{v}}N^{(7)} = - 0,0000002275, \qquad a^{\mathrm{v}}N^{(8)} = 0,0000006675.$$

Voir, au sujet des erreurs dont ces quantités sont affectées, la note de la page 28.

on a obtenu l'inégalité suivante de Jupiter (*),

$$(38'',692571 - t.0'',005418) \sin(5n^v t - 2n^{iv}t + 5\varepsilon^v - 2\varepsilon^{iv})$$
$$- (25'',064701 + t.0'',015076) \cos(5n^v t - 2n^{iv}t + 5\varepsilon^v - 2\varepsilon^{iv}).$$

Enfin on a déterminé, par le n° 16, la partie sensible de la grande inégalité de Saturne dépendante du carré de la force perturbatrice, et l'on en a conclu celle de Jupiter, en la multipliant par $- \dfrac{m^v \sqrt{a^v}}{m^{iv} \sqrt{a^{iv}}}$, ce qui donne pour cette dernière inégalité

$$(5'',066862 - t.0'',014693) \sin(5n^v t - 2n^{iv}t + 5\varepsilon^v - 2\varepsilon^{iv})$$
$$- (56'',981339 + t.0'',0046755) \cos(5n^v t - 2n^{iv}t + 5\varepsilon^v - 2\varepsilon^{iv}).$$

Maintenant, si l'on rassemble ces diverses parties de la grande inégalité de Jupiter, on aura, pour sa valeur entière,

$$(1 + \mu^v) \left\{ \begin{array}{l} (3893'',731960 - t.0'',041650 - t^2.0'',00005940 3) \sin(5n^v t - 2n^{iv}t + 5\varepsilon^v - 2\varepsilon^{iv}) \\ + (297'',734839 - t.1'',464973 + t^2.0'',00024248) \cos(5n^v t - 2n^{iv}t + 5\varepsilon^v - 2\varepsilon^{iv}) \end{array} \right\}.$$

En réduisant ces deux termes en un seul par la méthode du n° 17, on aura

$$(1 - \mu^v)(3905'',098090 - t.0'',114476 - t^2 0'',00011317 5) \sin\left(\begin{array}{l} 5n^v t - 2n^{iv}t + 5\varepsilon^v - 2\varepsilon^{iv} + t^2,8583 \\ - t.239''.669 + t^2.0'',038830 \end{array} \right).$$

Cette inégalité peut avoir besoin de correction, soit à raison du coefficient μ^v ou de la masse de Saturne, soit à raison du diviseur $(5n^v - 2n^{iv})^3$; une suite nombreuse d'observations lèvera ces légères incertitudes. Il faut, comme on l'a vu dans le n° 17, appliquer cette grande inégalité au moyen mouvement de Jupiter.

Le carré de la force perturbatrice produit encore, par le n° 12, l'inégalité

$$- \frac{\overline{\Pi}^2}{8} \frac{(2m^v \sqrt{a^v} + 5m^{iv} \sqrt{a^{iv}})}{m^v \sqrt{a^v}} \sin (\text{double argument de la grande inégalité}),$$

ce qui donne

$$- 40'',860794 . \sin(\text{double argument de la grande inégalité}).$$

(*) *Voir* à la fin du volume, n° 5 du Supplément, la correction indiquée par l'Auteur. — *Voir* aussi la note de la page précédente.

Il faut encore appliquer au moyen mouvement de Jupiter cette inégalité à longue période.

L'inégalité

$$\frac{1}{7}\frac{\left(5n^{\mathrm{iv}}\sqrt{a^{\mathrm{iv}}}+4m^{\mathrm{v}}\sqrt{a^{\mathrm{v}}}\right)}{m^{\mathrm{v}}\sqrt{a^{\mathrm{v}}}}\,\overline{\mathrm{H}}\mathrm{K}\sin(5n^{\mathrm{iv}}t-10n^{\mathrm{v}}t+5\varepsilon^{\mathrm{iv}}-10\varepsilon^{\mathrm{v}}-\mathrm{B}-\overline{\mathrm{A}}),$$

trouvée dans le n° 13, donne, en la réduisant en nombres,

$$-12'',422071.\sin(5n^{\mathrm{iv}}t-10n^{\mathrm{v}}t+5\varepsilon^{\mathrm{iv}}-10\varepsilon^{\mathrm{v}}+57°,0725).$$

On a encore, par le n° 8, l'inégalité

$$\tfrac{5}{4}e^{\mathrm{iv}}\mathrm{K}\sin(5n^{\mathrm{v}}t-4n^{\mathrm{iv}}t+5\varepsilon^{\mathrm{v}}-4\varepsilon^{\mathrm{iv}}+\varpi^{\mathrm{iv}}+\mathrm{B}).$$

Cette inégalité, réduite en nombres, donne

$$31'',125493.\sin(4n^{\mathrm{iv}}t-5n^{\mathrm{v}}t+4\varepsilon^{\mathrm{iv}}-5\varepsilon^{\mathrm{v}}+50°,4025);$$

en la réunissant aux deux inégalités

$$3'',387695.\sin(5n^{\mathrm{v}}t-4n^{\mathrm{iv}}t+5\varepsilon^{\mathrm{v}}-4\varepsilon^{\mathrm{iv}}-\varpi^{\mathrm{iv}}),$$
$$-8'',585382.\sin(5n^{\mathrm{v}}t-4n^{\mathrm{iv}}t+5\varepsilon^{\mathrm{v}}-4\varepsilon^{\mathrm{iv}}-\varpi^{\mathrm{v}}),$$

que nous avons trouvées précédemment, on aura l'inégalité

$$(1+\mu^{\mathrm{v}}).35'',512932.\sin(4n^{\mathrm{iv}}t-5n^{\mathrm{v}}t+4\varepsilon^{\mathrm{iv}}-5\varepsilon^{\mathrm{v}}+64°,4555).$$

On a vu, dans le n° 5, que l'expression de $d\delta v^{\mathrm{iv}}$ renferme une inégalité séculaire dépendante de l'équation (*)

$$\frac{d\delta v^{\mathrm{iv}}}{dt}=\frac{m^{\mathrm{v}}n^{\mathrm{iv}}}{8}(h^{\mathrm{iv}2}+l^{\mathrm{iv}2})\left(2a^{\mathrm{iv}2}\frac{\partial\mathrm{A}^{(0)}}{\partial a^{\mathrm{iv}}}+7a^{\mathrm{iv}3}\frac{\partial^2\mathrm{A}^{(0)}}{\partial a^{\mathrm{iv}2}}+2a^{\mathrm{iv}4}\frac{\partial^3\mathrm{A}^{(0)}}{\partial a^{\mathrm{iv}3}}\right)$$
$$+\frac{m^{\mathrm{v}}n^{\mathrm{iv}}}{4}(h^{\mathrm{v}2}+l^{\mathrm{v}2})\left(3a^{\mathrm{iv}2}\frac{\partial\mathrm{A}^{(0)}}{\partial a^{\mathrm{iv}}}+4a^{\mathrm{iv}3}\frac{\partial^2\mathrm{A}^{(0)}}{\partial a^{\mathrm{iv}2}}+a^{\mathrm{iv}4}\frac{\partial^3\mathrm{A}^{(0)}}{\partial a^{\mathrm{iv}3}}\right)$$
$$-\frac{m^{\mathrm{v}}n^{\mathrm{iv}}}{8}(h^{\mathrm{iv}}h^{\mathrm{v}}+l^{\mathrm{iv}}l^{\mathrm{v}})\left(2a^{\mathrm{iv}}\mathrm{A}^{(1)}-2a^{\mathrm{iv}2}\frac{\partial\mathrm{A}^{(1)}}{\partial a^{\mathrm{iv}}}+15a^{\mathrm{iv}3}\frac{\partial^2\mathrm{A}^{(1)}}{\partial a^{\mathrm{iv}2}}+4a^{\mathrm{iv}4}\frac{\partial^3\mathrm{A}^{(1)}}{\partial a^{\mathrm{iv}3}}\right),$$

(*) D'après l'errata placé à la fin du tome V de l'édition du Gouvernement, cette inégalité doit être *affectée du signe* —. La correction est donnée comme ayant été *indiquée par l'Auteur.*

d'où l'on a conclu

$$\frac{d\,\delta v''}{dt} = -73'',9016.e''^2 - 85'',7873.e'^2 + 132'',4989.e''e'\cos(\varpi'-\varpi'').$$

On peut, dans le second membre de cette équation, négliger la partie constante, qui se confond avec le moyen mouvement de Jupiter, et alors on a

$$\frac{d\,\delta v''}{dt} = -73'',9016.t.2e''\frac{de''}{dt} - 85'',7873.t.2e'\frac{de'}{dt}$$
$$+132'',4989.t\left[\left(e''\frac{de'}{dt}+e'\frac{de''}{dt}\right)\cos(\varpi'-\varpi'')-e''e'\frac{d\varpi'-d\varpi''}{dt}\sin(\varpi'-\varpi'')\right].$$

En substituant, pour $\frac{de''}{dt}$, $\frac{de'}{dt}$, $\frac{d\varpi''}{dt}$, $\frac{d\varpi'}{dt}$, leurs valeurs données par ce qui précède, et intégrant, on a

$$\delta v'' = -t^2.0,00000200066.$$

Cette inégalité est insensible dans l'intervalle de mille ou douze cents ans, et même par rapport aux observations les plus anciennes qui nous soient parvenues; on peut donc la négliger.

Il nous reste à considérer le rayon vecteur de Jupiter. On a vu, dans le n° 8, que les termes dépendants du cube des excentricités ajoutent à son expression la quantité

$$-a''e''\Pi\cos(5n^vt-2n''t+5\varepsilon'-2\varepsilon''-\varpi''+A)$$
$$+a''e''\Pi\cos(4n''t-5n^vt+4\varepsilon''-5\varepsilon'-\varpi''-A)$$
$$+\frac{4m^vn''a''^2}{5n'-2n''}\left\{\begin{array}{l}\mathrm{P}\sin(5n^vt-2n''t+5\varepsilon'-2\varepsilon'^v)\\+\mathrm{P}'\cos(5n't-2n''t+5\varepsilon'-2\varepsilon'^v)\end{array}\right\}.$$

En réduisant cette fonction en nombres, on trouve

$$\delta v'' = (1+\mu')\left\{\begin{array}{l}-0,000304273.\cos(5n^vt-2n''t+5\varepsilon'-2\varepsilon'^v-13^\circ,4966)\\+0,0001001866.\cos(4n''t-5n^vt+4\varepsilon'^v-5\varepsilon'+50^u,3108)\end{array}\right\}.$$

La dernière de ces inégalités, réunie à celles-ci,

$$(1+\mu^v)\begin{cases} 0,0000268383.\cos(5n^vt - 4n^{iv}t + 5\varepsilon^v - 4\varepsilon^{iv} - \varpi^{iv}) \\ -0,0000516048.\cos(5n^vt - 4n^{iv}t + 5\varepsilon^v - 4\varepsilon^{iv} - \varpi^v) \end{cases},$$

donne la suivante,

$$\delta r^{iv} = (1+\mu^v).0,0000983161.\cos(4n^{iv}t - 5n^vt + 4\varepsilon^{iv} - 5\varepsilon^v - 15°,9874).$$

Le demi-grand axe a^{iv} dont on doit faire usage pour calculer la partie elliptique du rayon vecteur doit, par le n° 20, être augmenté de la quantité $\frac{1}{3}a^{iv}m^{iv}$; en la réunissant à la valeur de a^{iv} du n° 21, on trouve

$$a^{iv} = 5,20179108.$$

Inégalités du mouvement de Jupiter en latitude.

34. Il résulte du n° 14 que les termes dépendants du carré de la force perturbatrice ajoutent à la valeur de $\frac{d\varphi^{iv}}{dt}$ la quantité

$$\frac{-m^v\sqrt{a^v}}{m^{iv}\sqrt{a^{iv}} + m^v\sqrt{a^v}}\left[\frac{\delta\gamma}{t}\cos(\Pi - \theta^{iv}) - \gamma\frac{\delta\Pi}{t}\sin(\Pi - \theta^{iv})\right],$$

et à la valeur de $\frac{d\theta^{iv}}{dt}$ la quantité

$$\frac{-m^v\sqrt{a^v}}{(m^{iv}\sqrt{a^{iv}} + m^v\sqrt{a^v})\varphi}\left[\frac{\delta\gamma}{t}\sin(\Pi - \theta^{iv}) + \gamma\frac{\delta\Pi}{t}\cos(\Pi - \theta^{iv})\right],$$

$\delta\gamma$ et $\delta\Pi$ étant déterminés par le numéro cité. La première de ces fonctions, réduite en nombres, est égale à

$$-0'',000224;$$

elle doit être ajoutée aux valeurs de $\frac{d\varphi^{iv}}{dt}$ et $\frac{d\theta^{iv}}{dt}$ du n° 15. La seconde fonction, réduite en nombres, est égale à

$$0'',002504;$$

elle doit être ajoutée aux valeurs de $\frac{d\theta^{\prime v}}{dt}$ et $\frac{d\theta^{v}_{\prime}}{dt}$ du n° 25; on aura ainsi

$$\frac{d\varphi^{\prime v}}{dt} = -0'',241398,$$

$$\frac{d\varphi^{\prime v}_{\prime}}{dt} = -0'',689044,$$

$$\frac{d\theta^{\prime v}}{dt} = \quad 19'',929296,$$

$$\frac{d\theta^{v}_{\prime}}{dt} = -45'',254832.$$

On trouve ensuite, par les formules du n° 51 du Livre II,

$$\delta s^{\prime v} = (1 + \mu^{v}) \cdot \left\{ \begin{array}{l} 1'',742154.\sin(n^{v}t + \varepsilon^{v} - \Pi^{\prime v}) \\ + 2'',049156.\sin(2n^{v}t - n^{\prime v}t + 2\varepsilon^{v} - \varepsilon^{\prime v} - \Pi^{\prime v}) \\ + 3'',456117.\sin(3n^{v}t - 2n^{\prime v}t + 3\varepsilon^{v} - 2\varepsilon^{\prime v} - \Pi^{\prime v}) \\ - 0'',862291.\sin(4n^{v}t - 3n^{\prime v}t + 4\varepsilon^{v} - 3\varepsilon^{\prime v} - \Pi^{\prime v}) \\ - 0'',830647.\sin(2n^{\prime v}t - n^{v}t + 2\varepsilon^{\prime v} - \varepsilon^{v} - \Pi^{\prime v}) \end{array} \right\},$$

$\Pi^{\prime v}$, dans cette formule, étant la longitude du nœud ascendant de l'orbite de Saturne sur celle de Jupiter. Enfin on a, par le n° 11, l'inégalité

$$\delta s^{\prime v} = 12'',165680.\sin(3n^{\prime v}t - 5n^{v}t + 3\varepsilon^{\prime v} - 5\varepsilon^{v} + 66°,1219).$$

CHAPITRE XIII.

THÉORIE DE SATURNE.

35. L'équation

$$\delta r'' = - \frac{r^{iv\,2}}{r''} (1 - \alpha^2)\, \delta V'',$$

trouvée dans le n° 33 relativement à Jupiter, devient, pour Saturne,

$$\delta r^v = - \frac{r^{v\,2}}{r^v} (1 - \alpha^2)\, \delta V^v.$$

Si l'on prend, pour r'' et r^v, les moyennes distances de la Terre et de Saturne au Soleil, et si l'on suppose $\delta V^v = \pm 1''$, on aura

$$\delta r^v = \mp 0,000141326.$$

On peut ainsi négliger les inégalités de δr^v au-dessous de $\mp 0,000141$. Nous négligerons les inégalités du mouvement de Saturne en longitude et en latitude, au-dessous d'un quart de seconde.

Inégalités de Saturne indépendantes des excentricités.

$$\delta v^v = (1 + \mu^{iv}) \left\{ \begin{aligned}
&\quad\ 9'',742382 . \sin\ (n^{iv} t - n^v t + \varepsilon^{iv} - \varepsilon^v) \\
&- 97'',202867 . \sin 2(n^{iv} t - n^v t + \varepsilon^{iv} - \varepsilon^v) \\
&- 20'',267220 . \sin 3(n^{iv} t - n^v t + \varepsilon^{iv} - \varepsilon^v) \\
&-\ \ 6'',067124 . \sin 4(n^{iv} t - n^v t + \varepsilon^{iv} - \varepsilon^v) \\
&-\ \ 2'',151379 . \sin 5(n^{iv} t - n^v t + \varepsilon^{iv} - \varepsilon^v) \\
&-\ \ 0'',835768 . \sin 6(n^{iv} t - n^v t + \varepsilon^{iv} - \varepsilon^v) \\
&-\ \ 0'',358923 . \sin 7(n^{iv} t - n^v t + \varepsilon^{iv} - \varepsilon^v) \\
&-\ \ 0'',173227 . \sin 8(n^{iv} t - n^v t + \varepsilon^{iv} - \varepsilon^v) \\
&-\ \ 0'',105239 . \sin 9(n^{iv} t - n^v t + \varepsilon^{iv} - \varepsilon^v)
\end{aligned} \right\}$$

$$+(1+\mu^{vi})\left\{\begin{array}{l}
28'',544040.\sin\,(n^{vi}t-n^{v}t+\varepsilon^{vi}-\varepsilon^{v})\\
-44'',604670.\sin 2(n^{vi}t-n^{v}t+\varepsilon^{vi}-\varepsilon^{v})\\
-4'',404846.\sin 3(n^{vi}t-n^{v}t+\varepsilon^{vi}-\varepsilon^{v})\\
-0'',972099.\sin 4(n^{vi}t-n^{v}t+\varepsilon^{vi}-\varepsilon^{v})\\
-0'',279908.\sin 5(n^{vi}t-n^{v}t+\varepsilon^{vi}-\varepsilon^{v})\\
-0'',146432.\sin 6(n^{vi}t-n^{v}t+\varepsilon^{vi}-\varepsilon^{v})\\
-0'',032980.\sin 7(n^{vi}t-n^{v}t+\varepsilon^{vi}-\varepsilon^{v})\\
-0'',012466.\sin 8(n^{vi}t-n^{v}t+\varepsilon^{vi}-\varepsilon^{v})
\end{array}\right\},$$

$$\delta r^{v}=(1+\mu^{iv})\left\{\begin{array}{l}
0,0039077763\\
+0,00815384oo.\cos\,(n^{iv}t-n^{v}t+\varepsilon^{iv}-\varepsilon^{v})\\
+0,0013838330.\cos 2(n^{iv}t-n^{v}t+\varepsilon^{iv}-\varepsilon^{v})\\
+0,0003200673.\cos 3(n^{iv}t-n^{v}t+\varepsilon^{iv}-\varepsilon^{v})\\
+0,0000992632.\cos 4(n^{iv}t-n^{v}t+\varepsilon^{iv}-\varepsilon^{v})\\
+0,0000355919.\cos 5(n^{iv}t-n^{v}t+\varepsilon^{iv}-\varepsilon^{v})\\
+0,0000135999.\cos 6(n^{iv}t-n^{v}t+\varepsilon^{iv}-\varepsilon^{v})\\
+0,0000055135.\cos 7(n^{iv}t-n^{v}t+\varepsilon^{iv}-\varepsilon^{v})\\
+0,0000021631.\cos 8(n^{iv}t-n^{v}t+\varepsilon^{iv}-\varepsilon^{v})\\
+0,0000006436.\cos 9(n^{iv}t-n^{v}t+\varepsilon^{iv}-\varepsilon^{v})
\end{array}\right.$$

$$+(1+\mu^{vi})\left\{\begin{array}{l}
-0,0000137622\\
+0,0001491217.\cos\,(n^{v}t-n^{vi}t+\varepsilon^{v}-\varepsilon^{vi})\\
-0,0003949916.\cos 2(n^{v}t-n^{vi}t+\varepsilon^{v}-\varepsilon^{vi})\\
-0,0000480303.\cos 3(n^{v}t-n^{vi}t+\varepsilon^{v}-\varepsilon^{vi})\\
-0,0000118201.\cos 4(n^{v}t-n^{vi}t+\varepsilon^{v}-\varepsilon^{vi})\\
-0,0000036280.\cos 5(n^{v}t-n^{vi}t+\varepsilon^{v}-\varepsilon^{vi})\\
-0,0000012501.\cos 6(n^{v}t-n^{vi}t+\varepsilon^{v}-\varepsilon^{vi})
\end{array}\right\}.$$

Inégalités dépendantes de la première puissance des excentricités.

On a eu égard, comme on l'a fait dans le n° 33 relativement à Jupiter,
aux variations séculaires des coefficients des inégalités qui surpassent

cent secondes, et l'on a trouvé

$$
\delta v'' = (1+\mu'')\left\{
\begin{aligned}
&- 35'',523202 . \sin(n^{vi}t + \varepsilon^{vi} - \varpi^{v})\\
&+ 3'',882844 . \sin(n^{iv}t + \varepsilon^{iv} - \varpi^{iv})\\
&- 6'',371723 . \sin(2n^{vi}t - n^{v}t + 2\varepsilon^{vi} - \varepsilon^{v} - \varpi^{v})\\
&+ 8'',249634 . \sin(2n^{iv}t - n^{v}t + 2\varepsilon^{iv} - \varepsilon^{v} - \varpi^{iv})\\
&- 0'',902132 . \sin(3n^{iv}t - 2n^{v}t + 3\varepsilon^{iv} - 2\varepsilon^{v} - \varpi^{v})\\
&- 0'',688862 . \sin(3n^{iv}t - 2n^{v}t + 3\varepsilon^{iv} - 2\varepsilon^{v} - \varpi^{iv})\\
&- 0'',279731 . \sin(4n^{iv}t - 3n^{v}t + 4\varepsilon^{iv} - 3\varepsilon^{v} - \varpi^{iv})\\
&- (561'',940390 - t.0'',0312021)\sin(2n^{v}t - n^{iv}t + 2\varepsilon^{v} - \varepsilon^{iv} - \varpi^{v})\\
&+ (1287'',215250 + t.0'',0427691)\sin(2n^{v}t - n^{iv}t + 2\varepsilon^{v} - \varepsilon^{iv} - \varpi^{iv})\\
&+ (105'',992675 - t.0'',0058873)\sin(3n^{v}t - 2n^{iv}t + 3\varepsilon^{v} - 2\varepsilon^{iv} - \varpi^{v})\\
&- 54'',488162 . \sin(3n^{v}t - 2n^{iv}t + 3\varepsilon^{v} - 2\varepsilon^{iv} - \varpi^{iv})\\
&+ 14'',799631 . \sin(4n^{v}t - 3n^{iv}t + 4\varepsilon^{v} - 3\varepsilon^{iv} - \varpi^{v})\\
&- 7'',516699 . \sin(4n^{v}t - 3n^{iv}t + 4\varepsilon^{v} - 3\varepsilon^{iv} - \varpi^{iv})\\
&+ 4'',301273 . \sin(5n^{v}t - 4n^{iv}t + 5\varepsilon^{v} - 4\varepsilon^{iv} - \varpi^{v})\\
&- 2'',171142 . \sin(5n^{v}t - 4n^{iv}t + 5\varepsilon^{v} - 4\varepsilon^{iv} - \varpi^{iv})\\
&+ 1'',657904 . \sin(6n^{v}t - 5n^{iv}t + 6\varepsilon^{v} - 5\varepsilon^{iv} - \varpi^{v})\\
&- 0'',791698 . \sin(6n^{v}t - 5n^{iv}t + 6\varepsilon^{v} - 5\varepsilon^{iv} - \varpi^{iv})\\
&+ 0'',667270 . \sin(7n^{v}t - 6n^{iv}t + 7\varepsilon^{v} - 6\varepsilon^{iv} - \varpi^{v})\\
&- 0'',331301 . \sin(7n^{v}t - 6n^{iv}t + 7\varepsilon^{v} - 6\varepsilon^{iv} - \varpi^{iv})
\end{aligned}
\right.
$$

$$
+ (1+\mu^{v})\left\{
\begin{aligned}
&3'',525920 . \sin(n^{vi}t + \varepsilon^{vi} - \varpi^{v})\\
&- 3'',122367 . \sin(n^{vi}t + \varepsilon^{vi} - \varpi^{vi})\\
&- 36'',968721 . \sin(2n^{vi}t - n^{v}t + 2\varepsilon^{vi} - \varepsilon^{v} - \varpi^{v})\\
&+ 8'',537570 . \sin(2n^{vi}t - n^{v}t + 2\varepsilon^{vi} - \varepsilon^{v} - \varpi^{vi})\\
&- 52'',272469 . \sin(3n^{vi}t - 2n^{v}t + 3\varepsilon^{vi} - 2\varepsilon^{v} - \varpi^{v})\\
&+ 77'',633790 . \sin(3n^{vi}t - 2n^{v}t + 3\varepsilon^{vi} - 2\varepsilon^{v} - \varpi^{vi})\\
&+ 1'',726346 . \sin(4n^{vi}t - 3n^{v}t + 4\varepsilon^{vi} - 3\varepsilon^{v} - \varpi^{v})\\
&- 2'',340202 . \sin(4n^{vi}t - 3n^{v}t + 4\varepsilon^{vi} - 3\varepsilon^{v} - \varpi^{vi})\\
&- 0'',579410 . \sin(5n^{vi}t - 4n^{v}t + 5\varepsilon^{vi} - 4\varepsilon^{v} - \varpi^{vi})\\
&- 2'',079683 . \sin(2n^{v}t - n^{vi}t + 2\varepsilon^{v} - \varepsilon^{vi} - \varpi^{v})\\
&+ 4'',696226 . \sin(3n^{v}t - 2n^{vi}t + 3\varepsilon^{v} - 2\varepsilon^{vi} - \varpi^{v})\\
&+ 0'',468213 . \sin(4n^{v}t - 3n^{vi}t + 4\varepsilon^{v} - 3\varepsilon^{vi} - \varpi^{v})
\end{aligned}
\right. ,
$$

$$
\delta r^{v} = (1+\mu^{iv})\left\{
\begin{aligned}
&- 0,0003422170 . \cos(n^{v}t + \varepsilon^{v} - \varpi^{iv})\\
&- 0,0020775935 . \cos(2n^{v}t - n^{iv}t + 2\varepsilon^{v} - \varepsilon^{iv} - \varpi^{v})\\
&+ 0,0053861750 . \cos(2n^{v}t - n^{iv}t + 2\varepsilon^{v} - \varepsilon^{iv} - \varpi^{iv})\\
&+ 0,0011591872 . \cos(3n^{v}t - 2n^{iv}t + 3\varepsilon^{v} - 2\varepsilon^{iv} - \varpi^{v})\\
&- 0,0006217670 . \cos(3n^{v}t - 2n^{iv}t + 3\varepsilon^{v} - 2\varepsilon^{iv} - \varpi^{iv})\\
&+ 0,0002117893 . \cos(4n^{v}t - 3n^{iv}t + 4\varepsilon^{v} - 3\varepsilon^{iv} - \varpi^{v})
\end{aligned}
\right.
$$

$$+\,(1+\mu^{vi})\left\{\begin{array}{l} -\,0,0003750767.\cos(3n^{vi}t - 2n't + 3\varepsilon^{vi} - 2\varepsilon' - \varpi^v) \\ +\,0,0005605490.\cos(3n^{vi}t - 2n't + 3\varepsilon^{vi} - 2\varepsilon' - \varpi^{vi}) \end{array}\right\}.$$

Inégalités dépendantes des carrés et des produits des excentricités et des inclinaisons des orbites.

$$\delta v^v = (1+\mu^{iv})\left\{\begin{array}{l} -\,(169'',283424 - t.0'',001117)\sin\!\left(\begin{array}{l}3n't - n^{iv}t + 3\varepsilon^v - \varepsilon^{iv} \\ +94°,0139 - t.106'',635\end{array}\right) \\[4pt] +\,88'',045398.\sin(n^{iv}t - n't + \varepsilon^{iv} - \varepsilon' + 93°,6429) \\[4pt] -\,(2066'',920900 - t.0'',047745)\sin\!\left(\begin{array}{l}2n^{iv}t - 4n't + 2\varepsilon^{iv} - 4\varepsilon' \\ +62°,4250 + t.152'',77\end{array}\right) \\[4pt] -\,9'',061090.\sin(5n't - 3n^{iv}t + 5\varepsilon' - 3\varepsilon^{iv} - 63°,5025) \end{array}\right\}$$

$$+\,(1+\mu^{vi})\left\{\begin{array}{l} 5'',936888.\sin(3n^{vi}t - 3n't + 3\varepsilon^{vi} - 3\varepsilon' - 75°,4576) \\ +\,95'',757344.\sin(3n^{vi}t - n't + 3\varepsilon^{vi} - \varepsilon' - 95°,0779) \end{array}\right\}.$$

En réunissant les inégalités dépendantes de $n^{iv}t - n^v t$ et de $3n't - 3n^{vi}t$ avec celles qui sont indépendantes des excentricités, on a pour leurs sommes

$$(1+\mu^{iv}).89'',404702.\sin(n^{iv}t - n^v t + \varepsilon^{iv} - \varepsilon^v + 86°,7262)$$
$$-\,(1+\mu^{vi}).5'',91448.\sin(3n^{vi}t - 3n't + 3\varepsilon^{vi} - 3\varepsilon' + 76°,0577).$$

On a ensuite

$$\delta r^v = (1+\mu^{iv})\left\{\begin{array}{l} -\,0,0011710805.\cos(3n't - n^{iv}t + 3\varepsilon^v - \varepsilon^{iv} - 100°,2330) \\ -\,0,0005621901.\cos(n^{iv}t - n^v t + \varepsilon^{iv} - \varepsilon^v + 92°,7139) \\ +\,(0,0151990624 - t.0,0000003370)\cos\!\left(\begin{array}{l}2n^{iv}t - 4n't + 2\varepsilon^{iv} - 4\varepsilon' \\ +62°,2324 + t.151'',36\end{array}\right) \end{array}\right\}.$$

L'inégalité du rayon vecteur dépendante de $n^{iv}t - n^v t$, réunie à son analogue indépendante des excentricités, donne

$$(1+\mu^{iv}).0,0081090035.\cos(n^v t - n^{iv}t + \varepsilon^v - \varepsilon^{iv} - 4°,3997).$$

$5n' - 2n^{iv}$ étant très-petit, l'inégalité dépendante de $2n^{iv}t - 4n't$ a été calculée par les formules (B) et (C) du n° 1. $3n^{iv} - n'$ étant fort petit, l'inégalité dépendante de $3n^{iv}t - n't$ a été calculée par les formules (A) et (D) du même numéro. Elle doit, pour plus d'exactitude, être appliquée au moyen mouvement de Saturne, à cause de la longueur de sa période

Inégalités dépendantes des cubes et des produits de trois et de cinq dimensions des excentricités et des inclinaisons des orbites, et du carré de la force perturbatrice (*).

La partie la plus considérable de la grande inégalité de Saturne est celle qui a pour diviseur $(5n^{\mathrm{v}} - 2n^{\mathrm{iv}})^3$, et qui dépend de P et de P'. Elle a été conclue de la grande inégalité de Jupiter, en multipliant cette dernière partie par le facteur $-\dfrac{15\,m^{\mathrm{iv}}\,n^{\mathrm{v}^3}\,a^{\mathrm{v}}}{6\,m^{\mathrm{v}}\,n^{\mathrm{iv}^3}\,a^{\mathrm{iv}}}$, conformément au n° 8, ce qui donne, pour cette partie de l'inégalité de Saturne,

$$- (9129''{,}190020 - t.0''{,}0608061 - t^2.0''{,}0013903)\sin(5n^{\mathrm{v}}t - 2n^{\mathrm{iv}}t + 5\varepsilon^{\mathrm{v}} - 2\varepsilon^{\mathrm{iv}})$$
$$- (863''{,}415400 - t.3''{,}4217230 + t^2.0''{,}0056750)\cos(5n^{\mathrm{v}}t - 2n^{\mathrm{iv}}t + 5\varepsilon^{\mathrm{v}} - 2\varepsilon^{\mathrm{iv}}).$$

La grande inégalité de Saturne se compose de plusieurs autres parties : elle renferme, par le n° 8, la fonction

$$- \frac{2\,m^{\mathrm{iv}}\,n^{\mathrm{v}}}{5n^{\mathrm{v}} - 2n^{\mathrm{iv}}}\left[\begin{array}{l} a^{\mathrm{v}^2}\dfrac{\partial P}{\partial a^{\mathrm{v}}}\cos(5n^{\mathrm{v}}t - 2n^{\mathrm{iv}}t + 5\varepsilon^{\mathrm{v}} - 2\varepsilon^{\mathrm{iv}}) \\[2mm] - a^{\mathrm{v}^2}\dfrac{\partial P'}{\partial a^{\mathrm{v}}}\sin(5n^{\mathrm{v}}t - 2n^{\mathrm{iv}}t + 5\varepsilon^{\mathrm{v}} - 2\varepsilon^{\mathrm{iv}}) \end{array}\right].$$

En réduisant cette fonction en nombres, on a trouvé, pour 1750,

$$160''{,}922811 . \sin(5n^{\mathrm{v}}t - 2n^{\mathrm{iv}}t + 5\varepsilon^{\mathrm{v}} - 2\varepsilon^{\mathrm{iv}})$$
$$- 34''{,}800640 . \cos(5n^{\mathrm{v}}t - 2n^{\mathrm{iv}}t + 5\varepsilon^{\mathrm{v}} - 2\varepsilon^{\mathrm{iv}}),$$

et pour 1950,

$$158''{,}002590 . \sin(5n^{\mathrm{v}}t - 2n^{\mathrm{iv}}t + 5\varepsilon^{\mathrm{v}} - 2\varepsilon^{\mathrm{iv}})$$
$$- 46''{,}240842 . \cos(5n^{\mathrm{v}}t - 2n^{\mathrm{iv}}t + 5\varepsilon^{\mathrm{v}} - 2\varepsilon^{\mathrm{iv}}),$$

. (*) On croit devoir rappeler que les valeurs attribuées dans le texte aux inégalités dépendantes des produits de cinq dimensions des excentricités et des inclinaisons sont inexactes. *Voir* les notes des pages 28, 135 et 136, ainsi que le Supplément au tome III.   V. P.

d'où l'on tire la valeur de cette fonction, pour un temps quelconque t. égale à

$$(160'',922811 - t.0',0146011) \sin(5n^V t - 2n^{IV} t + 5\varepsilon^V - 2\varepsilon^{IV})$$
$$- (34'',800640 \div t.0'',0572010) \cos(5n^V t - 2n^{IV} t + 5\varepsilon^V - 2\varepsilon^{IV}).$$

La grande inégalité de Saturne renferme encore, par le n° 8, le terme

$$- \frac{e^V H'}{2} \sin(5n^V t - 2n^{IV} t + 5\varepsilon^V - 2\varepsilon^{IV} - \varpi^V + A').$$

Ce terme, en 1750, était égal à

$$23'',315711 . \sin(5n^V t - 2n^{IV} t + 5\varepsilon^V - 2\varepsilon^{IV})$$
$$+ 16'',423734 . \cos(5n^V t - 2n^{IV} t + 5\varepsilon^V - 2\varepsilon^{IV}),$$

et en 1950 il sera égal à

$$23'',800290 . \sin(5n^V t - 2n^{IV} t + 5\varepsilon^V - 2\varepsilon^{IV})$$
$$+ 14'',894510 . \cos(5n^V t - 2n^{IV} t + 5\varepsilon^V - 2\varepsilon^{IV}),$$

ce qui donne, pour le temps t, l'inégalité

$$(23'',315711 + t.0'',002423) \sin(5n^V t - 2n^{IV} t + 5\varepsilon^V - 2\varepsilon^{IV})$$
$$+ (16'',423734 - t.0'',007646) \cos(5n^V t - 2n^{IV} t + 5\varepsilon^V - 2\varepsilon^{IV}).$$

La partie de la grande inégalité de Saturne dépendante des produits de cinq dimensions des excentricités et des inclinaisons des orbites est, par les n°ˢ 8 et 18,

$$\frac{5 m^{IV} n^V}{(5n^V - 2n^{IV})^2} \left\{ \begin{array}{l} \left(a^V P_, + \frac{2 a^V dP_,}{(5n^V - 2n^{IV}) dt} + t a^V \frac{dP'_,}{dt} \right) \sin(5n^V t - 2n^{IV} t + 5\varepsilon^V - 2\varepsilon^{IV}) \\ - \left(a^V P_, - \frac{2 a^V dP'_,}{(5n^V - 2n^{IV}) dt} + t a^V \frac{dP_,}{dt} \right) \cos(5n^V t - 2n^{IV} t + 5\varepsilon^V - 2\varepsilon^{IV}) \end{array} \right\},$$

en désignant par $P_,$ et $P'_,$ les coefficients de $m^{IV} \sin(5n^V t - 2n^{IV} t + 5\varepsilon^V - 2\varepsilon^{IV})$ et de $m^{IV} \cos(5n^V t - 2n^{IV} t + 5\varepsilon^V - 2\varepsilon^{IV})$ du développement de R, dépendants des produits de cinq dimensions des excentricités et des inclinaisons. On a trouvé, pour 1750,

$$a^V P_, = \div 0,00000068376,$$
$$a^V P'_, = - 0,0000100087,$$

et pour 1950,

$$a^{\mathrm{v}}\mathrm{P}_{,} = -\,0,0000077132,$$

$$a^{\mathrm{v}}\mathrm{P}'_{,} = -\,0,0000096940;$$

par conséquent,

$$a^{\mathrm{v}}\frac{d\mathrm{P}_{,}}{dt} = -\,0,0000000043780,$$

$$a^{\mathrm{v}}\frac{d\mathrm{P}'_{,}}{dt} = \,0,0000000015735,$$

ce qui donne, pour la fonction précédente réduite en nombres,

$$-(89'',952440 - t.0'',012596)\sin(5n^{\mathrm{v}}t - 2n^{\mathrm{iv}}t + 5\varepsilon^{\mathrm{v}} - 2\varepsilon^{\mathrm{iv}})$$
$$+(58'',270353 + t.0'',035048)\cos(5n^{\mathrm{v}}t - 2n^{\mathrm{iv}}t + 5\varepsilon^{\mathrm{v}} - 2\varepsilon^{\mathrm{iv}}).$$

Enfin on a déterminé, par le n° 16, la partie sensible de la grande inégalité de Saturne dépendante du carré de la force perturbatrice, et l'on a trouvé pour cette partie, en 1750,

$$-\,11'',779433.\sin(5n^{\mathrm{v}}t - 2n^{\mathrm{iv}}t + 5\varepsilon^{\mathrm{v}} - 2\varepsilon^{\mathrm{iv}})$$
$$+132'',470121.\cos(5n^{\mathrm{v}}t - 2n^{\mathrm{iv}}t + 5\varepsilon^{\mathrm{v}} - 2\varepsilon^{\mathrm{iv}}),$$

et en 1950,

$$-\,5'',051766.\sin(5n^{\mathrm{v}}t - 2n^{\mathrm{iv}}t + 5\varepsilon^{\mathrm{v}} - 2\varepsilon^{\mathrm{iv}})$$
$$+134'',644093.\cos(5n^{\mathrm{v}}t - 2n^{\mathrm{iv}}t + 5\varepsilon^{\mathrm{v}} - 2\varepsilon^{\mathrm{iv}}),$$

ce qui donne, pour le temps t, cette partie égale à

$$-(11'',779433 - t.0'',0336383)\sin(5n^{\mathrm{v}}t - 2n^{\mathrm{iv}}t + 5\varepsilon^{\mathrm{v}} - 2\varepsilon^{\mathrm{iv}})$$
$$+(132'',470121 + t.0'',0108698)\cos(5n^{\mathrm{v}}t - 2n^{\mathrm{iv}}t + 5\varepsilon^{\mathrm{v}} - 2\varepsilon^{\mathrm{iv}}).$$

Maintenant, si l'on rassemble ces diverses parties de la grande inégalité de Saturne, on aura, pour sa valeur entière, que l'on doit appliquer au moyen mouvement de cette planète,

$$-(1+\mu^{\mathrm{iv}})\left\{\begin{array}{l}(9046'',683471 - t.0'',0948628 - t^{2}.0'',0013903)\sin(5n^{\mathrm{v}}t - 2n^{\mathrm{iv}}t + 5\varepsilon^{\mathrm{v}} - 2\varepsilon^{\mathrm{iv}})\\ +(689'',051830 - t.3'',4027934 + t^{2}.0'',0056750)\cos(5n^{\mathrm{v}}t - 2n^{\mathrm{iv}}t + 5\varepsilon^{\mathrm{v}} - 2\varepsilon^{\mathrm{iv}})\end{array}\right\}.$$

En réduisant ces deux termes en un seul par la méthode du n° 17, on aura

$$-(1-\mu'')(9072'',888420-t.0'',262{,}193+t^2.0'',00025990)\sin\left(\begin{array}{c}5n^{v}t-2n^{iv}t+5\varepsilon^{v}-2\varepsilon^{iv}+1°,8395\\-t.239',597+t^2.0'',039122\end{array}\right).$$

Le carré de la force perturbatrice produit encore, par le n° 12, l'iné-galité

$$\frac{\overline{\Pi'}^2}{8}\cdot\frac{2m'\sqrt{\overline{a'}}+5m''\sqrt{\overline{a''}}}{m^{iv}\sqrt{\overline{a^{iv}}}}\sin(\text{double argument de la grande inégalité}),$$

ce qui donne

$$(94'',719002-t.0'',005320)\sin(\text{double argument de la grande inégalité}).$$

Il faut encore appliquer cette inégalité au moyen mouvement de Sa-turne.

L'inégalité

$$\frac{1}{7}\frac{3m^{iv}\sqrt{\overline{a^{iv}}}+2m^{v}\sqrt{\overline{a^{v}}}}{m^{iv}\sqrt{\overline{a^{iv}}}}\sqrt{\overline{a^{v}}}\;\overline{\Pi'}\,\mathrm{K}'\sin(4n^{iv}t-9n^{v}t+4\varepsilon^{iv}-9\varepsilon^{v}-\mathrm{B}'-\overline{\Lambda'}),$$

trouvée dans le n° 13, devient, en la réduisant en nombres,

$$+25'',507770.\sin(4n^{iv}t-9n^{v}t+4\varepsilon^{iv}-9\varepsilon^{v}+57°,5885).$$

On a encore, par le n° 8, l'inégalité

$$\tfrac{4}{7}e^{v}\,\mathrm{K}'\sin(3n^{v}t-2n^{iv}t+3\varepsilon^{v}-2\varepsilon^{iv}+\varpi^{v}+\mathrm{B}').$$

Cette inégalité, réduite en nombres, était, en 1750, égale à

$$145'',417101.\sin(2n^{iv}t-3n^{v}t+2\varepsilon^{iv}-3\varepsilon^{v}+164°,5950);$$

en 1950, elle sera

$$142'',923362.\sin(2n^{iv}t-3n^{v}t+2\varepsilon^{iv}-3\varepsilon^{v}+166°,3197);$$

sa valeur pour un temps quelconque t est donc

$$(145'',417101-t.0'',0124687)\sin\left(\begin{array}{c}2n^{iv}t-3n^{v}t+2\varepsilon^{iv}-3\varepsilon^{v}\\+164°,5950+t.86'',23\end{array}\right).$$

En réunissant cette inégalité à celles-ci,

$$(105'',992675 - t.0'',005914) \sin(3n^{v}t - 2n''t + 3\varepsilon' - 2\varepsilon'' - \varpi^{v})$$
$$- 54'',488162 . \sin(3n^{v}t - 2n''t + 3\varepsilon' - 2\varepsilon'' - \varpi''),$$

que nous avons trouvées précédemment, on aura pour leur somme l'inégalité

$$- (75'',837202 - t.0'',013555) \sin\left(\begin{array}{c} 2n''t - 3n^{v}t + 2\varepsilon'' - 3\varepsilon' \\ + 16^{v},4503 - t.38'',23 \end{array}\right).$$

On a vu dans le n° 5 que le moyen mouvement de Saturne est assujetti à une équation séculaire correspondante à celle que nous avons trouvée dans le n° 33, pour Jupiter, égale à

$$- t^{2}.0'',0000020066.$$

L'équation séculaire de Saturne est ainsi, par le n° 5, égale à

$$\frac{m^{iv}\sqrt{a^{iv}}}{m^{v}\sqrt{a^{v}}} \, t^{2}.0'',0000020066,$$

et par conséquent égale à

$$t^{2}.0'',00000\,4665.$$

Cette inégalité peut être négligée sans erreur sensible.

Il nous reste à considérer le rayon vecteur de Saturne. On a vu, dans le n° 8, que les termes dépendants du cube des excentricités ajoutent à l'expression du rayon vecteur de Saturne la quantité

$$- a^{v}e^{v}\Pi'\cos(5n^{v}t - 2n''t + 5\varepsilon' - 2\varepsilon'' - \varpi^{v} - \Lambda')$$
$$+ a^{v}e^{v}\Pi'\cos(3n^{v}t - 2n''t + 3\varepsilon' - 2\varepsilon'' + \varpi^{v} + \Lambda')$$
$$- \frac{10\,m^{iv}n^{v}a^{v}}{5n^{v} - 2n''}\left[\begin{array}{c} \mathrm{P}\sin(5n^{v}t - 2n''t + 5\varepsilon' - 2\varepsilon'') \\ + \mathrm{P}'\cos(5n^{v}t - 2n''t + 5\varepsilon' - 2\varepsilon'') \end{array}\right].$$

Cette fonction, réduite en nombres, donne

$$\delta r^{v} = (1 + \mu^{iv})\left[\begin{array}{c} 0,0035199\,4565.\cos(5n^{v}t - 2n''t + 5\varepsilon' - 2\varepsilon'' + 14^{v},4782) \\ - 0,0008553506 \ .\cos(2n''t - 3n^{v}t + 2\varepsilon'' - 3\varepsilon' + 39'',7988) \end{array}\right].$$

En réunissant la dernière de ces deux inégalités à celles-ci, que nous avons trouvées précédemment, dépendantes des simples excentricités,

$$(1+\mu^{IV})\left[\begin{array}{l} 0.0011591873.\cos(3n^{V}t - 2n^{IV}t + 3\varepsilon^{V} - 2\varepsilon^{IV} - \varpi^{V}) \\ - 0.0006217670.\cos(3n^{V}t - 2n^{IV}t + 3\varepsilon^{V} - 2\varepsilon^{IV} - \varpi^{IV}) \end{array}\right],$$

on a

$$\delta r^{V} = -(1+\mu^{IV}).0.0013806201.\cos(4n^{IV}t - 3n^{V}t + 2\varepsilon^{IV} - 3\varepsilon^{V} - 25°.9130).$$

Le demi-grand axe a^{V}, dont on doit faire usage pour calculer la partie elliptique du rayon vecteur, doit, par le n° 20, être augmenté de la quantité $\frac{1}{3}a^{V}m^{V}$; en la réunissant à la valeur de a^{V} du n° 21, on trouve

$$a^{V} = 9.53881757.$$

Inégalités du mouvement de Saturne en latitude.

36. Les formules du n° 51 du Livre II donnent

$$\delta s^{V} = (1+\mu^{IV})\left\{\begin{array}{l} 5''.516537.\sin(n^{IV}t + \varepsilon^{IV} - \Pi^{V}) \\ - 0''.772161.\sin(2n^{IV}t - n^{V}t + 2\varepsilon^{IV} - \varepsilon^{V} - \Pi^{V}) \\ - 0''.259092.\sin(3n^{IV}t - 2n^{V}t + 3\varepsilon^{IV} - 2\varepsilon^{V} - \Pi^{V}) \\ + 9''.702232.\sin(2n^{V}t - n^{IV}t + 2\varepsilon^{V} - \varepsilon^{IV} - \Pi^{V}) \\ - 1''.613780.\sin(3n^{V}t - 2n^{IV}t + 3\varepsilon^{V} - 2\varepsilon^{IV} - \Pi^{V}) \\ - 0''.256736.\sin(4n^{V}t - 3n^{IV}t + 4\varepsilon^{V} - 3\varepsilon^{IV} - \Pi^{V}) \end{array}\right\}$$
$$+ (1+\mu^{VI})\left\{\begin{array}{l} 0''.261948.\sin(n^{VI}t + \varepsilon^{VI} - \Pi^{VI}) \\ + 0''.377170.\sin(2n^{VI}t - n^{V}t + 2\varepsilon^{VI} - \varepsilon^{V} - \Pi^{VI}) \\ + 2''.046267.\sin(3n^{VI}t - 2n^{V}t + 3\varepsilon^{VI} - 2\varepsilon^{V} - \Pi^{VI}) \end{array}\right\}.$$

Π^{V} étant la longitude du nœud de l'orbite de Jupiter sur celle de Saturne, et Π^{VI} étant la longitude du nœud de l'orbite d'Uranus sur celle de Saturne. Enfin on a, par le n° 10, l'inégalité

$$\delta s^{V} = -28''.282713.\sin(2n^{IV}t - 4n^{V}t + 2\varepsilon^{IV} - 4\varepsilon^{V} + 66°.1219).$$

Il résulte du n° 14 que les termes dépendants du carré de la force perturbatrice ajoutent à la valeur de $\frac{d\varphi^{V}}{dt}$ la quantité

$$-\frac{m^{IV}\sqrt{a^{IV}}}{m^{IV}\sqrt{a^{IV}} + m^{V}\sqrt{a^{V}}}\left[\frac{\delta\gamma}{t}\cos(\Pi - \theta^{V}) - \frac{\gamma\delta\Pi}{t}\sin(\Pi - \theta^{V})\right],$$

et à la valeur de $\dfrac{d\sigma^v}{dt}$ la quantité

$$-\frac{m^{vr}\sqrt{a^{vr}}}{m^{vr}\sqrt{a^{vr}}+m^v\sqrt{a^v}}\left[\frac{\delta\gamma}{t}\sin(\Pi-\sigma^v)+\frac{\gamma\delta\Pi}{t}\cos(\Pi-\sigma^v)\right],$$

$\delta\gamma$ et $\delta\Pi$ étant déterminés par le numéro cité. La première de ces fonctions, réduite en nombres, est égale à

$$0'',000474;$$

elle doit être ajoutée aux valeurs de $\dfrac{d\varphi^v}{dt}$ et de $\dfrac{d\varphi_{\prime}^v}{dt}$ du n° **25**. La seconde fonction, réduite en nombres, est égale à

$$-0'',005780;$$

elle doit être ajoutée aux valeurs de $\dfrac{d\sigma^v}{dt}$ et de $\dfrac{d\sigma_{\prime}^v}{dt}$ du n° **25**. On aura ainsi

$$\frac{d\varphi^v}{dt}=\quad 0'',308315,$$

$$\frac{d\varphi_{\prime}^v}{dt}=-\quad 0'',178816,$$

$$\frac{d\sigma^v}{dt}=-\ 27'',799890,$$

$$\frac{d\sigma_{\prime}^v}{dt}=-\ 58'',775840.$$

CHAPITRE XIV.

THÉORIE D'URANUS.

37. L'équation

$$\delta r' = - \frac{r'^2}{r''} (1 - \alpha^2)\, \delta V^v,$$

trouvée dans le n° 35, relativement à Saturne, devient, pour Uranus,

$$\delta r'' = - \frac{r^{vi2}}{r''} (1 - \alpha^2)\, \delta V^{vi}.$$

Si l'on prend pour r'' et r^{vi} les moyennes distances de la Terre et d'Uranus au Soleil, et si l'on suppose $\delta V^{vi} = \pm 1''$, on aura

$$\delta r'' = \mp 0,0005\,7648;$$

on peut ainsi négliger les inégalités de $\delta r''$ au-dessous de $\mp 0,00057$. Nous négligerons les inégalités du mouvement d'Uranus en longitude et en latitude au-dessous d'un quart de seconde.

Inégalités d'Uranus, indépendantes des excentricités.

$$\delta v^{vi} = (1 + \mu^{vi}) \left\{ \begin{array}{l} 161'',438440 . \sin\ (n^{iv}t - n^{vi}t + \varepsilon^{iv} - \varepsilon^{vi}) \\ -\ 0'',587550 . \sin 2(n^{iv}t - n^{vi}t + \varepsilon^{iv} - \varepsilon^{vi}) \\ -\ 0'',080319 . \sin 3(n^{iv}t - n^{vi}t + \varepsilon^{iv} - \varepsilon^{vi}) \\ -\ 0'',011090 . \sin 4(n^{iv}t - n^{vi}t + \varepsilon^{iv} - \varepsilon^{vi}) \\ -\ 0'',002371 . \sin 5(n^{iv}t - n^{vi}t + \varepsilon^{iv} - \varepsilon^{vi}) \end{array} \right.$$

$$+(1+\mu^{v})\left\{\begin{array}{l}
65'',961045 . \sin (n^{v}l - n^{vi}l + \varepsilon^{v} - \varepsilon^{vi})\\
-13'',027691 . \sin 2(n^{v}l - n^{vi}l + \varepsilon^{v} - \varepsilon^{vi})\\
-2'',660850 . \sin 3(n^{v}l - n^{vi}l + \varepsilon^{v} - \varepsilon^{vi})\\
-0'',754350 . \sin 4(n^{v}l - n^{vi}l + \varepsilon^{v} - \varepsilon^{vi})\\
-0'',247561 . \sin 5(n^{v}l - n^{vi}l + \varepsilon^{v} - \varepsilon^{vi})\\
-0'',089294 . \sin 6(n^{v}l - n^{vi}l + \varepsilon^{v} - \varepsilon^{vi})\\
-0'',033731 . \sin 7(n^{v}l - n^{vi}l + \varepsilon^{v} - \varepsilon^{vi})\\
-0'',012801 . \sin 8(n^{v}l - n^{vi}l + \varepsilon^{v} - \varepsilon^{vi})
\end{array}\right\},$$

$$\delta r^{vi} = (1+\mu^{iv})\left\{\begin{array}{l}
0,0063473160\\
+0,0048914790 . \cos (n^{iv}l - n^{vi}l + \varepsilon^{iv} - \varepsilon^{vi})\\
+0,0000236184 . \cos 2(n^{iv}l - n^{vi}l + \varepsilon^{iv} - \varepsilon^{vi})\\
+0,0000030669 . \cos 3(n^{iv}l - n^{vi}l + \varepsilon^{iv} - \varepsilon^{vi})\\
+0,0000005044 . \cos 4(n^{iv}l - n^{vi}l + \varepsilon^{iv} - \varepsilon^{vi})
\end{array}\right.$$

$$+(1+\mu^{v})\left\{\begin{array}{l}
0,0023641285\\
+0,0035433901 . \cos (n^{v}l - n^{vi}l + \varepsilon^{v} - \varepsilon^{vi})\\
+0,0004061682 . \cos 2(n^{v}l - n^{vi}l + \varepsilon^{v} - \varepsilon^{vi})\\
+0,0000889425 . \cos 3(n^{v}l - n^{vi}l + \varepsilon^{v} - \varepsilon^{vi})\\
+0,0000255870 . \cos 4(n^{v}l - n^{vi}l + \varepsilon^{v} - \varepsilon^{vi})
\end{array}\right\}.$$

Inégalités dépendantes de la première puissance des excentricités.

$$\delta v^{vi} = (1+\mu^{iv})\left\{\begin{array}{l}
-3'',807443 . \sin (n^{iv}l + \varepsilon^{iv} - \varpi^{vi})\\
+3'',887493 . \sin (2n^{iv}l - n^{vi}l + 2\varepsilon^{iv} - \varepsilon^{vi} - \varpi^{iv})\\
-11'',224270 . \sin (2n^{vi}l - n^{iv}l + 2\varepsilon^{vi} - \varepsilon^{iv} - \varpi^{vi})\\
-0'',685175 . \sin (2n^{vi}l - n^{iv}l + 2\varepsilon^{vi} - \varepsilon^{iv} - \varpi^{iv})
\end{array}\right\}.$$

$$+(1+\mu^{v})\left\{\begin{array}{l}
-4'',328267 . \sin (n^{v}l + \varepsilon^{v} - \varpi^{vi})\\
+0'',663139 . \sin (n^{v}l + \varepsilon^{v} - \varpi^{v})\\
-0'',678358 . \sin (2n^{v}l - n^{vi}l + 2\varepsilon^{v} - \varepsilon^{vi} - \varpi^{vi})\\
+2'',712230 . \sin (2n^{v}l - n^{vi}l + 2\varepsilon^{v} - \varepsilon^{vi} - \varpi^{v})\\
-(135'',961650 - t.0'',000761) \sin (2n^{vi}l - n^{v}l + 2\varepsilon^{vi} - \varepsilon^{v} - \varpi^{vi})\\
+(462'',369642 - t.0'',025635) \sin (2n^{vi}l - n^{v}l + 2\varepsilon^{vi} - \varepsilon^{v} - \varpi^{v})\\
+7'',673429 . \sin (3n^{vi}l - 2n^{v}l + 3\varepsilon^{vi} - 2\varepsilon^{v} - \varpi^{vi})\\
-5'',069294 . \sin (3n^{vi}l - 2n^{v}l + 3\varepsilon^{vi} - 2\varepsilon^{v} - \varpi^{v})\\
+1'',304718 . \sin (4n^{vi}l - 3n^{v}l + 4\varepsilon^{vi} - 3\varepsilon^{v} - \varpi^{vi})\\
-0'',869752 . \sin (4n^{vi}l - 3n^{v}l + 4\varepsilon^{vi} - 3\varepsilon^{v} - \varpi^{v})\\
+0'',390410 . \sin (5n^{vi}l - 4n^{v}l + 5\varepsilon^{vi} - 4\varepsilon^{v} - \varpi^{vi})
\end{array}\right\},$$

$$\delta r^{vi} = (1+\mu^{v})\left\{\begin{array}{l}
-0,0016092001 . \cos (2n^{vi}l - n^{v}l + 2\varepsilon^{vi} - \varepsilon^{v} - \varpi^{vi})\\
+0,0061835858 . \cos (2n^{vi}l - n^{v}l + 2\varepsilon^{vi} - \varepsilon^{v} - \varpi^{v})
\end{array}\right\}.$$

*Inégalités dépendantes des carrés et des produits des excentricités
et des inclinaisons des orbites.*

$$\delta v^{\text{vi}} = (1 + \mu^{\text{v}}) \left[\begin{array}{l} -(408'',978001 - t.0'',0448163) \sin \left(\begin{array}{l} 3n^{\text{vi}}t - n^{\text{v}}t + 3\varepsilon^{\text{vi}} - \varepsilon^{\text{v}} \\ -98^{\text{o}},1313 - t.53'',40 \end{array} \right) \\ + \ 5'',288440 . \sin(4n^{\text{vi}}t - 2n^{\text{v}}t + 4\varepsilon^{\text{vi}} - 2\varepsilon^{\text{v}} - 42^{\text{o}},8685) \\ + 25'',864683 . \sin(\ n^{\text{v}}t - \ n^{\text{vi}}t + \ \varepsilon^{\text{v}} - \ \varepsilon^{\text{vi}} + 98^{\text{o}},3271) \end{array} \right].$$

La dernière de ces inégalités, réunie à sa correspondante qui est indépendante des excentricités, donne la suivante :

$$(1 + \mu^{\text{v}}) . 71'',470002 . \sin(n^{\text{v}}t - n^{\text{vi}}t + \varepsilon^{\text{v}} - \varepsilon^{\text{vi}} + 23^{\text{o}}5385).$$

On a ensuite

$$\delta r^{\text{vi}} = -(1 + \mu^{\text{v}}) . 0,000755384o . \cos(3n^{\text{vi}}t - n^{\text{v}}t + 3\varepsilon^{\text{vi}} - \varepsilon^{\text{v}} + 83^{\text{o}},3463).$$

*Inégalité dépendante des cubes et des produits de trois dimensions
des excentricités et des inclinaisons des orbites.*

$$\delta v^{\text{vi}} = -(1 + \mu^{\text{v}}) . 2'',97743\lambda . \sin(5n^{\text{vi}}t - 2n^{\text{v}}t + 5\varepsilon^{\text{vi}} - 2\varepsilon^{\text{v}} - 75^{\text{o}},9911).$$

Inégalités du mouvement d'Uranus en latitude.

38. Les formules du n° 51 du Livre II donnent

$$\delta s^{\text{vi}} = (1 + \mu^{\text{iv}}) . 1'',970350 . \sin(n^{\text{iv}}t + \varepsilon^{\text{iv}} - \Pi^{\text{iv}})$$
$$+ (1 + \mu^{\text{v}}) . \left[\begin{array}{l} 2'',826360 . \sin(n^{\text{v}}t + \varepsilon^{\text{v}} - \Pi^{\text{v}}) \\ + 9'',015592 . \sin(2n^{\text{vi}}t - n^{\text{v}}t + 2\varepsilon^{\text{vi}} - \varepsilon^{\text{v}} - \Pi^{\text{v}}) \end{array} \right],$$

Π^{iv} étant ici la longitude du nœud ascendant de l'orbite de Jupiter sur celle d'Uranus, et Π^{v} étant la longitude du nœud ascendant de l'orbite de Saturne sur celle d'Uranus.

CHAPITRE XV.

DE QUELQUES ÉQUATIONS DE CONDITION QUI EXISTENT ENTRE LES INÉGALITÉS PLANÉTAIRES, ET QUI PEUVENT SERVIR A LES VÉRIFIER.

39. Les inégalités à longues périodes, produites par les perturbations réciproques de deux planètes m et m', sont à peu près, par le n° 65 du Livre II, dans le rapport de $m'\sqrt{a'}$ à $-m\sqrt{a}$, en sorte que, pour avoir les perturbations de ce genre correspondantes, dans le mouvement de m', à celles du mouvement de m, il suffit de multiplier celles-ci par $-\dfrac{m\sqrt{a}}{m'\sqrt{a'}}$. Ce résultat est d'autant plus exact, qu'en vertu du rapport qui existe entre les moyens mouvements des deux planètes, la période de ces inégalités est plus grande par rapport aux durées de leurs révolutions. Nous allons, au moyen de ce théorème, vérifier plusieurs des inégalités précédentes.

L'action de la Terre sur Vénus produit, par le n° **28**, dans le mouvement de Vénus, les deux inégalités dont la période est d'environ quatre années,

$$- 4'',782561 . \sin(3n''t - 2n't + 3\varepsilon'' - 2\varepsilon' - \varpi')$$
$$+ 14'',710902 . \sin(3n''t - 2n't + 3\varepsilon'' - 2\varepsilon' - \varpi'').$$

En les multipliant par $-\dfrac{m'\sqrt{a'}}{m''\sqrt{a''}}$, on a, pour les inégalités correspondantes de la Terre,

$$3'',4995 . \sin(3n''t - 2n't + 3\varepsilon'' - 2\varepsilon' - \varpi')$$
$$- 10'',7644 . \sin(3n''t - 2n't + 3\varepsilon'' - 2\varepsilon' - \varpi'').$$

Le calcul direct a donné, par le n° 29, pour ces inégalités,

$$3'',661696 . \sin(3n''t - 2n't + 3\varepsilon'' - 2\varepsilon' - \varpi')$$
$$-11'',318247 . \sin(3n''t - 2n't + 3\varepsilon'' - 2\varepsilon' - \varpi''),$$

ce qui diffère peu des inégalités précédentes.

L'action de la Terre sur Vénus produit encore, par le n° 28, l'inégalité suivante, dont la période est d'environ huit ans :

$$- 4'',645172 . \sin(5n''t - 3n't + 5\varepsilon'' - 3\varepsilon' + 23°,2302).$$

En la multipliant par $-\dfrac{m'\sqrt{a'}}{m''\sqrt{a''}}$, on a, pour l'inégalité correspondante de la Terre,

$$3'',399002 . \sin(5n''t - 3n't + 5\varepsilon'' - 3\varepsilon' + 23°,2302),$$

et le calcul direct a donné, par le n° 29,

$$3'',473997 . \sin(5n''t - 3n't + 5\varepsilon'' - 3\varepsilon' + 23°,3759).$$

Mars éprouve, par l'action de Vénus, comme on l'a vu par le n° 32, l'inégalité à longue période

$$- 21'',295121 . \sin(3n'''t - n't + 3\varepsilon''' - \varepsilon' + 72°,7083).$$

En la multipliant par $-\dfrac{m'''\sqrt{a'''}}{m'\sqrt{a'}}$, on a

$$6'',4144 . \sin(3n'''t - n't + 3\varepsilon''' - \varepsilon' + 72°,7083).$$

Le calcul direct donne, par le n° 28,

$$6'',202706 . \sin(3n'''t - n't + 3\varepsilon''' - \varepsilon' + 73°,2065),$$

ce qui diffère peu de l'inégalité précédente.

Mars éprouve, par le n° 32, de la part de la Terre, les deux inégalités suivantes, dont la période est d'environ seize ans :

$$- 31'',218207 . \sin(2n'''t - n''t + 2\varepsilon''' - \varepsilon'' - \varpi'')$$
$$+ 15'',811920 . \sin(2n'''t - n''t + 2\varepsilon''' - \varepsilon'' - \varpi'').$$

En les multipliant par $-\dfrac{m^{\iota\nu}\sqrt{a^{\iota\nu}}}{m''\sqrt{a''}}$, on a, pour les inégalités correspondantes de la Terre,

$$6'',8807 . \sin\left(2n'''t - n''t + 2\varepsilon^{\iota\nu} - \varepsilon'' - \varpi'''\right)$$
$$- 3'',4851 . \sin\left(2n'''t - n''t + 2\varepsilon'' - \varepsilon'' - \varpi''\right).$$

Le calcul direct donne, par le n° 29,

$$6'',597711 . \sin\left(2n'''t - n''t + 2\varepsilon'' - \varepsilon'' - \varpi''\right)$$
$$- 3'',381490 . \sin\left(2n'''t - n''t + 2\varepsilon'' - \varepsilon'' - \varpi''\right),$$

ce qui diffère peu des précédentes.

Mars éprouve encore, de la part de la Terre, par le n° 32, l'inégalité
à longue période

$$- 13'',490441 . \sin\left(4n'''t - 2n''t + 4\varepsilon'' - 2\varepsilon'' + 75°,3518\right).$$

En la multipliant par $-\dfrac{m'''\sqrt{a'''}}{m''\sqrt{a''}}$, on a, pour l'inégalité correspondante
de la Terre,

$$2'',9734 . \sin\left(4n'''t - 2n''t + 4\varepsilon'' - 2\varepsilon'' + 75°,3518\right),$$

ce qui diffère peu de l'inégalité

$$3'',067702 . \sin\left(4n'''t - 2n''t + 4\varepsilon'' - 2\varepsilon'' + 75°,3506\right),$$

trouvée dans le n° 29.

Les deux grandes inégalités de Jupiter et de Saturne sont encore à
peu près l'une à l'autre dans le rapport de $-m^{\iota}\sqrt{a^{\iota}}$ à $m^{\iota\iota}\sqrt{a^{\iota\iota}}$, comme
il est facile de s'en convaincre.

Enfin Uranus éprouve de la part de Saturne, par le n° 37, l'inégalité
à longue période

$$- 408'',978001 . \sin\left(3n^{\iota\iota}t - n^{\iota}t + 3\varepsilon^{\iota\iota} - \varepsilon^{\iota} - 98°,1313\right).$$

En la multipliant par $-\dfrac{m^{\iota\iota}\sqrt{a^{\iota\iota}}}{m^{\iota}\sqrt{a^{\iota}}}$, on a, dans le mouvement de Saturne, l'inégalité

$$99'',900 . \sin(3n'''t - n^v t + 3\varepsilon''' - \varepsilon^v - 98°,1313),$$

ce qui diffère peu de l'inégalité

$$95'',334222 . \sin(3n'''t - n^v t + 3\varepsilon''' - \varepsilon^v - 97°,1319),$$

donnée dans le n° 35 (*).

40. Considérons, dans le développement de R, le terme de la forme

$$m' M^{(i)} ee' \cos[i(n't - nt + \varepsilon' - \varepsilon) + 2nt + 2\varepsilon - \varpi - \varpi'].$$

et supposons que $i(n' - n) + 2n$ soit fort petit par rapport à n et à n'; ce terme produira, par le n° 69 du Livre II, dans l'excentricité e de l'orbite de la planète m, considérée comme une ellipse variable, l'inégalité

$$- \frac{m'an}{i(n' - n) + 2n} M^{(i)} e' \cos[i(n't - nt + \varepsilon' - \varepsilon) + 2nt + 2\varepsilon - \varpi - \varpi'].$$

et dans la position ϖ du périhélie l'inégalité

$$- \frac{m'an}{i(n' - n) + 2n} M^{(i)} \frac{e'}{e} \sin[i(n't - nt + \varepsilon' - \varepsilon) + 2nt + 2\varepsilon - \varpi - \varpi'].$$

Nommons δe la première de ces inégalités, et $\delta\varpi$ la seconde. L'expression de v contient le terme $2e\sin(nt + \varepsilon - \varpi)$, et par conséquent l'inégalité

$$2\delta e \sin(nt + \varepsilon - \varpi) - 2e\,\delta\varpi \cos(nt + \varepsilon - \varpi).$$

ce qui donne dans v l'inégalité

$$\frac{2m'an}{i(n' - n) + 2n} M^{(i)} e' \sin[(i - 1)(n't - nt + \varepsilon' - \varepsilon) + n't + \varepsilon' - \varpi'].$$

(*) L'inégalité donnée dans le n° 35 (*voir* page 144) est

$$95'',757344 \sin(3n'''t - n^v t + 3\varepsilon''' - \varepsilon^v - 95°,0779),$$

valeur un peu différente de celle qui est rapportée ici.   V. P.

Il résulte du n° 65 du Livre II que, dans le cas de $i(n'-n) + 2n$ très-petit, l'expression de R' relative à l'action de m sur m' renferme encore à très-peu près le terme

$$m M^{(1)} e e' \cos\left[i\left(n't - nt + \varepsilon' - \varepsilon\right) + 2nt + 2\varepsilon - \varpi - \varpi'\right];$$

puisque, en n'ayant égard qu'aux deux termes de ce genre dans R et R', on a, par le numéro cité, à très-peu près

$$m \int dR + m' \int d'R' = 0,$$

on a donc dans v' l'inégalité

$$\frac{2 m a' n'}{i(n'-n) + 2n} M^{(1)} e \sin\left[(i-1)\left(n't - nt + \varepsilon' - \varepsilon\right) + nt + \varepsilon - \varpi\right].$$

Ces deux inégalités de v et de v' sont dans le rapport de $m'e'\sqrt{a'}$ à $me\sqrt{a}$, en sorte que la seconde se conclut de la première, en multipliant le coefficient de celle-ci par $\dfrac{m}{m'}\dfrac{\sqrt{a}}{\sqrt{a'}}\dfrac{e}{e'}$.

$5n'' - 3n'$ étant peu considérable par rapport à n' et même à n'', on a dans v', en supposant $i = 5$, une inégalité dépendante de l'argument $5n''t - 4n't + 5\varepsilon'' - 4\varepsilon' - \varpi''$, et dans v'' une inégalité dépendante de l'argument $4n''t - 3n't + 4\varepsilon'' - 3\varepsilon' - \varpi'$. La première de ces inégalités est, par le n° 28,

$$6'',779405 . \sin\left(5n''t - 4n't + 5\varepsilon'' - 4\varepsilon' - \varpi''\right).$$

En multipliant son coefficient par $\dfrac{m'}{m''}\dfrac{\sqrt{a'}}{\sqrt{a''}}\dfrac{e'}{e''}$, on a pour la Terre l'inégalité

$$2'',0310 . \sin\left(4n''t - 3n't + 4\varepsilon'' - 3\varepsilon' - \varpi'\right);$$

le calcul direct donne, par le n° 29, l'inégalité

$$2'',229704 . \sin\left(4n''t - 3n't + 4\varepsilon'' - 3\varepsilon' - \varpi'\right),$$

ce qui diffère peu de la précédente.

Pareillement, $4n''' - 2n''$ est assez petit relativement à n'', et même à n'''. En supposant $i = 4$, on a dans v'' une inégalité dépendante de l'argument $4n''t - 3n''t + 4\varepsilon'' - 3\varepsilon'' - \varpi''$, et dans v'' une inégalité dépendante de l'argument $3n''t - 2n''t + 3\varepsilon'' - 2\varepsilon'' - \varpi''$. La première de ces inégalités est, par le n° **29**,

$$2'',491082 . \sin(4n''t - 3n''t + 4\varepsilon'' - 3\varepsilon' - \varpi''').$$

En multipliant son coefficient par $\dfrac{m'' \sqrt{\overline{a''}}}{m'' \sqrt{\overline{a''}}} \dfrac{e''}{e''}$, on a pour Mars l'inégalité

$$2'',0415 . \sin(3n''t - 2n''t + 3\varepsilon'' - 2\varepsilon'' - \varpi'').$$

Le calcul direct donne, par le n° **32**,

$$2'',611123 . \sin(3n''t - 2n''t + 3\varepsilon'' - 2\varepsilon'' - \varpi'');$$

la différence est dans les limites de celle que l'on peut supposer, d'après le rapport de $4n'' - 2n''$ à n''', qui est à peu près celui de 1 à 4.

41. Il résulte encore du n° **71** du Livre II que, si $i(n' - n) + 2n$ est très-petit par rapport à n', l'inégalité de m en latitude, dépendante de $(i - 1)(n't - nt + \varepsilon' - \varepsilon) + n't + \varepsilon'$, est à l'inégalité de m' en latitude, dépendante de $(i - 1)(n't - nt + \varepsilon' - \varepsilon) + nt + \varepsilon$, dans le rapport de $m' \sqrt{\overline{a'}}$ à $- m \sqrt{a}$.

En supposant $i = 5$, on a, par le n° **28**, dans le mouvement de Vénus en latitude, l'inégalité

$$- 0'',964615 . \sin(5n''t - 4n't + 5\varepsilon'' - 4\varepsilon' - \theta').$$

En multipliant son coefficient par $- \dfrac{m' \sqrt{\overline{a'}}}{m'' \sqrt{\overline{a''}}}$, on a, dans le mouvement de la Terre en latitude, l'inégalité

$$0'',705835 . \sin(4n''t - 3n't + 4\varepsilon'' - 3\varepsilon' - \theta').$$

Le calcul direct donne, par le n° **29**, l'inégalité

$$0'',723012 . \sin(4n''t - 3n't + 4\varepsilon'' - 3\varepsilon' - \theta'),$$

ce qui diffère peu de la précédente.

$3n'' - n^v$ est peu considérable par rapport à n''; en faisant donc $i = 3$, on a dans δs^v une inégalité dépendante de $3n''t - 2n^v t + 3\varepsilon'' - 2\varepsilon^v$, et dans $\delta s''$ une inégalité dépendante de $2n''t - n^v t + 2\varepsilon'' - \varepsilon^v$. La première de ces inégalités est, par le n° 36,

$$2'',046267.\sin(3n''t - 2n^v t + 3\varepsilon'' - 2\varepsilon^v - \mathrm{II}^v).$$

II^v étant la longitude du nœud ascendant de l'orbite d'Uranus sur celle de Saturne. En multipliant le coefficient de cette inégalité par

$$-\frac{m^v \sqrt{a^v}}{m''\sqrt{a''}},$$ on a dans $\delta s''$ l'inégalité

$$-8'',3772.\sin(2n''t - n^v t + 2\varepsilon'' - \varepsilon^v - \mathrm{II}^v).$$

et, par le n° 38, cette inégalité est

$$-9'',015592.\sin(2n''t - n^v t + 2\varepsilon'' - \varepsilon^v - \mathrm{II}^v),$$

ce qui diffère peu de la précédente.

42. Il suit du n° 69 du Livre II que, $i'n' - in$ étant supposé très-petit relativement à n et à n', si l'on représente par

$$m'\mathrm{P}\sin(i'n't - int + i'\varepsilon' - i\varepsilon) + m'\mathrm{P}'\cos(i'n't - int + i'\varepsilon' - i\varepsilon)$$

la partie du développement de R qui dépend de l'angle

$$i'n't - int + i'\varepsilon' - i\varepsilon,$$

il en résulte dans δv l'inégalité

$$-\frac{2m'an}{i'n' - in}\left\{ \begin{array}{l} \dfrac{\partial \mathrm{P}}{\partial e}\cos(i'n't - int + i'\varepsilon' - i\varepsilon - nt - \varepsilon + \varpi) \\[2mm] -\dfrac{\partial \mathrm{P}'}{\partial e}\sin(i'n't - int + i'\varepsilon' - i\varepsilon - nt - \varepsilon + \varpi) \end{array} \right\},$$

et dans $\delta v'$ l'inégalité

$$-\frac{2ma'n'}{i'n' - in}\left\{ \begin{array}{l} \dfrac{\partial \mathrm{P}}{\partial e'}\cos(i'n't - int + i'\varepsilon' - i\varepsilon - n't - \varepsilon' + \varpi') \\[2mm] -\dfrac{\partial \mathrm{P}'}{\partial e'}\sin(i'n't - int + i'\varepsilon' - i\varepsilon - n't - \varepsilon' + \varpi') \end{array} \right\}.$$

Il suit encore du n° 71 du Livre II que les mêmes termes de R donnent dans δs l'inégalité

$$\frac{m'an}{i'n' - in}\left\{ \begin{array}{l} \dfrac{\partial P}{\partial \gamma} \cos(i'n't - int + i'\varepsilon' - i\varepsilon - nt - \varepsilon + \Pi) \\[2mm] \cdot \\[2mm] -\dfrac{\partial P'}{\partial \gamma} \sin(i'n't - int + i'\varepsilon' - i\varepsilon - nt - \varepsilon + \Pi) \end{array} \right\},$$

γ étant la tangente de l'inclinaison respective des orbites de m et de m', et Π étant la longitude du nœud ascendant de l'orbite de m' sur celle de m.

Si l'on augmente l'argument de l'inégalité de δv de $nt + \varepsilon - \varpi$, et que l'on multiplie son coefficient par e; si l'on augmente l'argument de l'inégalité de $\delta v'$ de $n't + \varepsilon' - \varpi'$, et que l'on multiplie son coefficient par $\dfrac{m'\sqrt{a'}}{m\sqrt{a}}\, e'$; enfin si l'on augmente l'argument de l'inégalité de δs de $nt + \varepsilon - \Pi$, et si l'on multiplie son coefficient par -2γ, la somme de ces trois inégalités sera

$$-\frac{2m'an}{i'n' - in}\left\{ \begin{array}{l} \left(e\dfrac{\partial P}{\partial e} + e'\dfrac{\partial P}{\partial e'} + \gamma\dfrac{\partial P}{\partial \gamma}\right)\cos(i'n't - int + i'\varepsilon' - i\varepsilon) \\[3mm] -\left(e\dfrac{\partial P'}{\partial e} + e'\dfrac{\partial P'}{\partial e'} + \gamma\dfrac{\partial P'}{\partial \gamma}\right)\sin(i'n't - int + i'\varepsilon' - i\varepsilon) \end{array} \right\};$$

or P et P' sont des fonctions homogènes en e, e' et γ de la dimension $i' - i$, i' étant supposé plus grand que i; la fonction précédente est ainsi égale à

$$-\frac{2m'an(i'-i)}{i'n' - in}\left[\begin{array}{l} P\cos(i'n't - int + i'\varepsilon' - i\varepsilon) \\[2mm] -P'\sin(i'n't - int + i'\varepsilon' - i\varepsilon) \end{array}\right].$$

Maintenant on a, par le n° 69 du Livre II, dans δv, l'inégalité

$$\frac{3m'an^2 i}{(i'n' - in)^2}\left[\begin{array}{l} P\cos(i'n't - int + i'\varepsilon' - i\varepsilon) \\[2mm] -P'\sin(i'n't - int + i'\varepsilon' - i\varepsilon) \end{array}\right].$$

D'où il suit que, si l'on représente par

$$K\sin(i'n't - int + i'\varepsilon' - i\varepsilon - nt - \varepsilon + O)$$

l'inégalité de δv dépendante de l'angle $i'n't - int + i'\varepsilon' - i\varepsilon - nt - \varepsilon$;

si l'on représente par

$$\mathrm{K}' \sin(i'n't - int + i'\varepsilon' - i\varepsilon - n't - \varepsilon' + \mathrm{O}')$$

l'inégalité de $\delta v'$ dépendante de l'angle $i'n't - int + i'\varepsilon' - i\varepsilon - n't - \varepsilon'$; enfin, si l'on représente par

$$\mathrm{K}'' \sin(i'n't - int + i'\varepsilon' - i\varepsilon - nt - \varepsilon + \mathrm{O}'')$$

l'inégalité de δs dépendante de l'angle $i'n't - int + i'\varepsilon' - i\varepsilon - nt - \varepsilon$, on a

$$e\,\mathrm{K}\ \sin(i'n't - int + i'\varepsilon' - i\varepsilon - \varpi + \mathrm{O})$$

$$+ \frac{m'\sqrt{a'}}{m\sqrt{a}}\, e'\,\mathrm{K}' \sin(i'n't - int + i'\varepsilon' - i\varepsilon - \varpi' + \mathrm{O}')$$

$$- 2\gamma \mathrm{K}'' \sin(i'n't - int + i'\varepsilon' - i\varepsilon - \mathrm{II} + \mathrm{O}'')$$

$$= - \frac{2(i'-i)}{3i}\, \mathrm{II}\, \frac{i'n' - in}{n} \sin(i'n't - int + i'\varepsilon' - i\varepsilon + \mathrm{Q}),$$

$\mathrm{II} \sin(i'n't - int + i'\varepsilon' - i\varepsilon + \mathrm{Q})$ étant l'inégalité de δv dépendante de l'angle $i'n't - int + i'\varepsilon' - i\varepsilon$.

$5n' - 2n$ étant fort petit par rapport à n', on a, par le n° 27, dans δv l'inégalité

$$5'',217417.\sin(5n't - 3nt + 5\varepsilon' - 3\varepsilon + 48°,1210).$$

L'inégalité de δs dépendante de $5n't - 3nt + 5\varepsilon' - 3\varepsilon$ est insensible. On a ensuite, par le n° 28, dans $\delta v'$ l'inégalité

$$- 1'',029617.\sin(4n't - 2nt + 4\varepsilon' - 2\varepsilon - 43°,8980).$$

Enfin on a, par le n° 27, dans δv l'inégalité

$$26'',184460.\sin(5n't - 2nt + 5\varepsilon' - 2\varepsilon - 33°,5852).$$

Ici $i' = 5$, et $i = 2$; on a donc, par ce qui précède, l'équation de condition

$$5'',217417.e\sin(5n't - 2nt + 5\varepsilon' - 2\varepsilon - \varpi + 48°,1210)$$

$$- 1'',029617.e'\, \frac{m'\sqrt{a'}}{m\sqrt{a}}\, \sin(5n't - 2nt + 5\varepsilon' - 2\varepsilon - \varpi' - 43°,8980)$$

$$= - 26'',184460.\frac{5n' - 2n}{n} \sin(5n't - 2nt + 5\varepsilon' - 2\varepsilon - 33°,5852).$$

Le premier membre de cette équation donne

$$1'',11035.\sin(5n't - 2nt + 5\varepsilon' - 2\varepsilon - 31^\circ,6212).$$

Le second membre donne

$$1'',1135.\sin(5n't - 2nt + 5\varepsilon' - 2\varepsilon - 33^\circ,5852);$$

la différence est insensible.

On pourrait vérifier par les théorèmes précédents plusieurs des inégalités respectives de Jupiter et de Saturne; mais, comme toutes les inégalités de ces deux planètes ont été vérifiées plusieurs fois, et avec beaucoup de soin, par divers calculateurs, cette dernière vérification devient inutile.

43. L'inégalité de m, produite par l'action de m' et dépendante de l'argument $n't + \varepsilon' - \varpi'$, est, par les n°⁵ 50 et 55 du Livre II, égale à

$$\frac{-4n^2}{n'(n^2 - n'^2)} \cdot (0, 1).e' \sin(n't + \varepsilon' - \varpi').$$

L'inégalité de m', produite par l'action de m et dépendante de l'argument $nt + \varepsilon - \varpi$, est

$$\frac{4n'^2}{n(n^2 - n'^2)} \cdot (1, 0).e \sin(nt + \varepsilon - \varpi).$$

Les coefficients de ces deux inégalités sont donc dans le rapport de $-(0, 1).n^3 e'$ à $(1, 0).n'^3 e$; or on a, par le n° 55 du Livre II,

$$(1, 0) = (0, 1) \cdot \frac{m\sqrt{a}}{m'\sqrt{a'}};$$

en nommant donc Q le coefficient de la première inégalité, le coefficient de la seconde sera

$$- \frac{ma^5}{m'a'^5} \frac{e}{e'} Q.$$

Les inégalités de ce genre ont été vérifiées, soit au moyen de cette équation de condition, soit au moyen de l'expression précédente de Q.

Ainsi l'action de Jupiter produit par le n° **29**, dans la Terre, l'inégalité
sensible

$$-7'',839149 \cdot \sin(n'''t + \varepsilon''' - \varpi''').$$

Cette inégalité, par ce qui précède, est

$$\frac{-\tfrac{1}{4}n''^2}{n^{iv}(n''^2 - n^{iv2})} \cdot (2,4) \cdot e^{iv}\sin(n'''t + \varepsilon''' - \varpi''').$$

Or on a, par le n° **24**, $(2,4) = 21'',444015$; en substituant dans cette
formule cette valeur, et celles de n'', n^{iv} et e^{iv}, données dans le n° **22**,
et multipliant le résultat par l'arc égal au rayon, on trouve

$$-7'',8397 \cdot \sin(n'''t + \varepsilon''' - \varpi''').$$

L'action d'Uranus sur Saturne produit, par le n° **35**, dans le mouvement de Saturne, l'inégalité

$$-3'',122367 \cdot \sin(n^v t + \varepsilon^v - \varpi^v).$$

En multipliant son coefficient par $-\dfrac{m^v a^{v3}}{m^{vi} a^{vi3}} \dfrac{e^v}{e^{vi}}$, on a dans Uranus
l'inégalité

$$0'',663124 \cdot \sin(n^v t + \varepsilon^v - \varpi^v),$$

et le calcul direct a donné, dans le n° **35**,

$$0'',663139 \cdot \sin(n^v t + \varepsilon^v - \varpi^v).$$

CHAPITRE XVI.

SUR LES MASSES DES PLANÈTES ET DE LA LUNE.

44. Un des objets les plus importants de la théorie des planètes est la détermination de leurs masses. On a vu, dans le n° 21, l'incertitude qui subsiste encore à cet égard. Le moyen le plus exact de lever cette incertitude sera le développement de leurs inégalités séculaires; mais, en attendant que la suite des siècles ait fait connaitre avec précision ces inégalités, on peut faire usage des inégalités périodiques déterminées par un grand nombre d'observations. Delambre a discuté, sous ce point de vue, les nombreuses observations du Soleil de Bradley et de Maskelyne; il a déterminé, par ce moyen, le maximum des inégalités produites par les actions de Vénus, de Mars et de la Lune. L'ensemble des observations de Bradley et de Maskelyne lui a donné le maximum de l'action de Vénus, plus grand que celui qui correspond à la masse que nous avons supposée précédemment à cette planète, dans le rapport de $1,0743$ à l'unité, ce qui donne la masse de Vénus $\frac{1}{356632}$ de celle du Soleil. Les observations de Bradley et de Maskelyne, considérées séparément, donnent à très-peu près le même résultat, qui, par conséquent, n'est pas susceptible d'une erreur égale au quinzième de sa valeur.

De là il suit incontestablement que la diminution séculaire de l'obliquité de l'écliptique est fort approchante de $154''$. Pour l'abaisser, comme l'ont fait quelques Astronomes, à $105''$, il faudrait diminuer de moitié la masse de Vénus, et cela est évidemment incompatible avec les observations des inégalités périodiques que cette planète produit dans le mouvement de la Terre. Les bonnes observations modernes de l'obliquité de l'écliptique sont trop rapprochées pour déterminer cet élément avec exactitude. Les observations des Arabes paraissent avoir été faites avec beaucoup de soin : ces observateurs, qui n'ont rien changé au système de Ptolémée, se sont attachés spécialement à perfectionner leurs instruments et leurs observations, qui donnent une diminution séculaire de l'obliquité de l'écliptique très-peu différente de 154″. Cette diminution résulte encore des observations de Cocheouking, faites à la Chine, au moyen d'un grand gnomon, et qui, par leur précision, me paraissent mériter beaucoup de confiance.

Delambre a encore déterminé, par un grand nombre d'observations, le maximum de l'action de Mars sur le mouvement de la Terre. Il a trouvé que cette action est plus petite que celle qui correspond à la masse que j'ai supposée à cette planète, dans le rapport de 0,725 à l'unité, ce qui donne la masse de Mars $\dfrac{1}{2546320}$ de celle du Soleil. Cette valeur est un peu moins précise que celle de la masse de Vénus, parce que son effet est moindre; mais les données d'après lesquelles nous avons déterminé la masse de Mars étant fort hypothétiques, il importait de connaître l'erreur qui peut en résulter dans la théorie du Soleil; et, comme les observations de Bradley et de Maskelyne, prises soit ensemble, soit séparément, concourent à indiquer une diminution dans la masse de Mars, il faut diminuer les inégalités précédentes qu'elle produit dans le mouvement de la Terre, dans le rapport de 0,725 à l'unité.

Ces changements dans les masses de Vénus et de Mars en produisent de sensibles dans les variations séculaires des éléments de l'orbe terrestre; on trouve alors la longitude du périgée égale à

$$\varpi'' + t.36'',4435_78 + t^2.0'',0002520005;$$

le coefficient de l'équation du centre de l'orbe terrestre devient

$$2\,\mathrm{E} - t.0'',530224 - t^2.0'',0000210474.$$

Enfin les valeurs de p'' et de q'', données dans le n° 30, deviennent

$$t.0'',248589 + t^2.0^s,0000713376,$$
$$- t.1'',608463 + t^2.0'',0000219740;$$

d'où il suit, par le même numéro, que la diminution séculaire de l'obliquité de l'écliptique est, dans ce siècle, égale à 160'',85. En partant de ces nouvelles données, on trouve, par les formules du n° 31,

$$\psi = t.155'',5927 + 3°,11019 + 42556'',2.\sin(t.155'',5927 + 95°,0733)$$
$$- 73530'',8.\cos(t.99'',1227) - 17572'',4.\sin(t.43'',0446),$$

$$V = 26°,0796 - 3676'',6 - 18187'',6.\cos(t.155'',5927 + 95°,0733)$$
$$- 28463'',6.\sin(t.99'',1227) + 5082'',7.\cos(t.43'',0446),$$

$$\psi' = t.155'',5927 + 3°,11019 - 3°,11019.\cos(t.99'',1227)$$
$$- 14282'',3.\sin(t.43'',0446),$$

$$V' = 26°,0796 - 3676'',6.[1 - \cos(t.43'',0446)] - 10330'',4.\sin(t.99'',1227).$$

L'accroissement de l'année tropique, à partir de 1750, est alors égal à

$$- 0^s,000086354.[1 - \cos(t.43'',0446)] - 0^s,000442198.\sin(t.99'',1227);$$

d'où il suit qu'au temps d'Hipparque, l'année tropique était de 12'',6769 plus longue qu'en 1750. L'obliquité de l'écliptique était plus grande alors de 2948'',2. Enfin, le grand axe de l'orbe solaire a coïncidé avec la ligne des équinoxes, dans l'année 4089 avant notre ère; il lui a été perpendiculaire en 1248.

J'ai déterminé la masse de la Lune par les observations des marées dans le port de Brest. Quoique ces observations laissent beaucoup à désirer encore, cependant elles donnent avec assez de précision le rapport de l'action de la Lune à celle du Soleil sur les marées de ce port. Mais j'ai observé, dans le n° 18 du Livre IV, que les circonstances locales peuvent influer très-sensiblement sur ce rapport, et par conséquent sur la valeur qui en résulte pour la masse de la Lune. J'ai indiqué dans le même Livre divers moyens pour reconnaître cette influence; mais ils exigent des observations très-précises des marées, et celles qui ont été faites à Brest présentent encore assez d'incertitude pour faire

craindre une erreur au moins d'un huitième sur la valeur de la masse
de la Lune. Les observations des marées équinoxiales et solsticiales
semblent même indiquer dans l'action de la Lune sur ces marées une
augmentation d'un dixième, due aux circonstances locales, ce qui
diminuerait d'un dixième la valeur que j'ai assignée à la masse de la
Lune. Il paraît, en effet, par divers phénomènes astronomiques, que
cette valeur est un peu trop grande.

Le premier de ces phénomènes est l'équation lunaire des Tables du
Soleil. J'ai trouvé, dans le n° 29 du Livre VI, $27'',2524$ pour le coefficient de cette équation, en supposant la parallaxe du Soleil égale à
$27'',2$. Il serait $26'',4714$ si la parallaxe du Soleil était $26'',4205$, telle
que je l'ai conclue de la théorie de la Lune, comme on le verra dans le
Livre suivant. Delambre a déterminé ce coefficient par la comparaison
d'un très-grand nombre d'observations, et il l'a trouvé égal à $23'',148$;
ce qui, en admettant la seconde de ces parallaxes du Soleil, que plusieurs astronomes ont conclue du dernier passage de Vénus sur le Soleil, donne la masse de la Lune $\frac{1}{69,2}$ de celle de la Terre.

Le second phénomène astronomique est la nutation de l'axe terrestre.
J'ai trouvé, dans le n° 13 du Livre V, le coefficient de l'inégalité de
cette nutation égal à $31'',036$, en supposant la masse de la Lune, divisée
par le cube de sa moyenne distance à la Terre, triple de la masse
du Soleil, divisée par le cube de la moyenne distance de la Terre au
Soleil, ce qui suppose la masse de la Lune $\frac{1}{58,6}$ de celle de la Terre.
Maskelyne a trouvé, par la comparaison de toutes les observations de
Bradley sur la nutation, le coefficient de cette inégalité égal à $29'',475$;
ce résultat donne la masse de la Lune $\frac{1}{71,0}$ de celle de la Terre.

Enfin, le troisième phénomène astronomique est la parallaxe de la
Lune. On verra, dans le Livre suivant, que la constante de l'expression
de cette parallaxe, en fonction de la longitude vraie de la Lune, est
$10580'',3$, en supposant la masse de la Lune $\frac{1}{58,6}$ de celle de la Terre.

Bürg, qui a déterminé cette constante par un très-grand nombre d'observations de la Lune, l'a trouvée égale à 10592″,71, et l'on verra, par les formules que nous donnerons dans le Livre suivant, que ce résultat correspond à une masse de la Lune $\frac{1}{74,2}$ de celle de la Terre. Il paraît donc, par l'ensemble de ces trois phénomènes, qu'il faut diminuer un peu la masse de la Lune qui résulte des phénomènes des marées observées à Brest, et qu'ainsi l'action de la Lune sur les marées de ce port est sensiblement augmentée par les circonstances locales; car les observations multipliées soit des hauteurs, soit des intervalles des marées, ne permettent pas de supposer cette action sensiblement plus petite que le triple de l'action du Soleil.

La valeur la plus vraisemblable de la masse de la Lune, qui me paraît résulter des divers phénomènes, est $\frac{1}{68,5}$ de celle de la Terre. En employant cette valeur, on trouve 23″,370 pour le coefficient de l'équation lunaire des Tables du Soleil, et 10589″,13 pour la constante de l'expression de la parallaxe de la Lune. On trouve encore

$$29″,779 \cdot \cos(\text{longitude du nœud de la Lune})$$

pour l'inégalité de la nutation, et

$$- 55″,648 \cdot \sin(\text{longitude du nœud de la Lune})$$

pour l'inégalité de la précession des équinoxes. Le rapport de l'action de la Lune à celle du Soleil sur la mer est alors égal à 2,566; ainsi, les observations des marées dans le port de Brest ayant donné 3 pour ce rapport, il paraît qu'il est augmenté par les circonstances locales, dans la raison de 3 à 2,566. Des observations ultérieures et très-précises fixeront invariablement ces divers résultats, sur lesquels il ne reste plus que très-peu d'incertitude.

La masse de Jupiter paraît bien déterminée. Celle de Saturne présente encore quelque incertitude, et il est bien à désirer qu'on la fasse disparaître par l'observation des plus grandes élongations de ses deux derniers satellites, déterminées dans deux points opposés des orbites, afin d'avoir égard à l'ellipticité de ces orbites. On pourra encore employer pour cet objet la grande inégalité de Jupiter, lorsque les moyens mouvements de Jupiter et de Saturne seront bien connus, car ils ont une influence très-sensible sur le diviseur $(5n' - 2n'')^3$ qui affecte cette inégalité. Il me paraît vraisemblable qu'il faut augmenter d'une ou deux secondes le moyen mouvement annuel que j'ai assigné à Jupiter, et diminuer à peu près de la même quantité celui que j'ai assigné à Saturne. Les inégalités périodiques de Jupiter et d'Uranus produites par l'action de Saturne offrent encore un moyen assez exact pour déterminer la masse de cette dernière planète.

La valeur que j'ai assignée à la masse d'Uranus dépend de la plus grande élongation de ses satellites, observée par Herschel. Ces élongations doivent être vérifiées avec un soin particulier.

Quant à la masse de Mercure, les inégalités qu'elle produit dans le mouvement de Vénus peuvent servir à la vérifier. Heureusement, son influence sur le système planétaire étant très-petite, l'erreur qui peut exister encore sur la valeur de cette masse est presque insensible.

CHAPITRE XVII.

SUR LA FORMATION DES TABLES ASTRONOMIQUES, ET SUR LE PLAN INVARIABLE
DU SYSTÈME PLANÉTAIRE.

45. Nous allons présentement indiquer la méthode dont on doit faire
usage dans la formation des Tables astronomiques. Quoique nous ayons
donné les inégalités, tant en longitude qu'en latitude, qui ne sont que
d'un quart de seconde, cependant, les observations les plus parfaites
ne comportant point ce degré de précision, on peut simplifier les calculs en négligeant les inégalités au-dessous d'une seconde. On formera,
au moyen d'un grand nombre d'observations choisies et disposées d'une
manière avantageuse, le même nombre d'équations de condition entre
les corrections des éléments elliptiques de chaque planète. Ces éléments étant déjà connus à très-peu près, leurs corrections sont assez
petites pour que l'on puisse en négliger les carrés et les puissances supérieures, ce qui rend les équations de condition linéaires. On ajoutera
ensemble toutes les équations dans lesquelles le coefficient de la même
inconnue est considérable, de manière que leurs sommes donnent autant d'équations que d'inconnues; en éliminant ensuite, on déterminera chaque inconnue. On pourra même déterminer par ce moyen les
corrections dont les masses supposées aux planètes sont susceptibles.
Si les valeurs numériques des inégalités planétaires sont exactement
calculées, ce dont on s'assurera en vérifiant avec soin les résultats précédents, alors on pourra, à chaque observation nouvelle, former une
nouvelle équation de condition; en éliminant ensuite, tous les dix ans,
les corrections fournies par ces équations et par toutes les précédentes,

on corrigera sans cesse les éléments des Tables, et l'on parviendra ainsi
à des Tables de plus en plus exactes, pourvu toutefois que les comètes
ne viennent point altérer ces éléments; mais il y a tout lieu de croire
que leur action sur le système planétaire est insensible.

46. Nous avons déterminé, dans le n° 62 du Livre II, le plan invariable à l'égard duquel la somme des produits de la masse de chaque
planète par l'aire que son rayon vecteur, projeté sur ce plan, décrit
autour du Soleil est un maximum. Si l'on nomme γ l'inclinaison de ce
plan à l'écliptique fixe de 1750, et Π la longitude de son nœud ascendant sur ce plan, on a, par le numéro cité,

$$\tan\gamma \sin\Pi = \frac{\Sigma\, m \sqrt{a(1 - e^2)}\,.\,\sin\varphi \sin\theta}{\Sigma\, m \sqrt{a(1 - e^2)}\,.\,\cos\varphi},$$

$$\tan\gamma \cos\Pi = \frac{\Sigma\, m \sqrt{a(1 - e^2)}\,.\,\sin\varphi \cos\theta}{\Sigma\, m \sqrt{a(1 - e^2)}\,.\,\cos\varphi},$$

le signe intégral Σ aux différences finies embrassant tous les termes
semblables relatifs à chaque planète. Si l'on fait usage des valeurs
de m, a, e, φ et θ, données pour chacune d'elles dans le n° 22, on
trouve, par ces formules,

$$\gamma = 1°,7689,$$
$$\Pi = 114°,3979.$$

En substituant ensuite pour e, φ et θ leurs valeurs relatives à l'époque
de 1950, on a

$$\gamma = 1°,7689,$$
$$\Pi = 114°,3934,$$

ce qui diffère très-peu des valeurs précédentes, et ce qui fournit une
confirmation des variations trouvées précédemment pour les inclinaisons et les nœuds des orbes planétaires.

CHAPITRE XVIII.

DE L'ACTION DES ÉTOILES SUR LE SYSTÈME PLANÉTAIRE (*).

47. Pour compléter la théorie des perturbations du système planétaire, il nous reste à considérer celles que ce système éprouve de la
part des comètes et des étoiles. Mais, vu l'ignorance où nous sommes
des éléments des orbites de la plupart des comètes, et même de l'existence de celles qui, ayant une grande distance périhélie, se dérobent
à nos regards et cependant peuvent agir sur les planètes éloignées, il
n'est pas possible de déterminer leur action. Heureusement, il y a
plusieurs raisons de croire que les masses des comètes sont très-petites, et qu'ainsi leur action est insensible; nous nous bornerons donc
ici à considérer l'action des étoiles.

Reprenons pour cet objet les formules (X), (Y) et (Z) du n° 46 du
Livre II,

$$(X) \quad \delta r = \frac{a \cos v \int n\, dt\, r \sin v \left(2 \int dR + r \frac{\partial R}{\partial r}\right) - a \sin v \int n\, dt\, r \cos v \left(2 \int dR + r \frac{\partial R}{\partial r}\right)}{\mu \sqrt{1 - e^2}},$$

$$(Y) \quad \delta v = \frac{\dfrac{2 r\, d\delta r + dr\, \delta r}{a^2 n\, dt} + \dfrac{3a}{\mu} \int\int n\, dt\, dR + \dfrac{2a}{\mu} \int n\, dt\, r \dfrac{\partial R}{\partial r}}{\sqrt{1 - e^2}},$$

$$(Z) \quad \delta s = \frac{a \cos v \int n\, dt\, r \sin v \frac{\partial R}{\partial z} - a \sin v \int n\, dt\, r \cos v \frac{\partial R}{\partial z}}{\mu \sqrt{1 - e^2}}.$$

Désignons par m' la masse d'une étoile; par x', y', z' ses trois coordon-

(*) Il y a, dans les formules de ce Chapitre, quelques erreurs qui ont été signalées par
Laplace lui-même, dans un Mémoire faisant partie des *Additions à la Connaissance des
Temps pour* 1829. Il aurait fallu, pour les corriger, remanier entièrement les calculs de
l'Auteur; on a cru devoir respecter le texte original.   V. P.

nées rectangles, rapportées au centre de gravité du Soleil, et par r' sa distance à ce centre, x, y, z étant les trois coordonnées de la planète m, et r étant sa distance au Soleil. On aura, par le n° 46 du Livre II,

$$R = \frac{m'(xx' + yy' + zz')}{r'^3} - \frac{m'}{\sqrt{(x'-x)^2 + (y'-y)^2 + (z'-z)^2}}.$$

En développant le second membre de cette équation suivant les puissances descendantes de r', on aura

$$R = -\frac{m'}{r'} + \frac{m'r^2}{2r'^3} - \tfrac{3}{2}m' \frac{(xx' + yy' + zz' - \frac{1}{2}r^2)^2}{r'^5} + \dots$$

Prenons pour plan fixe celui de l'orbite primitive de la planète; nous aurons, en négligeant le carré de z,

$$x = r\cos v, \qquad y = r\sin v, \qquad z = rs.$$

Nommons ensuite l la latitude de l'étoile m', et U sa longitude; nous aurons
$$x' = r'\cos l \cos U, \qquad y' = r'\cos l \sin U, \qquad z' = r'\sin l,$$

d'où l'on tire, en négligeant les puissances descendantes de r' au-dessus de r'^3,

$$R = -\frac{m'}{r'} + \frac{m'r^2}{4r'^3}[2 - 3\cos^2 l - 3\cos^2 l \cos(2v - 2U) - 6s\sin 2l \cos(v - U)].$$

Maintenant, r', l et U variant d'une manière presque insensible, si l'on désigne par R, la partie de R divisée par r'^3, on a, en négligeant le carré de l'excentricité de l'orbite de m, et le terme dépendant de s et qui est de l'ordre des forces perturbatrices que m éprouve par l'action des planètes,

$$\int dR = R_, - \frac{m'a^2}{4r'^3}(2 - 3\cos^2 l), \qquad r\frac{\partial R}{\partial r} = 2R_,.$$

La formule (X) deviendra ainsi, en supposant $\mu = 1$, ce qui revient à très-peu près à prendre pour unité la masse du Soleil,

$$\delta r = 4a\cos v \int n\,dt\,rR_,\sin v - 4a\sin v \int n\,dt\,rR_,\cos v.$$

Substituons pour r sa valeur $a\,[1 + e\cos(v - \varpi)]$ (*), et pour $n\,dt$ sa valeur $dv\,[1 - 2\,e\cos(v - \varpi)]$, et négligeons, sous le signe $\int$, les termes périodiques affectés de l'angle v; nous aurons

$$n\,dt\,r\,\mathrm{R},\ \sin v = -\frac{m'a^3\,dv}{4\,r'^3}\Big[\big(1 - \tfrac{3}{2}\cos^2 l\big)\,e\,\sin\varpi + \tfrac{3}{4}\cos^2 l\,.\,e\,\sin(\varpi - 2\,\mathrm{U})\Big],$$

$$n\,dt\,r\,\mathrm{R},\ \cos v = -\frac{m'a^3\,dv}{4\,r'^3}\Big[\big(1 - \tfrac{3}{2}\cos^2 l\big)\,e\,\cos\varpi - \tfrac{3}{4}\cos^2 l\,.\,e\,\cos(\varpi - 2\,\mathrm{U})\Big],$$

ce qui donne, en regardant ϖ, l, r' et U comme constants à très-peu près,

$$\frac{\partial r}{a} = -\frac{m'a^3 v}{r'^3}\Big[\big(1 - \tfrac{3}{2}\cos^2 l\big)\,e\,\sin(v - \varpi) - \tfrac{3}{4}\cos^2 l\,.\,e\,\sin(v + \varpi - 2\,\mathrm{U})\Big].$$

Maintenant on a

$$\frac{\partial r}{a} = \partial e\,\cos(v - \varpi) + e\,\partial\varpi\,\sin(v - \varpi);$$

en comparant cette équation à la précédente, on aura

$$\partial e = \frac{3\,m'a^3 v}{4\,r'^3}\cos^2 l\,.\,e\,\sin(2\varpi - 2\,\mathrm{U}),$$

$$\partial\varpi = -\frac{m'a^3 v}{r'^3\,e}\Big[1 - \tfrac{3}{2}\cos^2 l - \tfrac{3}{4}\cos^2 l\,\cos(2\varpi - 2\,\mathrm{U})\Big].$$

Ainsi l'action de l'étoile m' produit des variations séculaires dans l'excentricité et dans la longitude du périhélie de l'orbite de la planète m; mais ces variations sont incomparablement plus petites que celles qui sont dues à l'action des autres planètes. En effet, si l'on suppose que m soit la Terre, r' ne peut pas, d'après les observations, être supposé plus petit que $100000\,a$, et alors le terme $\dfrac{m'a^3 v}{r'^3}$ n'excède pas

$$m'\,t\,.\,0'',0000000004,$$

t exprimant un nombre d'années juliennes, ce qui est incomparablement au-dessous de la variation séculaire de l'excentricité de l'orbe

---

(*) La valeur de r est $a\,[1 - e\cos(v - \varpi)]$.　　　　　　　　　　V. P.

terrestre, résultante de l'action des planètes, et qui, par le n° **25**, est égale à

$$- t.0'',289565,$$

à moins qu'on ne suppose à m' une valeur entièrement invraisemblable. De là nous pouvons conclure que l'action des étoiles n'a aucune influence sensible sur les variations séculaires des excentricités et des périhélies des orbes planétaires, et il est facile de voir, par le développement de la formule (Z), que leur action n'a pareillement aucune influence sur la position de ces orbes.

Examinons présentement leur influence sur le moyen mouvement des planètes. Pour cela, nous observerons que la formule (Y) donne, dans $d\delta v$, le terme $4an\,dt.\mathrm{R}_{,}$, et par conséquent le terme

$$\frac{m'a^3}{r'^3}\,n\,dt\,(2 - 3\cos^2 l).$$

Supposons r' égal à $r_{,}'(1 - \varkappa t)$, et l égal à $l_{,}(1 - \varsigma t)$, $r_{,}'$ et $l_{,}$ étant les valeurs de r' et de l en 1750, ou lorsque $t = 0$; on aura dans δv la variation

$$\frac{3m'a^3}{r_{,}'^3}\left(1 - \tfrac{3}{2}\cos^2 l_{,}\right)\alpha n t^2 - \frac{3m'a^3}{2r_{,}'^3}\sin 2l_{,}.\varsigma n t^2.$$

Les observations ne donnent point la valeur de αt, mais elles peuvent faire connaître celle de ςt. En supposant, pour la Terre, $\varsigma = 1''$ et $r_{,}' = 100000.a$, la quantité $\frac{m'a^3}{r_{,}'^3}\varsigma n t^2$ devient, à très-peu près,

$$\frac{m'\,t^2.6'',2831}{10^{13}},$$

quantité insensible depuis les observations les plus anciennes.

L'expression de $d\delta v$ contient encore, par ce qui précède, les termes

$$- \frac{9}{2}\cdot m'a^3 n\,dt.\int d\left[\frac{s\sin 2l}{r'^3}\cos(v - \mathrm{U})\right] - \frac{6m'a^3 n\,dt}{r'^3}\,s\sin 2l\cos(v - \mathrm{U});$$

or on a

$$s = t\frac{dq}{dt}\sin v - t\frac{dp}{dt}\cos v,$$

ce qui donne, en négligeant les quantités multipliées par le sinus et le
cosinus de l'angle v,

$$-\frac{s\sin 2l}{r'^3}\cos(v-\mathrm{U})=\frac{\sin 2l}{2r'^3}\left(t\frac{dq}{dt}\sin\mathrm{U}-t\frac{dp}{dt}\cos\mathrm{U}\right),$$

et par conséquent

$$\mathrm{d}\cdot\frac{s\sin 2l}{r'^3}\cos(v-\mathrm{U})=\frac{\sin 2l}{2r'^3}\left(\frac{dq}{dt}\sin\mathrm{U}-\frac{dp}{dt}\cos\mathrm{U}\right)dt.$$

d'où résulte, dans $d\delta v$, le terme

$$-\frac{21}{4}\frac{m'a^3}{r'^3}\,nt\,dt\,\sin 2l\left(\frac{dq}{dt}\sin\mathrm{U}-\frac{dp}{dt}\cos\mathrm{U}\right),$$

et par conséquent, dans δv, l'inégalité séculaire

$$-\frac{21}{8}\frac{m'a^3}{r'^3}\,nt^2\,\sin 2l\left(\frac{dq}{dt}\sin\mathrm{U}-\frac{dp}{dt}\cos\mathrm{U}\right).$$

Nous avons donné, dans le n⁰ 31, relativement à la Terre, les valeurs
de $\frac{dp''}{dt}$ et de $\frac{dq''}{dt}$. En les substituant dans la fonction précédente, on
voit qu'elle est insensible depuis les observations les plus anciennes.

Il est facile de s'assurer que les résultats précédents ont encore lieu
relativement aux planètes les plus distantes du Soleil; ainsi l'action
des étoiles sur le système planétaire est, à raison de leur grande distance, totalement insensible.

Il reste présentement à comparer aux observations les formules des
perturbations planétaires, exposées dans ce Livre, et principalement
celles des deux grandes inégalités de Jupiter et de Saturne; mais cette
comparaison exigerait de trop longs développements. Il me suffira de
remarquer ici qu'avant la découverte de ces inégalités, les erreurs des
meilleures tables s'élevaient à trente-cinq ou quarante minutes, et
qu'elles n'excèdent pas maintenant une minute. Halley avait conclu de
la comparaison des observations modernes, soit entre elles, soit aux
observations anciennes, que le mouvement de Saturne se ralentit, et

que celui de Jupiter s'accélère de siècle en siècle. Lambert avait reconnu, par les observations modernes, que le mouvement de Saturne s'accélère présentement, et que celui de Jupiter se ralentit. Ces deux phénomènes, opposés en apparence, indiquaient dans les mouvements de ces deux planètes de grandes inégalités à longues périodes, dont il importait de connaître les lois et la cause. En soumettant à l'analyse leurs perturbations réciproques, je parvins aux deux principales inégalités exposées dans les Chapitres XII et XIII de ce Livre, et je vis que les phénomènes observés par Halley et Lambert en découlent naturellement, et qu'elles représentent avec une exactitude remarquable toutes les observations anciennes et modernes. Leur grandeur et la longueur de leurs périodes, qui embrassent plus de neuf cents ans, dépendent, comme on l'a vu, du rapport presque commensurable qui existe entre les moyens mouvements de Jupiter et de Saturne : ce rapport donne naissance à plusieurs autres inégalités considérables que j'ai déterminées, et qui ont donné aux Tables la précision dont elles jouissent maintenant. La même analyse, transportée à toutes les planètes, m'a fait découvrir dans leurs mouvements des inégalités très-sensibles, que l'observation a confirmées. J'ai lieu de croire que les formules précédentes, calculées avec un soin particulier, ajouteront une précision nouvelle aux Tables des mouvements du système planétaire.

LIVRE VII.

THÉORIE DE LA LUNE.

La théorie de la Lune a des difficultés qui lui sont propres, et qui résultent de la grandeur de ses nombreuses inégalités et du peu de convergence des séries qui les donnent. Si cet astre était plus près de la Terre, les inégalités de son mouvement seraient moindres et leurs approximations plus convergentes; mais à la distance où il se trouve, ces approximations dépendent d'une analyse très-compliquée, et ce n'est qu'avec une attention particulière et au moyen de considérations délicates que l'on peut déterminer l'influence des intégrations successives sur les différents termes de l'expression de la force perturbatrice. Le choix des coordonnées n'est point indifférent au succès des approximations : la force perturbatrice du Soleil dépend des sinus et cosinus des élongations de la Lune au Soleil et de ses multiples : leur réduction en sinus et cosinus d'angles dépendants des moyens mouvements du Soleil et de la Lune est pénible et peu convergente, à raison des grandes inégalités de la Lune; il y a donc de l'avantage à éviter cette réduction et à déterminer la longitude moyenne de la Lune, en fonction de sa longitude vraie, ce qui peut être utile dans plusieurs circonstances. On pourra ensuite, si on le juge convenable, déterminer avec précision, par le retour des séries, la longitude vraie en fonction de la longitude moyenne. C'est sous ce point de vue que je vais envisager la théorie de la Lune.

Pour ordonner les approximations, je distingue en divers ordres les inégalités et les termes qui les composent. Je considère comme quantités du premier ordre le rapport du moyen mouvement du Soleil à celui de la Lune, les excentricités des orbes de la Lune et de la Terre, et l'inclinaison de l'orbe lunaire à l'écliptique. Ainsi, dans l'expression de la longitude moyenne en fonction de la longitude vraie, le principal terme de l'équation du centre de la Lune est du premier ordre; le second ordre comprend le second terme de cette équation, la réduction à l'écliptique et les trois grandes inégalités connues sous les noms de *variation*, d'*évection* et d'*équation annuelle*. Les inégalités du troisième ordre sont au nombre de quinze : les Tables actuelles les renferment toutes, ainsi que les inégalités les plus considérables du quatrième ordre, et c'est par là qu'elles représentent les observations avec une précision qu'il sera difficile de surpasser, et à laquelle la Géographie et l'Astronomie nautique sont principalement redevables de leurs progrès.

Mon objet, dans ce Livre, est de montrer dans la seule loi de la pesanteur universelle la source de toutes les inégalités du mouvement lunaire, et de me servir ensuite de cette loi comme moyen de découvertes pour perfectionner la théorie de ce mouvement, et pour en conclure plusieurs éléments importants du système du monde, tels que les équations séculaires de la Lune, sa parallaxe, celle du Soleil et l'aplatissement de la Terre. Un choix avantageux de coordonnées, des approximations bien conduites, et des calculs faits avec soin et vérifiés plusieurs fois doivent donner les mêmes résultats que l'observation, si la loi de la pesanteur en raison inverse du carré des distances est celle de la nature. Je me suis donc attaché à remplir ces conditions, qui exigent des considérations très-délicates, dont l'omission est la cause des discordances que présentent les théories connues de la Lune. C'est dans ces diverses considérations que consiste la vraie difficulté du problème. On peut aisément imaginer un grand nombre de moyens différents et nouveaux de le mettre en équation; mais la discussion de tous les termes qui, très-petits en eux-mêmes, acquièrent une valeur sensible par les intégrations successives, est ce qu'il offre de plus difficile et de plus important, lorsque l'on se propose de rapprocher la

théorie de l'observation, ce qui doit être le but principal de l'Analyse.
J'ai déterminé toutes les inégalités du premier, du second et du troisième ordre, et les inégalités les plus considérables du quatrième, en
portant la précision jusqu'aux quantités du quatrième ordre inclusivement, et en conservant celles du cinquième ordre qui se sont présentées
d'elles-mêmes. Pour comparer ensuite mon analyse aux observations,
j'ai considéré que les coefficients des Tables lunaires de Mason sont le
résultat de la comparaison de la théorie de la pesanteur avec onze cent
trente-sept observations de Bradley, faites dans l'intervalle de 1750
à 1760. Bürg, astronome distingué, vient de les rectifier au moyen de
plus de trois mille observations de Maskelyne, depuis 1765 jusqu'en
1793. Les corrections qu'il y a faites sont peu considérables : il y a
ajouté neuf équations indiquées par la théorie. Les Tables de ces deux
astronomes sont disposées dans la même forme que celles de Mayer,
dont elles sont des perfectionnements successifs; car on doit à cet astronome célèbre la justice d'observer non-seulement qu'il a formé le
premier des Tables lunaires assez précises pour servir à la solution du
problème des longitudes, mais encore que Mason et Bürg ont puisé
dans sa théorie les moyens de perfectionner leurs Tables. On y fait dépendre les arguments les uns des autres pour en diminuer le nombre :
je les ai réduites avec un soin particulier à la forme que j'ai adoptée
dans ma théorie, c'est-à-dire en sinus et cosinus d'angles croissants
proportionnellement à la longitude vraie de la Lune. En y comparant
les coefficients de mes formules, j'ai eu la satisfaction de voir que la
plus grande différence qui, dans la théorie de Mayer, l'une des plus
exactes qui aient paru jusqu'à ce jour, s'élève à près de cent secondes,
est ici réduite à trente relativement aux Tables de Mason, et au-dessous
de vingt-six secondes relativement aux Tables de Bürg, qui sont encore
plus précises. On diminuerait cette différence en ayant égard aux
quantités du cinquième ordre, qui ont de l'influence, et que l'inspec-
tion des termes déjà calculés peut faire connaître : c'est ce que prouve
le calcul de deux inégalités dans lesquelles j'ai porté l'approximation
jusqu'aux quantités de cet ordre. Ma théorie se rapproche encore plus

des Tables à l'égard du mouvement en latitude : les approximations de
ce mouvement sont plus simples et plus convergentes que celles du
mouvement en longitude, et la plus grande différence entre les coefficients de mon analyse et ceux des Tables n'est que de six secondes, en
sorte que l'on peut regarder cette partie des Tables comme étant donnée par la théorie elle-même. Quant à la troisième coordonnée de la
Lune ou à sa parallaxe, on a préféré avec raison d'en former les Tables
uniquement par la théorie, qui, vu la petitesse des inégalités de la
parallaxe lunaire, doit les donner plus exactement que les observations. Les différences entre mes résultats sur cet objet et ceux des
Tables sont donc celles qui existent entre ma théorie et celle de Mayer,
suivie dans ce point par Mason et Bürg; elles sont si petites qu'elles
méritent peu d'attention; mais, comme ma théorie se rapproche plus
de l'observation que celle de Mayer, à l'égard du mouvement en longitude, j'ai lieu de penser qu'elle jouit du même avantage à l'égard des
inégalités de la parallaxe.

Les mouvements du périgée et des nœuds de l'orbe lunaire offrent
encore un moyen de vérifier la loi de la pesanteur. Leur première
approximation n'avait donné d'abord aux géomètres que la moitié du
premier de ces mouvements, et Clairaut en avait conclu qu'il fallait
modifier cette loi, en lui ajoutant un second terme; mais il fit ensuite
l'importante remarque qu'une approximation ultérieure rapprochait la
théorie de l'observation. Le mouvement conclu de mon analyse ne
diffère pas du véritable de sa quatre-cent-quarantième partie : la différence n'est pas d'un trois-cent-cinquantième à l'égard du mouvement
des nœuds.

De là il suit incontestablement que la loi de la gravitation universelle est l'unique cause des inégalités de la Lune, et, si l'on considère
le grand nombre et l'étendue de ces inégalités et la proximité de ce
satellite à la Terre, on jugera qu'il est de tous les corps célestes le plus
propre à établir cette grande loi de la nature et la puissance de l'analyse, de ce merveilleux instrument sans lequel il eût été impossible à
l'esprit humain de pénétrer dans une théorie aussi compliquée, et qui

peut être employé comme un moyen de découvertes aussi certain que
l'observation elle-même.

Parmi les inégalités périodiques du mouvement lunaire en longitude, celle qui dépend de la simple distance angulaire de la Lune au
Soleil est importante, en ce qu'elle répand un grand jour sur la parallaxe solaire. Je l'ai déterminée en ayant égard aux quantités du
cinquième ordre, et même aux perturbations de la Terre par la Lune,
ce qui est indispensable dans cette recherche épineuse. Bürg l'a trouvée de $377'',71$ par la comparaison d'un très-grand nombre d'observations. En égalant ce résultat à celui de mon analyse, on a $26'',4205$
pour la parallaxe moyenne du Soleil, la même que plusieurs astronomes ont conclue du dernier passage de Vénus sur cet astre.

Une inégalité non moins importante est celle qui dépend de la longitude du nœud de la Lune. L'observation l'avait indiquée à Mayer, et
Mason l'avait fixée à $23'',765$; mais, comme elle ne paraissait pas résulter de la théorie de la pesanteur, la plupart des astronomes la né-
gligeaient. Cette théorie approfondie m'a fait voir qu'elle a pour cause
l'aplatissement de la Terre. Bürg l'a trouvée, par un grand nombre
d'observations de Maskelyne, égale à $20'',987$, ce qui répond à l'aplatissement $\frac{1}{305,05}$.

On peut encore déterminer cet aplatissement au moyen d'une inégalité du mouvement lunaire en latitude, que la théorie m'a fait connaître, et qui dépend du sinus de la longitude vraie de la Lune : elle
est le résultat d'une nutation dans l'orbe lunaire, produite par l'action
du sphéroïde terrestre, et correspondante à celle que la Lune produit
dans notre équateur, de manière que l'une de ces nutations est la
réaction de l'autre; et si toutes les molécules de la Terre et de la Lune
étaient fixement liées entre elles par des droites inflexibles et sans
masse, le système entier serait en équilibre autour du centre de gravité de la Terre, en vertu des forces qui produisent ces deux nutations,
la force qui anime la Lune compensant sa petitesse par la longueur du
levier auquel elle serait attachée. On peut représenter cette inégalité

en latitude, en concevant que l'orbe lunaire, au lieu de se mouvoir uniformément sur l'écliptique avec une inclinaison constante, se meut avec les mêmes conditions sur un plan très-peu incliné à l'écliptique, et passant constamment par les équinoxes, entre l'écliptique et l'équateur, phénomène que nous retrouverons d'une manière encore plus sensible dans la théorie des satellites de Jupiter. Ainsi, cette inégalité diminue l'inclinaison de l'orbite lunaire à l'écliptique lorsque le nœud ascendant de cette orbite coïncide avec l'équinoxe du printemps; elle l'augmente lorsque ce nœud coïncide avec l'équinoxe d'automne, ce qui, ayant eu lieu en 1755, a rendu trop grande l'inclinaison que Mason a déterminée par les observations de Bradley, de 1750 à 1760. En effet, Bürg, qui l'a déterminée par des observations faites dans un plus long intervalle, et en ayant égard à l'inégalité précédente, a trouvé une inclinaison plus petite de $11'',42$. Cet astronome a bien voulu, à ma prière, déterminer le coefficient de cette inégalité par un très-grand nombre d'observations, et il l'a trouvé égal à $-24'',6914$; il en résulte $\frac{1}{304,6}$ pour l'aplatissement de la Terre, le même à très-peu près que donne l'inégalité précédente du mouvement en longitude. Ainsi la Lune, par l'observation de ses mouvements, rend sensible à l'Astronomie perfectionnée l'ellipticité de la Terre, dont elle fit connaître la rondeur aux premiers astronomes par ses éclipses. Les expériences du pendule semblent indiquer un aplatissement un peu moindre, comme on l'a vu dans le Livre III : cette différence peut dépendre des termes par lesquels la Terre s'écarte de la figure elliptique, et qui, peu sensibles dans l'expression de la longueur du pendule, deviennent insensibles à la distance de la Lune.

Les deux inégalités précédentes méritent toute l'attention des observateurs, car elles ont sur les mesures géodésiques l'avantage de donner l'aplatissement de la Terre d'une manière moins dépendante des irrégularités de sa figure. Si la Terre était homogène, elles seraient beaucoup plus grandes que suivant les observations, qui concourent ainsi avec les phénomènes de la précession des équinoxes et de la variation de la pesanteur à exclure l'homogénéité de la Terre. Il en résulte encore que la pesanteur de la Lune vers la Terre se compose des attractions de toutes les molécules de cette planète, ce qui fournit une nouvelle preuve de l'attraction de toutes les parties de la matière.

La théorie, combinée avec les expériences du pendule, les mesures géodésiques et les phénomènes des marées, donne la constante de l'expression de la parallaxe lunaire plus petite que suivant les Tables de Mason. Elle est très-peu différente de celle que Bürg a déterminée par un grand nombre d'observations de la Lune, d'éclipses de Soleil et d'occultations d'étoiles par la Lune. Il suffit de diminuer un peu la masse de ce satellite, déterminée par les phénomènes des marées, pour faire coïncider cette constante avec le résultat de cet habile astronome, et cette diminution est indiquée par les observations de l'équation lunaire des Tables du Soleil et de la nutation de l'axe terrestre, ce qui semble prouver que, dans le port de Brest, le rapport de l'action de la Lune à celle du Soleil sur la mer est sensiblement augmenté par les circonstances locales. Des observations ultérieures de tous ces phénomènes lèveront cette légère incertitude.

L'un des plus intéressants résultats de la théorie de la pesanteur est la connaissance des inégalités séculaires de la Lune. Les anciennes éclipses indiquaient, dans son mouvement moyen, une accélération dont on a cherché longtemps et inutilement la cause. Enfin la théorie m'a fait connaître qu'elle dépend des variations séculaires de l'excentricité de l'orbe terrestre; que la même cause ralentit les moyens mouvements du périgée de la Lune et de ses nœuds quand celui de la Lune s'accélère, et que les équations séculaires des moyens mouvements de la Lune, de son périgée et de ses nœuds, sont constamment dans le rapport des nombres 1, 3 et 0,74. Les siècles à venir développeront ces grandes inégalités, qui sont périodiques comme les variations de l'excentricité de l'orbe terrestre, dont elles dépendent, et qui produiront un jour des variations au moins égales au quarantième de la circonférence dans le mouvement séculaire de la Lune, et au douzième de la circonférence dans celui de son périgée. Déjà les observations

les confirment avec une précision remarquable : leur découverte me fit
juger qu'il fallait diminuer de quinze à seize minutes le mouvement
séculaire actuel du périgée lunaire, que les astronomes avaient conclu
par la comparaison des observations modernes aux anciennes. Toutes
les observations faites depuis un siècle ont mis hors de doute ce résultat de l'Analyse. On voit ici un exemple de la manière dont les phénomènes, en se développant, nous éclairent sur leurs véritables causes.
Lorsque la seule accélération du moyen mouvement de la Lune était
connue, on pouvait l'attribuer à la résistance de l'éther ou à la trans-
mission successive de la gravité; mais l'Analyse nous montre que ces
deux causes ne produisent aucune altération sensible dans les moyens
mouvements des nœuds et du périgée lunaire, ce qui suffirait pour les
exclure, quand même la vraie cause serait encore ignorée. L'accord de
la théorie avec les observations nous prouve que, si les moyens mouvements de la Lune sont altérés par des causes étrangères à l'action
de la pesanteur, leur influence est très-petite, et jusqu'à présent insensible.

Cet accord établit d'une manière certaine la constance de la durée
du jour, élément essentiel de toutes les théories astronomiques. Si
cette durée surpassait maintenant d'un centième de seconde celle du
temps d'Hipparque, la durée du siècle actuel serait plus grande qu'a-
lors de $365'',25$: dans cet intervalle, la Lune décrit un arc de $534'',6$;
le moyen mouvement séculaire actuel de la Lune en paraîtrait donc
augmenté de cette quantité, ce qui ajouterait $13'',51$ à son équation
séculaire, que je trouve, par la théorie, de $31'',4248$ pour le premier
siècle compté de 1750. Cette augmentation est incompatible avec les
observations, qui ne permettent pas de supposer une équation séculaire plus grande de $5''$ que celle qui résulte de mon analyse; on peut
donc affirmer que la durée du jour n'a pas varié d'un centième de seconde depuis Hipparque, ce qui confirme ce que j'ai trouvé *a priori*
dans le n° 12 du Livre V par la discussion de toutes les causes qui
peuvent l'altérer.

Pour ne rien omettre de ce qui peut influer sur le mouvement de la

Lune, j'ai considéré l'action directe des planètes sur ce satellite, et j'ai reconnu qu'elle est très-peu sensible. Mais le Soleil, en lui transmettant leur action sur les éléments de l'orbe terrestre, rend leur influence sur les mouvements lunaires très-remarquable, et beaucoup plus grande que sur ces éléments eux-mêmes; en sorte que la variation séculaire de l'excentricité de l'orbe terrestre est beaucoup plus sensible dans le mouvement de la Lune que dans celui de la Terre. C'est ainsi que l'action de la Lune sur la Terre, d'où résulte, dans le mouvement de cette planète, l'inégalité connue sous le nom d'*équation lunaire*, est, si je puis m'exprimer ainsi, réfléchie à la Lune par le moyen du Soleil, mais affaiblie à peu près dans le rapport de cinq à neuf. Cette considération nouvelle ajoute à l'action des planètes sur la Lune des termes plus considérables que ceux qui dépendent de leur action directe. Je développe les principales inégalités lunaires résultant des actions directes et indirectes des planètes sur la Lune; vu la précision à laquelle on a porté les Tables de la Lune, il serait utile d'y introduire ces inégalités.

La parallaxe de la Lune, l'excentricité et l'inclinaison de son orbite à l'écliptique vraie, et généralement les coefficients de toutes les inégalités lunaires sont pareillement assujettis à des variations séculaires; mais elles sont jusqu'à présent très-peu sensibles. C'est la raison pour laquelle on retrouve aujourd'hui la même inclinaison que Ptolémée avait conclue de ses observations, quoique l'obliquité de l'écliptique à l'équateur ait diminué sensiblement depuis cet astronome, en sorte que la variation séculaire de cette obliquité n'affecte que les déclinaisons de la Lune. Cependant, le coefficient de l'équation annuelle ayant pour facteur l'excentricité de l'orbe terrestre, sa variation est assez grande pour y avoir égard dans le calcul des anciennes éclipses.

Les nombreuses comparaisons que Bürg et Bouvard ont faites des Tables de Mason avec les observations lunaires de la fin du xviie siècle par La Hire et Flamsteed, du milieu du xviiie par Bradley, et avec la suite non interrompue des observations de Maskelyne depuis Bradley jusqu'à ce jour, présentent un résultat auquel on était loin de s'at-

tendre. Les observations de La Hire et de Flamsteed, comparées à
celles de Bradley, indiquent un mouvement séculaire plus grand de
quinze à vingt secondes que celui des Tables lunaires insérées dans la
troisième édition de l'*Astronomie* de Lalande, et qui, dans l'intervalle
de cent années juliennes, excède un nombre entier de circonférence
de $342°,09629$: les observations de Bradley, comparées aux dernières
observations de Maskelyne, donnent au contraire un mouvement séculaire plus petit de cent cinquante secondes au moins. Enfin, les observations faites depuis quinze à vingt ans prouvent que cette diminution
du mouvement de la Lune est maintenant croissante. De là résulte la
nécessité de retoucher sans cesse aux époques des Tables, imperfection
qu'il importe de faire disparaître. Elle indique évidemment l'existence
d'une ou de plusieurs inégalités inconnues à longues périodes, que la
théorie seule peut faire connaître. En l'examinant avec soin, je n'ai
remarqué aucune inégalité semblable dépendante de l'action des planètes. S'il en existait une dans la rotation de la Terre, elle se mani-
festerait dans le moyen mouvement de la Lune, et pourrait y produire
les anomalies observées; mais l'examen attentif de toutes les causes
qui peuvent altérer la rotation de la Terre m'a convaincu de plus en
plus que ses variations sont insensibles. Revenant donc à l'action du
Soleil sur la Lune, j'ai reconnu que cette action produit une inégalité
dont l'argument est le double de la longitude du nœud de l'orbite
lunaire, plus la longitude de son périgée, moins trois fois la longitude
du périgée du Soleil. Cette inégalité, dont la période est de 184 ans,
dépend du produit de ces quatre quantités : le carré de l'inclinaison
de l'orbe lunaire à l'écliptique, l'excentricité de cet orbe, le cube de
l'excentricité de l'orbe solaire et le rapport de la parallaxe du Soleil à
celle de la Lune; elle paraît ainsi devoir être insensible; mais les
grands diviseurs qu'elle acquiert par les intégrations peuvent la rendre
sensible, surtout si les termes les plus considérables dont elle se compose sont affectés du même signe. Il est très-difficile d'obtenir son
coefficient par la théorie, à cause du grand nombre de ses termes et
de l'extrême difficulté de les apprécier, difficulté beaucoup plus grande

encore qu'à l'égard des autres inégalités de la Lune; j'ai donc déterminé ce coefficient au moyen des observations faites depuis un siècle, et j'ai reconnu qu'il est égal à peu près à $47'',51$. Son introduction dans les Tables doit en changer les époques et le moyen mouvement. J'ai trouvé ainsi qu'il faut diminuer de $98'',654$ le moyen mouvement séculaire des Tables de la troisième édition de l'*Astronomie* de Lalande, et j'en ai conclu la formule suivante, qui doit être appliquée à la longitude moyenne donnée par ces Tables, dont l'époque en 1750 est $209°,20820$,

$$(-39'',11 - 98'',654 . i + 47'',51 . \sin E',$$

i étant le nombre des siècles écoulés depuis 1750, E étant le double de la longitude du nœud de l'orbite lunaire, plus la longitude de son périgée, moins trois fois la longitude du périgée du Soleil. Cette formule représente avec une précision remarquable les corrections des époques de ces Tables, déterminées par un très-grand nombre d'observations pour les six époques de 1691, 1756, 1766, 1779, 1789 et 1801; et comme la théorie, examinée avec la plus scrupuleuse attention, ne m'a point indiqué d'autres inégalités lunaires à longues périodes, il me paraît certain que les anomalies observées dans le moyen mouvement de la Lune dépendent de l'inégalité précédente; je ne balance donc point à la proposer aux astronomes comme le seul moyen de corriger ces anomalies.

On voit par cet exposé combien d'éléments intéressants et délicats l'Analyse a su tirer des observations de la Lune, et combien il importe de multiplier et de perfectionner ces observations, qui, par leur grand nombre et leur précision, mettront de plus en plus en évidence ces divers résultats de l'Analyse.

L'erreur des Tables formées d'après la théorie que je présente dans ce Livre ne s'élèverait à cent secondes que dans des cas fort rares; ces Tables donneraient donc, avec une exactitude suffisante, la longitude sur la mer. Il est très-facile de les réduire à la forme des Tables de Mayer; mais comme, dans le problème des longitudes, on se propose

de trouver le temps qui correspond à une longitude vraie observée de
la Lune, il y a quelque avantage à réduire en Tables l'expression du
temps en fonction de cette longitude. Vu l'extrême complication des
approximations successives et la précision des observations modernes,
la plupart des inégalités lunaires ont été jusqu'ici mieux déterminées
par les observations que par l'Analyse. Ainsi, en empruntant de la
théorie ce qu'elle donne avec exactitude et la forme de tous les arguments; en rectifiant ensuite, par la comparaison d'un très-grand
nombre d'observations, ce qu'elle donne par des approximations qui
laissent quelque incertitude, on doit parvenir à des Tables très-précises. C'est la méthode que Mayer et Mason ont employée avec succès,
et, en dernier lieu, Bürg, en la suivant et s'aidant des nouveaux progrès de la théorie lunaire, vient de construire des Tables dont les plus
grandes erreurs sont au-dessous de quarante secondes. Cependant il
serait utile, pour la perfection des théories astronomiques, que toutes
les Tables dérivassent du seul principe de la pesanteur universelle,
en n'empruntant de l'observation que les données indispensables. J'ose
croire que l'analyse suivante laisse peu de chose à faire pour procurer
cet avantage aux Tables de la Lune, et qu'en portant plus loin encore
les approximations, on y parviendra bientôt, du moins à l'égard des
inégalités périodiques; car, quelque précision que l'on apporte dans
les calculs, les mouvements des nœuds et du périgée seront toujours
mieux déterminés par les observations.

CHAPITRE PREMIER.

INTÉGRATION DES ÉQUATIONS DIFFÉRENTIELLES DU MOUVEMENT LUNAIRE.

1. Reprenons les équations différentielles (K) du n° 15 du Livre II, et donnons-leur la forme suivante

$$(\mathrm{L})\begin{cases} dt = \dfrac{dv}{hu^2\sqrt{1 + \dfrac{2}{h^2}\displaystyle\int \dfrac{\partial Q}{\partial v}\dfrac{dv}{u^2}}}, \\[3ex] 0 = \left(\dfrac{d^2 u}{dv^2} + u\right)\left(1 + \dfrac{2}{h^2}\displaystyle\int \dfrac{\partial Q}{\partial v}\dfrac{dv}{u^2}\right) + \dfrac{du}{h^2 u^2 \, dv}\dfrac{\partial Q}{\partial v} - \dfrac{1}{h^2}\dfrac{\partial Q}{\partial u} - \dfrac{s}{h^2 u}\dfrac{\partial Q}{\partial s}, \\[3ex] 0 = \left(\dfrac{d^2 s}{dv^2} + s\right)\left(1 + \dfrac{2}{h^2}\displaystyle\int \dfrac{\partial Q}{\partial v}\dfrac{dv}{u^2}\right) + \dfrac{1}{h^2 u^2}\dfrac{ds}{dv}\dfrac{\partial Q}{\partial v} - \dfrac{s}{h^2 u}\dfrac{\partial Q}{\partial u} - \dfrac{1+s^2}{h^2 u^2}\dfrac{\partial Q}{\partial s}. \end{cases}$$

Dans ces équations, t exprime le temps, et l'on a

$$Q = \frac{M + m}{r} - \frac{m'(xx' + yy' + zz')}{r'^3} + \frac{m'}{\sqrt{(x' - x)^2 + (y' - y)^2 + (z' - z)^2}}.$$

M, m et m' sont les masses de la Terre, de la Lune et du Soleil; x, y, z sont les coordonnées de la Lune, rapportées au centre de gravité de la Terre et à une écliptique fixe; x', y', z' sont les coordonnées du Soleil; r et r' sont les rayons vecteurs de la Lune et du Soleil; s est la tangente de la latitude de la Lune au-dessus du plan fixe; $\frac{1}{u}$ est la projection de son rayon vecteur sur le même plan; v est l'angle fait par cette projection et par l'axe des x; enfin h^2 est une constante arbitraire dépendante principalement de la distance de la Lune à la Terre.

La valeur précédente de Q suppose la Terre et la Lune sphériques.

Pour avoir sa vraie valeur due à la non-sphéricité de ces corps, nous observerons que, par les propriétés du centre de gravité, il faut transporter au centre de gravité de la Lune : 1° toutes les forces dont chacune de ses molécules est animée par l'action des molécules de la Terre, et diviser leur somme par la masse entière de la Lune; 2° les forces dont le centre de gravité de la Terre est animé par l'action de la Lune, prises en sens contraire. Cela posé, il est facile de voir que, dM étant une molécule de la Terre, et dm une molécule de la Lune dont la distance à la molécule dM est f, on aura les forces dont le centre de gravité de la Lune est animé dans son mouvement relatif autour de la Terre, au moyen des différences partielles de la double intégrale

$$\frac{M+m}{Mm} \int \int \frac{dM\,dm}{f},$$

prises par rapport aux coordonnées du centre de la Lune. Ainsi l'on doit substituer cette fonction à $\frac{M+m}{r}$ dans l'expression précédente de Q. Si la Lune était sphérique, on pourrait, par le n° 12 du Livre II, supposer sa masse entière réunie à son centre de gravité; on aurait donc alors $\int \int \frac{dM\,dm}{f}$ égal à la masse m de la Lune, multipliée par la somme de toutes les molécules de la Terre, divisées par leurs distances respectives au centre de la Lune; en nommant ainsi V cette somme, on aurait

$$\int \int \frac{dM\,dm}{f} = mV.$$

V serait égal à $\frac{M}{r}$ si la Terre était sphérique; en désignant donc $V - \frac{M}{r}$ par δV, $m\delta V$ sera la partie de l'intégrale $\int \int \frac{dM\,dm}{f}$ due à la non-sphéricité de la Terre. Si l'on nomme pareillement V' la somme des molécules de la Lune, divisées par leurs distances au centre de gravité de la Terre supposée sphérique, on aura

$$\int \int \frac{dM\,dm}{f} = MV';$$

en désignant ainsi par $\delta V'$ la différence $V' - \dfrac{m}{r}$, $M \delta V'$ sera la partie de l'intégrale $\displaystyle\int\int \dfrac{dM\,dm}{f}$, due à la non-sphéricité de la Lune; on aura donc, à très-peu près,

$$\frac{M + m}{M\,m} \int\int \frac{dM\,dm}{f} = \frac{M + m}{r} + (M + m)\left(\frac{\delta V}{M} + \frac{\delta V'}{m}\right).$$

Il faut, par conséquent, augmenter, dans l'expression précédente de Q, $\dfrac{M + m}{r}$ de la quantité

$$(M + m)\left(\frac{\delta V}{M} + \frac{\delta V'}{m}\right),$$

pour avoir égard à la non-sphéricité de la Terre et de la Lune.

2. Supposons d'abord ces deux corps sphériques, et développons l'expression de Q en série. On a

$$\frac{1}{\sqrt{(x' - x)^2 + (y' - y)^2 + (z' - z)^2}} = \frac{1}{\sqrt{r'^2 + r^2 - 2xx' - 2yy' - 2zz'}}$$

Ce second membre, développé suivant les puissances descendantes de r', devient

$$\frac{1}{r'} + \frac{xx' + yy' + zz' - \frac{1}{2}r^2}{r'^3} + \frac{3}{2}\frac{(xx' + yy' + zz' - \frac{1}{2}r^2)^2}{r'^5}$$
$$+ \frac{5}{2}\frac{(xx' + yy' + zz' - \frac{1}{2}r^2)^3}{r'^7} + \dots$$

Prenons pour unité de masse la somme $M + m$ des masses de la Terre et de la Lune, et observons que

$$r = \frac{\sqrt{1 - s^2}}{u},$$

$$x = \frac{\cos v}{u},$$

$$y = \frac{\sin v}{u},$$

$$z = \frac{s}{u}.$$

Marquons d'un trait pour le Soleil les quantités u, s et v relatives à la Terre; nous aurons

$$Q = \frac{u}{\sqrt{1+s^2}} + \frac{m'\mu'}{\sqrt{1+s'^2}} \cdot \left\{ \begin{array}{l} 1 + \dfrac{3}{2} \dfrac{[uu'\cos(v-v') + uu'ss' - \frac{1}{2}u'^2(1+s^2)]^2}{(1+s'^2)^2 \cdot u^4} \\[2ex] + \dfrac{5}{2} \dfrac{[uu'\cos(v-v') + uu'ss' - \frac{1}{2}u'^2(1+s^2)]^3}{(1+s'^2)^3 \cdot u^6} + \ldots \\[2ex] - \dfrac{(1+s^2)\,u'^2}{2(1+s'^2)\,u^2} \end{array} \right\}.$$

La distance du Soleil à la Terre étant à très-peu près quatre cents fois plus grande que celle de la Lune, u' est très-petit relativement à u; ainsi l'on peut, dans la théorie lunaire, négliger les termes de l'ordre u'^3. On peut encore simplifier les calculs en prenant pour plan de projection celui de l'écliptique. A la vérité, ce dernier plan n'est pas fixe; mais dans son mouvement séculaire il emporte l'orbite de la Lune, de manière que l'inclinaison moyenne de cette orbite sur lui reste constante, en sorte que les phénomènes dépendants de cette inclinaison respective sont toujours les mêmes.

3. Pour le faire voir, nous observerons que s' est, comme il résulte du n° 59 du Livre II, égal à une suite de termes de la forme $k\sin(v' + it + \varepsilon)$; nous la représenterons par

$$\Sigma k \sin(v' + it + \varepsilon),$$

i étant un coefficient extrêmement petit, dont nous négligerons le produit par $m'u'^3$. La valeur de s sera, en négligeant les quantités de l'ordre s^3, égale à $\Sigma k \sin(v + it + \varepsilon) \div s_{,}$, $s_{,}$ étant la tangente de la latitude de la Lune au-dessus de l'écliptique vraie. Cela posé, on aura

$$\frac{ds}{dv}\frac{\partial Q}{\partial v} - us\frac{\partial Q}{\partial u} - (1+s^2)\frac{\partial Q}{\partial s}$$
$$= \frac{3m'u'^3}{u^2}\left[\cos(v-v') - \frac{u'}{2u} + \frac{5u'}{2u}\cos^2(v-v') + \ldots\right]\left[s\cos(v-v') - \frac{ds}{dv}\sin(v-v') - s'\right].$$

En substituant dans le second membre de cette équation, au lieu de s,

$\Sigma k \sin(v + it + \varepsilon) + s_{,}$, et au lieu de s', $\Sigma k \sin(v' + it + \varepsilon)$, il devient

$$\frac{3 m' u'^3}{u^2} \left[\cos(v - v') - \frac{u'}{2u} + \frac{5 u'}{2u} \cos^2(v - v') + \ldots \right] \left[s_{,} \cos(v - v') - \frac{ds_{,}}{dv} \sin(v - v') \right].$$

La troisième des équations (L) du n° 1 donne, par conséquent,

$$o = \frac{d^2 s}{dv^2} + s + \frac{\frac{3}{2} m' u'^3 s_{,} + \ldots}{u' \left(h^2 + 2 \int \frac{\partial Q}{\partial v} \frac{dv}{u^2} \right)},$$

ou

$$o = \frac{d^2 s}{dv^2} + s + \frac{\frac{3}{2} m' u'^3 s_{,}}{h^2 u'} + \ldots.$$

Si l'on néglige les excentricités et les inclinaisons des orbites, on a $u = \frac{1}{a}$, $u' = \frac{1}{a'}$, a' et a étant les moyennes distances du Soleil et de la Lune à la Terre; on verra dans le numéro suivant que $h^2 = a$ à fort peu près; on aura donc

$$o = \frac{d^2 s}{dv^2} + s + \frac{3}{2} m' \frac{a^1}{a'^3} s_{,} + \ldots.$$

Nommons mt le moyen mouvement du Soleil, m n'exprimant plus ici la masse de la Lune; on aura, par le n° 16 du Livre II, $m^2 = \frac{m'}{a'^3}$. Si l'on suppose ensuite que le temps t soit représenté par le moyen mouvement de la Lune, ce que l'on peut toujours faire, on aura $\frac{1}{a^3} = 1$; partant,

$$o = \frac{d^2 s}{dv^2} + s + \frac{3}{2} m^2 s_{,} + \ldots.$$

Substituons dans cette équation $\Sigma k \sin(v + it + \varepsilon) + s_{,}$ au lieu de $s_{,}$ et observons que l'on peut ici changer it dans iv; on aura

$$o = \frac{d^2 s_{,}}{dv^2} + \left(1 + \frac{3}{2} m^2 \right) s_{,} + \Sigma k \left[1 - (i + 1)^2 \right] \sin(v + iv + \varepsilon) + \ldots,$$

ce qui donne, pour la partie de $s_{,}$ relative au mouvement séculaire de l'écliptique,

$$s_{,} = \frac{\Sigma (2i + i^2) k \sin(v + iv + \varepsilon)}{\frac{3}{2} m^2 - 2i - i^2}.$$

Cette dernière quantité est insensible; car, iv s'élevant au plus à cinquante secondes par année, et $\frac{3}{2}m^2v$, qui exprime à peu près, comme on le verra dans la suite, le mouvement rétrograde du nœud, surpassant 20°, $\frac{3}{2}m^2$ est au moins quatre mille fois plus grand que $2i$; on peut donc négliger le terme

$$\Sigma k\left[1-(i+1)^2\right]\sin(v+iv+\varepsilon)$$

dans l'équation différentielle en s_i, et alors cette équation est indépendante de tout ce qui a rapport au mouvement séculaire de l'écliptique. L'inclinaison moyenne de l'orbite lunaire à l'écliptique vraie est une des arbitraires de l'intégrale de cette équation; on voit donc qu'à raison de la rapidité du mouvement des nœuds de la Lune, cette inclinaison est constante, et la latitude s, de la Lune au-dessus de l'écliptique vraie est la même que dans le cas où cette écliptique serait immobile; nous pourrons conséquemment supposer dans les recherches suivantes $s'=0$, ce qui simplifiera les calculs.

Nous aurons de cette manière, en négligeant les quantités des ordres $m'u'^3s'$ et $m'u'^5$,

$$Q = -\frac{u}{\sqrt{1+s^2}} + m'u' + \frac{m'u'^3}{4u^2}\left[1+3\cos(2v-2v')-3s^2\right]$$
$$+ \frac{m'u'^4}{8u^3}\left[3(1-\tfrac{4}{3}s^2)\cos(v-v')+5\cos(3v-3v')\right],$$

d'où l'on tire, en négligeant les quantités de l'ordre $m'u'^4s^3$,

$$\frac{\partial Q}{\partial u}+\frac{s}{u}\frac{\partial Q}{\partial s} = -\frac{1}{(1+s^2)^{\frac{3}{2}}} - \frac{m'u'^3}{2u^3}\left[1+3\cos(2v-2v')\right]$$
$$-\frac{3m'u'^4}{8u^4}\left[(3-\tfrac{4}{3}s^2)\cos(v-v')+5\cos(3v-3v')\right],$$

$$\frac{\partial Q}{\partial v} = -\frac{3m'u'^3}{2u^2}\sin(2v-2v')-\frac{m'u'^4}{8u^3}\left[3(1-\tfrac{4}{3}s^2)\sin(v-v')+15\sin(3v-3v')\right],$$

$$\frac{\partial Q}{\partial s} = -\frac{us}{(1+s^2)^{\frac{3}{2}}} - \frac{m'u'^3s}{u^2} - \frac{3m'u'^4s}{u^3}\cos(v-v').$$

4. Pour intégrer les équations (L) du n° 1, nous observerons que, sans la force perturbatrice du Soleil, la Lune décrirait une ellipse dont le centre de la Terre occuperait un des foyers. On aurait alors, par le n° 16 du Livre II,

$$ s = \gamma \sin(v - \theta), $$

$$ u = \frac{1}{h^2(1 + \gamma^2)} \left[\sqrt{1 + s^2} + e \cos(v - \varpi) \right], $$

équations dans lesquelles γ est la tangente de l'inclinaison de l'orbite lunaire, θ est la longitude de son nœud ascendant, e et ϖ sont deux arbitraires dépendantes principalement de l'excentricité de l'orbite et de la position du périhélie. γ et e sont des quantités fort petites; en négligeant la quatrième puissance de γ, on aura

$$ u = \frac{1}{h^2(1 + \gamma^2)} \left[1 + \tfrac{1}{4}\gamma^2 + e \cos(v - \varpi) - \tfrac{1}{4}\gamma^2 \cos(2v - 2\theta) \right]. $$

Cette valeur de u suppose l'ellipse lunaire immobile; mais on verra bientôt qu'en vertu de l'action du Soleil, les nœuds et le périgée de cette ellipse sont en mouvement. Alors, en désignant par $(1 - c)v$ le mouvement direct du périgée, et par $(g - 1)v$ le mouvement rétrograde des nœuds, on aura

$$ s = \gamma \sin(gv - \theta), $$

$$ u = \frac{1}{h^2(1 + \gamma^2)} \left[1 + \tfrac{1}{4}\gamma^2 + e \cos(cv - \varpi) - \tfrac{1}{4}\gamma^2 \cos(2gv - 2\theta) \right]. $$

Si l'on substitue cette valeur de u dans l'expression de dt du n° 1, et si l'on observe qu'en négligeant l'attraction solaire, $\frac{\partial Q}{\partial v}$ est nul, on aura

$$ dt = h^3 dv \left\{ \begin{array}{l} 1 - \tfrac{3}{2}(e^2 + \gamma^2) - 2e\left(1 + \tfrac{3}{2}e^2 + \tfrac{5}{4}\gamma^2\right)\cos(cv - \varpi) \\[4pt] + \tfrac{3}{2}e^2 \cos(2cv - 2\varpi) - e^3 \cos(3cv - 3\varpi) + \tfrac{1}{2}\gamma^2 \cos(2gv - 2\theta) \\[4pt] - \tfrac{1}{2}e\gamma^2\left[\cos(2gv + cv - 2\theta - \varpi) + \cos(2gv - cv - 2\theta + \varpi)\right] \end{array} \right\}. $$

ce qui donne, en intégrant,

$$t = \text{const.} + h^3 v\left(1 + \tfrac{3}{2}e^2 + \tfrac{3}{2}\gamma^2\right) - \frac{2h^3 e}{c}\left(1 + \tfrac{3}{2}e^2 + \tfrac{5}{4}\gamma^2\right)\sin(cv - \varpi)$$

$$+ \frac{3h^3 e^2}{4c}\sin(2cv - 2\varpi) - \frac{h^3 e^3}{3c}\sin(3cv - 3\varpi) + \frac{h^3 \gamma^2}{4g}\cdot\sin(2gv - 2\theta)$$

$$- \frac{3h^3 e\gamma^2}{4(2g + c)}\sin(2gv + cv - 2\theta - \varpi) - \frac{3h^3 e\gamma^2}{4(2g - c)}\sin(2gv - cv - 2\theta + \varpi).$$

Les coefficients de cette intégrale sont un peu modifiés par l'action du Soleil, comme on le verra dans la suite.

Dans l'hypothèse elliptique, le coefficient de v de cette expression est, par le n° 16 du Livre II, égal à $a^{\frac{3}{2}}$, ce qui donne

$$h^3\left(1 + \tfrac{3}{2}e^2 + \tfrac{3}{2}\gamma^2\right) = a^{\frac{3}{2}},$$

a étant le demi-grand axe de l'ellipse; on a donc alors

$$h = a^{\frac{1}{2}}\left(1 - \tfrac{1}{2}e^2 - \tfrac{1}{2}\gamma^2\right),$$

et par conséquent,

$$u = \frac{1}{a}\left[1 + e^2 + \tfrac{1}{4}\gamma^2 + e(1 + e^2)\cos(cv - \varpi) - \tfrac{1}{4}\gamma^2\cos(2gv - 2\theta)\right].$$

En faisant ensuite $n = a^{-\frac{3}{2}}$, on aura

$$nt + \varepsilon = v - \frac{2e}{c}\left(1 - \tfrac{1}{4}\gamma^2\right)\sin(cv - \varpi) + \frac{3e^2}{4c}\cdot\sin(2cv - 2\varpi)$$

$$- \frac{e^3}{3c}\sin(3cv - 3\varpi) + \frac{\gamma^2}{4g}\sin(2gv - 2\theta)$$

$$- \frac{3e\gamma^2}{4(2g + c)}\sin(2gv + cv - 2\theta - \varpi)$$

$$- \frac{3e\gamma^2}{4(2g - c)}\sin(2gv - cv - 2\theta + \varpi),$$

ε étant une arbitraire. Dans la substitution de $nt + \varepsilon$, on pourra supposer c et g égaux à l'unité, et négliger les quantités de l'ordre e^3 ou $e\gamma^2$ dans les coefficients des sinus. On aura ainsi, en conservant le terme dépendant de $\sin(2gv - cv - 2\theta + \varpi)$, qui nous sera utile.

$$nt + \varepsilon = v - 2e\sin(cv - \varpi) + \tfrac{3}{4}e^2\sin(2cv - 2\varpi) + \tfrac{1}{4}\gamma^2\sin(2gv - 2\theta)$$
$$- \tfrac{3}{4}e\gamma^2\sin(2gv - cv - 2\theta + \varpi).$$

En marquant d'un trait pour le Soleil les quantités relatives à la Lune, et observant que $\gamma' = 0$, on aura

$$n't + \varepsilon' = v' - 2e'\sin(c'v' - \varpi') + \tfrac{3}{4}e'^2\sin(2c'v' - 2\varpi'),$$
$$u' = \frac{1}{a'}\left[1 + e'^2 + e'(1 + e'^2)\cos(c'v' - \varpi') \right].$$

L'origine du temps t étant arbitraire, nous pouvons supposer ε et ε' nuls, et alors, en faisant $\dfrac{n'}{n} = m$, la comparaison des valeurs de nt et de $n't$ donnera

$$v' - 2e'\sin(c'v' - \varpi') + \tfrac{3}{4}e'^2\sin(2c'v' - 2\varpi')$$
$$= mv - 2me\sin(cv - \varpi) + \tfrac{3}{4}me^2\sin(2cv - 2\varpi)$$
$$+ \tfrac{1}{4}m\gamma^2\sin(2gv - 2\theta) - \tfrac{3}{4}me\gamma^2\sin(2gv - cv - 2\theta + \varpi),$$

d'où l'on tire, en observant que c' est extrêmement peu différent de l'unité,

$$v' = mv - 2me\sin(cv - \varpi) + \tfrac{3}{4}me^2\sin(2cv - 2\varpi)$$
$$+ \tfrac{1}{4}m\gamma^2\sin(2gv - 2\theta) - \tfrac{3}{4}me\gamma^2\sin(2gv - cv - 2\theta + \varpi)$$
$$+ 2e'(1 - \tfrac{1}{8}e'^2)\sin(c'mv - \varpi') - 2mee'\sin(cv + c'mv - \varpi - \varpi')$$
$$- 2mee'\sin(cv - c'mv - \varpi + \varpi') + \tfrac{5}{4}e'^2\sin(2c'mv - 2\varpi'),$$

$$u' = \frac{1}{a'}\left\{ \begin{array}{l} 1 + e'(1 - \tfrac{1}{8}e'^2)\cos(c'mv - \varpi') + e'^2\cos(2c'mv - 2\varpi') \\ + mee'\cos(cv - c'mv - \varpi + \varpi') - mee'\cos(cv + c'mv - \varpi - \varpi') \end{array} \right\}.$$

5. On substituera ces valeurs de u, u', s et v' dans l'expression de Q et de ses différences partielles, que l'on développera ainsi en sinus et cosinus d'angles proportionnels à v; mais il est nécessaire, pour ce développement, d'établir quelques principes relatifs au degré de petitesse des quantités qui entrent dans ces fonctions et à l'influence des intégrations successives sur leurs différents termes.

La valeur de m est à peu près égale à la fraction $\frac{1}{13}$; nous la regarderons comme une quantité très-petite du premier ordre. Les excentricités des orbites du Soleil et de la Lune et l'inclinaison de l'orbite lunaire à l'écliptique sont à peu près du même degré de petitesse. Nous regarderons ainsi les carrés et les produits de ces quantités comme très-petits du second ordre; leurs cubes et leurs produits de trois dimensions, comme très-petits du troisième ordre, et ainsi de suite. La force perturbatrice du Soleil est de l'ordre $\frac{m'u'^3}{u^3}$, et l'on a vu, dans le n° 3, que cette quantité est de l'ordre m^2, ou du second ordre. La fraction $\frac{a}{a'}$ étant à peu près égale à $\frac{1}{400}$, elle peut être considérée comme étant du second ordre. Nous porterons d'abord les approximations jusqu'aux inégalités du troisième ordre inclusivement, et, dans le calcul de ces inégalités, nous aurons égard aux quantités du quatrième ordre; mais il faut une attention particulière pour ne laisser échapper dans les intégrales aucune quantité de cet ordre.

Le développement de la seconde des équations (L) du n° 1 lui donne la forme suivante

$$o = \frac{d^2 u}{dv^2} + N^2 u + \mathrm{II},$$

N^2 ne différant de l'unité que d'une quantité de l'ordre m^2, et II étant une suite de cosinus de la forme $k\cos(iv + \varepsilon)$. La partie de u relative à ce cosinus est, par le n° 41 du Livre II, égale à

$$\frac{k}{i^2 - N^2}\cos(iv + \varepsilon);$$

or il est clair que, si i^2 ne diffère de l'unité que d'une quantité de l'ordre m, le terme $k\cos(iv + \varepsilon)$ acquiert par l'intégration un diviseur de cet ordre, et par conséquent il devient beaucoup plus considérable et de l'ordre $r - 1$, s'il est de l'ordre r dans l'équation différentielle. On verra dans la suite que c'est à cela qu'est due la grandeur de l'inégalité nommée *évection*.

Les termes dans lesquels i est fort petit, et qui ne se rapportent qu'au mouvement du Soleil, n'augmentent point par l'intégration dans la valeur de u; mais il est visible, par la première des équations (L) du n° 1, que ces termes acquièrent le diviseur i par l'intégration, dans l'expression du temps t; il faut donc faire une grande attention à ces termes. C'est de là que dépend la grandeur de l'équation nommée *équation annuelle*.

Les termes de la forme $k\,dv\sin(iv+\varepsilon)$ de l'expression de $\dfrac{\partial Q}{\partial v}\dfrac{dv}{u^2}$ acquièrent, par l'intégration de cette expression différentielle, un diviseur de l'ordre i dans la valeur de u; d'où il semble que, dans l'expression du temps t, ils doivent acquérir un diviseur de l'ordre i^2, ce qui rendrait ces termes fort grands, lorsque i est très-petit; mais il est essentiel d'observer que cela n'est pas, et que, si l'on n'a égard qu'à la première puissance de la force perturbatrice, ces termes n'ont point, dans l'expression du temps, de diviseur de l'ordre i^2. Pour le faire voir, nous observerons que, par le Chapitre VIII du Livre II, l'expression de v en fonction du temps ne peut acquérir de diviseur de l'ordre i^2 que par la fonction $-3a\int n\,dt\int dQ$, la différentielle dQ étant uniquement relative aux coordonnées de la Lune. Si Q contient un terme de la forme $k\cos(it+\varepsilon)$, i étant fort petit, ce terme ne peut acquérir un diviseur de l'ordre i^2 qu'autant que dQ n'acquiert point un multiplicateur de l'ordre i; la partie de l'angle it relative à la Lune ne peut dépendre que des moyens mouvements de la Lune, de son périgée et de ses nœuds, lorsque l'on n'a point égard au carré de la force perturbatrice; cette partie, si i est fort petit, ne dépend point du moyen mouvement de la Lune; elle ne peut donc alors dépendre que des mouvements de son périgée et de ses nœuds. Dans ce cas, dQ acquiert un multiplicateur de l'ordre de ces mouvements, c'est-à-dire du second ordre, ce qui fait perdre au terme dont il s'agit son diviseur de l'ordre i^2. Les angles croissant avec lenteur n'ont donc, dans l'expression de la longitude vraie en fonction du temps, qu'un diviseur de l'ordre i; il est aisé d'en conclure que cela a également

26.

lieu dans l'expression du temps en fonction de la longitude vraie. Mais si l'on a égard au carré de la force perturbatrice, la partie de l'angle u relative aux coordonnées de la Lune peut renfermer le moyen mouvement du Soleil, et alors la différentielle dQ n'acquiert qu'un multiplicateur du premier ordre ou de l'ordre de m. On pourra, d'après ces principes, juger de l'ordre auquel les divers termes des équations différentielles s'abaissent dans les expressions finies des coordonnées.

6. Développons, d'après ces considérations, les différents termes de la seconde des équations (L) du n° 1. Dans l'hypothèse elliptique, la partie constante de u serait $\frac{1}{a}(1 + e^2 + \frac{1}{4}\gamma^2 + \mathcal{C})$, $\mathcal{C}$ étant une fonction de la quatrième dimension en e et γ, et l'on aurait

$$h^2 = a(1 - e^2 - \gamma^2 + \mathcal{C}'),$$

$\mathcal{C}'$ étant pareillement une fonction de la quatrième dimension en e et γ. L'action du Soleil altère cette partie constante de u; mais, a étant arbitraire, nous pouvons supposer que $\frac{1}{a}(1 + e^2 + \frac{1}{4}\gamma^2 + \mathcal{C})$ représente toujours la partie constante de u. Dans ce cas, on n'aura plus $h^2 = a(1 - e^2 - \gamma^2 + \mathcal{C}')$; nous ferons alors $h^2 = a_{,}(1 - e^2 - \gamma^2 + \mathcal{C}')$, $a_{,}$ étant une arbitraire qui, sans l'action du Soleil, coïnciderait avec a. Nous ferons ensuite $\frac{m'a^3}{a'^3} = m^2$. Cela posé, le terme $\frac{m'u'^3}{2h^2u^3}$ de l'expression de $-\frac{1}{h^2}\frac{\partial Q}{\partial u} - \frac{s}{h^2u}\frac{\partial Q}{\partial s}$ deviendra, par son développement,

$$\frac{m^2}{2a_{,}}\left\{\begin{aligned}
&1 + e^2 + \tfrac{1}{4}\gamma^2 + \tfrac{3}{2}e'^2 \\
&- 3e\left(1 + \tfrac{1}{2}e^2 + \tfrac{3}{2}e'^2\right)\cos(cv - \varpi) \\
&+ 3e'\left(1 + e^2 + \tfrac{1}{4}\gamma^2 + \tfrac{9}{8}e'^2\right)\cos(c'mv - \varpi') \\
&- \tfrac{3}{2}(3 + 2m)\,ee'\cos(cv + c'mv - \varpi - \varpi') \\
&- \tfrac{3}{2}(3 - 2m)\,ee'\cos(cv - c'mv - \varpi + \varpi') \\
&+ 3e^2\cos(2cv - 2\varpi) \\
&+ \tfrac{3}{4}\gamma^2\cos(2gv - 2\theta) \\
&+ \tfrac{9}{2}e'^2\cos(2c'mv - 2\varpi') \\
&- \tfrac{3}{2}e\gamma^2\cos(2gv - cv - 2\theta + \varpi)
\end{aligned}\right\}.$$

Pour développer le terme $\dfrac{3m'u'^3}{2h^2u^3}\cos(2v-2v')$ de l'expression de
$-\dfrac{1}{h^2}\dfrac{\partial Q}{\partial u}-\dfrac{s}{h^2u}\dfrac{\partial Q}{\partial s}$, nous allons d'abord donner le développement de
$3m'u'^3\cos(2v-2v')$. Ce terme développé devient

$$\frac{3m'}{a'^3}\left\{\begin{array}{l}
\left(1-\tfrac{5}{2}e'^2-4m^2e^2\right)\cos(2v-2mv)\\[4pt]
+\tfrac{7}{2}e'\cos(2v-2mv-c'mv+\varpi')\\[4pt]
-\tfrac{1}{2}e'\cos(2v-2mv+c'mv-\varpi')\\[4pt]
+2me\cos(2v-2mv+cv-\varpi)\\[4pt]
-2me\cos(2v-2mv-cv+\varpi)\\[4pt]
+\tfrac{17}{2}e'^2\cos(2v-2mv-2c'mv+2\varpi')\\[4pt]
-\tfrac{21}{2}mee'\cos(2v-2mv-cv-c'mv+\varpi+\varpi')\\[4pt]
+\tfrac{21}{2}mee'\cos(2v-2mv+cv-c'mv-\varpi+\varpi')\\[4pt]
-\tfrac{1}{2}mee'\cos(2v-2mv+cv+c'mv-\varpi-\varpi')\\[4pt]
+\tfrac{1}{2}mee'\cos(2v-2mv-cv+c'mv+\varpi-\varpi')\\[4pt]
+m\,\dfrac{3+8m}{4}\,e^2\cos(2cv-2v+2mv-2\varpi)\\[4pt]
-m\,\dfrac{3-8m}{4}\,e^2\cos(2cv+2v-2mv-2\varpi)\\[4pt]
+\dfrac{m\gamma^2}{4}\cos(2gv-2v+2mv-2\theta)\\[4pt]
-\dfrac{m\gamma^2}{4}\cos(2gv+2v-2mv-2\theta)\\[4pt]
-\dfrac{3me\gamma^2}{4}\cos(2v-2mv-2gv+cv+2\theta-\varpi)
\end{array}\right\}.$$

Il faut multiplier cette fonction par $\dfrac{1}{2h^2u^3}$, et l'on a ce facteur en faisant e' nul dans le développement précédent de $\dfrac{m'u'^3}{2h^2u^3}$, et en multipliant cette dernière quantité par $\dfrac{a'^3}{m'}$; on aura ainsi, à très-peu près,

en négligeant les quantités qui restent de l'ordre m^3 après les intégrations,

$$
\frac{3\,m'u'^3}{3\,h^2u^3}\cos(2v-2v') = \frac{3\,m^2}{2a_{\prime}}
\left\{
\begin{aligned}
&\left(1+e^2+\tfrac{1}{4}\gamma^2-\tfrac{5}{2}e'^2\right)\cos(2v-2mv)\\[4pt]
&-\frac{3+4m}{2}\,e\left(1+\tfrac{1}{2}e^2-\tfrac{5}{2}e'^2\right)\cos(2v-2mv-cv+\varpi)\\[4pt]
&-\frac{3-4m}{2}\,e\cos(2v-2mv+cv-\varpi)\\[4pt]
&+\tfrac{7}{2}e'\cos(2v-2mv-c'mv+\varpi')\\[4pt]
&-\tfrac{1}{2}e'\cos(2v-2mv+c'mv-\varpi')\\[4pt]
&-\frac{21(1+2m)}{4}\,ee'\cos(2v-2mv-cv-c'mv+\varpi+\varpi')\\[4pt]
&-\frac{21(1-2m)}{4}\,ee'\cos(2v-2mv+cv-c'mv-\varpi+\varpi')\\[4pt]
&+\frac{3+2m}{4}\,ee'\cos(2v-2mv-cv+c'mv+\varpi-\varpi')\\[4pt]
&+\frac{3-2m}{4}\,ee'\cos(2v-2mv+cv+c'mv-\varpi-\varpi')\\[4pt]
&+\tfrac{17}{2}e'^2\cos(2v-2mv-2c'mv+2\varpi')\\[4pt]
&+\frac{6+15m+8m^2}{4}\,e^2\cos(2cv-2v+2mv-2\varpi)\\[4pt]
&+\frac{6-15m+8m^2}{4}\,e^2\cos(2cv+2v-2mv-2\varpi)\\[4pt]
&+\frac{3+2m}{8}\,\gamma^2\cos(2gv-2v+2mv-2\theta)\\[4pt]
&+\frac{3-2m}{8}\,\gamma^2\cos(2gv+2v-2mv-2\theta)\\[4pt]
&-\frac{3(2+m)}{8}\,e\gamma^2\cos(2v-2mv-2gv+cv+2\theta-\varpi)
\end{aligned}
\right\}.
$$

Le terme $\dfrac{9m'u'^3}{8h^2u^3}\cos(v-v')$ de l'expression de $-\dfrac{1}{h^2}\dfrac{\partial Q}{\partial u}-\dfrac{s}{h^2u}\dfrac{\partial Q}{\partial s}$

donne les suivants

$$\frac{9m^2}{8a_,}\left(1 + 2e^2 + 2e'^2\right)\frac{a}{a'}\cos(v - mv)$$

$$+ \frac{9m^2}{8a_,}\frac{a}{a'}e'\cos(v - mv + c'mv - \varpi')$$

$$+ \frac{27m^2}{8a_,}\frac{a}{a'}e'\cos(v - mv - c'mv + \varpi').$$

$\frac{a}{a'}$ étant, par le numéro précédent, de l'ordre m^2, les deux premiers de ces termes deviennent de l'ordre m^3 par les intégrations. L'inégalité dépendante de l'angle $v - mv$ étant très-propre à faire connaître la parallaxe du Soleil, donnée par le rapport $\frac{a}{a'}$, il importe de la déterminer avec un soin particulier : je porterai, par cette raison, dans le calcul de cette inégalité, l'approximation jusqu'aux termes de l'ordre m^5 inclusivement.

Développons maintenant le terme $\frac{\partial Q}{\partial v}\frac{du}{h^2 u^2 dv}$ de la seconde des équations (L) du n° 1. Ce terme contient d'abord le suivant $-\frac{3m'u'^3}{2h^2 u^3}\frac{du}{dv}\sin(2v - 2v')$. On aura $-\frac{3m'u'^3}{2h^2 u^3}\sin(2v - 2v')$, en augmentant $2v$ d'un angle droit dans le développement précédent de $\frac{3m'u'^3}{2h^2 u^3}\cos(2v - 2v')$. Il faut ensuite multiplier ce développement par $\frac{du}{u\,dv}$ ou par

$$-ce\left(1 + \tfrac{1}{4}e^2 - \tfrac{1}{4}\gamma^2\right)\sin(cv - \varpi)$$

$$+ \tfrac{1}{2}ce^2\sin(2cv - 2\varpi)$$

$$- \tfrac{1}{4}ce^3\sin(3cv - 3\varpi)$$

$$+ \tfrac{1}{2}g\gamma^2\sin(2gv - 2\vartheta)$$

$$- \tfrac{1}{8}c\gamma^2\sin(2gv - cv - 2\vartheta + \varpi).$$

On aura ainsi

$$-\frac{3m'u'^3}{2h^2u^4}\frac{du}{dv}\sin(2v-2v')=\frac{3m^2}{4a_{\prime}}\left\{\begin{array}{l}ce\left(1+\frac{2-19m}{4}e^2-\frac{3}{2}e'^2\right)\cos(2v-2mv-cv+\varpi)\\[4pt]-cc\cos(2v-2mv+cv-\varpi)\\[4pt]+\frac{1}{2}cec'\cos(2v-2mv-cv-c'mv+\varpi+\varpi')\\[4pt]-\frac{1}{2}cec'\cos(2v-2mv+cv-c'mv-\varpi+\varpi')\\[4pt]-\frac{1}{2}cec'\cos(2v-2mv-cv+c'mv+\varpi-\varpi')\\[4pt]+\frac{1}{2}cee'\cos(2v-2mv+cv+c'mv-\varpi-\varpi')\\[4pt]-2c(1+m)e^2\cos(2cv-2v+2mv-2\varpi)\\[4pt]+2c(1-m)e^2\cos(2cv+2v-2mv-2\varpi)\\[4pt]+4mce^2\cos(2v-2mv)\\[4pt]-\frac{g}{2}\gamma^2\cos(2gv-2v+2mv-2\theta)\\[4pt]+\frac{g}{2}\gamma^2\cos(2gv+2v-2mv-2\theta)\\[4pt]+\frac{2-5m}{4}e\gamma^2\cos(2v-2mv-2gv+cv+2\theta-\varpi)\end{array}\right\}.$$

Les termes

$$-\frac{m'u'^3}{8h^2u^3}\left[3\sin(v-v')+15\sin(3v-3v')\right]\frac{du}{dv}$$

de l'expression de $\dfrac{\partial Q}{\partial v}\dfrac{du}{h^2u^2dv}$ ne produisent aucune inégalité de troisième ordre dans les intégrales.

Développons enfin le terme $\dfrac{2}{h^2}\displaystyle\int\dfrac{\partial Q}{\partial v}\dfrac{dv}{u^3}$. Ce terme contient le suivant $-\dfrac{3m'}{h^2}\displaystyle\int\dfrac{u'^3\,dv}{u^4}\sin(2v-2v')$. Le développement précédent de $\dfrac{3m'u'^3}{2h^2u^3}\cos(2v-2v')$ donne celui de $-\dfrac{3m'u'^3}{h^2u^3}\sin(2v-2v')$, en y augmentant $2v$ d'un angle droit, et en multipliant par $\dfrac{2}{u}$ ou par

$$2a\left\{\begin{array}{l}1-\frac{1}{2}e^2-\frac{1}{4}\gamma^2\\[4pt]-e\left(1-\frac{1}{4}e^2-\frac{1}{2}\gamma^2\right)\cos(cv-\varpi)\\[4pt]+\frac{1}{2}e^2\cos(2cv-2\varpi)\\[4pt]+\frac{1}{4}\gamma^2\cos(2gv-2\theta)\\[4pt]-\frac{1}{4}e\gamma^2\cos(2gv-cv-2\theta+\varpi)\end{array}\right\}.$$

On aura ainsi

$$-\frac{3m'}{h^2}\int \frac{u'^3\,dv}{u^4}\sin(2v-2v')$$

$$=3m^2\frac{a}{a_{\prime}}\left\{\begin{aligned}
&\frac{1+2e^2-\tfrac{5}{2}e'^2}{2-2m}\cos(2v-2mv)\\[4pt]
&-\frac{2(1+m)}{2-2m-c}\left(1+\tfrac{3}{4}e^2-\tfrac{1}{4}\gamma^2-\tfrac{5}{2}e'^2\right)e\cos(2v-2mv-cv+\varpi)\\[4pt]
&-\frac{2(1-m)}{2-2m+c}\,e\cos(2v-2mv+cv-\varpi)\\[4pt]
&+\frac{7e'}{2(2-3m)}\cos(2v-2mv-c'mv+\varpi')\\[4pt]
&-\frac{e'}{2(2-m)}\cos(2v-2mv+c'mv-\varpi')\\[4pt]
&-\frac{7(2+3m)ee'}{2(2-3m-c)}\cos(2v-2mv-cv-c'mv+\varpi+\varpi')\\[4pt]
&-\frac{7(2-3m)ee'}{2(2-3m+c)}\cos(2v-2mv+cv-c'mv-\varpi+\varpi')\\[4pt]
&+\frac{(2+m)ee'}{2(2-m-c)}\cos(2v-2mv-cv+c'mv+\varpi-\varpi')\\[4pt]
&+\frac{(2-m)ee'}{2(2-m+c)}\cos(2v-2mv+cv+c'mv-\varpi-\varpi')\\[4pt]
&-\frac{10+19m+8m^2}{4(2c-2+2m)}\,e^2\cos(2cv-2v+2mv-2\varpi)\\[4pt]
&+\frac{10-19m+8m^2}{4(2c+2-2m)}\,e^2\cos(2cv+2v-2mv-2\varpi)\\[4pt]
&-\frac{2+m}{4(2g-2+2m)}\,\gamma^2\cos(2gv-2v+2mv-2\theta)\\[4pt]
&+\frac{2-m}{4(2g+2-2m)}\,\gamma^2\cos(2gv+2v-2mv-2\theta)\cdot\\[4pt]
&+\frac{17e'^2}{2(2-4m)}\cos(2v-2mv-2c'mv+2\varpi')\\[4pt]
&-\frac{5+m}{4(2-2m-2g+c)}\,e\gamma^2\cos(2v-2mv-2gv+cv-2\theta-\varpi)
\end{aligned}\right\}.$$

Dans cette formule, les termes dépendants des angles $2cv-2v+2mv-2\varpi$ et $2gv-2v+2mv-2\theta$ ont des diviseurs de l'ordre m, et ils acquièrent de nouveau ces diviseurs par l'intégration dans l'expression de la longitude moyenne de la Lune, ce qui les réduit au second ordre, et ce qui semble devoir donner de grandes valeurs aux inégalités relatives à ces angles. Mais on doit observer que, par le n° 5, les termes qui ont pour diviseur le carré du coefficient de v dans ces angles se détruisent à très-peu près dans l'expression de la longitude moyenne, en sorte que les inégalités dont il s'agit deviennent du troisième ordre, et conformes au résultat des observations, comme on le verra dans la suite. On peut se dispenser, par cette raison, de considérer, dans le calcul de ces inégalités, les quantités multipliées par e^1, $e^2\gamma^2$ et γ^4; car les quantités du quatrième ordre qui en résultent après les intégrations se détruisent à très-peu près.

L'intégrale $\dfrac{2}{h^2}\displaystyle\int \dfrac{\partial Q}{\partial v}\,\dfrac{dv}{u^2}$ contient encore le terme

$$-\frac{3\,m'}{4\,h^2}\int \frac{u'^1\,dv}{u^5}\,\sin(v-v');$$

ce terme donne les suivants

$$\frac{3\,m^2}{4}\,\frac{a}{a_,}\,\frac{a}{a'}\left\{\begin{array}{l}\dfrac{1+\frac{7}{2}e^2-\frac{1}{4}\gamma^2+2\,e'^2}{1-m}\cos(v-mv)\\[2ex]+\,e'\cos(v-mv+c'mv-\varpi')\\[2ex]+\dfrac{3\,e'}{1-2m}\cos(v-mv-c'mv+\varpi')\end{array}\right\};$$

les autres termes de la même intégrale peuvent être ici négligés. Cela posé, si l'on observe que l'expression de u du n° 4 donne

$$\frac{d^2 u}{dv^2}+u=\frac{1}{a}\left\{\begin{array}{l}1+e^2+\dfrac{\gamma^2}{4}\\[2ex]+(1-c^2)\,e\cos(cv-\varpi)\\[2ex]+\dfrac{4g^2-1}{4}\,\gamma^2\cos(2gv-2\theta)\end{array}\right\},$$

le terme $\left(\dfrac{d^2 u}{dv^2}+u\right)\dfrac{2}{h^2}\displaystyle\int \dfrac{\partial Q}{\partial v}\,\dfrac{dv}{u^2}$ de la seconde des équations (L) du n° 1 donnera, par son développement,

$$\frac{3m^2}{a_{\prime}} \left\{ \begin{aligned}
&\frac{1 + 3e^2 + \frac{\gamma^2}{4} - \frac{5}{2}e'^2}{2 - 2m}\cos(2v - 2mv) \\[4pt]
&+ \left[\frac{1 - c^2}{4(1 - m)} - \frac{2(1 + m)}{2 - 2m - c}\left(1 + \tfrac{7}{4}e^2 - \tfrac{5}{2}e'^2\right)\right] e\cos(2v - 2mv - cv + \varpi) \\[4pt]
&- \frac{2(1 - m)}{2 - 2m + c}\, e\cos(2v - 2mv + cv - \varpi) \\[4pt]
&+ \frac{7e'}{2(2 - 3m)}\cos(2v - 2mv - c'mv + \varpi') \\[4pt]
&- \frac{e'}{2(2 - m)}\cos(2v - 2mv + c'mv - \varpi') \\[4pt]
&- \frac{7(2 + 3m)}{2(2 - 3m - c)}\, ee'\cos(2v - 2mv - cv - c'mv + \varpi + \varpi') \\[4pt]
&- \frac{7(2 - 3m)}{2(2 - 3m + c)}\, ee'\cos(2v - 2mv + cv - c'mv - \varpi + \varpi') \\[4pt]
&+ \frac{2 + m}{2(2 - m - c)}\, ee'\cos(2v - 2mv - cv + c'mv + \varpi - \varpi') \\[4pt]
&+ \frac{2 - m}{2(2 - m + c)}\, ee'\cos(2v - 2mv + cv + c'mv - \varpi - \varpi') \\[4pt]
&- \frac{10 + 19m + 8m^2}{4(2c - 2 + 2m)}\, e^2\cos(2cv - 2v + 2mv - 2\varpi) \\[4pt]
&+ \frac{10 - 19m + 8m^2}{4(2c + 2 - 2m)}\, e^2\cos(2cv + 2v - 2mv - 2\varpi) \\[4pt]
&+ \left[\frac{4g^2 - 1}{16(1 - m)} - \frac{2 + m}{4(2g - 2 + 2m)}\right] \gamma^2\cos(2gv - 2v + 2mv - 2\theta) \\[4pt]
&+ \left[\frac{4g^2 - 1}{16(1 - m)} + \frac{2 - m}{4(2g + 2 - 2m)}\right] \gamma^2\cos(2gv + 2v - 2mv - 2\theta) \\[4pt]
&+ \frac{17e'^2}{2(2 - 4m)}\cos(2v - 2mv - 2c'mv + 2\varpi') \\[4pt]
&- \left[\frac{5 + m}{4(2 - 2m - 2g + c)} + \frac{3(1 - m)}{4(2 - 2m + c)}\right] e\gamma^2\cos(2v - 2mv - 2gv + cv + 2\theta - \varpi) \\[4pt]
&+ \frac{1 + \frac{9}{2}e^2 + 2e'^2}{4(1 - m)}\,\frac{a}{a'}\cos(v - mv) \\[4pt]
&+ \frac{1}{4}\,\frac{a}{a'}\, e'\cos(v - mv + c'mv - \varpi') \\[4pt]
&+ \frac{3}{4(1 - 2m)}\,\frac{a}{a'}\, e'\cos(v - mv - c'mv + \varpi')
\end{aligned} \right\}.$$

7. Le terme $-\dfrac{1}{h^2(1+s^2)^{\frac{3}{2}}}$ de l'expression de

$$-\frac{1}{h^2}\frac{\partial Q}{\partial u}-\frac{s}{h^2 u}\frac{\partial Q}{\partial s}$$

devient, en négligeant les inégalités du quatrième ordre,

$$-\frac{1}{a_{\prime}}\left[1+e^2+\frac{\gamma^2}{4}+\tfrac{1}{4}\gamma^2\left(1+e^2-\tfrac{1}{4}\gamma^2\right)\cos\left(2gv-2\theta\right)+\delta''\right]+\frac{3s\,\delta s}{h^2},$$

δ'' étant une fonction de la quatrième dimension en e et γ, et δs étant la partie de s due à l'action de la force perturbatrice. On verra ci-après que δs est de cette forme

$$\begin{aligned}
\delta s =\; & B_1^{(0)}\gamma \sin\left(2v-2mv-gv+\theta\right)\\
&+ B_2^{(1)}\gamma \sin\left(2v-2mv+gv-\theta\right)\\
&+ B_2^{(2)}e\gamma \sin\left(gv+cv-\theta-\varpi\right)\\
&+ B_2^{(3)}e\gamma \sin\left(gv-cv-\theta+\varpi\right)\\
&+ B_2^{(4)}e\gamma \sin\left(2v-2mv-gv+cv+\theta-\varpi\right)\\
&+ B_2^{(5)}e\gamma \sin\left(2v-2mv+gv-cv-\theta+\varpi\right)\\
&+ B_2^{(6)}e\gamma \sin\left(2v-2mv-gv-cv+\theta+\varpi\right)\\
&+ B_1^{(7)}e'\gamma \sin\left(gv+c'mv-\theta-\varpi'\right)\\
&+ B_1^{(8)}e'\gamma \sin\left(gv-c'mv-\theta+\varpi'\right)\\
&+ B_1^{(9)}e'\gamma \sin\left(2v-2mv-gv+c'mv+\theta-\varpi'\right)\\
&+ B_1^{(10)}e'\gamma \sin\left(2v-2mv-gv-c'mv+\theta+\varpi'\right)\\
&+ B_0^{(11)}e^2\gamma \sin\left(2cv-gv-2\varpi+\theta\right)\\
&+ B_1^{(12)}e^2\gamma \sin\left(2v-2mv-2cv+gv+2\varpi-\theta\right)\\
&+ B_1^{(13)}e^2\gamma \sin\left(2cv+gv-2v+2mv-2\varpi-\theta\right)\\
&+ B_2^{(14)}\frac{a}{a'}\gamma \sin\left(gv-v+mv-\theta\right)\\
&+ B_2^{(15)}\frac{a}{a'}\gamma \sin\left(gv+v-mv-\theta\right).
\end{aligned}$$

Les nombres placés au bas de la lettre B indiquent l'ordre de cette lettre. Ainsi, $B_1^{(0)}$ est du premier ordre, $B_2^{(2)}$ est du second ordre, et $B_0^{(11)}$ est fini. On peut observer que cela a lieu, suivant que le nombre qui multiplie l'angle v, dans le sinus correspondant, diffère de l'unité d'une quantité de l'ordre m, ou d'un nombre fini (c'est-à-dire de l'ordre zéro), ou d'une quantité de l'ordre m^2, parce que l'intégration fait acquérir à ces termes un diviseur du même ordre. On aura, cela posé,

$$
\begin{aligned}
\frac{3 s\, \delta s}{h^2} = {}& - \frac{3}{2 a_{,}} \left(B_1^{(0)} - B_2^{(1)} \right) \gamma^2 \cos(2v - 2mv) \\
& + \frac{3}{2 a_{,}} B_1^{(1)} \gamma^2 \cos(2v - 2mv - 2gv + 2\vartheta) \\
& + \frac{3}{2 a_{,}} \left(B_2^{(2)} + B_2^{(3)} \right) e\gamma^2 \cos(cv - \varpi) \\
& - \frac{3}{2 a_{,}} B_2^{(3)} e\gamma^2 \cos(2gv - cv - 2\vartheta + \varpi) \\
& + \frac{3}{2 a_{,}} B_2^{(5)} e\gamma^2 \cos(2v - 2mv - 2gv + cv + 2\vartheta - \varpi) \\
& + \frac{3}{2 a_{,}} \left(B_2^{(5)} - B_2^{(6)} \right) e\gamma^2 \cos(2v - 2mv - cv + \varpi) \\
& + \frac{3}{2 a_{,}} \left(B_1^{(7)} + B_1^{(8)} \right) c'\gamma^2 \cos(c'mv - \varpi') \\
& - \frac{3}{2 a_{,}} B_1^{(9)} c'\gamma^2 \cos(2v - 2mv + c'mv - \varpi') \\
& - \frac{3}{2 a_{,}} B_1^{(10)} c'\gamma^2 \cos(2v - 2mv - c'mv + \varpi') \\
& - \frac{3}{2 a_{,}} B_0^{(11)} e^2\gamma^2 \cos(2cv - 2\varpi) \\
& + \frac{3}{2 a_{,}} \left(B_2^{(14)} + B_2^{(15)} \right) \frac{a}{a'} \gamma^2 \cos(v - mv).
\end{aligned}
$$

Si l'on réunit les différents termes que nous venons de développer, la seconde des équations (L) du n° 1 prendra cette forme

$$
0 = \frac{d^2 u}{dv^2} + u + \mathrm{H},
$$

H étant une fonction rationnelle et entière de constantes, de sinus et de cosinus d'angles proportionnels à v. Mais, comme nous nous proposons d'avoir égard à toutes les inégalités du troisième ordre et aux quantités du quatrième ordre qui les multiplient, il faut joindre aux termes précédents tous ceux qui, dépendant du carré de la force perturbatrice, deviennent de ces ordres par les intégrations. Analysons ces nouveaux termes.

8. Pour cela, supposons que δu soit la partie de u due à la force perturbatrice, et que l'on ait

$$
\begin{aligned}
a\,\delta u = {}& A_2^{(0)} \cos(2v - 2mv) \\
& + A_1^{(1)} e \cos(2v - 2mv - cv + \varpi) \\
& + A_2^{(2)} e \cos(2v - 2mv + cv - \varpi) \\
& + A_2^{(3)} e' \cos(2v - 2mv + c'mv - \varpi') \\
& + A_2^{(4)} e' \cos(2v - 2mv - c'mv + \varpi') \\
& + A_2^{(5)} e' \cos(c'mv - \varpi') \\
& + A_1^{(6)} ee' \cos(2v - 2mv - cv + c'mv + \varpi - \varpi') \\
& + A_1^{(7)} ee' \cos(2v - 2mv - cv - c'mv + \varpi + \varpi') \\
& + A_1^{(8)} ee' \cos(cv + c'mv - \varpi - \varpi') \\
& + A_1^{(9)} ee' \cos(cv - c'mv - \varpi + \varpi') \\
& + A_2^{(10)} e^2 \cos(2cv - 2\varpi) \\
& + A_1^{(11)} e^2 \cos(2cv - 2v + 2mv - 2\varpi) \\
& + A_2^{(12)} \gamma^2 \cos(2gv - 2\theta) \\
& + A_1^{(13)} \gamma^2 \cos(2gv - 2v + 2mv - 2\theta) \\
& + A_2^{(14)} e'^2 \cos(2c'mv - 2\varpi') \\
& + A_0^{(15)} e\gamma^2 \cos(2gv - cv - 2\theta + \varpi) \\
& + A_1^{(16)} e\gamma^2 \cos(2v - 2mv - 2gv + cv + 2\theta - \varpi) \\
& + A_1^{(17)} \frac{a}{a'} \cos(v - mv) \\
& + A_0^{(18)} \frac{a}{a'} e' \cos(v - mv + c'mv - \varpi') \\
& + A_1^{(19)} \frac{a}{a'} e' \cos(v - mv - c'mv + \varpi').
\end{aligned}
$$

Les nombres 0, 1, 2, placés au bas de la lettre A, indiquent que la quantité est de l'ordre zéro, ou de l'ordre m, ou de l'ordre m^2. Je ne considère ici que les inégalités du troisième ordre et celles qui, étant du quatrième, peuvent produire des quantités du quatrième ordre dans les coefficients des inégalités du troisième. Je porte l'approximation plus loin, relativement à l'inégalité dépendante de $\cos(v - mv)$.

Cela posé, le terme $\dfrac{m'u'^3}{2h^2u^3}$ donne, par sa variation, le suivant $-\dfrac{3m'u'^3\,\delta u}{2h^2u^4}$, et il en résulte la fonction

$$-\frac{3m^2\left(1 - \tfrac{3}{2}e'^2\right)}{2a_i}
\begin{cases}
a\,\delta u \\[4pt]
-\,2A_2^{(0)}e\,\cos(2v - 2mv - cv + \varpi) \\[4pt]
-\,2A_1^{(1)}e^2\cos(2v - 2mv - 2cv + 2\varpi) \\[4pt]
+\tfrac{3}{2}A_1^{(1)}ee'\cos(2v - 2mv - cv + c'mv + \varpi - \varpi') \\[4pt]
+\tfrac{3}{2}A_1^{(1)}ee'\cos(2v - 2mv - cv - c'mv + \varpi + \varpi') \\[4pt]
+\tfrac{3}{2}\left(A_1^{(8)} + A_1^{(9)}\right)ee'^2\cos(cv - \varpi) \\[4pt]
+\tfrac{3}{2}A_1^{(17)}\dfrac{a}{a'}\,e'\cos(v - mv + c'mv - \varpi') \\[4pt]
+\tfrac{3}{2}A_1^{(17)}\dfrac{a}{a'}\,e'\cos(v - mv - c'mv + \varpi') \\[4pt]
+\tfrac{3}{2}A_0^{(18)}\dfrac{a}{a'}\,e'^2\cos(v - mv)
\end{cases}.$$

u' éprouve une variation, par la variation de v', qui dépend du temps t et de ses inégalités en fonction de v; mais ces inégalités sont multipliées par m dans l'expression de v', et, de plus, par e' dans l'expression de u'; on peut donc d'abord négliger ici, sans erreur sensible, la variation $\delta u'$. Nous aurons bientôt égard au terme de cette variation qui dépend de l'action de la Lune sur la Terre.

Le terme $\dfrac{3m'u'^3}{2h^2u^3}\cos(2v - 2v')$ a pour variation

$$-\frac{9m'u'^3}{2h^2u^4}\,\delta u.\cos(2v - 2v') + \frac{3m'u'^3}{h^2u^3}\,\delta v'.\sin(2v - 2v').$$

Si l'on substitue, au lieu de δu, sa valeur précédente, on trouve que

216   MÉCANIQUE CÉLESTE.

le premier de ces deux termes donne la fonction

$$
-\frac{9}{4}\frac{m^2}{a_i}
\left\{
\begin{aligned}
&A_2^{(0)}\left(1-\tfrac{5}{2}e'^2\right)\\
&+\left(A_1^{(1)}-\{A_2^{(0)}+A_2^{(2)}-\tfrac{1}{2}A_1^{(6)}e'^2+\tfrac{7}{2}A_1^{(7)}e'^2\right)e\left(1-\tfrac{5}{2}e'^2\right)\cos(cv-\varpi)\\
&+\left(3A_2^{(0)}+A_2^{(2)}+A_2^{(1)}\right)e'\cos(c'mv-\varpi')\\
&+\left(A_1^{(6)}+\tfrac{7}{2}A_1^{(1)}\right)ee'\cos(cv-c'mv-\varpi+\varpi')\\
&+\left(A_1^{(7)}-\tfrac{1}{2}A_1^{(1)}\right)ee'\cos(cv+c'mv-\varpi-\varpi')\\
&+A_1^{(8)}ee'\cos(2v-2mv-cv-c'mv+\varpi+\varpi')\\
&+A_1^{(9)}ee'\cos(2v-2mv-cv+c'mv+\varpi-\varpi')\\
&+\left[A_1^{(16)}+\frac{2+m}{4}A_1^{(1)}-2(1+m)A_1^{(13)}\right]e\gamma^2\cos(2gv-cv-2\varsigma+\varpi)\\
&+A_0^{(15)}e\gamma^2\cos(2v-2mv-2gv+cv+2\varsigma-\varpi)\\
&+\left(A_1^{(17)}-\tfrac{1}{2}A_0^{(18)}e'^2\right)\frac{a}{a'}\cos(v-mv)\\
&+\left(A_1^{(19)}-\tfrac{1}{2}A_1^{(17)}\right)\frac{a}{a'}e'\cos(v-mv+c'mv-\varpi')\\
&+\left(A_0^{(18)}-\tfrac{1}{2}A_1^{(17)}\right)\frac{a}{a'}e'\cos(v-mv-c'mv+\varpi')
\end{aligned}
\right\}.
$$

$a\,\delta u$ contient un terme dépendant de $\cos(3v-3mv)$, que nous avons négligé à cause de sa petitesse; mais, comme il peut influer sur le terme dépendant de $\cos(v-mv)$, nous aurons égard à cette influence. Pour cela, désignons-le par $\lambda_2\frac{a}{a'}\cos(3v-3mv)$; la fonction $-\frac{9m'u'^3}{2h^2u^4}\delta u.\cos(2v-2v')$ donnera le terme

$$
-\frac{9}{4}\frac{m^2}{a_i}\lambda_2\frac{a}{a'}\cos(v-mv).
$$

Pour développer la variation $\frac{3m'u'^3}{h^2u^3}\delta v'.\sin(2v-2v')$, nous observerons que $\delta v'$ contient, par le n° 4, les mêmes inégalités que l'expression de la longitude moyenne de la Lune en fonction de sa longitude vraie; mais elles y sont multipliées par la petite quantité m. Il suffit ici d'avoir égard aux termes dans lesquels le coefficient de v diffère peu de l'unité, et il est aisé de voir que, le terme $e\cos(cv-\varpi)$ de l'expression de au donnant, par le n° 4, dans $\delta v'$ le terme $-2me\sin(cv-\varpi)$, un terme quelconque de $a\,\delta u$, tel que $k\cos(iv+\varepsilon)$, dans lequel i

diffère peu de l'unité, donne à fort peu près, dans $\delta v'$, le terme $-2mk\sin(iv + \varepsilon)$. On trouve ainsi que la variation précédente donne, par son développement, la fonction

$$-\frac{3\,m^2}{a_,}\left\{\begin{array}{l} m\,A_1^{(1)}e\left(1-\tfrac{5}{2}e'^2\right)\cos(cv-\varpi) \\[4pt] +\tfrac{3}{8}m\,A_1^{(1)}e\gamma^2\cos(2gv-cv-2\theta+\varpi) \\[4pt] +m\,A_0^{(15)}e\gamma^2\cos(2v-2mv-2gv+cv+2\theta-\varpi) \\[4pt] +m\,A_1^{(17)}\frac{a}{a'}\cos(v-mv) \\[4pt] +m\,A_0^{(18)}\frac{a}{a'}\,e'\cos(v-mv-c'mv+\varpi') \end{array}\right\};$$

les autres termes de ce développement sont insensibles.

Les termes

$$\frac{3\,m'u'^1}{8\,h^2u^1}\left[3\cos(v-v')+5\cos(3v-3v')\right]$$

de l'expression de

$$-\frac{1}{h^2}\left(\frac{\partial Q}{\partial u}+\frac{s}{u}\,\frac{\partial Q}{\partial s}\right)$$

ont pour variation

$$-\frac{3\,m^2a\,\delta u}{2\,a_,}\,\frac{a}{a'}\left[3\cos(v-mv)+5\cos(3v-3mv)\right];$$

en substituant, pour $a\,\delta u$, $A_2^{(0)}\cos(2v-2mv)$, il en résulte le terme

$$-\frac{6\,m^2}{a_,}\,A_2^{(0)}\frac{a}{a'}\cos(v-mv).$$

La variation du terme

$$-\frac{3\,m'u'^3}{2\,h^2u^1}\,\frac{du}{dv}\,\sin(2v-2v')$$

peut se réduire aux termes suivants

$$\frac{6\,m'u'^3}{h^2u^1}\,\frac{du}{dv}\,\frac{\delta u}{u}\,\sin(2v-2v')-\frac{3\,m'u'^3}{2\,h^2u^1}\,\frac{d\,\delta u}{dv}\,\sin(2v-2v')$$

$$\div\frac{3\,m'u'^3\,\delta v'}{h^2u^1}\,\frac{du}{dv}\,\cos(2v-2v');$$

ces termes, par leur développement, produisent la quantité

$$\frac{3\,\mathrm{m}^2}{4\,a_{,}}\left\{
\begin{aligned}
&2(1-m)\Lambda_2^{(0)}\left(1-\tfrac{5}{2}e'^2\right)\\[2pt]
&+\left[\begin{aligned}&(2-2m-c)\Lambda_1^{(1)}+(2-2m+c)\Lambda_2^{(2)}-8(1-m)\Lambda_2^{(0)}\\&+\tfrac{7}{2}(2-3m-c)\Lambda_1^{(7)}e'^2-\tfrac{1}{2}(2-m-c)\Lambda_1^{(6)}e'^2\end{aligned}\right]e\left(1-\tfrac{5}{2}e'^2\right)\cos(cv-\varpi)\\[2pt]
&+\left[6(1-m)\Lambda_2^{(0)}+(2-m)\Lambda_2^{(3)}+(2-3m)\Lambda_2^{(1)}\right]e'\cos(c'mv-\varpi')\\[2pt]
&+\left[(2-3m-c)\Lambda_1^{(7)}-\tfrac{1}{2}(2-2m-c)\Lambda_1^{(1)}\right]ee'\cos(cv+c'mv-\varpi-\varpi')\\[2pt]
&+\left[(2-m-c)\Lambda_1^{(6)}+\tfrac{7}{2}(2-2m-c)\Lambda_1^{(1)}\right]ee'\cos(cv-c'mv-\varpi+\varpi')\\[2pt]
&+(c-m)\Lambda_1^{(9)}ee'\cos(2v-2mv-cv+c'mv+\varpi-\varpi')\\[2pt]
&+(-c+m)\Lambda_1^{(8)}ee'\cos(2v-2mv-cv-c'mv+\varpi+\varpi')\\[2pt]
&+\left[\begin{aligned}&\tfrac{4g+4+m-2c}{4}\Lambda_1^{(4)}-2(1-2m)\Lambda_1^{(13)}\\&+(2-2m-2g+c)\Lambda_1^{(16)}\end{aligned}\right]e\gamma^2\cos(2gv-cv-2\theta+\varpi)\\[2pt]
&+\Lambda_0^{(15)}e\gamma^2\cos(2v-2mv-2gv+cv+2\theta-\varpi)\\[2pt]
&+\left[(1-m)\Lambda_1^{(17)}-\tfrac{1}{2}\Lambda_0^{(18)}e'^2+3(1-m)\lambda_2\right]\frac{a}{a'}\cos(v-mv)\\[2pt]
&+\left[(1-2m)\Lambda_1^{(19)}-\tfrac{1}{2}(1-m)\Lambda_1^{(17)}\right]\frac{a}{a'}e'\cos(v-mv+c'mv-\varpi')\\[2pt]
&+\left[\Lambda_0^{(18)}+\tfrac{1}{2}(1-m)\Lambda_1^{(17)}\right]\frac{a}{a'}e'\cos(v-mv-c'mv+\varpi')
\end{aligned}\right.$$

L'expression de $\dfrac{\partial Q}{\partial v}\,\dfrac{du}{h^2 u^2 dv}$ renferme encore la variation

$$-\frac{\mathrm{m}^2 a}{8\,a_{,}}\left[3\sin(v-mv)+15\sin(3v-3mv)\right]\frac{a}{a'}\frac{d\,\partial u}{dv},$$

et il en résulte la quantité

$$\frac{9\,\mathrm{m}^2}{4\,a_{,}}(1-m)\Lambda_2^{(0)}\frac{a}{a'}\cos(v-mv).$$

La fonction

$$\left(\frac{d^2 u}{dv^2}+u\right)\frac{2}{h^2}\int\frac{\partial Q}{\partial v}\frac{dv}{u^2}$$

contient d'abord le terme

$$-\left(\frac{d^2 u}{dv^2}+u\right)\int\frac{3\,m'u'^3\,dv}{h^2 u^4}\sin(2v-2v');$$

sa variation est

$$\frac{12m'}{h^2a}\left[1+\tfrac{3}{4}\gamma^2\cos(2gv-2\theta)\right]\int\frac{u'^3\,dv}{u^4}\left[\frac{\delta u}{u}\sin(2v-2v')+\tfrac{1}{2}\delta v'.\cos(2v-2v')\right]$$

$$-\left(\frac{d^2\delta u}{dv^2}+\delta u\right)\int\frac{3m'u'^3\,dv}{h^2u^4}\sin(2v-2v')-\frac{9m'}{h^2a}\int\frac{u'^2\delta u'}{u^4}\,dv.\sin(2v-2v').$$

Le développement de ces termes donne, en observant que c est à très-peu près $1-\tfrac{3}{2}m^2$, et que g est à très-peu près $1+\tfrac{3}{4}m^2$,

$$-\frac{3m^2}{4a_,(1-m)}\left[4(1-m)^2-1\right]A_2^{(0)}(1-\tfrac{5}{2}e'^2)$$

$$-\frac{3m^2}{a_,}\left\{\begin{array}{l} \dfrac{7+(2-2m-c)^2}{4(1-m)}A_1^{(1)}\\[2mm] -\left[4(1-m)^2-1\right]\left(\dfrac{1+m}{2-2m-c}+\dfrac{1-m}{2-2m+c}\right)A_2^{(0)}\\[2mm] -A_1^{(6)}e'^2+7A_1^{(7)}e'^2 \end{array}\right\}e(1-\tfrac{5}{2}e'^2)\cos(cv-\varpi)$$

$$+\left\{\begin{array}{l} \dfrac{6m}{a_,}\left[4A_2^{(0)}+A_2^{(3)}-A_3^{(1)}-10A_1^{(1)}e^2+\tfrac{3}{2}(A_1^{(7)}-A_1^{(6)})e^2\right]\\[2mm] -\dfrac{3m^2}{4a_,}\left[4(1-m)^2-1\right]A_2^{(0)}\left(\dfrac{7}{2-3m}-\dfrac{1}{2-m}\right)\\[2mm] -\dfrac{3m^2}{4a_,(1-m)}\left\{\left[(2-m)^2-1\right]A_2^{(3)}+\left[(2-3m)^2-1\right]A_3^{(4)}\right\}\\[2mm] -\dfrac{3m^2}{a_,}\left(\tfrac{11}{2}C_2^{(6)}+C_2^{(9)}-C_2^{(10)}\right) \end{array}\right\}e'\cos(c'mv-\varpi')$$

$$-\frac{6m^2A_1^{(8)}}{a_,(2-3m-c)}\,ee'\cos(2v-2mv-cv-c'mv+\varpi+\varpi')$$

$$-\frac{6m^2A_1^{(9)}}{a_,(3-m-c)}\,ee'\cos(2v-2mv-cv+c'mv+\varpi-\varpi')$$

$$-\frac{6m^2}{a_,(c-m)}\left(A_1^{(6)}+\tfrac{1}{2}A_1^{(11)}\right)ee'\cos(cv-c'mv-\varpi+\varpi')$$

$$-\frac{6m^2}{a_,(c+m)}\left(A_1^{(7)}-\tfrac{1}{2}A_1^{(11)}\right)ee'\cos(cv+c'mv-\varpi-\varpi')$$

$$+\frac{6m^2A_2^{(10)}}{a_,(2c-2+2m)}\,e^2\cos(2cv-2v+2mv-2\varpi)$$

$$+\frac{6m^2A_2^{(12)}}{a_,(2g-2+2m)}\,\gamma^2\cos(2gv-2v+2mv-2\theta)$$

$$+ \frac{6m^2}{a_{,}}\left(2 A_1^{(13)} - A_1^{(16)} + \frac{7m}{8} A_1^{(14)}\right) e\gamma^2 \cos(2gv - cv - 2\theta + \varpi)$$

$$- \frac{6m^2 A_0^{(15)}}{a_{,}(2 - 2m - 2g + c)} e\gamma^2 \cos(2v - 2mv - 2gv + cv + 2\theta - \varpi)$$

$$- \frac{3m^2}{2a_{,}(1 - m)}\left\{(4 + 3m)A_1^{(17)} - 2A_0^{(18)} e'^2 - \frac{9}{2}[1 - (1 - m)^2]\lambda_2\right\}\frac{a}{a'}\cos(v - mv)$$

$$+ \frac{3m^2}{a_{,}}\left(A_1^{(17)} - 2A_1^{(19)}\right)\frac{a}{a'} e'\cos(v - mv + c'mv - \varpi')$$

$$- \frac{6m^2}{a_{,}(1 - 2m)}\left(A_0^{(18)} + \frac{7}{2}A_1^{(17)}\right)\frac{a}{a'} e'\cos(v - mv - c'mv + \varpi').$$

On doit observer ici que $C_2^{(6)}\sin(2v - 2mv)$ est l'inégalité dépendante de $\sin(2v - 2mv)$ dans l'expression de la longitude moyenne de la Lune en fonction de sa longitude vraie;

$$C_2^{(9)}e'\sin(2v - 2mv + c'mv - \varpi') \quad \text{et} \quad C_2^{(10)}e'\sin(2v - 2mv - c'mv + \varpi')$$

sont les inégalités dépendantes des angles $2v - 2mv + c'mv - \varpi'$ et $2v - 2mv - c'mv + \varpi'$ dans la même expression. On peut observer encore que le terme

$$\frac{6m}{a_{,}}\left(4 A_2^{(0)} + A_2^{(3)} - A_2^{(1)}\right) e'\cos(c'mv - \varpi')$$

paraît être de l'ordre m^4, ce qui produirait une quantité de l'ordre m^3 dans l'expression de la longitude moyenne de la Lune; mais ce terme n'est véritablement que de l'ordre m^5; car on verra, par les valeurs que nous donnerons ci-après de $A_2^{(0)}$, $A_2^{(3)}$ et $A_2^{(1)}$, que la fonction $4 A_2^{(0)} + A_2^{(3)} - A_2^{(1)}$ est de l'ordre m^2; il n'en résulte donc qu'un terme de l'ordre m^4 dans l'expression de la longitude moyenne. Nous le conservons ici, parce que nous nous sommes imposé la loi de conserver les termes de cet ordre dans le calcul des inégalités du troisième ordre.

Il est indispensable, par cette raison, dans le développement de $- \frac{3m'u}{h^2} \int \frac{u'^3 dv}{u^4} \sin(2v - 2v')$, de porter la précision jusqu'aux quantités de l'ordre δu^2; il en résulte le terme

$$- \frac{30 m'u}{h^2} \int \frac{u'^3 \delta u^2}{u^6} dv \sin(2v - 2v').$$

Ce terme produit le suivant

$$\frac{15\,m^2}{2\,a_{\prime}}\;\frac{(\mathrm{A}_{\prime}^{(1)})^2\,e^2\cos(2\,cv - 2\,v + 2\,mv - 2\,\varpi)}{2c - 2 + 2m};$$

quoiqu'il ne soit que du cinquième ordre, cependant, comme il acquiert par l'intégration, dans l'expression de la longitude moyenne, le diviseur $2c - 2 + 2m$, il faut y avoir égard.

La fonction

$$\left(\frac{d^2u}{dv^2} + u\right)\frac{2}{h^2}\int\frac{\partial Q}{\partial v}\,\frac{dv}{u^2}$$

donne celle-ci

$$-\left(\frac{d^2u}{dv^2} + u\right)\frac{1}{h^2}\int\frac{m'u'^3\,dv}{4\,u^5}\left[3\sin(v - v') + 15\sin(3v - 3v')\right].$$

Sa variation produit les termes suivants

$$-\frac{1}{a_{\prime}}\left(\frac{d^2\delta u}{dv^2} + \delta u\right)\int\frac{m'u'^3\,dv}{4\,u^5}\left[3\sin(v - v') + 15\sin(3v - 3v')\right]$$

$$+\frac{5\,m^2}{4\,a_{\prime}}\,\frac{a}{a'}\int a\,\delta u\,dv\left[3\sin(v - v') + 15\sin(3v - 3v')\right],$$

d'où résulte le terme

$$-\frac{m^2}{2\,a_{\prime}(1 - m)}\left[13 + 8(1 - m)^2\right]\mathrm{A}_2^{(0)}\,\frac{a}{a'}\cos(v - mv).$$

On doit faire ici une observation importante relativement aux termes dépendants de $\cos(v - mv)$, et que nous nous proposons de déterminer avec exactitude. Les expressions du rayon de l'orbite du Soleil et de sa longitude contiennent des termes dépendants de l'angle $v - mv$, et qui résultent de l'action de la Lune sur la Terre ; ces termes en produisent d'autres dans l'expression de u et de la longitude moyenne de la Lune, auxquels il est essentiel d'avoir égard. Pour cela, nous observerons qu'en vertu de l'action lunaire, le rayon vecteur du Soleil contient, par le Chapitre IV du Livre VI, le terme $\frac{\mu}{u}\cos(v - v')$, μ étant le rapport de la masse de la Lune à la somme des masses de la Lune et de la Terre, ce qui donne dans u' le terme

$$-\frac{\mu u'^2}{u}\cos(v-v').$$

La longitude v' du Soleil contient encore, par le Chapitre cité, le terme

$$\frac{\mu u'}{u}\sin(v-v').$$

Cela posé, le terme $\frac{m'u'^3}{2h^2u^3}$ contient le suivant

$$-\frac{3m'\mu u'^4}{2h^2u^4}\cos(v-v').$$

Le terme

$$\frac{3m'u'^3}{2h^2u^3}\cos(2v-2v')$$

contient les deux suivants

$$-\frac{9m'\mu u'^4}{2h^2u^4}\cos(v-v')\cos(2v-2v')+\frac{6m'\mu u'^4}{2h^2u^4}\sin(v-v')\sin(2v-2v'),$$

ce qui donne le terme

$$-\frac{3m'\mu u'^4}{4h^2u^4}\cos(v-v').$$

En le réunissant au précédent, on aura

$$-\frac{9m'\mu u'^4}{4h^2u^4}\cos(v-v').$$

d'où résultent les termes suivants

$$-\frac{9\mathrm{m}^2u}{4a_,}\frac{a}{a'}\cos(v-mv)-\frac{9\mathrm{m}^2\mu}{4a_,}\frac{a}{a'}e'\cos(v-mv+c'mv-\varpi')$$
$$-\frac{27\mathrm{m}^2\mu}{4a_,}\frac{a}{a'}e'\cos(v-mv-c'mv+\varpi').$$

Le terme

$$-\frac{3m'}{h^2}\int\frac{u'^3dv}{u^4}\sin(2v-2v')$$

donne pareillement les suivants

$$-\frac{3m^2\mu}{2(1-m)}\frac{a}{a_,}\frac{a}{a'}\cos(v-mv)-\frac{3m^2\mu}{2}\frac{a}{a_,}\frac{a}{a'}e'\cos(v-mv+c'mv-\varpi')$$

$$-\frac{9m^2\mu}{2(1-2m)}\frac{a}{a_,}\frac{a}{a'}e'\cos(v-mv-c'mv+\varpi').$$

Il nous reste à considérer la partie du développement de $-\dfrac{1}{h^2(1+s^2)^{\frac{3}{2}}}$ qui dépend du carré de la force perturbatrice. Ce développement renferme la fonction $\dfrac{3}{2a_,}(\delta s)^2$, ce qui produit les termes suivants

$$\frac{3}{4a_,}(B_1^0)^2\gamma^2+\frac{3}{2a_,}(B_1^{9'}+B_1^{10})B_1^0\,e'\gamma^2\cos(c'mv-\varpi')$$

$$+\frac{3}{2a_,}B_1^0 B_2^5\,e\gamma^2\cos(2gv-cv-g+\varpi).$$

9. Rassemblons maintenant les divers termes que nous venons de développer. La seconde des équations (L) du n° 1 deviendra ainsi

$$(L')\quad 0=\frac{d^2u}{dv^2}+u-\frac{1}{a_,}\left(1+e^2+\frac{\gamma^2}{4}+\varepsilon''\right)+\frac{m^2}{2a_,}\left(1+e^2+\frac{\gamma^2}{4}+\tfrac{3}{2}e'^2\right)$$

$$-\frac{3m^2}{4a_,}(4-3m-m^2)A_2^{(0)}(1-\tfrac{5}{2}e'^2)+\frac{3}{4a_,}(B_1^{(0)})^2\gamma^2$$

$$-\frac{3m^2}{4a_,}\left\{\begin{array}{l}2+e^2+3e'^2-2(B_2^{2)}+B_2^{4'})\dfrac{\gamma^2}{m^2}+(1+2m-c)A_2^2(1-\tfrac{5}{2}e'^2)\\[1.2ex]-4\left\{1+2m-[4(1-m)^2-1]\left(\dfrac{1+m}{2-2m-c}+\dfrac{1-m}{2-2m+c}\right)\right\}A_2^{0)}(1-\tfrac{5}{2}e'^2)\\[1.2ex]+\dfrac{(1-6m+c)(1-m)+7+(2-2m-c)^2}{1-m}A_1^{(1)}(1-\tfrac{5}{2}e'^2)\\[1.2ex]-\tfrac{1}{2}(9+m+c)A_1^{(6)}e'^2+\tfrac{1}{2}(9+3m+c)A_1^{(7)}e'^2\\[1.2ex]+3(A_1^{(8)}+A_1^{(9)})e'^2\end{array}\right\}e\cos(cv-\varpi)$$

$$-\frac{3m^2}{2a_,}\left\{\begin{array}{l}1+(1+2m)e^2+\dfrac{\gamma^2}{4}-\tfrac{5}{2}e'^2\\[1.2ex]+\dfrac{1+3e^2+\dfrac{\gamma^2}{4}-\tfrac{5}{2}e'^2}{1-m}\\[1.8ex]-A_2^{(0)}-(B_1^{(0)}-B_2^{(1)})\dfrac{\gamma^2}{m^2}\end{array}\right\}\cos(2v-2mv)$$

$$+\frac{3m^2}{a_i}\left\{\begin{array}{l}\dfrac{c}{4}\left[1+\dfrac{e^2}{4}(2-19m)-\dfrac{5}{2}e'^2\right]\\[4pt] -\dfrac{3+4m}{4}\left(1+\dfrac{1}{2}e^2-\dfrac{5}{2}e'^2\right)+\dfrac{1-c^2}{4(1-m)}\\[4pt] -\dfrac{2(1+m)}{2-2m-c}\left(1+\dfrac{1}{4}e^2-\dfrac{5}{3}e'^2\right)\\[4pt] -\dfrac{1}{2}(A_1^{(1)}-2A_2^{(0)})+\dfrac{1}{2}(B_2^{(5)}-B_2^{(6)})\dfrac{\gamma^2}{m^2}\end{array}\right\}e\cos(2v-2mv-cv+\varpi)$$

$$-\frac{3m^2}{4a_i}\left(3+c-4m+\frac{8(1-m)}{2-2m+c}+2A_2^{(2)}\right)e\cos(2v-2mv+cv-\varpi)$$

$$-\frac{3m^2}{4a_i}\left(\frac{1-m}{2-m}+2B_1^{(9)}\frac{\gamma^2}{m^2}+2A_2^{(3)}\right)e'\cos(2v-2mv+c'mv-\varpi')$$

$$+\frac{3m^2}{4a_i}\left(\frac{7(1-3m)}{2-3m}-2B_1^{(10)}\frac{\gamma^2}{m^2}-2A_2^{(4)}\right)e'\cos(2v-2mv-c'mv+\varpi')$$

$$+\frac{3m^2}{2a_i}\left\{\begin{array}{l}1+e^2+\dfrac{\gamma^2}{4}+\dfrac{9}{8}e'^2+(B_1^{(7)}+B_1^{(8)})\dfrac{\gamma^2}{m^2}-\dfrac{3}{2}(1+2m)A_2^{(0)}\\[4pt] -\dfrac{2(1-2m)(3-2m)(3-m)}{(2-3m)(2-m)}A_2^{(0)}-2A_2^{(3)}-(2-3m)A_2^{(1)}\\[4pt] +(B_1^{(9)}+B_1^{(10)})B_1^{(0)}\dfrac{\gamma^2}{m^2}-A_2^{(5)}-11C_2^{(6)}-2C_2^{(9)}+2C_2^{(10)}\\[4pt] +\dfrac{6m}{a_i}\left[4A_2^{(0)}+A_2^{(3)}-A_2^{(1)}-10A_1^{(1)}e^2+\dfrac{5}{2}(A_1^{(7)}-A_1^{(6)})e^2\right]\end{array}\right\}e'\cos(c'mv-\varpi')$$

$$-\frac{3m^2}{2a_i}\left\{\begin{array}{l}\dfrac{3+2m-c}{4}+\dfrac{2+m}{2-m-c}-\dfrac{3}{2}A_1^{(1)}-A_1^{(6)}\\[4pt] -\left(\dfrac{3+m-c}{2}+\dfrac{4}{2-m-c}\right)A_1^{(9)}\end{array}\right\}ee'\cos(2v-2mv-cv+c'mv+\varpi-\varpi')$$

$$-\frac{3m^2}{2a_i}\left\{\begin{array}{l}\dfrac{7(3+6m-c)}{4}+\dfrac{7(2+3m)}{2-3m-c}+\dfrac{3}{2}A_1^{(1)}\\[4pt] +A_1^{(7)}+\left(\dfrac{3-m-c}{2}+\dfrac{4}{2-3m-c}\right)A_1^{(8)}\end{array}\right\}ee'\cos(2v-2mv-cv-c'mv+\varpi+\varpi')$$

$$-\frac{3m^2}{2a_i}\left\{\begin{array}{l}\dfrac{3+2m}{2}-\left(\dfrac{1+2m+c}{4}+\dfrac{2}{c+m}\right)A_1^{(1)}\\[4pt] +A_1^{(8)}+\left(\dfrac{1+3m+c}{2}+\dfrac{4}{c+m}\right)A_1^{(7)}\end{array}\right\}ee'\cos(cv+c'mv-\varpi-\varpi')$$

$$-\frac{3m^2}{2a_i}\left\{\begin{array}{l}\dfrac{3-2m}{2}+A_1^{(9)}+7\left(\dfrac{1+2m+c}{4}+\dfrac{2}{c-m}\right)A_1^{(1)}\\[4pt] -\left(\dfrac{1+m+c}{2}+\dfrac{4}{c-m}\right)A_1^{(6)}\end{array}\right\}ee'\cos(cv-c'mv-\varpi+\varpi')$$

$$+ \frac{3m^2}{2a_,}\left(1 - B_0^{(11)}\frac{\gamma^2}{m^2} - A_2^{(10)}\right)e^2\cos(2cv - 2\varpi)$$

$$+ \frac{3m^2}{4a_,}\left\{ \frac{2+11m+8m^2}{2} - \frac{10+19m+8m^2}{2c-2+2m} + 4A_1^{(1)} + \frac{8A_2^{(10)}+10(A_1^{(1)})^2}{2c-2+2m} - 2A_1^{(11)}\right\}e^2\cos(2cv - 2v + 2\varpi)$$

$$- \frac{3}{4a_,}\left(1 + e^2 - \frac{\gamma^2}{4} - \frac{1}{2}m^2 + 2m^2 A_2^{(12)}\right)\gamma^2\cos(2gv - 2\theta)$$

$$+ \frac{3m^2}{4a_,}\left\{ \frac{3+2m-2g}{4} + \frac{4g^2-1}{4(1-m)} - \frac{2+m}{2g-2+2m} + \frac{2B_1^{(0)}}{m^2} - 2A_1^{(13)} + \frac{8A_2^{(12)}}{2g-2+2m}\right\}\gamma^2\cos(2gv - 2v + 2mv - 2\theta)$$

$$+ \frac{3m^2}{2a_,}\left(\frac{3}{2} - A_2^{(11)}\right)e'^2\cos(2c'mv - 2\varpi')$$

$$- \frac{3m^2}{2a_,}\left\{ \frac{1}{2} + \frac{B_2^{(3)}}{m^2} + \frac{1+c-2g-10m}{4}A_1^{(1)} - (10+5m)A_1^{(13)} + (5+m)A_1^{(16)} - \frac{B_1^{(0)}B_2^{(5)}}{m^2} + A_0^{(15)}\right\}e\gamma^2\cos(2gv - cv - 2\theta + \varpi)$$

$$- \frac{3m^2}{4a_,}\left\{ 1+2m + \frac{5+m}{1-2m} + \frac{3(1-m)}{3-2m} + 2A_1^{(16)} - \frac{2B_2^{(1)}}{m^2} + \frac{10A_0^{(15)}}{1-2m}\right\}e\gamma^2\cos(2v - 2mv - 2gv + cv + 2\theta - \varpi)$$

$$+ \frac{m^2}{a_,}\left\{ \frac{9}{8}(1-2\mu)(1+2e^2+2e'^2) + \frac{3(1-2\mu)(1+\frac{9}{2}e^2+2e'^2)}{4(1-m)} - \frac{36+21m-15m^2}{4(1-m)}A_1^{(17)} + \frac{3(1+m)}{2(1-m)}A_0^{(18)}e'^2 - \frac{57-38m}{4(1-m)}A_2^{(0)} + \frac{3}{2}(B_2^{(11)}+B_2^{(15)})\frac{\gamma^2}{m^2}\right\}\frac{a}{a'}\cos(v - mv)$$

$$+ \frac{3m^2}{2a_,}\left\{ \frac{5(1-2\mu)}{4} - A_0^{(18)} + \frac{4+m}{4}A_1^{(17)} - (5+m)A_1^{(19)}\right\}\frac{a}{a'}e'\cos(v - mv + c'mv - \varpi')$$

$$+ \frac{3m^2}{2a_,(1-2m)}\left\{ \frac{15-18m}{4}(1-2\mu) - \frac{76-33m}{4}A_1^{(17)} - 5A_0^{(18)} - (1-2m)A_1^{(19)}\right\}\frac{a}{a'}e'\cos(v - mv - c'mv + \varpi')$$

Je n'ai point eu égard aux termes multipliés par λ_2, parce qu'ils se détruisent réciproquement, aux quantités près de l'ordre m^7.

10. Pour intégrer cette équation différentielle, nous observerons qu'elle donne, en n'ayant égard qu'aux parties non périodiques,

$$u = \frac{1}{a_{,}}\left(1 + e^2 + \frac{\gamma^2}{4} + \delta''\right) - \frac{m^2}{2a_{,}}\left(1 + e^2 + \frac{\gamma^2}{4} + \tfrac{3}{2}e'^2\right)$$

$$+ \frac{3m^2}{4a_{,}}(1 - 3m - m^2)\,A_2^{(0)}\left(1 - \tfrac{5}{2}e'^2\right) - \frac{3}{4a_{,}}(B_1^{(0)})^2\gamma^2.$$

Nous avons désigné, dans le n° 6, cette quantité par $\frac{1}{a}\left(1 + e^2 + \frac{\gamma^2}{4} + \delta\right)$; on aura donc, en observant que, sans l'action du Soleil, on aurait $\frac{1}{a} = \frac{1}{a_{,}}$, et qu'ainsi l'on peut supposer $\delta = \delta''$,

$$\frac{1}{a} = \frac{1}{a_{,}} - \frac{m^2}{2a_{,}}\left(1 + \tfrac{3}{2}e'^2\right) + \frac{3m^2}{4a_{,}}(1 - 3m - m^2)\,A_2^{(0)}\left(1 - \tfrac{5}{2}e'^2\right) - \frac{3}{4a_{,}}(B_1^{(0)})^2\gamma^2.$$

L'action des planètes fait varier l'excentricité e' de l'orbe terrestre, sans altérer son demi-grand axe a', comme on l'a vu dans le Livre II; la valeur de $\frac{1}{a}$ subit donc des variations correspondantes, à raison du terme $-\frac{3m^2e'^2}{4a_{,}}$ qu'elle contient, et, comme la constante de la parallaxe de la Lune est proportionnelle à $\frac{1}{a}$, on voit qu'elle doit éprouver une variation séculaire; mais on voit en même temps que cette variation sera toujours insensible.

Nous avons représenté précédemment par $\frac{e}{a}(1 + e^2)\cos(cv - \varpi)$ la partie de u dépendante de $\cos(cv - \varpi)$. En la substituant dans l'équation différentielle précédente, en comparant ensuite les sinus et cosinus de $cv - \varpi$, et négligeant les quantités de l'ordre $\dfrac{d^2\frac{c}{a}}{dv^2}$, ce qui est permis, vu la lenteur des variations séculaires de l'excentricité de l'orbe terrestre, on aura les deux équations

$$0 = \frac{e(1 + e^2)}{a}\frac{d^2\varpi}{dv^2} - 2\left(c - \frac{d\varpi}{dv}\right)\frac{d\left(e\cdot\frac{1 + e^2}{a}\right)}{dv},$$

$$0 = 1 - \left(c - \frac{d\varpi}{dv}\right)^2 + p - qe'^2,$$

la quantité $-p-qe'^2$ étant supposée égale au coefficient de $e\cos(cv-\varpi)$, dans l'équation différentielle (L') du numéro précédent, divisé par $\frac{1-e^2}{a}$, où l'on doit observer que les valeurs de $A_2^{(0)}$, $A_1^{(1)}$, $B_2^{(2)}$ et $B_2^{(3)}$ renferment déjà le facteur $1-\frac{3}{2}e'^2$. La première de ces équations donne, en l'intégrant,

$$\frac{1}{c-\frac{d\varpi}{dv}} = \frac{ke^2(1+e^2)^2}{a^2},$$

k étant une constante arbitraire. La seconde donne, en négligeant le carré de qe'^2,

$$\frac{d\varpi}{dv} = c-\sqrt{1-p}+\frac{\frac{1}{2}qe'^2}{\sqrt{1-p}},$$

et par conséquent, si l'on regarde p et q comme constants, ce que l'on peut faire ici sans erreur sensible, on aura, en désignant $\frac{q}{\sqrt{1-p}}$ par q',

$$\varpi = cv - v\sqrt{1-p}+\tfrac{1}{2}q'\int e'^2\,dv + \varepsilon,$$

ε étant une arbitraire, ce qui donne

$$\cos(cv-\varpi) = \cos\left(v\sqrt{1-p}-\frac{q'}{2}\int e'^2\,dv-\varepsilon\right).$$

Il suit de là que, conformément aux observations, le périgée lunaire a un mouvement égal à $\left(1-\sqrt{1-p}\right)v+\tfrac{1}{2}q'\int e'^2\,dv$.

Ce mouvement n'est pas uniforme, à raison de la variabilité de e', et si l'on suppose qu'à partir d'une époque donnée, on représente e' par $E'+fv+hv^2$, E' étant l'excentricité de l'orbe terrestre à la même époque, le mouvement du périgée sera

$$\left(1-\sqrt{1-p}+\tfrac{1}{2}q'E'^2\right)v+\tfrac{1}{2}q'E'fv^2+\tfrac{1}{6}q'(2E'l+f^2)v^3.$$

Cette expression pourra servir pendant deux mille ans, soit avant, soit après l'époque. La partie

$$\tfrac{1}{2}q'E'fv^2+\tfrac{1}{6}q'(2E'l+f^2)v^3$$

forme l'équation séculaire du mouvement du périgée, qui maintenant
se ralentit de siècle en siècle. La valeur de la constante c peut être sup-
posée égale à $\sqrt{1-p}-\frac{1}{2}q'\mathrm{E}'^2$; l'angle ϖ est alors égal à la constante ε,
plus à l'équation séculaire du mouvement du périgée.

L'excentricité e de l'orbe lunaire est assujettie à une variation séculaire analogue à celle de la parallaxe, mais insensible comme elle, ces
variations étant proportionnelles à $\dfrac{d\varpi}{dv}$, qui ne devient sensible que
dans l'intégrale $\displaystyle\int \dfrac{d\varpi}{dv}\, dv$.

Si l'on représente par $\dfrac{\mathrm{H}}{a_{\prime}}\cos(iv+\delta)$ un terme quelconque de l'équation (L'), et que l'on désigne par

$$\mathrm{P}\cos(iv+\delta)+\mathrm{Q}\sin(iv+\delta)$$

la partie correspondante de u, on aura, pour déterminer P et Q, les
deux équations

$$0 = \left[1-\left(i+\frac{d\delta}{dv}\right)^2\right]\mathrm{P}+\frac{\mathrm{H}}{a_{\prime}},$$

$$\mathrm{Q} = \frac{2\left(i+\dfrac{d\delta}{dv}\right)\dfrac{d\mathrm{P}}{dv}+\mathrm{P}\dfrac{d^2\delta}{dv^2}}{1-\left(i+\dfrac{d\delta}{dv}\right)^2}.$$

Les variations de δ et de P étant extrêmement lentes, et i étant très-
grand relativement à $\dfrac{d\delta}{dv}$, la valeur de Q est insensible, et l'on a

$$\mathrm{P} = \frac{\mathrm{H}}{a_{\prime}\left[\left(i+\dfrac{d\delta}{dv}\right)^2-1\right]},$$

où l'on doit observer que, $i+\dfrac{d\delta}{dv}$ étant le coefficient de dv dans la
différentielle de l'angle $iv+\delta$, on peut supposer δ constant dans cet
angle, pourvu que l'on prenne pour i le coefficient de v correspondant
à l'époque pour laquelle on calcule. On déterminera ainsi les coeffi-
cients $\mathrm{A}_2^{(0)}$, $\mathrm{A}_{\prime}^{(1)}$, ... de l'expression de $a\,\delta u$.

Relativement aux termes dans lesquels le coefficient de v ne diffère de l'unité que d'une quantité du second ordre, et qui dépendent des angles $2gv - cv - 2\theta + \varpi$ et $v - mv + c'mv - \varpi'$, la considération des termes dépendants du cube de la force perturbatrice devient nécessaire; mais en portant, comme nous l'avons fait, l'approximation jusqu'aux quantités du quatrième ordre inclusivement, les termes dépendants du cube de la force perturbatrice qui peuvent devenir sensibles se trouvent compris dans les résultats précédents. Cela posé, si l'on substitue dans l'équation (L'), au lieu de u, la fonction

$$\frac{1}{a}\left\{ \begin{aligned} &1 + e^2 + \frac{\gamma^2}{4} + \delta + e(1 + e^2)\cos(cv - \varpi) \\ &- \tfrac{1}{4}\gamma^2\left(1 + e^2 - \frac{\gamma^2}{4}\right)\cos(2gv - 2\theta) \end{aligned}\right\} + \delta u,$$

la comparaison des divers cosinus donnera les équations suivantes

$$0 = \left[1 - \tfrac{4}{}(1-m)^2\right]A_2^{(0)} + \tfrac{3}{2}m^2\frac{a}{a_,}\left\{ \begin{aligned} &1 + (1 + 2m)e^2 + \frac{\gamma^2}{4} - \tfrac{3}{2}e'^2 \\ &+ \frac{1 + 3e^2 + \frac{\gamma^2}{4} - \tfrac{5}{2}e'^2}{1 - m} \\ &- A_2^{(0)} - (B_1^{(0)} - B_2^{(1)})\frac{\gamma^2}{m^2} \end{aligned}\right\},$$

$$0 = \left[1 - (2 - 2m - c)^2\right]A_1^{(1)} + 3m^2\frac{a}{a_,}\left\{ \begin{aligned} &\frac{c}{4}\left(1 + \frac{2 - 19m}{4}e^2 - \tfrac{5}{2}e'^2\right) \\ &- \frac{3 + 4m}{4}(1 + \tfrac{1}{2}e^2 - \tfrac{5}{2}e'^2) + \frac{1 - c^2}{4(1-m)} \\ &- \frac{2(1 + m)}{2 - 2m - c}(1 + \tfrac{7}{4}e^2 - \tfrac{5}{2}e'^2) \\ &- \tfrac{1}{2}(A_1^{(1)} - 2A_2^{(0)}) + \tfrac{1}{2}(B_2^{(5)} - B_2^{(6)})\frac{\gamma^2}{m^2} \end{aligned}\right\},$$

$$0 = \left[1 - (2 - 2m + c)^2\right]A_2^{(2)} - \tfrac{3}{4}m^2\frac{a}{a_,}\left(3 + c - 4m + \frac{8(1-m)}{2 - 2m + c} + 2A_2^{(2)}\right).$$

$$0 = \left[1 - (2 - m)^2\right]A_2^{(3)} - \tfrac{3}{4}m^2\frac{a}{a_,}\left(\frac{4 - m}{2 - m} + 2B_1^{(9)}\frac{\gamma^2}{m^2} + 2A_2^{(3)}\right),$$

$$0 = \left[1 - (2 - 3m)^2\right]A_2^{(4)} + \tfrac{3}{4}m^2\frac{a}{a_,}\left(\frac{7(4 - 3m)}{2 - 3m} - 3B_1^{(10)}\frac{\gamma^2}{m^2} - 2A_2^{(4)}\right),$$

$$0 = (1-m^2)A_2^{(5)} + \frac{3m^2}{2}\frac{a}{a_1}\left\{\begin{array}{l} 1 + e^2 + \dfrac{\gamma^2}{4} + \dfrac{9}{8}e'^2 + (B_1^{(7)}+B_1^{(8)})\dfrac{\gamma^2}{m^2} - \dfrac{3}{2}(1+2m)A_2^{(0)} \\[2mm] -\ \dfrac{2(1-2m)(3-2m)(3-m)}{(2-3m)(2-m)}A_2^{(0)} - 2A_2^{(5)} - (2-3m)A_2^{(4)} \\[2mm] +\ (B_1^{(9)}+B_1^{(10)})B_1^{(0)}\dfrac{\gamma^2}{m^2} - A_2^{(5)} - 11C_2^{(6)} - 2C_2^{(9)} + 2C_2^{(10)} \end{array}\right\}$$
$$+\ 6m\left[4A_2^{(0)} + A_2^{(3)} - A_2^{(1)} - 10A_1^{(1)}e^2 + \frac{5}{2}(A_1^{(7)}-A_1^{(6)})e^2\right],$$

$$0 = [1-(2-m-c)^2]A_1^{(6)} - \frac{3}{2}m^2\frac{a}{a_1}\left\{\begin{array}{l} \dfrac{3+2m-c}{4} + \dfrac{2+m}{2-m-c} - \dfrac{3}{2}A_1^{(1)} - A_1^{(6)} \\[2mm] -\left(\dfrac{3+m-c}{2} + \dfrac{4}{2-m-c}\right)A_1^{(9)} \end{array}\right\}$$

$$0 = [1-(2-3m-c)^2]A_1^{(7)} - \frac{3}{2}m^2\frac{a}{a_1}\left\{\begin{array}{l} \dfrac{7(3+6m-c)}{4} + \dfrac{7(2-3m)}{2-3m-c} + \dfrac{3}{2}A_1^{(1)} \\[2mm] +\ A_1^{(7)} - \left(\dfrac{3-m-c}{2} + \dfrac{4}{2-3m-c}\right)A_1^{(8)} \end{array}\right\},$$

$$0 = [1-(c+m)^2]A_1^{(8)} - \frac{3}{2}m^2\frac{a}{a_1}\left\{\begin{array}{l} \dfrac{3+2m}{2} - \left(\dfrac{1+2m+c}{4} + \dfrac{2}{c+m}\right)A_1^{(1)} \\[2mm] +\ A_1^{(8)} + \left(\dfrac{1+3m+c}{2} + \dfrac{4}{c+m}\right)A_1^{(7)} \end{array}\right\},$$

$$0 = [1-(c-m)^2]A_1^{(9)} - \frac{3}{2}m^2\frac{a}{a_1}\left\{\begin{array}{l} \dfrac{3-2m}{2} + A_1^{(9)} + 7\left(\dfrac{1+2m+c}{4} + \dfrac{2}{c-m}\right)A_1^{(1)} \\[2mm] +\left(\dfrac{1+m+c}{2} + \dfrac{4}{c-m}\right)A_1^{(6)} \end{array}\right\},$$

$$0 = (1-4c^2)A_2^{(10)} + \frac{3}{2}m^2\frac{a}{a_1}\left(1 - B_0^{(11)}\frac{\gamma^2}{m^2} - A_2^{(10)}\right),$$

$$0 = [1-(2c-2+2m)^2]A_1^{(11)} + \frac{3}{4}m^2\frac{a}{a_1}\left\{\begin{array}{l} \dfrac{2+11m+8m^2}{2} - \dfrac{10+19m+8m^2}{2c-2+2m} \\[2mm] +\ 4A_1^{(1)} + \dfrac{8A_2^{(10)}+10(A_1^{(1)})^2}{2c-2+2m} - 2A_1^{(11)} \end{array}\right\},$$

$$0 = (1-4g^2)A_2^{(12)} + \frac{a}{a_1}\left(g^2 - 1 - \frac{3}{4}\frac{a-a_1}{a} + \frac{3}{8}m^2 - \frac{3}{2}m^2A_2^{(12)}\right),$$

$$0 = [1-(2g-2+2m)^2]A_1^{(13)} + \frac{3}{4}m^2\frac{a}{a_1}\left\{\begin{array}{l} \dfrac{3+2m-2g}{4} + \dfrac{4g^2-1}{4(1-m)} - \dfrac{2+m}{2g-2+2m} \\[2mm] +\ \dfrac{2B_1^{(0)}}{m^2} - 2A_1^{(13)} + \dfrac{8A_2^{(12)}}{2g-2+2m} \end{array}\right\},$$

$$0 = (1-4m^2)A_2^{(14)} + \frac{3}{2}m^2\frac{a}{a_1}\left(\frac{3}{2} - A_2^{(14)}\right),$$

$$0 = \left[1 - (2g - c)^2\right] A_0^{(15)} - \tfrac{3}{2} m^2 \frac{a}{a_{\prime}} \left\{ \begin{aligned} &\tfrac{1}{2} + \frac{B_2^{(3)}}{m^2} + \frac{1 + c - 2g - 10m}{4} A_1^{(1)} - (10 + 5m) A_1^{(13)} \\ &+ (5 + m) A_1^{(16)} - \frac{B_1^{(0)} B_2^{(5)}}{m^2} + A_0^{(15)} \end{aligned} \right\}.$$

$$0 = \left[1 - (2 - 2m - 2g + c)^2\right] A_1^{(16)} - \tfrac{3}{4} m^2 \frac{a}{a_{\prime}} \left\{ \begin{aligned} &1 + 2m + \frac{5 + m}{1 - 2m} + \frac{3(1 - m)}{3 - 2m} \\ &+ 2 A_1^{(16)} - \frac{2 B_2^{(1)}}{m^2} + \frac{10 A_0^{(15)}}{1 - 2m} \end{aligned} \right\}.$$

$$0 = \left[1 - (1 - m)^2\right] A_1^{(17)} + m^2 \frac{a}{a_{\prime}} \left\{ \begin{aligned} &\tfrac{9}{8}(1 - 2\mu)(1 + 2c^2 + 3e'^2) \\ &+ \frac{3(1 - 2\mu)}{4(1 - m)}\left(1 + \tfrac{9}{2}e^2 - 2e'^2\right) \\ &- \frac{36 + 21m - 15m^2}{4(1 - m)} A_1^{(17)} + \frac{3(1 + m)}{2(1 - m)} A_0^{(18)} e'^2 \\ &- \frac{57 - 38m}{4(1 - m)} A_2^{(0)} + \tfrac{3}{2}\left(B_2^{(11)} + B_2^{(15)}\right) \frac{\gamma^2}{m^2} \end{aligned} \right\} (*).$$

$$0 = \frac{5(1 - 2\mu)}{4} - A_0^{(18)} + \frac{1 - m}{4} A_1^{(17)} - (5 + m) A_1^{(19)},$$

$$0 = \left[1 - (1 - 2m)^2\right] A_1^{(19)} + \frac{3m^2}{2(1 - 2m)}\frac{a}{a_{\prime}} \left\{ \begin{aligned} &\frac{15 - 18m}{4}(1 - 2\mu) - \frac{76 - 33m}{4} A_1^{(17)} \\ &- 5 A_0^{(18)} - (1 - 2m) A_1^{(19)} \end{aligned} \right\}.$$

11. Considérons présentement la troisième des équations (L) du n° 1. La fonction

$$-\frac{s}{h^2 u}\frac{\partial Q}{\partial u} - \frac{1 + s^2}{h^2 u^2}\frac{\partial Q}{\partial s}$$

devient

$$\frac{3m'u'^3 s}{2h^2 u'^4} - \frac{3m'u'^3 s}{2h^2 u'^4}\cos(2v - 2v') - \frac{3m'u'^4 s}{8h^2 u'^4}\left[11\cos(v - v') + 5\cos(3v - 3v')\right];$$

développons ses différents termes. Le terme $\dfrac{3m'u'^3 s}{2h^2 u'^4}$ donne, par son

(*) Cette équation a été reproduite conformément au texte de l'édition originale. Dans la deuxième édition (publiée après la mort de l'Auteur), la quantité $1 + 2c^2 + 2e'^2$ est suivie du terme $-\tfrac{1}{3}\gamma^2$; la quantité $1 + \tfrac{9}{2}c^2 + 2e'^2$ est suivie du terme $-2\gamma^2$; enfin, au lieu du facteur $\dfrac{3(1 + m)}{2(1 - m)}$, on lit $\dfrac{9(1 + m)}{2(1 - m)}$.

développement, la fonction

$$\frac{3}{2}\,\mathrm{m}^2\,\frac{a}{a_{\prime}}\,\gamma\left\{\begin{array}{l}(1+2e^2-\tfrac{1}{2}\gamma^2+\tfrac{3}{2}e^{\prime 2})\sin(gv-\theta)\\[2pt]-2e\sin(gv+cv-\theta-\varpi)\\[2pt]-2e\sin(gv-cv-\theta+\varpi)\\[2pt]+\tfrac{3}{2}e^{\prime}\sin(gv+c^{\prime}mv-\theta-\varpi^{\prime})\\[2pt]+\tfrac{3}{2}e^{\prime}\sin(gv-c^{\prime}mv-\theta+\varpi^{\prime})\\[2pt]-\tfrac{5}{2}e^2\sin(2cv-gv-2\varpi+\theta)\end{array}\right\}.$$

Le développement de $\dfrac{3m^{\prime}u^{\prime 3}s}{2h^2u^4}\cos(2v-2v^{\prime})$ se réduit à multiplier le

développement de $\dfrac{3m^{\prime}u^{\prime 3}}{2h^2u^3}\cos(2v-2v^{\prime})$, que nous avons donné dans

le n° 6, par $\dfrac{s}{u}$, et l'on aura

$$\frac{3}{4}\,\mathrm{m}^2\,\frac{a}{a_{\prime}}\,\gamma\left\{\begin{array}{l}-\left(1+3e^2-\dfrac{2+m}{4}\gamma^2-\tfrac{5}{2}e^{\prime 2}\right)\sin(2v-2mv-gv+\theta)\\[4pt]+\sin(2v-2mv+gv-\theta)\\[4pt]-2(1+m)e\sin(2v-2mv+gv-cv-\theta+\varpi)\\[4pt]-2(1+m)e\sin(gv+cv-2v+2mv-\theta-\varpi)\\[4pt]+2(1-m)e\sin(2v-2mv-gv+cv+\theta-\varpi)\\[4pt]-2(1-m)e\sin(gv+cv+2v-2mv-\theta-\varpi)\\[4pt]-\tfrac{7}{2}e^{\prime}\sin(2v-2mv-gv-c^{\prime}mv+\theta+\varpi^{\prime})\\[4pt]+\tfrac{7}{2}e^{\prime}\sin(2v-2mv+gv-c^{\prime}mv-\theta+\varpi^{\prime})\\[4pt]+\tfrac{1}{2}e^{\prime}\sin(2v-2mv-gv+c^{\prime}mv+\theta-\varpi^{\prime})\\[4pt]-\tfrac{1}{2}e^{\prime}\sin(2v-2mv+gv+c^{\prime}mv-\theta-\varpi^{\prime})\\[4pt]+\dfrac{10+19m+8m^2}{4}\,e^2\left[\begin{array}{l}\sin(2v-2mv-2cv+gv+2\varpi-\theta)\\[2pt]+\sin(2cv+gv-2v+2mv-2\varpi-\theta)\end{array}\right]\end{array}\right\}.$$

Le terme $\dfrac{33m^{\prime}u^{\prime 4}s}{8h^2u^5}\cos(v-v^{\prime})$ produit les suivants

$$\frac{33\,\mathrm{m}^2}{16}\,\frac{a}{a_{\prime}}\,\frac{a}{a^{\prime}}\,\gamma\left[\sin(gv-v+mv-\theta)+\sin(gv+v-mv-\theta)\right].$$

Le terme dépendant de $\cos(3v-3v^{\prime})$ est insensible; nous n'avons même eu égard aux deux précédents qu'à raison de leur petite influence sur l'argument de la longitude lunaire dépendant de $v-mv$.

La fonction $\dfrac{1}{h^2u^2}\dfrac{ds}{dv}\dfrac{\partial Q}{\partial v}$ que renferme la troisième des équations (L), donne le terme suivant

$$- \frac{3\,m'u'^3}{2\,h^2 u^4}\, g\gamma \cos(gv - \theta)\sin(2v - 2v').$$

On aura le développement de ce terme en augmentant, dans le développement de $\frac{3\,m'u'^3 s}{2\,h^2 u^4}\cos(2v - 2v')$, les angles gv et $2v$ d'un angle droit et en le multipliant par g, ce qui donne

$$- \frac{3\,m^2}{4}\frac{a}{a_{,}} g\gamma \left\{ \begin{aligned}
&\left[1 + 2e^2 - (2 + m)\tfrac{\gamma^2}{1} - \tfrac{5}{2}e'^2\right]\sin(2v - 2mv - gv + \theta)\\
&+ \sin(2v - 2mv + gv - \theta)\\
&- 2(1 + m)\,e\sin(2v - 2mv + gv - cv - \theta + \varpi)\\
&+ 2(1 + m)\,e\sin(gv + cv - 2v + 2mv - \theta - \varpi)\\
&- 2(1 - m)\,e\sin(2v - 2mv - gv + cv + \theta - \varpi)\\
&- 2(1 - m)\,e\sin(gv + cv + 2v - 2mv - \theta - \varpi)\\
&+ \tfrac{1}{2}e'\sin(2v - 2mv - gv - c'mv + \theta + \varpi')\\
&+ \tfrac{1}{2}e'\sin(2v - 2mv + gv - c'mv - \theta + \varpi')\\
&- \tfrac{1}{2}e'\sin(2v - 2mv - gv + c'mv + \theta - \varpi')\\
&- \tfrac{1}{2}e'\sin(2v - 2mv + gv + c'mv - \theta - \varpi')\\
&+ \frac{10 + 19m + 8m^2}{4}\,e^2\left[\begin{aligned}&\sin(2v - 2mv - 2cv + gv + 2\varpi - \theta)\\ &- \sin(2cv + gv - 2v + 2mv - 2\varpi - \theta)\end{aligned}\right]
\end{aligned}\right\}.$$

Les termes de la fonction $\frac{1}{h^2 u^2}\frac{ds}{dv}\frac{\partial Q}{\partial v}$ qui dépendent de u'^4 produisent les suivants

$$\frac{3\,m^2}{16}\frac{a}{a_{,}}\frac{a}{a'}\gamma\left[\sin(gv - v + mv - \theta) - \sin(gv + v - mv - \theta)\right].$$

Le produit $\left(\dfrac{d^2 s}{dv^2} + s\right)\dfrac{2}{h^2}\displaystyle\int\dfrac{\partial Q}{\partial v}\dfrac{dv}{u^2}$, que renferme la troisième des équations (L) du n° 1, se réduit à

$$\frac{2}{h^2}(1 - g^2)\gamma\sin(gv - \theta)\int\frac{\partial Q}{\partial v}\frac{dv}{u^2}.$$

$1 - g^2$ étant de l'ordre m^2, nous ne conserverons dans ce produit que le terme dépendant de $\sin(2v - 2mv - gv + \theta)$, et il résulte du développement précédent de $\frac{2}{h^2}\int\frac{\partial Q}{\partial v}\,\frac{dv}{u^2}$ que ce terme est égal à

$$-\frac{3\,\mathrm{m}^2(g^2-1)}{4(1-m)}\,\frac{a}{a_{\prime}}\,\gamma\sin(2v-2mv-gv+\vartheta).$$

La troisième des équations (L) du n° **1** se réduit ainsi à la forme suivante

$$0=\frac{d^2s}{dv^2}+s+\Gamma,$$

Γ étant la somme des termes que nous venons de considérer. Mais, pour plus d'exactitude, il faut lui ajouter les termes dépendants du carré de la force perturbatrice, et qui peuvent avoir une influence sensible.

12. Le terme $\dfrac{3\,m'u'^3 s}{2h^2 u^4}$ donne, par sa variation, les deux suivants

$$\frac{3\,m'u'^3\,\delta s}{2h^2 u^4}-\frac{6\,m'u'^3 s\,\delta u}{h^2 u^5},$$

et il en résulte la fonction

$$\frac{3\,\mathrm{m}^2}{2}\,\frac{a}{a_{\prime}}\,\delta s$$

$$+\frac{9\,\mathrm{m}^2}{4}\,\frac{a}{a_{\prime}}\,(B_1^{(7)}+B_1^{(8)})\,e'^2\,\gamma\sin(gv-\vartheta)$$

$$+3\,\mathrm{m}^2\,\frac{a}{a_{\prime}}\,\Big(A_2^{(0)}-\tfrac{5}{2}A_1^{(1)}e^2\Big)\,\gamma\sin(2v-2mv-gv+\vartheta)$$

$$-3\,\mathrm{m}^2\,\frac{a}{a_{\prime}}\,B_1^{(0)}\,e\gamma\sin(2v-2mv-gv+cv+\vartheta-\varpi)$$

$$-3\,\mathrm{m}^2\,\frac{a}{a_{\prime}}\,A_1^{(1)}\,e\gamma\sin(2v-2mv+gv-cv-\vartheta+\varpi)$$

$$+3\,\mathrm{m}^2\,\frac{a}{a_{\prime}}\,(B_1^{(0)}-A_1^{(1)})\,e\gamma\sin(gv+cv-2v+2mv-\vartheta-\varpi)$$

$$+\frac{9\,\mathrm{m}^2}{4}\,\frac{a}{a_{\prime}}\,B_1^{(0)}\,e'\,\gamma\left[\begin{array}{l}\sin(2v-2mv-gv+c'mv+\vartheta-\varpi')\\[2pt]+\sin(2v-2mv-gv-c'mv+\vartheta+\varpi')\end{array}\right]$$

$$+\frac{3\,\mathrm{m}^2}{2}\,\frac{a}{a_{\prime}}\,\Big(5A_1^{(1)}-2A_1^{(11)}-\tfrac{3}{2}B_1^{(0)}\Big)\,e^2\gamma\sin(2cv+gv-2v+2mv-2\varpi-\vartheta)$$

$$+\frac{3\,\mathrm{m}^2}{2}\,\frac{a}{a_{\prime}}\,\Big(5A_1^{(1)}-2A_1^{(11)}\Big)\,e^2\gamma\sin(2v-2mv+gv-2cv-\vartheta+2\varpi).$$

Le terme $\dfrac{3m'u'^3 s}{2h^2u^4}\cos(2v-2v')$ donne, par sa variation, les suivants

$$\frac{3m'u'^3\,\delta s}{2h^2u^4}\cos(2v-2v')-\frac{6m'u'^3 s\,\delta u}{h^2u^5}\cos(2v-2v')+\frac{3m'u'^3 s\,\delta v'}{h^2u^4}\sin(2v-2v'),$$

et il en résulte la fonction

$$-\frac{3m^2}{4}\frac{a}{a_,}\left(B_1^{(0)}+\tfrac14 A_2^{(0)}+\tfrac12 B_1^{(10)}e'^2-\tfrac12 B_1^{(8)}e'^2\right)\left(1-\tfrac52 e'^2\right)\gamma\sin(gv-\theta)$$

$$+\frac{3m^2}{2}\frac{a}{a_,}e\gamma\left\{\begin{array}{l}\left[(1+m)B_1^{(0)}-A_1^{(1)}\right]\sin(gv-cv-\theta+\varpi)\\[2pt]+\left[(1-m)B_1^{(0)}-A_1^{(1)}\right]\sin(gv+cv-\theta-\varpi)\end{array}\right\}$$

$$-\frac{3m^2}{4}\frac{a}{a_,}e'\gamma\left\{\begin{array}{l}\left(B_1^{(9)}+\tfrac17 B_1^{(0)}\right)\sin(gv-c'mv-\theta+\varpi')\\[2pt]+\left(B_1^{(10)}-\tfrac14 B_1^{(0)}\right)\sin(gv+c'mv-\theta-\varpi')\\[2pt]+B_1^{(8)}\sin(2v-2mv-gv+c'mv+\theta-\varpi')\\[2pt]+B_1^{(7)}\sin(2v-2mv-gv-c'mv+\theta+\varpi')\end{array}\right\}$$

$$-\frac{3m^2}{4}\frac{a}{a_,}e^2\gamma\left\{\begin{array}{c}5A_1^{(1)}-2A_1^{(11)}+B_1^{(12)}\\[4pt]-\dfrac{10+19m+8m^2}{4}\,B_1^{(0)}\end{array}\right\}\sin(2cv-gv-2\varpi+\theta)$$

$$-\frac{3m^2}{4}\frac{a}{a_,}B_0^{(11)}e^2\gamma\sin(2v-2mv-2cv+gv+2\varpi-\theta).$$

Le terme $-\dfrac{3m'u'^3}{2h^2u^4}\dfrac{ds}{dv}\sin(2v-2v')$ donne, par sa variation,

$$-\frac{3m'u'^3}{2h^2u^4}\frac{d\delta s}{dv}\sin(2v-2v')+\frac{6m'u'^3}{h^2u^5}\delta u\,\frac{ds}{dv}\sin(2v-2v')$$

$$+\frac{3m'u'^3}{h^2u^4}\frac{ds}{dv}\delta v'\cos(2v-2v').$$

De là résulte la fonction

$$-\frac{3m^2}{4}\frac{a}{a_,}\left[\begin{array}{l}(2-2m-g)B_1^{(0)}+\tfrac12(2-3m-g)B_1^{(10)}e'^2\\[2pt]\quad-\tfrac12(2-m-g)B_1^{(9)}e'^2\end{array}\right]\left(1-\tfrac52 e'^2\right)\gamma\sin(gv-\theta)$$

$$+\frac{3m^2}{2}\frac{a}{a_,}e\gamma\left\{\begin{array}{l}\left[(1+m)(2-2m-g)B_1^{(0)}-A_1^{(1)}\right]\sin(gv-cv-\theta+\varpi)\\[2pt]+\left[(1-m)(2-2m-g)B_1^{(0)}-A_1^{(1)}\right]\sin(gv+cv-\theta-\varpi)\end{array}\right\}$$

$$- \frac{3m^2}{4} \frac{a}{a_{\prime}} e^{\prime} \gamma \left\{ \begin{array}{l} \left[\begin{array}{l} (2-m-g) B_1^{(9)} \\ + \frac{7}{2}(2-2m-g) B_1^{(0)} \end{array} \right] \sin(gv - c^{\prime}mv - \theta + \varpi^{\prime}) \\ + \left[\begin{array}{l} (2-3m-g) B_1^{(10)} \\ - \frac{1}{2}(2-2m-g) B_1^{(0)} \end{array} \right] \sin(gv + c^{\prime}mv - \theta - \varpi^{\prime}) \\ + (g-m) B_1^{(8)} \sin(2v - 2mv - gv + c^{\prime}mv + \theta - \varpi^{\prime}) \\ + (g+m) B_1^{(7)} \sin(2v - 2mv - gv - c^{\prime}mv + \theta + \varpi^{\prime}) \end{array} \right.$$

$$- \frac{3m^2}{4} \frac{a}{a_{\prime}} e^2 \gamma \left\{ \begin{array}{l} 5A_1^{(1)} - 2A_1^{(11)} + (2-2m-2c+g) B_1^{(12)} \\ - \frac{10+19m+8m^2}{4}(2-2m-g) B_1^{(0)} \end{array} \right\} \sin(2cv - gv - 2\varpi + \theta)$$

$$- \frac{3m^2}{4} \frac{a}{a_{\prime}} B_0^{(11)} e^2 \gamma \sin(2v - 2mv - 2cv + gv + 2\varpi - \theta).$$

Enfin la fonction $\left(\frac{d^2 s}{dv^2} + s \right) \frac{2}{h^2} \int \frac{\partial Q}{\partial v} \frac{dv}{u^2}$ donne, par sa variation, les termes

$$- \frac{3m^2}{4} \frac{a}{a_{\prime}} \left[(2-2m-g)^2 - 1 \right] B_1^{(0)} \left(1 - \frac{5}{2} e^{\prime 2} \right) \left\{ \begin{array}{l} - \frac{1}{1-m} \gamma \sin(gv - \theta) \\ + \frac{10+19m+8m^2}{2(2c-2+2m)} e^2 \gamma \sin(2cv - gv - 2\varpi + \theta) \end{array} \right\}.$$

Les termes dépendants du cube de la force perturbatrice sont insensibles.

13. En rassemblant tous ces termes, la troisième des équations (L) du n° 1 deviendra

$$(L^{\prime\prime}) \quad 0 = \frac{d^2 s}{dv^2} + s + \frac{3}{2} m^2 \frac{a}{a_{\prime}} \left\{ \begin{array}{l} 1 + 2e^2 - \frac{1}{2}\gamma^2 + \frac{3}{2}e^{\prime 2} \\ - \frac{1}{2} \left[\frac{(3-2m-g)(g-m)}{1-m} B_1^{(0)} + 4 A_2^{(0)} \right] \left(1 - \frac{5}{2}e^{\prime 2} \right) \\ - \frac{7}{4}(3-3m-g) B_1^{(10)} e^{\prime 2} + \frac{1}{4}(3-m-g) B_1^{(9)} e^{\prime 2} \\ + \frac{3}{2}(B_1^{(7)} + B_1^{(8)}) e^{\prime 2} \end{array} \right\} \gamma \sin(gv - \theta)$$

$$- \frac{3}{4} m^2 \frac{a}{a_{\prime}} \left\{ \begin{array}{l} (1+g) \left(1 + 2e^2 - \frac{2+m}{4}\gamma^2 - \frac{3}{2}e^{\prime 2} \right) \\ + \frac{1-g^2}{1-m} - 4A_2^{(0)} + 10 A_1^{(1)} e^2 - 2 B_1^{(0)} \end{array} \right\} \gamma \sin(2v - 2mv - gv + \theta)$$

$$+ \frac{3}{2} m^2 \frac{a}{a_{\prime}} \left(\frac{1-g}{2} + B_2^{(1)} \right) \gamma \sin(2v - 2mv + gv - \theta)$$

$$+\frac{3}{2}m^2\frac{a}{a_{,}}\left[B_2^{(2)}-2+(1-m)(3-2m-g)B_1^{(0)}\right]e\gamma\sin(gv+cv-\theta-\varpi)$$

$$+\frac{3}{2}m^2\frac{a}{a_{,}}\left[B_2^{(3)}-2-2A_1^{(1)}+(1+m)(3-2m-g)B_1^{(0)}\right]e\gamma\sin(gv-cv-\theta+\varpi)$$

$$+\frac{3}{2}m^2\frac{a}{a_{,}}\left[(1+g)(1-m)-2B_1^{(0)}+B_2^{(1)}\right]e\gamma\sin(2v-2mv-gv+cv+\theta-\varpi)$$

$$+\frac{3}{2}m^2\frac{a}{a_{,}}\left[(g-1)(1+m)+B_2^{(5)}-2A_1^{(1)}\right]e\gamma\sin(2v-2mv+gv-cv-\theta+\varpi)$$

$$+\frac{3}{2}m^2\frac{a}{a_{,}}\left[(1+g)(1+m)+B_2^{(6)}+2A_1^{(1)}-2B_1^{(0)}\right]e\gamma\sin(2v-2mv-gv-cv+\theta+\varpi)$$

$$+\frac{3}{4}m^2\frac{a}{a_{,}}\left[3+2B_1^{(7)}+\tfrac{1}{2}(3-2m-g)B_1^{(0)}-(3-3m-g)B_1^{(10)}\right]e'\gamma\sin(gv+c'mv-\theta-\varpi')$$

$$+\frac{3}{4}m^2\frac{a}{a_{,}}\left[3+2B_1^{(8)}-\tfrac{1}{2}(3-2m-g)B_1^{(0)}-(3-m-g)B_1^{(9)}\right]e'\gamma\sin(gv-c'mv-\theta+\varpi')$$

$$+\frac{3}{4}m^2\frac{a}{a_{,}}\left[\frac{1+g}{2}+2B_1^{(9)}+3B_1^{(0)}-(1+g-m)B_1^{(8)}\right]e'\gamma\sin(2v-2mv-gv+c'mv+\theta-\varpi')$$

$$+\frac{3}{4}m^2\frac{a}{a_{,}}\left[2B_1^{(10)}-\tfrac{1}{2}(1+g)+3B_1^{(0)}-(1+g+m)B_1^{(1)}\right]e'\gamma\sin\!\left(\begin{array}{c}2v-2mv-gv\\-c'mv+\theta+\varpi'\end{array}\right)$$

$$+\frac{3}{4}m^2\frac{a}{a_{,}}\left\{\begin{array}{c}2B_0^{(11)}-5-10A_1^{(1)}+4A_1^{(11)}-(3-2m-2c+g)B_1^{(12)}\\[4pt]+\left[\dfrac{3-2m-g}{4}g+\dfrac{(2-2m-g)^2-1}{2(2c+2m-2)}\right]\\[4pt]\times(10+19m+8m^2)B_1^{(0)}\end{array}\right\}e^2\gamma\sin(2cv-gv-2\varpi+\theta)$$

$$+\frac{3}{4}m^2\frac{a}{a_{,}}\left\{\begin{array}{c}2B_1^{(12)}+(1-g)\dfrac{10+19m+8m^2}{4}\\[4pt]+10A_1^{(1)}-4A_1^{(11)}-2B_0^{(11)}\end{array}\right\}e^2\gamma\sin(2v-2mv-2cv+gv+2\varpi-\theta)$$

$$+\frac{3}{4}m^2\frac{a}{a_{,}}\left\{\begin{array}{c}\dfrac{10+19m+8m^2}{2}+2B_1^{(13)}\\[4pt]+10A_1^{(1)}-4A_1^{(11)}-5B_1^{(0)}\end{array}\right\}e^2\gamma\sin(2cv+gv-2v+2mv-2\varpi-\theta)$$

$$+\frac{3}{4}m^2\frac{a}{a_{,}}\left(3+2B_2^{(14)}\right)\frac{a}{a'}\gamma\sin(gv-v+mv-\theta)$$

$$+\frac{3}{4}m^2\frac{a}{a_{,}}\left(\frac{5}{2}+2B_2^{(15)}\right)\frac{a}{a'}\gamma\sin(gv+v-mv-\theta).$$

14. On doit faire, sur l'intégration de l'équation différentielle précédente, des remarques analogues à celles du n° 11. On considérera donc γ et θ comme variables en vertu de la variation de l'excentricité de l'orbe terrestre; en substituant ensuite, pour s, la fonc-

tion $\gamma \sin(gv - \theta) + \delta s$, et comparant d'abord les sinus et cosinus
de $gv - \theta$, on aura les équations

$$0 = \gamma \frac{d^2\theta}{dv^2} - 2\frac{d\gamma}{dv}\left(g - \frac{d\theta}{dv}\right),$$

$$0 = \frac{d^2\gamma}{dv^2} - \gamma\left[\left(g - \frac{d\theta}{dv}\right)^2 - 1\right] + (p'' + q''e'^2)\gamma,$$

$p'' + q''e'^2$ désignant le coefficient de $\gamma \sin(gv - \theta)$ dans l'équation
différentielle (L.'') du numéro précédent, où l'on doit observer que
$B_1^{(0)}$ et $A_2^{(0)}$ renferment déjà le facteur $1 - \frac{5}{2}e'^2$. La première de ces
équations donne, en l'intégrant,

$$\frac{1}{g - \frac{d\theta}{dv}} = H\gamma^2,$$

H étant une constante arbitraire. La seconde donne, en négligeant
$\frac{d^2\gamma}{dv^2}$, ainsi que le carré de $q''e'^2$,

$$\frac{d\theta}{dv} = g - \sqrt{1 + p''} - \frac{\frac{1}{2}q''e'^2}{\sqrt{1 + p''}}.$$

et par conséquent, si l'on regarde p'' et q'' comme constants, ce que
l'on peut faire ici sans erreur sensible, on aura

$$\theta = gv - \sqrt{1 + p''}.v - \frac{\frac{1}{2}q''}{\sqrt{1 + p''}}\int e'^2 dv + \lambda.$$

λ étant une arbitraire, ce qui donne

$$\sin(gv - \theta) = \sin\left(\sqrt{1 + p''}.v + \frac{\frac{1}{2}q''}{\sqrt{1 + p''}}\int e'^2 dv - \lambda\right).$$

d'où il suit que, conformément aux observations, les nœuds de l'orbite lunaire, sur l'écliptique vraie, ont un mouvement rétrograde égal
à $(\sqrt{1 + p''} - 1)v + \frac{\frac{1}{2}q''}{\sqrt{1 + p''}}\int e'^2 dv$. Ce mouvement n'est pas uniforme,
à raison de la variabilité de e', et l'équation séculaire de la longitude

du nœud est à l'équation séculaire du périgée comme $\dfrac{q''}{\sqrt{1+p''}}$ est à $-\dfrac{q}{\sqrt{1+p}}$.

La tangente γ de l'inclinaison de l'orbite lunaire à l'écliptique vraie est pareillement variable, puisqu'elle est égale à $\left[\mathrm{H}\left(g - \dfrac{d\mathfrak{G}}{dv}\right) \right]^{-\frac{1}{2}}$; mais il est aisé de voir que sa variation est insensible, et c'est la raison pour laquelle les observations les plus anciennes n'indiquent aucun changement dans cette inclinaison, quoique la position de l'écliptique ait varié sensiblement dans l'intervalle qui nous en sépare.

On aura ensuite les équations suivantes

$$0 = [1-(2-2m-g)^2]\mathrm{B}_1^{(0)} - \tfrac{3}{4}\mathrm{m}^2\frac{a}{a_{\prime}}\left\{ \begin{aligned} &(1+g)\left(1+2c^2 - \frac{2+m}{4}\gamma^2 - \tfrac{3}{2}c'^2\right) \\ &+\frac{1-g^2}{1-m} - \{\mathrm{A}_2^{(0)}+10\,\mathrm{A}_1^{(1)}c^2 - 2\,\mathrm{B}_1^{(0)} \end{aligned}\right\},$$

$$0 = [1-(2-2m+g)^2]\mathrm{B}_2^{(1)} + \tfrac{3}{2}\mathrm{m}^2\frac{a}{a_{\prime}}\left(\frac{1-g}{2} + \mathrm{B}_3^{(1)}\right),$$

$$0 = [1-(g+c)^2]\mathrm{B}_2^{(2)} + \tfrac{3}{2}\mathrm{m}^2\frac{a}{a_{\prime}}[\mathrm{B}_3^{(2)} - 2 + (1-m)(3-2m-g)\mathrm{B}_1^{0}],$$

$$0 = [1-(g-c)^2]\mathrm{B}_2^{(3)} + \tfrac{3}{2}\mathrm{m}^2\frac{a}{a_{\prime}}[\mathrm{B}_2^{(3)} - 2 - 2\mathrm{A}_1^{(1)} + (1+m)(3-2m-g)\mathrm{B}_1^{0}],$$

$$0 = [1-(2-2m-g+c)^2]\mathrm{B}_2^{(4)} + \tfrac{3}{2}\mathrm{m}^2\frac{a}{a_{\prime}}[(1+g)(1-m) - 2\mathrm{B}_1^{(0)} + \mathrm{B}_2^{(4)}],$$

$$0 = [1-(2-2m+g-c)^2]\mathrm{B}_2^{(5)} + \tfrac{3}{2}\mathrm{m}^2\frac{a}{a_{\prime}}[(g-1)(1+m) + \mathrm{B}_2^{(5)} - 2\mathrm{A}_1^{(1)}],$$

$$0 = [1-(2-2m-g-c)^2]\mathrm{B}_2^{(6)} + \tfrac{3}{2}\mathrm{m}^2\frac{a}{a_{\prime}}[(1+g)(1+m) + \mathrm{B}_2^{(6)} + 2\mathrm{A}_1^{(1)} - 2\mathrm{B}_1^{0}],$$

$$0 = [1-(g+m)^2]\mathrm{B}_1^{(7)} + \tfrac{3}{4}\mathrm{m}^2\frac{a}{a_{\prime}}[3 + 2\mathrm{B}_1^{(7)} + \tfrac{1}{4}(3-2m-g)\mathrm{B}_1^{(0)} - (3-3m-g)\mathrm{B}_1^{(10)}],$$

$$0 = [1-(g-m)^2]\mathrm{B}_1^{(8)} + \tfrac{3}{4}\mathrm{m}^2\frac{a}{a_{\prime}}[3 + 2\mathrm{B}_1^{(8)} - \tfrac{1}{4}(3-2m-g)\mathrm{B}_1^{(0)} - (3-m-g)\mathrm{B}_1^{(9)}],$$

$$0 = [1-(2-m-g)^2]\mathrm{B}_1^{(9)} + \tfrac{3}{4}\mathrm{m}^2\frac{a}{a_{\prime}}\left[\frac{1+g}{2} + 2\mathrm{B}_1^{(9)} + 3\mathrm{B}_1^{(0)} - (1+g-m)\mathrm{B}_1^{8}\right],$$

$$0 = [1-(2-3m-g)^2]\mathrm{B}_1^{(10)} + \tfrac{3}{4}\mathrm{m}^2\frac{a}{a_{\prime}}[2\mathrm{B}_1^{(10)} - \tfrac{7}{4}(1+g) + 3\mathrm{B}_1^{0} - (1+g+m)\mathrm{B}_1^{7}].$$

$$0 = \left[1 - (2c - g)^2\right] B_0^{(1)} + \tfrac{3}{4} m^2 \frac{a}{a_i} \left[\begin{array}{l} 2 B_0^{(1)} - 5 - 10 A_1^{(1)} + 4 A_1^{(1)} - (3 - 2m - 2c + g) B_1^{(2)} \\[4pt] -(3 - 2m - g)(g + m - c) \dfrac{10 + 19m + 8m^2}{2(2c + 2m - 2)} B_1^{(0)} \end{array} \right],$$

$$0 = \left[1 - (2 - 2m - 2c + g)^2\right] B_1^{(2)} + \tfrac{3}{4} m^2 \frac{a}{a_i} \left[\begin{array}{l} 2 B_1^{(2)} + (1 - g) \dfrac{10 + 19m + 8m^2}{4} \\[4pt] + 10 A_1^{(1)} - 4 A_1^{(1)} - 2 B_0^{(1)} \end{array} \right],$$

$$0 = \left[1 - (2c + g - 2 + 2m)^2\right] B_1^{(3)} + \tfrac{3}{4} m^2 \frac{a}{a_i} \left[\begin{array}{l} \dfrac{10 + 19m + 8m^2}{2} + 2 B_1^{(3)} \\[4pt] + 10 A_1^{(1)} - 4 A_1^{(1)} - 5 B_1^{(0)} \end{array} \right],$$

$$0 = \left[1 - (g + m - 1)^2\right] B_2^{(4)} + \tfrac{3}{4} m^2 \frac{a}{a_i} \left(3 + 2 B_2^{(4)}\right),$$

$$0 = \left[1 - (g + 1 - m)^2\right] B_2^{(5)} + \tfrac{3}{4} m^2 \frac{a}{a_i} \left(\tfrac{3}{2} + 2 B_2^{(5)}\right).$$

15. Il nous reste présentement à déterminer la valeur du temps t en fonction de v. Pour cela, reprenons la première des équations (L) du n° 1,

$$dt = \frac{dv}{h u^2 \sqrt{1 + \dfrac{2}{h^2} \displaystyle\int \frac{\partial Q}{\partial v} \frac{dv}{u^2}}}.$$

Il faut, par le n° 6, y substituer, au lieu de u, la fonction

$$\frac{1}{a}\left[\begin{array}{l} 1 + e^2 + \tfrac{1}{4}\gamma^2 + 6 + e(1 + e^2)\cos(cv - \varpi) \\[4pt] - \tfrac{1}{4}\gamma^2(1 + e^2 - \tfrac{1}{4}\gamma^2)\cos(2gv - 2\theta) \end{array} \right] + \delta u.$$

On aura d'abord, en développant le facteur $\dfrac{dv}{h u^2}$, un terme indépendant de cosinus, et qui, par la nature du mouvement elliptique, doit être $\dfrac{a^2 \, dv}{\sqrt{a_i}}$ (Livre II, n° 16); on aura ensuite

$$dt = \frac{a^2 \, dv}{\sqrt{a_i}}\left\{ \begin{array}{l} \left\{ \begin{array}{l} 1 - 2e(1 - \tfrac{1}{4}\gamma^2)\cos(cv - \varpi) \\[3pt] + e^2(\tfrac{3}{2} + \tfrac{1}{4}e^2 - \tfrac{3}{4}\gamma^2)\cos(2cv - 2\varpi) \\[3pt] + \tfrac{1}{2}\gamma^2(1 + \tfrac{3}{2}e^2 - \tfrac{1}{2}\gamma^2)\cos(2gv - 2\theta) - e^3\cos(3cv - 3\varpi) \\[3pt] - \tfrac{3}{2}e\gamma^2\left[\cos(2gv - cv - 2\theta + \varpi) + \cos(2gv + cv - 2\theta - \varpi)\right] \end{array} \right\} \left\{ \begin{array}{l} 1 - \dfrac{1}{h^2}\displaystyle\int \frac{\partial Q}{\partial v}\frac{dv}{u^2} \\[6pt] + \dfrac{3}{2 h^4}\left(\displaystyle\int \frac{\partial Q}{\partial v}\frac{dv}{u^2}\right)^2 \\[4pt] \cdots \ldots \ldots \ldots \ldots \end{array} \right\} \\[30pt] - 2a\,\delta u \left[\begin{array}{l} 1 + \tfrac{1}{2}e^2 - \tfrac{1}{4}\gamma^2 - 3e\cos(cv - \varpi) + 3e^2\cos(2cv - 2\varpi) \\[3pt] + \tfrac{3}{4}\gamma^2\cos(2gv - 2\theta) - \tfrac{3}{2}e\gamma^2\cos(2gv - cv - 2\theta + \varpi) \end{array} \right] \left[\begin{array}{l} 1 - \dfrac{1}{h^2}\displaystyle\int \frac{\partial Q}{\partial v}\frac{dv}{u^2} \\[6pt] + \ldots \ldots \ldots \ldots \end{array} \right] \\[20pt] + 3a^2(\delta u)^2\left[1 - 4e\cos(cv - \varpi)\right]\left[1 - \ldots\right] \end{array} \right\}.$$

La partie non périodique du second membre de cette équation est

$$\frac{a^2\,dv}{\sqrt{a_,}}\left\{1 + \frac{27\,m^4}{64\,(1-m)^2} + \frac{3\,m^2\,A_2^{(0)}}{4\,(1-m)} + \tfrac{3}{2}\left[(A_2^{(0)})^2 + (A_1^{(1)}c)^2\right]\right\}.$$

Le coefficient de dv dans cette fonction n'est pas rigoureusement constant. On a vu, dans le n° 10, que l'expression de $\frac{1}{a}$ contient le terme $-\frac{3\,m^2\,e'^2}{4\,a_,}$, ce qui donne dans a^2 le terme $\tfrac{3}{2}m^2 a_,^2 e'^2$; ainsi la quantité $\frac{a^2\,dv}{\sqrt{a_,}}$ contient le terme $\tfrac{3}{2}a_,^{\frac{3}{2}}dv.m^2 e'^2$; or on a, à très-peu près, $a_,^{\frac{3}{2}}=\frac{1}{n}$, $m^2=m^2$; l'expression du temps t contient donc le terme $\frac{3\,m^2}{2\,n}\int e'^2\,dv$, et par conséquent la valeur de la longitude vraie de la Lune, en fonction de sa longitude moyenne, contient le terme $-\tfrac{3}{2}m^2\int e'^2\,dv$, ou $-\tfrac{3}{2}m^2\int n\,dt\,e'^2$; d'où il suit que les trois équations séculaires des longitudes moyennes de la Lune, de son périgée et de ses nœuds sont entre elles comme les trois quantités $3m^2$, $\frac{-q}{\sqrt{1-p}}$, $\frac{q''}{\sqrt{1+p''}}$. A la vérité, les termes dépendants du carré de la force perturbatrice changent un peu cette valeur de l'équation séculaire de la longitude moyenne; mais il est aisé de voir que les termes de cet ordre, qui ont une influence très-sensible sur l'équation séculaire du périgée, n'en ont qu'une très-petite et insensible sur celle du moyen mouvement.

La partie non périodique de $\frac{dv}{dt}$ est égale à $\frac{1}{n}$, et, si l'on néglige les quantités de l'ordre m^4, ce coefficient est $\frac{a^2}{\sqrt{a_,}}$. On a ensuite, par le n° 10,

$$\frac{1}{a} = \frac{1}{a_,}\left(1-\tfrac{1}{4}m^2\right),$$

ce qui donne

$$\frac{a}{a_,} = 1+\tfrac{1}{4}m^2, \quad \text{et} \quad \frac{a^2}{\sqrt{a_,}} = \frac{1}{n} = a^{\frac{3}{2}}\left(1+\tfrac{1}{4}m^2\right).$$

On a de plus, par le n° 16 du Livre II,

$$n' = a'^{-\frac{3}{2}} \sqrt{m'} ;$$

partant

$$\frac{n'^2}{n^2} = m^2 = \frac{a^3 m'}{a'^3} \cdot \left(1 + \tfrac{1}{2} m^2\right) = m^2 \left(1 + \tfrac{1}{2} m^2\right),$$

d'où l'on tire

$$m^2 = m^2 \left(1 - \tfrac{1}{2} m^2\right), \qquad m^2 \frac{a}{a_i} = m^2.$$

Supposons maintenant que l'on ait

$$
\begin{aligned}
nt + \varepsilon = {}& v + \tfrac{3}{2} m^2 \int (e'^2 - E'^2)\, dv \\
& + C_0^{(0)} e \sin(cv - \varpi) \\
& + C_0^{(1)} e^2 \sin(2cv - 2\varpi) \\
& + C_0^{(2)} e^3 \sin(3cv - 3\varpi) \\
& + C_0^{(3)} \gamma^2 \sin(2gv - 2\theta) \\
& + C_0^{(4)} e\gamma^2 \sin(2gv - cv - 2\theta + \varpi) \\
& + C_0^{(5)} e\gamma^2 \sin(2gv + cv - 2\theta - \varpi) \\
& + C_2^{(6)} \sin(2v - 2mv) \\
& + C_1^{(7)} e \sin(2v - 2mv - cv + \varpi) \\
& + C_2^{(8)} e \sin(2v - 2mv + cv - \varpi) \\
& + C_2^{(9)} e' \sin(2v - 2mv + c'mv - \varpi') \\
& + C_2^{(10)} e' \sin(2v - 2mv - c'mv + \varpi') \\
& + C_1^{(11)} e' \sin(c'mv - \varpi') \\
& + C_1^{(12)} ee' \sin(2v - 2mv - cv + c'mv + \varpi - \varpi') \\
& + C_1^{(13)} ee' \sin(2v - 2mv - cv - c'mv + \varpi + \varpi') \\
& + C_1^{(14)} ee' \sin(cv + c'mv - \varpi - \varpi') \\
& - C_1^{(15)} ee' \sin(cv - c'mv - \varpi + \varpi') \\
& + C_1^{(16)} e^2 \sin(2cv - 2v + 2mv - 2\varpi) \\
& + C_1^{(17)} \gamma^2 \sin(2gv - 2v + 2mv - 2\theta) \\
& + C_1^{(18)} e'^2 \sin(2c'mv - 2\varpi') \\
& + C_1^{(19)} \frac{a}{a'} \sin(v - mv) \\
& + C_0^{(20)} \frac{a}{a'} e' \sin(v - mv + c'mv - \varpi').
\end{aligned}
$$

On aura

$$C_0^{(0)} = \dfrac{-2\left(1 - \tfrac{1}{4}\gamma^2\right) - \dfrac{15\,m^2\,A_1^{(1)}}{4(1-m)} + 3\,A_2^{(0)}\,A_1^{(1)}}{c},$$

$$C_0^{(1)} = \dfrac{\tfrac{3}{2} + \tfrac{1}{4}e^2 - \tfrac{3}{4}\gamma^2 - 2A_2^{(0)}}{2c},$$

$$C_0^{(2)} = -\dfrac{1}{3c},$$

$$C_0^{(3)} = \dfrac{\tfrac{1}{4}\left(1 + \tfrac{3}{2}e^2 - \tfrac{1}{4}\gamma^2\right) - 2A_0^{(2)} + 3A_0^{(3)}e^2}{2g},$$

$$C_0^{(4)} = \dfrac{-\tfrac{3}{4} - 2A_0^{(15)}}{2g - c},$$

$$C_0^{(5)} = -\dfrac{\tfrac{3}{4}}{2g - c},$$

$$C_2^{(6)} = \dfrac{\left\{\begin{array}{l} -\dfrac{3m^2\left(1 + 2e^2 - \tfrac{5}{4}e'^2\right)}{4(1-m)} - 3m^2e^2\left(\dfrac{1+m}{2-2m-c} + \dfrac{1-m}{2-2m+c}\right) \\[2mm] -\,2A_2^{(0)}\left(1 + \tfrac{1}{2}e^2 - \tfrac{1}{4}\gamma^2\right) + 3e^2A_1^{(1)} + 3e^2A_2^{(2)} \end{array}\right\}}{2 - 2m},$$

$$C_1^{(7)} = \dfrac{\left\{\begin{array}{l} \dfrac{3m^2\left(1 + 2e^2 - \tfrac{1}{4}\gamma^2 - \tfrac{3}{2}e'^2\right)}{4(1-m)} + \dfrac{3m^2(1+m)\left(1 + \tfrac{3}{4}e^2 - \tfrac{1}{4}\gamma^2 - \tfrac{5}{2}e'^2\right)}{2-2m-c} \\[2mm] -\,\dfrac{3m^2e^2\left(10 + 19m + 8m^2\right)}{8(2c - 2 + 2m)} - 2A_1^{(1)}\left(1 + \tfrac{1}{2}e^2 - \tfrac{1}{4}\gamma^2\right) - 3A_2^{(0)} - 3e^2A_1^{(1)} \end{array}\right\}}{2 - 2m - c},$$

$$C_2^{(8)} = \dfrac{\dfrac{3m^2}{4(1-m)} + \dfrac{3m^2(1-m)}{2-2m+c} - 2A_2^{(3)} + 3A_1^{(0)} - 3A_1^{(1)}e^2}{2 - 2m + c},$$

$$C_2^{(9)} = \dfrac{\dfrac{3m^2}{4(2-m)} - 2A_2^{(3)} + 3A_1^{(6)}e^2}{2 - m},$$

$$C_2^{(10)} = \dfrac{-\dfrac{21m^2}{4(2-3m)} - 2A_2^{(4)} + 3A_1^{(7)}e^2}{2 - 3m},$$

$$C_1^{(11)} = \frac{\left\{ \begin{array}{l} - 3m\left[\tfrac{1}{4}A_2^{(0)} + A_2^{(3)} - A_2^{(1)} - 10A_1^{(1)}e^2 + \tfrac{5}{2}\left(A_1^{(1)} - A_1^{(6)}\right)e^2 \right] \\[4pt] + \left(\dfrac{3m^2 A_2^{(0)}}{4} + \dfrac{27m^4}{32(1-m)} \right)\left(\dfrac{7}{2-3m} - \dfrac{1}{2-m} \right) \\[8pt] + \left(\dfrac{3m^2}{4(1-m)} + 3A_2^{(0)} \right)\left(A_2^{(3)} + A_2^{(1)} \right) - 2A_2^{(5)}\left(1 + \tfrac{1}{2}e^2 - \tfrac{1}{4}\gamma^2 \right) \\[8pt] + 3\left(A_1^{(8)} + A_1^{(9)} \right)e^2 + 3A_1^{(1)}e^2\left(A_1^{(6)} + A_1^{(7)} \right) \\[8pt] + \dfrac{3m^2}{4}\left(11\,C_2^{(6)} + 2C_2^{(9)} - 2C_2^{(10)} \right) \end{array} \right\}}{m},$$

$$C_1^{(12)} = \frac{ - \dfrac{3m^2(2+m)}{4(2-m-c)} - \dfrac{3m^2}{4(2-m)} - 2A_1^{(6)} + 3A_2^{(3)} }{2-m-c},$$

$$C_1^{(13)} = \frac{ \dfrac{21m^2(2+3m)}{4(2-3m-c)} + \dfrac{21m^2}{4(2-3m)} - 2A_1^{(7)} + 3A_2^{(4)} }{2-3m-c},$$

$$C_1^{(14)} = \frac{ - 2A_1^{(8)} + 3A_2^{(5)} }{c+m},$$

$$C_1^{(15)} = \frac{ - 2A_1^{(9)} + 3A_2^{(5)} }{c-m},$$

$$C_1^{(16)} = \frac{\left\{ \begin{array}{l} \dfrac{3m^2(10+19m+8m^2)}{8(2c-2+2m)} - \dfrac{3m^2(1+m)}{2-2m-c} - \dfrac{9m^2}{16(1-m)} \\[10pt] - 3A_2^{(0)} + 3A_1^{(1)} - 2A_1^{(11)} - \dfrac{3m^2 A_2^{(10)} + \dfrac{15m^2}{4}\left(A_1^{(1)}\right)^2}{2c-2+2m} \end{array} \right\}}{2c-2+2m}.$$

Cette valeur de $C_1^{(16)}$ semble être de l'ordre zéro; car son numérateur renferme plusieurs termes de l'ordre m, et son diviseur est du même ordre. Mais on a vu, dans le n° 5, qu'en n'ayant égard qu'à la première puissance de la force perturbatrice, la valeur de $C_1^{(16)}$ ne peut avoir pour diviseur le carré de $2c - 2 + 2m$; il faut donc que l'ensemble de ces termes se détruise aux quantités près de l'ordre m: c'est en effet ce que le calcul confirme *a posteriori*. Il suit de là que, dans les valeurs de $A_1^{(1)}$ et de $A_1^{(11)}$ de l'expression de $C_1^{(16)}$, on doit rejeter les termes dépendants des carrés de e, e' et γ. Chacun de ces termes introduit dans $C_1^{(16)}$ des quantités de l'ordre e^2, tandis que leur ensemble n'y produit qu'une quantité de l'ordre $e^2 m$, que l'on peut conséquemment négliger; il y a donc de l'inconvénient à ne considérer qu'une partie de ces termes, et il est préférable de les négliger tous. C'est un de ces cas singuliers de l'analyse des approximations, dans lesquels on peut s'éloigner de la vérité, en considérant un plus grand nombre de termes.

On a ensuite

$$C_1^{(17)} = \frac{\dfrac{3 m^2 (2+m)}{8(2g-2+2m)} - \dfrac{3 m^2}{16(1-m)} - 2 A_1^{(13)} - \frac{3}{4} A_2^{(0)} - \dfrac{3 m^2 A_2^{(12)}}{2g-2+2m}}{2g-2+2m}.$$

On doit appliquer à cette valeur de $C_1^{(17)}$ une remarque analogue à celle que nous venons de faire sur $C_1^{(16)}$. Enfin on a

$$C_1^{(18)} = -\frac{A_2^{(11)}}{m},$$

$$C_1^{(19)} = \frac{-\dfrac{3 m^2}{8(1-m)} + \dfrac{3 m^2 (5+3m)}{4(1-m)} A_1^{(17)} - 2 A_1^{(17)}\left(1+\frac{1}{2}e^2-\frac{1}{4}\gamma^2\right) + 3 A_2^{(0)} A_1^{(17)}}{1-m},$$

$$C_0^{(20)} = -2 A_0^{(18)}.$$

16. Déterminons présentement les valeurs numériques de ces divers coefficients. Pour cela, nous remarquerons que les observations donnent

$$m = 0,0748013,$$
$$c = 0,9915480 1,$$
$$g = 1,0040217 5,$$
$$e' = 0,016814, \text{ à l'époque de } 1750,$$
$$\gamma = 0,0900807.$$

Suivant les observations, l'argument $C_0^{(0)} e \sin(cv - \varpi)$ est à très-peu près égal à $-69992'', 3 \sin(cv - \varpi)$. On a donné, dans le numéro précédent, la valeur analytique de $C_0^{(0)}$; en y substituant, pour $A_2^{(0)}$ et A_1', leurs valeurs qu'une première approximation m'a fait connaître, j'en ai conclu

$$e = 0,0548729 3.$$

Cette valeur a toute la précision nécessaire pour la détermination des coefficients $A_2^{(0)}$, $A_1^{(1)}$, $A_2^{(2)}$, ... J'ai supposé, conformément aux phénomènes des marées, la masse de la Lune $\frac{1}{58,7}$ de celle de la Terre. Cela posé, les équations entre ces coefficients, trouvées dans les n°s 10 et 14, deviennent

$$A_2^{(0)} = 0,00723508 - 0,0050184.(B_1^{(0)} - B_2^{(1)}),$$

$$A_1^{(1)} = 0,2040411 - 0,0660894.A_2^{(0)} - 0,0480577.(B_2^{(5)} - B_2^{(6)}),$$

$$A_2^{(2)} = -0,00372953,$$

$$A_2^{(3)} = -0,00315160 - 0,00449610.B_1^{(9)},$$

$$A_2^{(4)} = 0,0289026 - 0,00564793.B_1^{(10)},$$

$$A_1^{(6)} = -0,193315 + 0,104996.A_1^{(1)} + 0,372796.A_1^{(9)},$$

$$A_1^{(7)} = 0,538027 + 0,0334044.A_1^{(1)} + 0,135144.A_1^{(8)},$$

$$A_1^{(8)} = -0,0908432 + 0,139071.A_1^{(1)} - 0,280299.A_1^{(7)},$$

$$A_1^{(9)} = 0,0791193 + 1,055799.A_1^{(1)} + 0,270902.A_1^{(6)},$$

$$A_2^{(10)} = 0,00285368 - 0,00415018.B_0^{(11)},$$

$$A_1^{(11)} = 0,366100 - 0,0172338.A_1^{(1)} - 0,259744.A_2^{(10)} - 0,324680.(A_1^{(1)})^2,$$

$$A_2^{(12)} = 0,00265066,$$

$$A_1^{(13)} = 0,0523335 - 1,555935.B_1^{(0)} - 0,220276.A_2^{(12)},$$

$$A_2^{(14)} = -0,0129890,$$

$$A_0^{(15)} = -0,1007403 + 0,0385084.A_1^{(1)} + 2,09016.A_1^{(13)}$$
$$- 1,022473.A_1^{(10)} - 36,11032.(B_2^{(3)} - B_1^{(0)} B_2^{(5)}),$$

$$A_1^{(16)} = 0,114623 + 0,166591.A_0^{(15)} - 5,07811.B_2^{(1)},$$

$$A_1^{(17)} = -0,121028 + 0,937593.A_2^{(0)} - 0,000031563.A_0^{(18)}$$
$$- 0,139767.(B_2^{(14)} + B_2^{(15)}),$$

$$A_0^{(18)} = 1,208124 + 1,018700.A_1^{(17)} - 5,074801.A_1^{(19)},$$

$$A_1^{(19)} = -0,121295 + 0,675879.A_1^{(17)} + 0,183834.A_0^{(18)},$$

$$B_1^{(0)} = 0,0287031 - 0,0574772.A_2^{(0)} + 0,000432665.A_1^{(1)},$$

$$B_2^{(1)} = -0,00000236395,$$

$$B_2^{(2)} = -0,00564433 + 0,0048210.B_1^{(0)},$$

$$B_2^{(3)} = 0,0166486 + 0,0166486.A_1^{(1)} - 0,0165194.B_1^{(0)},$$

$$B_2^{(4)} = 0,00656716 - 0,00708386 \cdot B_1^{(0)},$$

$$B_2^{(5)} = 0,00001473 61 - 0,00681821 \cdot A_1^{(1)},$$

$$B_2^{(6)} = -0,0183098 - 0,0170013 \cdot (A_1^{(1)} - B_1^{(0)}),$$

$$B_1^{(7)} = 0,0809777 + 0,0249192 \cdot B_1^{(0)} - 0,0478194 \cdot B_1^{(10)},$$

$$B_1^{(8)} = -0,0868568 + 0,187099 \cdot B_1^{(0)} + 0,0556224 \cdot B_1^{(2)},$$

$$B_1^{(9)} = -0,0263090 - 0,0787687 \cdot B_1^{0} + 0,0506541 \cdot B_1^{(8)},$$

$$B_1^{(10)} = 0,0712575 - 0,03047765 \cdot B_1^{0} + 0,0211192 \cdot B_1^{7},$$

$$B_0^{(11)} = 0,421270 + 0,842540 \cdot A_1^{(1)} - 0,337016 \cdot A_1^{(11)} + 0,586564 \cdot B_1^{0}$$
$$+ 0,157666 \cdot B_1^{(12)},$$

$$B_1^{(12)} = 0,00019441 - 0,168403 \cdot A_1^{(1)} + 0,0673644 \cdot (A_1^{(11)} + \tfrac{1}{2} B_0^{(11)}),$$

$$B_1^{(13)} = 0,0847889 + 0,147896 \cdot (A_1^{(1)} - \tfrac{1}{2} B_1^{(0)}) - 0,0591586 \cdot A_1^{(11)},$$

$$B_2^{(14)} = -0,0125619,$$

$$B_2^{(15)} = 0,00386625.$$

J'ai conclu de ces équations les valeurs suivantes :

$$A_2^{(0)} = 0,00709262,$$

$$A_1^{(1)} = 0,202619,$$

$$A_2^{(2)} = -0,00372953,$$

$$A_2^{(3)} = -0,00300427,$$

$$A_2^{(4)} = 0,0284957,$$

$$A_1^{(6)} = -0,0698493,$$

$$A_1^{(7)} = 0,516751,$$

$$A_1^{(8)} = -0,207510,$$

$$A_1^{(9)} = 0,274122,$$

$$A_2^{(10)} = 0,00081065,$$

$$A_1^{(11)} = 0,349068,$$

$$A_2^{(12)} = 0,00265066,$$

$$A_1^{(13)} = 0,0075875,$$

$$A_2^{(14)} = -0,0129890,$$

$$A_0^{(15)} = -0,742373,$$

$$A_1^{(16)} = -0,041378,$$

$$A_1^{(17)} = -0,113197,$$

$$A_0^{(18)} = 1,08469,$$

$$A_1^{(19)} = 0,001601,$$

$$B_1^{(0)} = 0,0283831,$$

$$B_2^{(1)} = -0,000002363_95,$$

$$B_2^{(2)} = -0,00550748,$$

$$B_2^{(3)} = 0,0195530,$$

$$B_2^{(4)} = 0,00636608,$$

$$B_2^{(5)} = -0,00136676,$$

$$B_2^{(6)} = -0,0212720,$$

$$B_1^{(7)} = 0,0782400,$$

$$B_1^{(8)} = -0,0833684,$$

$$B_1^{(9)} = -0,0327678,$$

$$B_1^{(10)} = 0,0720448,$$

$$B_0^{(11)} = 0,491954,$$

$$B_1^{(12)} = 0,0061023,$$

$$B_1^{(13)} = 0,0920621,$$

$$B_2^{(14)} = -0,0125619,$$

$$B_2^{(15)} = 0,00386625.$$

Au moyen de ces valeurs, j'ai rectifié la valeur de e, en faisant usage de l'équation

$$C_0^{(0)} c = -69992'',3.$$

L'expression de $C_0^{(0)}$ trouvée dans le n° 15 donne

$$C_0^{(0)} = -2,003974,$$

d'où j'ai conclu

$$e = 0,0548628_1,$$

ce qui diffère très-peu de la valeur déjà employée. J'ai trouvé ensuite

$$
\begin{aligned}
C_0^{(1)} &= 0{,}752886, \\
C_0^{(2)} &= -0{,}336175, \\
C_0^{(3)} &= 0{,}243118, \\
C_0^{(4)} &= 0{,}722823, \\
C_0^{(5)} &= -0{,}250034, \\
C_2^{(6)} &= -0{,}0091987G, \\
C_1^{(7)} &= -0{,}414046, \\
C_2^{(8)} &= 0{,}0129865, \\
C_2^{(9)} &= 0{,}00392546, \\
C_2^{(10)} &= -0{,}0387853, \\
A_2^{(5)} &= -0{,}00571628, \\
C_1^{(11)} &= 0{,}196755, \\
C_1^{(12)} &= 0{,}127650, \\
C_1^{(13)} &= -1{,}081734, \\
C_1^{(14)} &= 0{,}373115, \\
C_1^{(15)} &= -0{,}616738.
\end{aligned}
$$

Il faut, par le numéro précédent, employer dans le calcul de $C_1^{(16)}$ et de $C_1^{(17)}$ les valeurs de $A_1^{(1)}$, $A_1^{(11)}$ et $A_1^{(13)}$, déterminées en n'ayant point égard aux carrés de l'excentricité et de l'inclinaison de l'orbite lunaire. J'ai trouvé ainsi les valeurs suivantes de $A_1^{(1)}$, $A_1^{(11)}$, $A_1^{(13)}$ et $B_1^{(0)}$ dont on doit faire usage dans ce calcul,

$$
\begin{aligned}
A_1^{(1)} &= 0{,}201816, \\
A_1^{(11)} &= 0{,}349187, \\
A_1^{(13)} &= 0{,}0077734. \\
B_1^{(0)} &= 0{,}0282636,
\end{aligned}
$$

d'où l'on tire

$$
\begin{aligned}
C_1^{(16)} &= 0{,}272377, \\
C_1^{(17)} &= 0{,}033825.
\end{aligned}
$$

On a ensuite

$$C_1^{(18)} = \quad 0,173647,$$
$$C_1^{(19)} = \quad 0,236616,$$
$$C_0^{(20)} = -2,16938.$$

Cela posé, l'expression de $nt + \varepsilon$ du n° 15 devient, en réduisant en secondes ses coefficients,

$$
\begin{aligned}
nt + \varepsilon = {}& v + \tfrac{3}{2} m^2 \int (e'^2 - \mathrm{E}'^2)\, dv \\
& - 69992'',30 . \sin(cv - \varpi) \\
& + 1442'',66 . \sin(2cv - 2\varpi) \\
& - \quad 35'',34 . \sin(3cv - 3\varpi) \\
& + 1255'',92 . \sin(2gv - 2\theta) \\
& + \quad 204'',86 . \sin(2gv - cv - 2\theta + \varpi) \\
& - \quad 70'',86 . \sin(2gv + cv - 2\theta - \varpi) \\
& - 5856'',11 . \sin(2v - 2mv) \\
& - 14461'',28 . \sin(2v - 2mv - cv + \varpi) \\
& + \quad 453'',58 . \sin(2v - 2mv + cv - \varpi) \\
& + \quad 42'',02 . \sin(2v - 2mv + c'mv - \varpi') \\
& - \quad 415'',16 . \sin(2v - 2mv - c'mv + \varpi') \\
& + 2106'',09 . \sin(c'mv - \varpi') \\
& + \quad 74'',96 . \sin(2v - 2mv - cv + c'mv + \varpi - \varpi') \\
& - \quad 635'',26 . \sin(2v - 2mv - cv - c'mv + \varpi + \varpi') \\
& + \quad 219'',11 . \sin(cv + c'mv - \varpi - \varpi') \\
& - \quad 362'',18 . \sin(cv - c'mv - \varpi + \varpi') \\
& + \quad 521'',91 . \sin(2cv - 2v + 2mv - 2\varpi) \\
& + \quad 174'',74 . \sin(2gv - 2v + 2mv - 2\theta) \\
& + \quad 31'',25 . \sin(2c'mv - 2\varpi') \\
& + \quad 376'',586 . (1 + i) . \sin(v - mv) \\
& - \quad 58'',053 . (1 + i) . \sin(v - mv + c'mv - \varpi').
\end{aligned}
$$

Les deux derniers termes ont été déterminés en supposant $\dfrac{a}{a'} = \dfrac{1+i}{400}$. Cette fraction dépend des parallaxes du Soleil et de la Lune; elle diffère très-peu de $\dfrac{1}{400}$; mais, pour plus de généralité, nous l'affectons du coefficient indéterminé $1 + i$, et en comparant le terme dépendant de $\sin(v - mv)$ au résultat des observations, nous en conclurons dans la suite la parallaxe solaire.

Il est facile de voir, par ce qui précède, que les perturbations de l'orbe terrestre par la Lune introduisent dans $A_1^{(1)}$ la quantité $0,25044.\mu$, et par conséquent dans $C_1^{(9)}$ la quantité $-0,54139.\mu$; d'où résulte, dans l'expression de la longitude vraie de la Lune, l'inégalité $0,54139.\mu.\dfrac{a}{a'}\sin(v - mv)$. L'action directe de la Lune sur la Terre pro-duit, dans le mouvement de cette planète, l'inégalité $\dfrac{a}{a'}\mu.\sin(v - mv)$; cette action est donc réfléchie à la Lune par le moyen du Soleil, mais affaiblie dans le rapport de $0,54139$ à l'unité (*).

L'expression précédente de $nt + \varepsilon$ renferme les quantités c et g, et ces quantités dépendent de l'action du Soleil. Nous avons donné leurs valeurs analytiques dans les n°s 10 et 14. En les réduisant en nombres, on trouve

$$c = 0,991567,$$
$$g = 1,0040105.$$

Le mouvement $(1 - c)v$ du périgée lunaire est donc, par la théorie précédente, égal à $0,008433.v$. Ce mouvement, par les observations, est égal à $0,008452.v$, ce qui ne diffère du précédent que de sa quatre cent quarante-cinquième partie.

Le mouvement du périgée est assujetti à une équation séculaire dont nous avons donné l'expression analytique dans le n° 10. En la réduisant en nombres, elle devient

$$3,00052.\tfrac{3}{2}m^2\int(e'^2 - E'^2)\,dv.$$

Elle a un signe contraire à l'équation séculaire du mouvement moyen, et elle est à fort peu près trois fois plus grande.

(*) On a réimprimé cet alinéa conformément à l'édition originale. Dans la deuxième édition, les nombres $0,25044$ et $0,54139$ ont été remplacés respectivement par $0,22638$ et $0,52768$, en conséquence du changement qu'on a fait subir dans la même édition à l'une des dernières formules du n° 10 (*voir* la note de la page 231); seulement, par suite d'une erreur typographique, ces deux nombres $0,22638$ et $0,52768$ ont été imprimés chacun à la place de l'autre dans le premier membre de phrase de l'alinéa.

32.

Le mouvement rétrograde $(g - 1)v$ du nœud de l'orbite lunaire est, par la théorie précédente, $0,0040105.v$. Ce mouvement, par les observations, est égal à $0,00402175.v$, ce qui ne diffère pas du précédent de sa trois cent cinquantième partie.

Ce mouvement du nœud est assujetti à une équation séculaire dont nous avons donné l'expression analytique dans le n° 14. En la réduisant en nombres, elle devient

$$0,735452 . \tfrac{3}{2} m^2 \int (e'^2 - E'^2) dv.$$

Elle a un signe contraire à celle de la longitude moyenne de la Lune; d'où il suit que les mouvements des nœuds et du périgée se ralentissent quand celui de la Lune s'accélère, et les équations séculaires de ces trois mouvements sont constamment dans le rapport des nombres $3,00052$, $0,735452$ et 1. On doit donc, dans l'expression précédente de $nt + \varepsilon$, substituer, au lieu des angles cv et gv, les quantités

$$cv - 3,00052 . \tfrac{3}{2} m^2 \int (e'^2 - E'^2) dv,$$
$$gv + 0,735452 . \tfrac{3}{2} m^2 \int (e'^2 - E'^2) dv.$$

L'équation séculaire de l'anomalie moyenne est ainsi

$$- 4,00052 . \tfrac{3}{2} m^2 \int (e'^2 - E'^2) dv,$$

ou à très-peu près quadruple de celle du moyen mouvement.

17. Nous allons présentement déterminer quelques-unes des inégalités les plus sensibles du quatrième ordre. L'une de ces inégalités est relative à l'angle $2v - 2mv - 2gv + cv + 2\theta - \varpi$, et nous avons déterminé précédemment la partie de $a\delta u$ qui dépend du cosinus de cet angle. On trouve ensuite, par le n° 15, que l'expression de $nt + \varepsilon$ renferme l'inégalité

$$- \frac{\dfrac{3m^2(2+m)}{8(2g-2+2m)} - 2A_1^{(16)} + 3A_1^{(13)}}{2 - 2m - 2g + c} e\gamma^2 \sin(2v - 2mv - 2gv + cv + 2\theta - \varpi).$$

Cette inégalité, réduite en nombres, devient

$$26'',77 . \sin(2v - 2mv - 2gv + cv + 2\theta - \varpi).$$

Considérons encore l'inégalité relative à l'angle $2cv + 2v - 2mv - 2\varpi$. Si l'on rassemble tous les termes dépendants du cosinus de cet angle, que donne le développement de la seconde des équations (L) du n° 1, et que nous avons déterminés dans le n° 6, cette équation devient, en n'ayant égard qu'à ces termes,

$$0 = \frac{d^2 u}{dv^2} + u + \frac{3m^2}{2a_{\text{,}}} \cdot \frac{(10 - 19m + 8m^2)(2 + c - m)}{4(c - m + 1)} e^2 \cos(2cv + 2v - 2mv - 2\varpi);$$

en nommant donc $A_2^{\prime(0)} e^2 \cos(2cv + 2v - 2mv - 2\varpi)$ le terme correspondant de $a\,\delta u$, on aura

$$A_2^{\prime(0)} = -\frac{\dfrac{3m^2}{2}(10 - 19m + 8m^2)(2 - m + c)}{4(c - m + 1)\left[4(c - m + 1)^2 - 1\right]}.$$

Si l'on nomme ensuite $C_3^{\prime(0)} e^2 \sin(2cv + 2v - 2mv - 2\varpi)$ le terme correspondant de l'expression de $nt + \varepsilon$, on trouve, par le n° 15,

$$C_3^{\prime(0)} = \frac{-\dfrac{3m^2}{2} \cdot \dfrac{10 - 19m + 8m^2}{8(c - m + 1)} - \dfrac{3m^2(1 - m)}{2 - 2m + c} - \dfrac{9m^2}{16(1 - m)} - 2A_2^{\prime(0)} + 3A_2^{(2)} - 3A_2^{(0)}}{2c - 2m + 3}.$$

En réduisant ces formules en nombres, on a

$$A_2^{\prime(0)} = 0,00201041,$$
$$C_2^{\prime(0)} = -0,0130618,$$

d'où résulte, dans $nt + \varepsilon$, l'inégalité

$$-27'',03 \sin(2cv + 2v - 2mv - 2\varpi).$$

L'expression de dt du n° 15 donne, dans $nt + \varepsilon$, le terme

$$\frac{3A_2^{(1)} ee' \sin(2v - 2mv + cv - c'mv - \varpi + \varpi')}{2 - 3m + c}.$$

Ce terme est sensible, à cause de la grandeur du coefficient $A_2^{(1)}$; il est donc utile de considérer l'inégalité relative à l'argument $2v - 2mv + cv - c'mv - \varpi + \varpi'$. La seconde des équations (L) du n° 1 donne, en n'ayant égard qu'à ces termes, que nous avons développés dans le n° 6,

$$0 = \frac{d^2 u}{dv^2} + u - \frac{m^2}{a_1} \cdot \frac{21(2 - 3m)(4 - 3m + c)}{4(2 - 3m + c)} \cdot ee' \cos(2v - 2mv + cv - c'mv - \varpi + \varpi').$$

Soit

$$A_2''^{(1)} ee' \cos(2v - 2mv + cv - c'mv - \varpi + \varpi')$$

la partie de $a\delta u$ dépendante de l'argument dont il s'agit; on aura

$$A_2''^{(1)} = - \frac{21 m^2 (2 - 3m)(4 - 3m + c)}{4(2 - 3m + c)\big[(2 - 3m + c)^2 - 1\big]}.$$

Si l'on nomme ensuite

$$C_2''^{(1)} ee' \sin(2v - 2mv + cv - c'mv - \varpi + \varpi')$$

la partie de $nt + \varepsilon$ relative au même argument, on trouve, par le n° 15,

$$C_2''^{(1)} = \frac{\dfrac{21 m^2 (2 - 3m)}{4(2 - 3m + c)} + \dfrac{21 m^2}{4(2 - 3m)} - 2 A_2''^{(1)} + 3 A_2''^{(1)}}{2 - 3m + c} \ldots$$

En réduisant ces formules en nombres, on trouve

$$A_2''^{(1)} = - 0,0134975,$$
$$C_2''^{(1)} = 0,0534480,$$

ce qui donne dans $nt + \varepsilon$ l'inégalité

$$31'',39 . \sin(2v - 2mv + cv - c'mv - \varpi + \varpi').$$

Les inégalités dépendantes des angles $2cv - 2v + 2mv \pm c'mv - 2\varpi \mp \varpi'$ semblent devoir être sensibles par les grands diviseurs que les intégrations leur font acquérir; il importe donc de les déterminer avec soin. En suivant l'analyse exposée précédemment, et en n'ayant égard qu'aux quantités du quatrième ordre, si l'on représente la partie correspondante de $a\delta u$ par

$$A_1'^{(2)} e^2 e' \cos(2cv - 2v + 2mv + c'mv - 2\varpi - \varpi')$$
$$+ A_1'^{(3)} e^2 e' \cos(2cv - 2v + 2mv - c'mv - 2\varpi + \varpi'),$$

l'équation différentielle en u devient

$$0 = \frac{d^2u}{dv^2} + u + \frac{3m^2}{a_{\prime}}\left[\frac{7(2+11m+8m^2)}{16} - \frac{7(10+19m+8m^2)}{8(2c-2+3m)} - \frac{5\mathrm{A}_{\prime}^{(8)}}{2c-2+3m} - \tfrac{1}{2}\mathrm{A}_{\prime}^{\prime(2)}\right]e^2e'\cos\left(\begin{matrix}2cv-2v+2mv\\+c'mv-2\varpi-\varpi'\end{matrix}\right)$$

$$+\frac{3m^2}{a_{\prime}}\left[\frac{10+19m+8m^2}{8(2c-2+m)} - \frac{2+11m+8m^2}{16} - \frac{5\mathrm{A}_{\prime}^{(9)}}{2c-2+m} - \tfrac{1}{2}\mathrm{A}_{\prime}^{\prime(3)}\right]e^2e'\cos\left(\begin{matrix}2cv-2v+2mv\\-c'mv-2\varpi+\varpi'\end{matrix}\right);$$

on aura donc

$$\mathrm{A}_{\prime}^{\prime(2)} = \frac{-3m^2}{1-\tfrac{3}{2}m^2-(2c-2+3m)^2}\left[\frac{7(2+11m+8m^2)}{16} - \frac{7(10+19m+8m^2)+40\mathrm{A}_{\prime}^{(8)}}{8(2c-2+3m)}\right],$$

$$\mathrm{A}_{\prime}^{\prime(3)} = \frac{-3m^2}{1-\tfrac{3}{2}m^2-(2c-2+m)^2}\left[\frac{10+19m+8m^2-40\mathrm{A}_{\prime}^{(9)}}{8(2c-2+m)} - \frac{2+11m+8m^2}{16}\right].$$

Si l'on désigne la partie correspondante de $nt+\varepsilon$ par

$$\mathrm{C}_{\prime}^{\prime(2)}e^2c'\cos(2cv-2v+2mv+c'mv-2\varpi-\varpi')$$
$$+\,\mathrm{C}_{\prime}^{\prime(3)}e^2c'\cos(2cv-2v+2mv-c'mv-2\varpi+\varpi'),$$

on aura, par le n° 15,

$$\mathrm{C}_{\prime}^{\prime(2)} = \frac{\left\{\begin{matrix}\dfrac{21m^2(10+19m+8m^2)+120m^2\mathrm{A}_{\prime}^{(8)}}{16(2c-2+3m)} - \dfrac{21m^2(2+3m)}{4(2-3m-c)} - \dfrac{63m^2}{16(2-3m)}\\[2mm] -2\mathrm{A}_{\prime}^{\prime(2)}+3\mathrm{A}_{\prime}^{(7)}-3\mathrm{A}_{2}^{(1)}+3\mathrm{A}_{\prime}^{(8)}\mathrm{A}_{\prime}^{(1)}\end{matrix}\right\}}{2c-2+3m},$$

$$\mathrm{C}_{\prime}^{\prime(3)} = \frac{\left\{\begin{matrix}\dfrac{-3m^2(10+19m+8m^2)+120m^2\mathrm{A}_{\prime}^{(9)}}{16(2c-2+m)} + \dfrac{3m^2(2+m)}{4(2-m-c)} + \dfrac{9m^2}{16(2-m)}\\[2mm] -2\mathrm{A}_{\prime}^{\prime(3)}+3\mathrm{A}_{\prime}^{(6)}-3\mathrm{A}_{2}^{(1)}+3\mathrm{A}_{\prime}^{(9)}\mathrm{A}_{\prime}^{(1)}\end{matrix}\right\}}{2c-2+m}.$$

En réduisant ces formules en nombres, on trouve

$$\mathrm{A}_{\prime}^{\prime(2)} = 0,741932,$$
$$\mathrm{A}_{\prime}^{\prime(3)} = -0,0153320,$$
$$\mathrm{C}_{\prime}^{\prime(2)} = 0,563137,$$
$$\mathrm{C}_{\prime}^{\prime(3)} = -0,0235572,$$

d'où résultent, dans $nt + \varepsilon$, les deux inégalités

$$18'',15.\sin(2cv - 2v + 2mv + c'mv - 2\varpi - \varpi')$$
$$- 0'',76.\sin(2cv - 2v + 2mv - c'mv - 2\varpi + \varpi').$$

Les inégalités dépendantes des arguments $2cv \pm c'mv - 2\varpi \mp \varpi'$ sont très-faciles à déterminer par la considération de l'expression de dt du n° 15. Cette expression donne, dans celle de $nt + \varepsilon$, les inégalités

$$\frac{3\,A_1^{(8)} e^2 e'}{2c + m} \sin(2cv + c'mv - 2\varpi - \varpi')$$
$$+ \frac{3\,A_1^{(9)} e^2 e'}{2c - m} \sin(2cv - c'mv - 2\varpi + \varpi').$$

et il est aisé de voir que ce sont les seuls termes du quatrième ordre qui dépendent de ces arguments. En les réduisant en nombres, on a, dans $nt + \varepsilon$, les deux inégalités suivantes

$$- 9'',75.\sin(2cv + c'mv - 2\varpi - \varpi')$$
$$+ 13'',89.\sin(2cv - c'mv - 2\varpi + \varpi').$$

Il est facile de voir, par l'expression de dt du n° 15, que l'inégalité dépendante de l'argument $4v - 4mv - cv + \varpi$ doit être sensible. Pour la déterminer, nommons

$$A_3^{(1)} e \cos(4v - 4mv - cv + \varpi)$$

le terme correspondant de $a\,\delta u$. Il est clair qu'il ne peut en résulter de semblables dans l'équation différentielle en u que par la variation des termes de la seconde des équations (L) du n° 1, dus à la force perturbatrice. Nous avons développé ces variations dans le n° 8. La première est

$$- \frac{3\,m'u'^3\,\delta u}{2h^2 u^4},$$

et elle ne produit aucun terme du quatrième ordre dépendant de $\cos(4v - 4mv - cv + \varpi)$. La seconde variation est

$$- \frac{9\,m'u'^3}{2h^2 u^4}\,\delta u.\cos(2v - 2v') + \frac{3\,m'u'^3}{h^2 u^3}\,\delta v'.\sin(2v - 2v');$$

elle produit le terme

$$- \frac{3\,m^2}{4\,a_{,}} \, (3 - 4m)\, \mathrm{A}_1^{(1)} e \cos(4v - 4mv - cv + \varpi).$$

La troisième variation est

$$\frac{6\,m'u'^3}{h^2 u^4} \frac{\delta u}{u} \frac{du}{dv} \sin(2v - 2v') - \frac{3\,m'u'^3}{2\,h^2 u^4} \frac{d\delta u}{dv} \sin(2v - 2v') + \frac{3\,m'u'^3 \delta v'}{h^2 u^4} \frac{du}{dv} \cos(2v - 2v');$$

elle produit le terme

$$- \frac{3\,m^2}{4\,a_{,}} \, (2 - 2m - c)\, \mathrm{A}_1^{(1)} e \cos(4v - 4mv - cv + \varpi).$$

Enfin la quatrième variation est

$$\frac{12\,m'}{h^2 a} \left[1 + \tfrac{3}{4}\gamma^2 . \cos(2gv - 2\theta)\right] \int \frac{u'^3\,dv}{u^4} \left[\frac{\delta u}{u} \sin(2v - 2v') + \tfrac{1}{2}\delta v' \cos(2v - 2v')\right]$$
$$- \left(\frac{d^2 \delta u}{dv^2} + \delta u\right) \int \frac{3\,m'u'^3\,dv}{h^2 u^4} \sin(2v - 2v') - \frac{9\,m'}{h^2 a} \int \frac{u'^2 \delta u'}{u^4}\, dv . \sin(2v - 2v');$$

elle produit le terme

$$- \frac{3\,m^2}{a_{,}} \, \frac{2 - 5m}{4 - 4m - c}\, \mathrm{A}_1^{(1)} e \cos(4v - 4mv - cv + \varpi).$$

L'équation différentielle en u deviendra donc, en n'ayant égard qu'à ces différents termes,

$$0 = \frac{d^2 u}{dv^2} + u - \frac{3\,m^2}{4\,a_{,}} \left(5 - 6m - c + \frac{4(2 - 5m)}{4 - 4m - c}\right) \mathrm{A}_1^{(1)} e \cos(4v - 4mv - cv + \varpi).$$

En y substituant

$$\mathrm{A}_3^{\prime(1)} e \cos(4v - 4mv - cv + \varpi)$$

pour $a\delta u$, on aura

$$\mathrm{A}_3^{\prime(1)} = \frac{- \dfrac{3\,m^2}{4} \left(5 - 6m - c + \dfrac{4(2 - 5m)}{4 - 4m - c}\right) \mathrm{A}_1^{(1)}}{(4 - 4m - c)^2 - 1}.$$

Si l'on nomme ensuite

$$\mathrm{C}_3^{\prime(1)} e \sin(4v - 4mv - cv + \varpi)$$

le terme correspondant de $nt + \varepsilon$, on aura, par le n° 15,

$$C_3'^{(1)} = \frac{\left(\dfrac{3\,m^2}{4\,(1 - m)} + \dfrac{3\,m^2\,(1 - m)}{4 - 4\,m - c} + 3\,A_2^{(0)} \right) A_1^{(1)} - 2\,A_3'^{(1)}}{4 - 4\,m - c}.$$

En réduisant ces formules en nombres, on trouve

$$A_3'^{(1)} = -0,00079935\mathrm{i},$$
$$C_3'^{(1)} = 0,0029493\mathrm{i},$$

d'où résulte, dans l'expression de $nt + \varepsilon$, l'inégalité

$$103'',01 . \sin\left(4\,v - 4\,mv - cv + \varpi\right).$$

L'inégalité dépendante de $4\,v - 4\,mv - 2cv + 2\varpi$ peut encore être sensible : l'expression de $n\,dt$ du n° 15 contient le terme

$$\tfrac{3}{2}\,(A_1^{(1)})^2\,c^2\,dv . \cos\left(4\,v - 4\,mv - 2cv + 2\varpi\right),$$

d'où résulte dans $nt + \varepsilon$ le terme

$$\frac{3\,(A_1^{(1)})^2\,c^2 \sin\left(4\,v - 4\,mv - 2cv + 2\varpi\right)}{2\,(4 - 4\,m - 2c)}.$$

Il est aisé de voir que c'est le seul terme du quatrième ordre, dépendant du même argument, qui entre dans l'expression de $nt + \varepsilon$. En le réduisant en secondes, il devient

$$68'',70 . \sin\left(4\,v - 4\,mv - 2cv + 2\varpi\right).$$

On verra ci-après que les Tables de Mason et de Bürg s'accordent à ne donner que $46''$ environ pour le coefficient de cette inégalité, ce qui semble indiquer que ce coefficient est bien déterminé par les observations. Ainsi la différence $22''$, qui existe entre leur résultat et celui de notre analyse, vient en grande partie des quantités du cinquième ordre, que nous avons négligées dans le calcul. Pour le prouver, et faire voir en même temps qu'une plus grande approximation diminue les différences entre la théorie et les observations, nous allons déterminer ce coefficient, en ayant égard aux quantités du cinquième ordre.

Désignons par

$$A_3'^{(5)} e^2 \cos(4v - 4mv - 2cv + 2\varpi)$$

le terme correspondant de $a\delta u$; il est clair qu'il ne peut en résulter de semblables, dans l'équation différentielle en u, que par la variation des termes de la seconde des équations (L) du n° 1, dus à la force perturbatrice. Nous venons de donner les quatre variations de ces termes : la première ne produit aucun terme du cinquième ordre dépendant de $\cos(4v - 4mv - 2cv + 2\varpi)$. La seconde variation produit le terme

$$\frac{9 m^2}{4 a_i} (2 A_1^{(1)} - A_1^{(11)}) e^2 \cos(4v - 4mv - 2cv + 2\varpi).$$

Les termes du cinquième ordre, dépendants de $\cos(4v - 4mv - 2cv + 2\varpi)$, et produits par la troisième variation, se détruisent mutuellement, aux quantités près du sixième ordre. Enfin, la quatrième variation produit le terme

$$\frac{3 m^2}{2 a_i} \left[\frac{5 A_1^{(1)} - 2 A_1^{(11)}}{2 - 2m - c} + \frac{(1 - 2m)(3 - 2m)(10 + 19m + 8m^2)}{4(2c - 2 + 2m)} A_2^{(0)} + \frac{A_1^{(11)}}{2 - 2m} \right] e^2 \cos\left(\begin{matrix} 4v - 4mv \\ - 2cv + 2\varpi \end{matrix} \right).$$

L'équation différentielle en u devient donc, en n'ayant égard qu'à ces termes,

$$0 = \frac{d^2 u}{dv^2} + u + \frac{3 m^2}{2 a_i} \left[\begin{matrix} 3 A_1^{(1)} - \tfrac{3}{2} A_1^{(11)} + \dfrac{5 A_1^{(1)} - 2 A_1^{(11)}}{2 - 2m - c} + \dfrac{A_1^{(11)}}{2 - 2m} \\[2ex] + \dfrac{(1 - 2m)(3 - 2m)(10 + 19m + 8m^2)}{4(2c - 2 + 2m)} A_2^{(0)} \end{matrix} \right] e^2 \cos\left(\begin{matrix} 4v - 4mv \\ - 2cv + 2\varpi \end{matrix} \right).$$

En substituant $A_3'^{(5)} e^2 \cos(4v - 4mv - 2cv + 2\varpi)$ pour $a\delta u$, on aura

$$A_3'^{(5)} = \frac{3 m^2}{2} \cdot \frac{\left\{ \begin{matrix} 3 A_1^{(1)} - \tfrac{3}{2} A_1^{(11)} + \dfrac{5 A_1^{(1)} - 2 A_1^{(11)}}{2 - 2m - c} + \dfrac{A_1^{(11)}}{2 - 2m} \\[2ex] + \dfrac{(1 - 2m)(3 - 2m)(10 + 19m + 8m^2)}{4(2c - 2 + 2m)} A_2^{(0)} \end{matrix} \right\}}{(4 - 4m - 2c)^2 - 1}.$$

Si l'on désigne ensuite par

$$C_2''^{(5)} e^2 \sin(4v - 4mv - 2cv + 2\varpi)$$

le terme correspondant de $nt + \varepsilon$, on aura, par le n° 15,

$$C_2''^5 = \cfrac{\left\{\begin{array}{l} \dfrac{-3m^2(5A_1'^{(1)} - 2A_1'^{(11)})}{4(2 - 2m - c)} - \dfrac{27m^4}{64(1 - m)}\,\dfrac{10 + 19m + 8m^2}{2c - 2 + 2m} - 2A_3'^{(5)} \\[4mm] +\, 3A_3'^{(0)} + \dfrac{3m^2}{4(1 - m)}A_1'^{(11)} - \dfrac{3m^2 A_1'^{(1)}}{2 - 2m - c} - \dfrac{3m^2(10 + 19m + 8m^2)}{8(2c - 2 + 2m)}A_2^{(0)} \\[4mm] +\, \tfrac{3}{2}(A_1'^{(1)})^2 + 3A_2^{(0)}A_1'^{(11)} - 6A_1'^{(1)}A_2^{(0)} \end{array}\right\}}{4 - 4m - 2c} \quad (^1).$$

En réduisant ces formules en nombres, on trouve

$$A_3'^{(5)} = 0,0043637\tfrac{}{}4, \quad C_2''^{(5)} = 0,0249067,$$

ce qui donne, dans $nt + \varepsilon$, l'inégalité

$$47'',71.\sin(4v - 4mv - 2cv + 2\varpi).$$

La différence entre ce résultat et celui des Tables est insensible, et l'on voit par ce calcul que, pour rapprocher entièrement la théorie de l'observation à l'égard de toutes les inégalités lunaires, il suffirait de porter l'approximation jusqu'aux quantités du cinquième ordre. Cela résulte encore du calcul de l'inégalité dépendante de $\sin(v - mv)$, dans lequel nous avons eu égard aux quantités de cet ordre; car on verra dans la suite que le résultat de notre analyse, comparé à celui des observations, donne à très-peu près la parallaxe du Soleil, que l'on a concluc des passages de Vénus sur cet astre.

L'inégalité dépendante de l'argument $cv - v + mv - \varpi$ peut être sensible, à cause de la petitesse du coefficient de v dans cet argument. Pour la déterminer, désignons par

$$A_1'^{(6)} \frac{a}{a'} e \cos(cv - v + mv - \varpi),$$

$$C_1'^{(6)} \frac{a}{a'} e \sin(cv - v + mv - \varpi)$$

______

(^{1}) Selon Bowditch, le diviseur de $3m^2 A_1'^{(1)}$ dans cette formule doit être $4 - 4m - c$, au lieu de $2 - 2m - c$.   V. P.

les parties de $a\,\delta u$ et de $nt + \varepsilon$ qui dépendent de cet argument; on
aura, en ayant égard aux perturbations de la Terre par la Lune,

$$A_1'^{(6)} = \frac{-3m^2\left(\dfrac{21 - 11c - 7m - 20\mu}{16} - 5A_1^{(17)} - \tfrac{5}{8}A_1^{(1)}\right)}{(c + m - 1)\left[1 - (c + m - 1)^2 - \tfrac{3}{2}m^2\right]},$$

$$C_1'^{(6)} = \frac{\dfrac{-\dfrac{3m^2}{2}\left(\dfrac{5 + 2m - 10\mu}{8} - 5A_1^{(17)} - \tfrac{5}{8}A_1^{(1)}\right)}{c + m - 1} - 2A_1'^{(6)} + 3A_1^{(17)} + 3A_1^{(1)}A_1^{(17)} + \dfrac{3m^2}{8(1 - m)}}{c + m - 1},$$

d'où l'on tire

$$A_1'^{(6)} = -0,260496,$$
$$C_1'^{(6)} = -0,293763.$$

De là résulte dans $nt + \varepsilon$ l'inégalité

$$-25'',65.(1 + i)\sin(cv - v + mv - \varpi).$$

L'inégalité dépendante de l'argument $v - mv + cv - \varpi$ est facile à
déterminer par le n° 15; il est aisé de voir qu'elle est égale à

$$\frac{3A_1^{(17)}}{1 + c - m}\cdot\frac{a}{a'}\,e\sin(v - mv + cv - \varpi),$$

et par conséquent égale à

$$-15'',47\,(1 + i)\sin(v - mv + cv - \varpi).$$

En suivant les mêmes procédés, on déterminera les autres inégalités
du quatrième ordre; mais, comme elles sont au-dessous des erreurs
de nos approximations, il ne sera utile de les considérer par la théorie
que lorsqu'on voudra porter l'approximation jusqu'aux quantités du
cinquième ordre.

Maintenant, si l'on rassemble les inégalités du quatrième ordre que
nous venons de déterminer, on aura

$$+ 26'',77.\sin(2v - 2mv - 2gv + cv + 2\theta - \varpi)$$
$$- 25'',03.\sin(2cv + 2v - 2mv - 2\varpi)$$
$$+ 31'',39.\sin(2v - 2mv + cv - c'mv - \varpi + \varpi')$$

$$+ \ 18'',15.\sin(2cv - 2v + 2mv + c'mv - 2\varpi - \varpi')$$
$$- \ 0'',76.\sin(2cv - 2v + 2mv - c'mv - 2\varpi + \varpi')$$
$$- \ 9'',75.\sin(2cv + c'mv - 2\varpi - \varpi')$$
$$+ \ 13'',89.\sin(2cv - c'mv - 2\varpi + \varpi')$$
$$+ 103'',01.\sin(4v - 4mv - cv + \varpi)$$
$$+ \ 47'',71.\sin(4v - 4mv - 2cv + 2\varpi)$$
$$- \ 25'',65.(1 + i).\sin(cv - v + mv - \varpi)$$
$$- \ 15'',47.(1 + i).\sin(v - mv + cv - \varpi)$$

18. Considérons le mouvement de la Lune en latitude. Nous avons déterminé précédemment la tangente s de sa latitude; or l'expression de l'arc par la tangente s est $s - \frac{1}{3}s^3 + \frac{1}{5}s^5 - \ldots$; ainsi la latitude de la Lune est à très-peu près

$$\gamma\left(1 - \tfrac{1}{4}\gamma^2\right)\sin(gv - \theta) + \delta s\left[1 - \tfrac{1}{2}\gamma^2 + \tfrac{1}{2}\gamma^2\cos(2gv - 2\theta)\right]$$
$$+ \tfrac{1}{14}\gamma^3\sin(3gv - 3\theta);$$

d'où j'ai conclu, en employant la valeur précédente de γ, la latitude égale à

$$57230'',83.\sin(gv - \theta)$$
$$+ \ \ 38'',78.\sin(3gv - 3\theta)$$
$$+ 1621'',09.\sin(2v - 2mv - gv + \theta)$$
$$+ \ \ \ 3'',52.\sin(2v - 2mv + gv - \theta)$$
$$- \ \ 17'',26.\sin(gv + cv - \theta - \varpi)$$
$$+ \ \ 61'',27.\sin(gv - cv - \theta + \varpi)$$
$$+ \ \ 19'',95.\sin(2v - 2mv - gv + cv + \theta - \varpi)$$
$$- \ \ \ 4'',28.\sin(2v - 2mv + gv - cv - \theta + \varpi)$$
$$- \ \ 66'',66.\sin(2v - 2mv - gv - cv + \theta + \varpi)$$
$$+ \ \ 75'',14.\sin(gv + c'mv - \theta - \varpi')$$
$$- \ \ 80'',06.\sin(gv - c'mv - \theta + \varpi')$$
$$- \ \ 31'',47.\sin(2v - 2mv - gv + c'mv + \theta - \varpi')$$
$$+ \ \ 69'',19.\sin(2v - 2mv - gv - c'mv + \theta + \varpi')$$
$$+ \ \ 84'',57.\sin(2cv - gv - 2\varpi + \theta)$$
$$+ \ \ 15'',83.\sin(2cv + gv - 2v + 2mv - 2\varpi - \theta).$$

19. Il nous reste à déterminer la troisième coordonnée de la Lune ou sa parallaxe. Le sinus de la parallaxe horizontale de la Lune est égal à $\dfrac{D}{r}$ ou à $\dfrac{Du}{\sqrt{1+s^2}}$, D étant le rayon terrestre. Vu la petitesse de cette quantité, on peut la prendre pour l'expression de la parallaxe elle-même. En y substituant pour u sa valeur

$$\frac{1}{a}\left[1+e^2+\tfrac{1}{4}\gamma^2+e(1+e^2)\cos(cv-\varpi)-\tfrac{1}{4}\gamma^2\cos(2gv-2\theta)\right]+\delta u$$

et négligeant les termes de l'ordre $\dfrac{D}{a}e^4$, on aura la parallaxe égale à

$$\frac{D}{a}(1+e^2)\left\{1+e[1-\tfrac{1}{4}\gamma^2+\tfrac{1}{4}\gamma^2\cos(2gv-2\theta)]\cos(cv-\varpi)+a\delta u-s\delta s\right\}.$$

Pour déterminer $\dfrac{D}{a}$, nous observerons que l'on a, par le n° 10,

$$\frac{1}{a}=\frac{1}{a_{\prime}}\,0,9973020,$$

et par le n° 15,

$$\frac{a^2}{\sqrt{a_{\prime}}}\cdot 1,0003084=\frac{1}{n},$$

d'où l'on tire

$$\frac{1}{a}=\sqrt[3]{\frac{n^2(1,0003084)^2}{0,9973020}}.$$

Soit 2ε le double de l'espace que l'attraction terrestre ferait décrire dans le temps t, sur le parallèle dont le carré du sinus de latitude est $\tfrac{1}{3}$. Cette attraction est $\dfrac{M}{D^2}$, par le n° 35 du Livre III, la Terre M étant supposée elliptique. Mais on a fait précédemment

$$M+m=1,$$

m étant ici la masse de la Lune; on a donc

$$\frac{Mt^2}{(M+m)D^2}=2\varepsilon;$$

partant

$$\frac{D}{a} = \sqrt[3]{\frac{M}{M+m} \cdot \frac{D}{2\varepsilon} \cdot \frac{n^2 t^2 (1,0003084)^3}{0,9973020}} .$$

Supposons t égal à une seconde, et nommons T le nombre des secondes d'une révolution sidérale de la Lune; on aura

$$n^2 = \frac{4\pi^2}{T^2},$$

π étant le rapport de la demi-circonférence au rayon. Soit l la longueur du pendule à secondes, due à la gravité sur le parallèle que nous considérons; on aura, par le n° 15 du Livre I,

$$2\varepsilon = \pi^2 l,$$

ce qui donne

$$\frac{D}{a} = \sqrt[3]{\frac{M}{M+m} \cdot \frac{D}{l} \cdot \frac{(2,0006168)^2}{0,9973020 \cdot T^2}} .$$

La longueur du pendule à secondes sur le même parallèle est, par le n° 42 du Livre III, égale à $0^{m},740905$; il faut l'augmenter de sa 434e partie pour avoir la longueur qui aurait lieu sans la force centrifuge, ce qui donne

$$l = 0^{m},742612.$$

La valeur de D est égale à 6369374^{m}; enfin on a, par les phénomènes des marées,

$$m = \frac{M}{58,6},$$

et les observations donnent

$$T = 2732166;$$

on aura ainsi

$$\frac{D}{a} = 0,01655101.$$

En évaluant en secondes le coefficient $\frac{D}{a}(1+e^2)$, on le trouve égal à $10568'',41$. Cela posé, on trouve, pour l'expression de la parallaxe de la Lune sur le parallèle dont il s'agit,

$$10568'',41 + 578'',63 . \cos(cv - \varpi)$$
$$+ \quad 76'',18 . \cos(2v - 2mv)$$
$$+ 117'',49 . \cos(2v - 2mv - cv + \varpi)$$
$$- \quad 2'',16 . \cos(2v - 2mv + cv - \varpi)$$
$$- \quad 0'',53 . \cos(2v - 2mv + c'mv - \varpi')$$
$$+ \quad 5'',06 . \cos(2v - 2mv - c'mv + \varpi')$$
$$- \quad 1'',03 . \cos(c'mv - \varpi')$$
$$- \quad 0'',68 . \cos(2v - 2mv - cv + c'mv + \varpi - \varpi')$$
$$+ \quad 5'',04 . \cos(2v - 2mv - cv - c'mv + \varpi + \varpi')$$
$$- \quad 2'',02 . \cos(cv + c'mv - \varpi - \varpi')$$
$$+ \quad 2'',67 . \cos(cv - c'mv - \varpi + \varpi')$$
$$+ \quad 0'',03 . \cos(2cv - 2\varpi)$$
$$+ \quad 11'',10 . \cos(2cv - 2v + 2mv - 2\varpi)$$
$$+ \quad 0'',23 . \cos(2gv - 2\theta)$$
$$- \quad 0'',54 . \cos(2gv - 2v + 2mv - 2\theta)$$
$$- \quad 0'',04 . \cos(2c'mv - 2\varpi')$$
$$- \quad 2'',92 . \cos(2gv - cv - 2\theta + \varpi)$$
$$- \quad 0'',20 . \cos(2v - 2mv - 2gv + cv + 2\theta - \varpi)$$
$$- \quad 2'',99 . (1 + i) . \cos(v - mv)$$
$$+ \quad 0'',48 . (1 + i) . \cos(v - mv + c'mv - \varpi')$$
$$- \quad 0'',13 . \cos(2v - 2mv + cv - c'mv - \varpi + \varpi')$$
$$- \quad 0'',46 . \cos(4v - 4mv - cv + \varpi)$$
$$+ \quad 0'',14 . \cos(4v - 4mv - 2cv + 2\varpi)$$
$$+ \quad 0'',40 . \cos(2cv - 2v + 2mv + c'mv - 2\varpi - \varpi')$$
$$+ \quad 0'',07 . \cos(2cv + 2v - 2mv - 2\varpi)$$
$$- \quad 0'',38 . (1 + i) . \cos(cv - v + mv - \varpi).$$

CHAPITRE II.

DES INÉGALITÉS LUNAIRES DUES A LA NON-SPHÉRICITÉ DE LA TERRE ET DE LA LUNE.

20. Nous allons présentement considérer les termes dus à la non-sphéricité de la Terre et de la Lune. On a vu, dans le n° 1, que, pour y avoir égard, il suffit d'augmenter, dans l'expression de Q, la quantité $\frac{M + m}{r}$ de

$$(M + m)\left(\frac{\delta V}{M} + \frac{\delta V'}{m}\right).$$

Si l'on nomme $\alpha\varphi$ l'ellipticité de la Terre, D son rayon moyen, $\alpha\rho$ le rapport de la force centrifuge à la pesanteur à l'équateur, enfin μ le sinus de la déclinaison de la Lune, on a, par le n° 35 du Livre III,

$$V = \frac{M}{r} + (\tfrac{1}{2}\alpha\varphi - \alpha\rho) \frac{D^2}{r^3} M(\mu^2 - \tfrac{1}{3}).$$

Si la Terre n'est pas elliptique, on a, par le n° 32 du Livre III,

$$V = \frac{M}{r} + [(\tfrac{1}{2}\alpha\varphi - \alpha\rho)(\mu^2 - \tfrac{1}{3}) + \alpha h'(1 - \mu^2)\cos 2\varpi]M \frac{D^2}{r^3},$$

$\alpha\rho$ et $\alpha h'$ étant des constantes dépendantes de la figure du sphéroïde terrestre, et ϖ étant l'angle formé par l'un des deux axes principaux de la Terre situés dans le plan de l'équateur, avec le méridien terrestre passant par le centre de la Lune. Il est facile de voir, par l'analyse suivante, que le terme dépendant de $\cos 2\varpi$ n'a aucune influence sensible sur le mouvement lunaire, à cause de la rapidité avec laquelle l'angle ϖ varie, en sorte que la valeur de V dont on doit ici faire usage

est la même que dans l'hypothèse elliptique et d'une ellipticité égale
à $\alpha\rho$; mais, dans le cas général d'un sphéroïde quelconque, $\alpha\rho$ n'exprime plus son aplatissement. On peut donc supposer, dans ce cas
général, que la valeur de Q du n° 1 s'accroît, par la considération de
la non-sphéricité de la Terre, de la fonction

$$\left(\tfrac{1}{2}\alpha\varphi - \alpha\rho\right)\frac{D^2}{r^2}\left(\mu^2 - \tfrac{1}{3}\right),$$

$M + m$ étant pris pour l'unité de masse.

Considérons d'abord la variation de l'orbite, ou le mouvement de
la Lune en latitude, dépendant de cette cause. Si l'on nomme λ l'obliquité de l'écliptique sur l'équateur, et si l'on fixe l'origine de l'angle v
à l'équinoxe du printemps d'une époque donnée, on aura, à très-peu
près,

$$\mu = \sin\lambda.\sqrt{1 - s^2}\sin fv + s\cos\lambda,$$

fv étant la longitude vraie de la Lune, rapportée à l'équinoxe mobile
du printemps. Il faut ainsi ajouter à la valeur de Q la fonction

$$\left(\tfrac{1}{2}\alpha\varphi - \alpha\rho\right)\frac{D^2}{r^3}\left[\sin^2\lambda.(1 - s^2)\sin^2 fv + 2s\sin\lambda\cos\lambda.\sin fv + s^2\cos^2\lambda. - \tfrac{1}{3}\right].$$

Cela posé, reprenons la troisième des équations (L) du n° 1. Nous
avons développé, dans les n°ˢ 11, 12 et 13, les divers termes de cette
équation dus à l'action du Soleil; il est facile de voir que la fonction
précédente lui ajoute la quantité

$$\frac{2\left(\alpha\rho - \tfrac{1}{2}\alpha\varphi\right)}{h^2} D^2 u \sin\lambda.\cos\lambda \sin fv + (g^2 - 1)\,H\sin fv,$$

$H\sin fv$ désignant l'inégalité de s dépendante de $\sin fv$. On peut
d'ailleurs se convaincre aisément que cette quantité est la seule sensible qui résulte de cette fonction. En l'ajoutant à l'équation différentielle du n° 13, et observant que $f - 1$ est extrêmement petit par
rapport à $g - 1$, l'intégration donnera

$$H = \frac{2\left(\alpha\rho - \tfrac{1}{2}\alpha\varphi\right)}{1 - g^2}\frac{D^2}{a^2}\sin\lambda\cos\lambda,$$

d'où résulte dans s, ou dans le mouvement de la Lune en latitude, l'inégalité

$$- \frac{\alpha\rho - \frac{1}{2}\alpha\gamma}{g - 1} \frac{D^2}{a^2} \sin\lambda \cos\lambda \sin fv.$$

C'est la seule inégalité sensible du mouvement lunaire en latitude, due à la non-sphéricité de la Terre. Cette inégalité revient évidemment à supposer que l'orbite de la Lune, au lieu de se mouvoir sur le plan de l'écliptique avec une inclinaison constante, se meut avec la même condition sur un plan passant constamment par les équinoxes, entre l'équateur et l'écliptique, et incliné à ce dernier plan, d'un angle égal à

$$\frac{\alpha\rho - \frac{1}{2}\alpha\gamma}{g - 1} \frac{D^2}{a^2} \sin\lambda \cos\lambda.$$

Nous avons trouvé précédemment

$$\frac{D}{a} = 0,01655101, \quad g - 1 = 0,00402175;$$

on avait, en 1750,

$$\lambda = 26°,0796;$$

enfin $\alpha\gamma = \frac{1}{289}$; en supposant donc $\alpha\gamma = \frac{1}{334}$, l'inégalité précédente devient

$$- 20'',023.\sin fv.$$

Elle serait

$$- 41'',470.\sin fv,$$

si l'aplatissement de la Terre était $\frac{1}{230}$, comme dans le cas de l'homogénéité de cette planète; cette inégalité, bien observée, est donc très-propre à faire connaître l'aplatissement de la Terre.

Considérons présentement les variations du rayon vecteur et de la longitude de la Lune, dues à la non-sphéricité de la Terre. Nous pouvons les déduire de la première et de la seconde des équations (L) du n° 1; mais il est plus exact et plus simple de faire usage des formules du n° 46 du Livre II. Pour cela, nous supposerons que, dans ce n° 46, la caractéristique différentielle δ se rapporte à la quantité $\frac{1}{2}\alpha\rho - \alpha\rho$. Nous observerons ensuite que la fonction R du même numéro est égale à ce que nous représentons ici par

$$- Q + \frac{1}{r},$$

et que rR' est égal à $r\frac{\partial R}{\partial r}$, ce qui change l'équation (S) du numéro cité dans la suivante

$$0 = \frac{d^2 . r \partial r}{dt^2} + \frac{r \partial r}{r^3} + 2\int \partial \delta dR + \delta . r \frac{\partial R}{\partial r}.$$

R contient le terme

$$2\left(\alpha\rho - \tfrac{1}{2}\alpha\rho\right) \frac{D^2}{r^3} \sin\lambda \cos\lambda . s \sin f v,$$

et par conséquent celui-ci

$$\left(\alpha\rho - \tfrac{1}{2}\alpha\rho\right) \frac{D^2}{r^3} \sin\lambda . \cos\lambda . \gamma \cos(gv - fv - \vartheta);$$

en supposant donc que δR représente ce terme, $\int \delta dR$ sera égal à ce même terme; car, la caractéristique différentielle d se rapportant aux seules coordonnées de la Lune, on aura, en n'ayant égard qu'au terme précédent,

$$\int \delta dR = \delta R;$$

on aura ensuite

$$\delta . r \frac{\partial R}{\partial r} = - 3\left(\alpha\rho - \tfrac{1}{2}\alpha\rho\right) \frac{D^2}{r^3} \sin\lambda \cos\lambda . \gamma \cos(gv - fv - \vartheta).$$

Si l'on substitue ces valeurs de $\int \delta dR$ et de $\delta . r \frac{\partial R}{\partial r}$ dans l'équation différentielle précédente, on verra que l'expression δr contient un terme dépendant de $\cos(gv - fv - \vartheta)$, mais qui, n'ayant point $g - 1$ pour diviseur, comme le terme correspondant de δs, est insensible.

Il n'en est pas de même de l'expression de la longitude. La formule (T) du n° 46 du Livre II donne, dans $d\delta v$, la fonction

$$\frac{3\,dt^2 \int \delta\,dR + 2\,dt^2 . \delta . r \frac{\partial R}{\partial r}}{r^2\,dv}.$$

En y substituant pour δR le terme qu'il représente, on aura, dans $d\delta v$, le terme

$$- \frac{3\,dt^2 \left(x\rho - \frac{1}{2}\alpha\varphi \right)}{r^2\,dv} \frac{D^2}{r^3} \sin\lambda \cos\lambda . \gamma \cos(gv - fv - \theta).$$

Mais ce terme n'est pas le seul de ce genre qui entre dans l'expression de $d\delta v$. L'action du Soleil donne, par le n° 3, dans Q, le terme

$$\frac{m'u'^3}{4u^3} (1 - 2s^2).$$

En y substituant, pour u, $\dfrac{\sqrt{1 + s^2}}{r}$, on aura, dans R, le terme

$$\cdots \frac{m'u'^3 r^2}{4} (1 - 3s^2),$$

ce qui donne, dans δR, le terme

$$\frac{3\,m'u'^3 r^2}{2} s\,\delta s,$$

et par conséquent, dans la fonction $3\int \delta\,dR + 2\delta . r \frac{\partial R}{\partial r}$, le terme

$$\frac{21\,m'u'^3 r^2}{2} s\,\delta s.$$

On a à très-peu près $m'u'^3 r^3 = m^2$, et, par le n° 13, g^2 est à fort peu près égal à $1 + \frac{3}{2}m^2$, ce qui donne g égal à $1 + \frac{3}{4}m^2$; le terme précédent devient ainsi

$$\frac{14(g - 1)s\,\delta s}{r}.$$

En substituant, pour δs, $-\dfrac{\alpha\rho - \frac{1}{2}\alpha\varphi}{g - 1} \dfrac{D^2}{r^2} \sin\lambda \cos\lambda \sin fv$, et pour s,

$\gamma \sin(gv - \theta)$, on aura le terme

$$ - \gamma \left(\alpha\rho - \tfrac{1}{2}\alpha\gamma \right) \frac{D^2}{r^3} \sin\lambda \cos\lambda . \gamma \cos(gv - fv - \theta), $$

qui, ajouté au terme que nous venons de trouver pour $3\int\delta dR + 2\delta . r \dfrac{\partial R}{\partial r}$,
donne dans $d\delta v$ le terme

$$ - \frac{10 dt^2 \left(\alpha\rho - \tfrac{1}{2}\alpha\gamma \right)}{r^2 dv} \frac{D^2}{r^3} \sin\lambda \cos\lambda . \gamma \cos(gv - fv - \theta). $$

On peut, dans ce terme, substituer a pour r, et dv pour ndt; en observant ensuite que $n^2 a^3 = 1$, il devient

$$ - 10 dv \left(\alpha\rho - \tfrac{1}{2}\alpha\gamma \right) \frac{D^2}{a^2} \sin\lambda \cos\lambda . \gamma \cos(gv - fv - \theta). $$

Cette valeur de $d\delta v$ est, par le n° 46 du Livre II, relative à l'angle compris entre les deux rayons vecteurs consécutifs r et $r + dr$; or, si l'on nomme dv, cet angle, dv représentant alors sa projection sur le plan de l'écliptique, on a, par le numéro cité,

$$ dv = dv, \frac{\sqrt{(1 + s^2)^2 - \dfrac{ds^2}{dv^2}}}{\sqrt{1 + s^2}}, $$

ou, à très-peu près,

$$ dv = dv, \left(1 + \tfrac{1}{2} s^2 - \frac{1}{2} \frac{ds^2}{dv^2} \right). $$

En substituant, pour s,

$$ \gamma \sin(gv - \theta) - \frac{\alpha\rho - \tfrac{1}{2}\alpha\gamma}{g - 1} \frac{D^2}{a^2} \sin\lambda \cos\lambda . \sin fv, $$

on aura

$$ dv = dv, \left[1 + \tfrac{1}{2} \left(\alpha\rho - \tfrac{1}{2}\alpha\gamma \right) \frac{D^2}{a^2} \gamma \sin\lambda \cos\lambda \cos(gv - fv - \theta) + \ldots \right]. $$

On voit donc que, pour avoir la valeur de $d\delta v$, relative à l'angle v formé par la projection du rayon vecteur r sur l'écliptique avec une droite fixe, il faut ajouter à l'expression précédente de $d\delta v$ le terme

$$\tfrac{1}{2}dv(\alpha\rho - \tfrac{1}{2}\alpha\varphi)\,\frac{\mathrm{D}^2}{a^2}\sin\lambda.\cos\lambda.\gamma\cos(gv - fv - \theta),$$

ce qui donne

$$d\delta v = -\,\tfrac{19}{2}\,dv(\alpha\rho - \tfrac{1}{2}\alpha\varphi)\,\frac{\mathrm{D}^2}{a^2}\sin\lambda.\cos\lambda.\gamma\cos(gv - fv - \theta),$$

et, en intégrant,

$$\delta v = -\,\frac{19}{2}\,\frac{\alpha\rho - \tfrac{1}{2}\alpha\varphi}{g - 1}\,\frac{\mathrm{D}^2}{a^2}\sin\lambda.\cos\lambda.\gamma\sin(gv - fv - \theta).$$

C'est la seule inégalité sensible du mouvement de la Lune en longitude, due à la non-sphéricité de la Terre. On doit observer que $fv - gv + \theta$ exprime la longitude du nœud ascendant de l'orbite, comptée de l'équinoxe mobile du printemps. Il suit de là que l'expression de la longitude vraie en fonction de la longitude moyenne renferme l'inégalité

$$\frac{19}{2}\,\frac{\alpha\rho - \tfrac{1}{2}\alpha\varphi}{g - 1}\,\frac{\mathrm{D}^2}{a^2}\sin\lambda.\cos\lambda.\gamma\sin(\text{longitude du nœud ascendant}).$$

Le coefficient de cette inégalité est $17'',135$, si $\rho = \frac{1}{334}$; il s'élève à $35'',490$, si $\rho = \frac{1}{230}$.

La non-sphéricité de la Terre influe encore sur les mouvements du périgée et des nœuds de l'orbite lunaire. En effet, la valeur de Q étant par là augmentée de la quantité

$$(\alpha\rho - \tfrac{1}{2}\alpha\varphi)(1 - \tfrac{3}{2}s^2)\left[\tfrac{1}{3} - (1 - s^2)\sin^2\lambda.\sin^2 fv - 2s\sin\lambda\cos\lambda.\sin fv - s^2\cos^2\lambda\right]\mathrm{D}^2 u^3,$$

il en résulte, dans la seconde des équations (L) du n° 1, le terme

$$-\,\frac{(\alpha\rho - \tfrac{1}{2}\alpha\varphi)\,\mathrm{D}^2 u^2}{h^2}\,(1 - \tfrac{3}{2}\sin^2\lambda).$$

En y substituant pour u sa valeur approchée $\frac{1}{a}\left[1 + e\cos(cv - \varpi)\right]$, et observant que h^2 est à très-peu près égal à a, on aura, dans l'équation différentielle (L') du n° 9, les termes

$$- \frac{\alpha\varphi - \frac{1}{2}\alpha\psi}{a}\,\frac{D^2}{a^2}\left(1 - \tfrac{3}{2}\sin^2\lambda\right),$$

$$- \frac{2\left(\alpha\varphi - \frac{1}{2}\alpha\psi\right)}{a}\,\frac{D^2}{a^2}\left(1 - \tfrac{3}{2}\sin^2\lambda\right)e\cos(cv - \varpi);$$

d'où il est facile de conclure que le mouvement du périgée sera augmenté à très-peu près de la quantité

$$\left(\alpha\varphi - \tfrac{1}{2}\alpha\psi\right)\frac{D^2}{a^2}\,e\left(1 - \tfrac{3}{2}\sin^2\lambda\right).$$

Il est aisé de voir, en considérant la troisième des équations (L) du n° 1, que le mouvement rétrograde du nœud sera augmenté de la même quantité. En la réduisant en nombres, on trouve o,oooooo26384v. ce qui est insensible.

Nous ferons ici une remarque intéressante sur l'inégalité précédente du mouvement de la Lune en latitude. Cette inégalité n'est que la réaction de la nutation de l'axe terrestre, observée par Bradley. Pour le démontrer, nommons γ l'inclinaison de l'orbite lunaire sur le plan dont nous avons parlé, et qui, passant constamment par les équinoxes, est incliné à l'écliptique d'un angle égal à

$$\frac{\alpha\varphi - \frac{1}{2}\alpha\psi}{g - 1}\,\frac{D^2}{a^2}\sin\lambda\cos\lambda.$$

L'inclinaison de l'orbite lunaire à l'écliptique sera

$$\gamma - \frac{\alpha\varphi - \frac{1}{2}\alpha\psi}{g - 1}\,\frac{D^2}{a^2}\sin\lambda\cos\lambda\cos(gv - fv - \vartheta);$$

or l'aire décrite par la Lune autour du centre de gravité de la Terre est $\frac{1}{2}r^2\,dv$; cette aire, projetée sur l'écliptique, est diminuée dans le rapport du cosinus de l'inclinaison de l'orbite lunaire à l'écliptique au rayon; elle est donc égale à

$$\tfrac{1}{2}r^2\,dv\cos\left[\gamma - \frac{\alpha\varphi - \frac{1}{2}\alpha\psi}{g - 1}\,\frac{D^2}{a^2}\sin\lambda\cos\lambda\cos(gv - fv - \vartheta)\right].$$

Ainsi, l'expression de cette aire renferme l'inégalité

$$\tfrac{1}{2} r^2 dv\, \frac{\alpha^2 - \frac{1}{2}\alpha'^2}{g-1}\, \frac{\mathrm{D}^2}{a^2}\, \sin\lambda \cos\lambda.\, \gamma \cos(gv - fv - \theta);$$

et comme on a $r^2 dv = a^2 dt$ à fort peu près, en représentant par dt le moyen mouvement de la Lune, cette inégalité est égale à

$$\tfrac{1}{2} \mathrm{D}^2 dt\, \frac{\alpha^2 - \frac{1}{2}\alpha'^2}{g-1}\, \sin\lambda.\cos\lambda.\, \gamma \cos(gv - fv - \theta).$$

En la multipliant par la masse de la Lune, que nous exprimerons ici par L, et en la divisant par dt, le double de ce quotient sera le moment de la force de la Lune par rapport au centre de gravité de la Terre, et due à la non-sphéricité de cette planète, ce qui donne, pour ce moment,

$$(i) \qquad \mathrm{LD}^2\, \frac{\alpha^2 - \frac{1}{2}\alpha'^2}{g-1}\, \sin\lambda.\cos\lambda.\, \gamma \cos(gv - fv - \theta).$$

En vertu de l'égalité de l'action à la réaction, la même cause doit produire, dans les molécules de la Terre, un moment égal et contraire au précédent. Ce moment est indiqué par la nutation de l'axe terrestre : déterminons sa valeur par les formules du n° 6 du Livre V. On a vu, dans le numéro cité, que, si l'on représente par V l'obliquité de l'écliptique à l'équateur, l'action de la Lune sur la Terre produit, en vertu de la non-sphéricité de cette planète, un accroissement dans cet angle, égal à

$$\frac{l\lambda}{(1 + \lambda)(g - 1)}\, \gamma \cos(gv - fv - \theta),$$

l et λ étant les mêmes que dans le numéro cité. L'élément du mouvement de rotation de la Terre étant supposé $n\,dt$, la somme des moments des forces qui animent chaque molécule de la Terre, multipliées par la masse de cette molécule, est égale à $n\mathrm{C}$, C étant le moment d'inertie de la Terre par rapport à son axe de rotation. Pour rapporter ce moment à l'écliptique, il faut le multiplier par le cosinus de son obliquité, ou par

$$\cos\left[\mathrm{V} + \frac{l\lambda}{(1 + \lambda)(g - 1)}\, \gamma \cos(gv - fv - \theta)\right];$$

on aura donc dans ce moment l'inégalité

$$- \frac{l\lambda.n\,\mathrm{C}\sin\mathrm{V}}{(1+\lambda)(g-1)}\,\gamma\cos(gv-fv-\theta).$$

On a vu, dans le n° 6 du Livre V, que

$$l = \frac{3m^2}{4n}\,\frac{2\mathrm{C}-\mathrm{A}-\mathrm{B}}{\mathrm{C}}\,(1+\lambda)\cos\mathrm{V},$$

ml exprimant le moyen mouvement de la Terre. De plus, par le n° 5 du même Livre, $m^2\lambda = \dfrac{\mathrm{L}}{a^3}$, a étant la moyenne distance de la Lune à la Terre; et puisque nous représentons par l le moyen mouvement de la Lune, et par M la masse de la Terre, on a à fort peu près $\dfrac{\mathrm{M}}{a^3} = 1$, ce qui donne

$$m^2\lambda = \frac{\mathrm{L}}{\mathrm{M}};$$

l'inégalité précédente devient ainsi

$$- \frac{3\mathrm{L}}{4\mathrm{M}}\,\frac{2\mathrm{C}-\mathrm{A}-\mathrm{B}}{g-1}\,\sin\mathrm{V}\cos\mathrm{V}.\gamma\cos(gv-fv-\theta).$$

Par le n° 2 du Livre V,

$$2\mathrm{C}-\mathrm{A}-\mathrm{B} = \tfrac{16}{3}\pi(\alpha\rho-\tfrac{1}{2}\alpha\varphi)\mathrm{D}^2\!\int\!\mathrm{H}\mathrm{R}^2 d\mathrm{R},$$

ρ étant l'aplatissement de la Terre, D son demi-diamètre, et R le rayon d'une de ses molécules, dont H est la densité; enfin, π étant la demi-circonférence dont le rayon est l'unité. La masse M de la Terre est $4\pi\!\int\!\mathrm{H}\mathrm{R}^2 d\mathrm{R}$, ce qui donne pour l'inégalité précédente, en y changeant V en λ qui, dans la formule précédente (i), exprime l'obliquité de l'écliptique,

$$- \mathrm{L}\mathrm{D}^2\,\frac{\alpha\rho-\tfrac{1}{2}\alpha\varphi}{g-1}\,\sin\lambda\cos\lambda.\gamma\cos(gv-fv-\theta).$$

Cette formule est la formule (i), prise avec un signe contraire, d'où il suit que l'inégalité précédente du mouvement de la Lune en latitude est la réaction de la nutation de l'axe terrestre, et il y aurait équilibre autour du centre de gravité de la Terre en vertu des forces qui produisent ces deux inégalités, si toutes les molécules de la Terre et de la Lune étaient fixement liées entre elles, la Lune compensant la petitesse des forces qui l'animent par la longueur du levier auquel elle serait attachée.

21. Pour avoir égard à la non-sphéricité de la Lune, nous observerons que, par le n° 1, elle introduit dans Q le terme $(M + m)\dfrac{\partial V'}{m}$, ou plus simplement $\dfrac{\partial V'}{m}$, parce que nous supposons $M + m = 1$. On a, par le n° 14 du Livre III,

$$\partial V' = \frac{4\pi}{5r^3}\int \rho\, d(a^5 Y^{(2)}),$$

l'intégrale étant prise depuis $a = 0$ jusqu'à a égal au demi-diamètre de la Lune, que nous désignerons par a, et ρ étant ici la densité des couches de la Lune. On a, de plus, $m = \frac{4}{3}\pi\int \rho\, d.a^3$; on a donc

$$(M + m)\frac{\partial V'}{m} = \frac{3\alpha\int \rho\, d.a^5 Y^{(2)}}{5 r^3 \int \rho\, d.a^3}.$$

Pour déterminer $\int \rho\, d(a^5 Y^{(2)})$, nous observerons que l'on a, par le n° 32 du Livre III, pour $Y^{(2)}$, une expression de cette forme,

$$Y^{(2)} = h'\left(\tfrac{1}{3} - \mu^2\right) + h''\mu\sqrt{1 - \mu^2}\sin\varpi + h'''\mu\sqrt{1 - \mu^2}\cos\varpi$$
$$+ h^{\mathrm{iv}}(1 - \mu^2)\sin 2\varpi + h^{\mathrm{v}}(1 - \mu^2)\cos 2\varpi.$$

Ensuite les propriétés des axes de rotation donnent, par le n° 32 du Livre III,

$$0 = \int \rho\, d(a^5 h''), \quad 0 = \int \rho\, d(a^5 h'''), \quad 0 = \int \rho\, d(a^5 h^{\mathrm{iv}}),$$

et par le n° 2 du Livre V, on a

$$2C - A - B = \tfrac{16}{15}\alpha\pi\int \rho\, d(a^5 h'),$$
$$B - A = \tfrac{16}{15}\alpha\pi\int \rho\, d(a^5 h^{\mathrm{v}}).$$

Ainsi l'on a

$$(M + m)\,\frac{\partial V''}{m} = -\frac{9}{16\pi}\,\frac{1}{r^3 \int \rho\, d.a^3}\,[(2C - A - B)(\tfrac{1}{3} - \mu^2) + (B - A)(1 - \mu^2)\cos 2\varpi].$$

On a à très-peu près, par le n° 2 du Livre V,

$$C = \frac{8\pi}{15} \int \rho\, d.a^5 ;$$

partant,

$$(M + m)\,\frac{\partial V''}{m} = \frac{3}{10}\,\frac{\int \rho\, d.a^5}{\int \rho\, d.a^3}\,\frac{1}{r^3}\left[\frac{2C - A - B}{C}(\tfrac{1}{3} - \mu^2) + \frac{B - A}{C}(1 - \mu^2)\cos 2\varpi\right].$$

Dans cette dernière expression, ϖ est l'angle que le rayon mené du centre de la Terre à celui de la Lune fait avec l'axe principal de ce satellite dirigé vers cette planète; μ est le sinus de la déclinaison de la Terre vue de la Lune, par rapport à l'équateur lunaire. Il est clair que, l'angle v croissant de dv, l'angle ϖ croît de dv; on a donc

$$d.\cos 2\varpi = -2\,dv\sin 2\varpi,$$

la caractéristique différentielle d se rapportant aux seules coordonnées de la Lune; de plus, on a, par le n° 46 du Livre II,

$$R = -Q + \frac{1}{r};$$

la partie de dR relative à la non-sphéricité de la Lune, dans la formule (Y) du n° 46 du Livre II, est ainsi, en négligeant le carré de μ,

$$dR = \frac{3}{5r^3}\,\frac{\int \rho\, d.a^5}{\int \rho\, d.a^3}\,\frac{B - A}{C}\,dv\sin 2\varpi,$$

d'où résulte dans δv, ou dans la longitude vraie de la Lune, par la formule (Y) du n° 46 du Livre II, le terme

$$\frac{9}{5}\,\frac{\int \rho\, d.a^5}{\int \rho\, d.a^3}\,\frac{1}{r^2}\,\frac{B - A}{C}\,\int\!\!\int dv^2 \sin 2\varpi.$$

L'angle ϖ est toujours très-petit, par le n° 16 du Livre V, en sorte que l'on peut supposer $\sin 2\varpi = 2\varpi$. De plus, par ce même numéro, ϖ contient un terme de la forme

$$- \mathrm{K} \sin\left(v \sqrt{3\,\frac{\mathrm{B} - \mathrm{A}}{\mathrm{C}}} + \mathrm{F} \right).$$

Ce terme, pris avec un signe contraire, représente, par le n° 15 du Livre V, la libration réelle de la Lune. Comme il croît avec beaucoup de lenteur, il semble pouvoir devenir sensible par la double intégration : c'est le seul de l'expression de ϖ auquel il soit nécessaire d'avoir égard. Il produit dans δv le terme

$$\frac{6}{5} \frac{\int \rho d.a^5}{\int \rho d.a^3} \frac{\mathrm{K}}{r^2} \sin\left(v \sqrt{3\,\frac{\mathrm{B} - \mathrm{A}}{\mathrm{C}}} + \mathrm{F} \right).$$

La libration

$$\mathrm{K} \sin\left(v \sqrt{3\,\frac{\mathrm{B} - \mathrm{A}}{\mathrm{C}}} + \mathrm{F} \right)$$

étant insensible, on ne peut pas supposer qu'elle s'élève à un degré. De plus, le coefficient $\dfrac{6}{5} \dfrac{1}{r^2} \dfrac{\int \rho d.a^5}{\int \rho d.a^3}$ est extrêmement petit. Si la Lune est homogène, il devient $\dfrac{6}{5} \dfrac{a^2}{r^2}$; or $\dfrac{a}{r}$ est le sinus du demi-diamètre apparent de la Lune; ainsi le produit de K par ce coefficient est entièrement insensible. Si la Lune n'est pas homogène, sa densité croît de la surface au centre; alors ce coefficient est moindre encore : d'où l'on doit conclure que l'inégalité précédente de la longitude de la Lune est insensible, et que la non-sphéricité de ce satellite ne produit aucune variation sensible dans son mouvement en longitude.

Quant à sa latitude, on doit observer que, μ étant le sinus de la déclinaison de la Terre vue de la Lune, par rapport à l'équateur lunaire, et le nœud ascendant de l'orbite lunaire coïncidant toujours avec le nœud descendant de son équateur, on a

$$\mu^2 = [s + \lambda \sin(gv - \theta)]^2,$$

λ étant ici l'inclinaison de l'équateur lunaire à l'écliptique, ce qui donne

$$\mu \frac{\partial u}{\partial s} = s + \lambda . \sin(gv - \theta) = \frac{\lambda + \gamma}{\gamma} s;$$

la non-sphéricité de la Lune ajoute donc à l'expression de $-\frac{1}{h^2 u^2} \frac{\partial Q}{\partial s}$, dans la troisième des équations (L) du n° 1, le terme

$$\frac{3}{5} \frac{\int \rho d . a^5}{\int \rho d . a^3} \frac{1}{r^2} \frac{\lambda + \gamma}{\gamma} s \left(\frac{2C - A - B}{C} + \frac{B - A}{C} \cos 2\varpi \right),$$

ou, à cause de $\cos 2\varpi = 1$ à très-peu près, elle lui ajoute le terme

$$\frac{6}{5} \frac{\int \rho d . a^5}{\int \rho d . a^3} \frac{1}{r^2} \frac{\lambda + \gamma}{\gamma} \frac{C - A}{C} s.$$

Il est facile de voir, par le n° 14, que ce terme ajoute au mouvement du nœud la quantité

$$\frac{3}{5} \frac{\int \rho d . a^5}{\int \rho d . a^3} \frac{v}{r^2} \frac{\lambda + \gamma}{\gamma} \frac{C - A}{C}.$$

Par le n° 18 du Livre V, $\frac{C - A}{C} = 0,000599$, d'où il est facile de voir que la quantité précédente est insensible.

On trouve pareillement que la non-sphéricité de la Lune ajoute au terme $-\frac{s}{h^2 u} \frac{\partial Q}{\partial u}$ de la troisième des équations (L) du n° 1, le terme

$$-\frac{3}{5} \frac{\int \rho d . a^5}{\int \rho d . a^3} \frac{1}{r^2} \frac{C - 2A + B}{C} s,$$

ce qui ajoute au mouvement du nœud le terme

$$-\frac{3}{10} \frac{\int \rho d . a^5}{\int \rho d . a^3} \frac{v}{r^2} \frac{C - 2A + B}{C},$$

quantité entièrement insensible.

CHAPITRE III.

DES INÉGALITÉS DE LA LUNE DUES A L'ACTION DES PLANÈTES.

22. Il nous reste à considérer l'action des planètes sur la Lune. Si
l'on nomme P la masse d'une planète, X, Y, Z ses coordonnées rapportées au centre de la Terre, f sa distance à ce centre, il est visible,
par le n° 1, que la valeur de Q sera augmentée, par l'action de P, de
la quantité

$$- \frac{P(xX + yY + zZ)}{f^3} + \frac{P}{\sqrt{(X-x)^2 + (Y-y)^2 + (Z-z)^2}},$$

ou

$$\frac{P}{f} - \frac{\frac{1}{2}Pr^2}{f^3} + \frac{3}{2}P\frac{(Xx + Yy + Zz)^2}{f^5} + \dots$$

Soient X', Y', Z' les coordonnées de P, rapportées au centre du Soleil,
x', y', z' étant celles de la Terre; on aura

$$X = X' - x', \quad Y = Y' - y', \quad Z = Z' - z',$$

ce qui change la fonction précédente dans celle-ci,

$$\frac{P}{f} - \frac{\frac{1}{2}Pr^2}{f^3} + \frac{3}{2}P\frac{(X'x + Y'y + Z'z - xx' - yy' - zz')^2}{f^5} + \dots$$

Prenons pour plan fixe celui de l'écliptique, ce qui rend z' nul, et
nommons R le rayon vecteur de la planète P projeté sur ce plan,
U l'angle formé par cette projection et par une droite fixe prise sur le
même plan, et S la tangente de la latitude héliocentrique de P. Nommons encore r' le rayon vecteur de la Terre, v' l'angle formé par ce
rayon et par la droite fixe; on aura

$$f = \sqrt{R^2(1 + S^2) + r'^2 - 2Rr'\cos(U - v')}.$$

La partie de Q relative à l'action de P sur la Lune sera donc

$$\frac{P}{f} - \frac{1}{2}\frac{P(1 + s^2)}{u^2 f^3} + \frac{3}{2}P\frac{[R\cos(v - U) - r'\cos(v - v') + RsS]^2}{u^2 f^3} + \ldots,$$

ou, en négligeant le carré de S,

$$\frac{P}{f} + \frac{P(1 - 2s^2)}{4 u^2 f^3} + 3P \cdot \frac{R^2\cos(2v - 2U) + r'^2\cos(2v - 2v') - 2R r'\cos(2v - U - v')}{4 u^2 f^3}$$

$$+ 3P \cdot \frac{RsS[R\cos(v - U) - r'\cos(v - v')]}{u^2 f^3} + \ldots.$$

Le terme $\frac{P}{f}$ ne renfermant ni u, ni v, ni s, il n'entre point dans les équations (L) du n° 1. Le terme $\frac{P}{4 u^2 f^3}$ donne par son développement une fonction de la forme

$$\frac{P}{4 u^2}\left[\tfrac{1}{2}A^{(0)} + A^{(1)}\cos(U - v') + A^{(2)}\cos 2(U - v') + \ldots\right].$$

Le terme $-\frac{1}{h^2}\frac{\partial Q}{\partial u}$ de la seconde des équations (L) du n° 1 donne ainsi la fonction

$$\frac{P}{2 h^2 u^3}\left[\tfrac{1}{2}A^{(0)} + A^{(1)}\cos(U - v') + A^{(2)}\cos 2(U - v') + \ldots\right].$$

De là il est facile de conclure, par les n°ˢ 9 et 10, qu'il en résulte dans l'expression de au la fonction

$$-\tfrac{1}{2}Pa^3\left[\frac{A^{(1)}\cos(i - m)v}{1 - \frac{3}{2}m^2 - (i - m)^2} + \frac{A^{(2)}\cos 2(i - m)v}{1 - \frac{3}{2}m^2 - 4(i - m)^2} + \frac{A^{(3)}\cos 3(i - m)v}{1 - \frac{3}{2}m^2 - 9(i - m)^2} - \ldots\right],$$

i étant le rapport du moyen mouvement de P à celui de la Lune. De là résulte, par le n° 15, dans udt la fonction

$$Pa^3 dv\left[\frac{A^{(1)}\cos(i - m)v}{1 - \frac{3}{2}m^2 - (1 - m)^2} + \frac{A^{(2)}\cos 2(i - m)v}{1 - \frac{3}{2}m^2 - 4(i - m)^2} + \frac{A^{(3)}\cos 3(i - m)v}{1 - \frac{3}{2}m^2 - 9(i - m)^2} + \ldots\right],$$

et par conséquent dans $nt + \varepsilon$ la fonction

$$\frac{Pa^3}{i - m}\left[\frac{A^{(1)}\sin(i - m)v}{1 - \frac{3}{2}m^2 - (i - m)^2} + \frac{\frac{1}{2}A^{(2)}\sin 2(i - m)v}{1 - \frac{3}{2}m^2 - 4(i - m)^2} + \frac{\frac{1}{3}A^{(3)}\sin 3(i - m)v}{1 - \frac{3}{2}m^2 - 9(i - m)^2} + \ldots\right].$$

Or on a, par ce qui précède, $\dfrac{m'a^3}{a'^3} = m^2$, m' étant la masse du Soleil ; la fonction précédente devient ainsi

$$(A) \quad \frac{\frac{P}{m'} m^2 a'^3}{i - m} \cdot \left[\frac{A^{(1)} \sin\overline{(i-m)}v}{1 - \frac{4}{3}m^2 - (i-m)^2} + \frac{\frac{1}{2} A^{(2)} \sin 2(i-m)v}{1 - \frac{4}{3}m^2 - 4(i-m)^2} + \frac{\frac{1}{3} A^{(3)} \sin 3(i-m)v}{1 - \frac{4}{3}m^2 - 9(i-m)^2} + \dots \right].$$

Dans le cas d'une planète inférieure à la Terre, on a, en nommant α le rapport de la distance moyenne de la planète au Soleil, à celle du Soleil à la Terre, et conservant les dénominations du Chap. VI du Livre VI,

$$a'^3 A^{(1)} = b^{(1)}_{\frac{1}{2}}, \quad a'^3 A^{(2)} = b^{(2)}_{\frac{1}{2}}, \quad a'^3 A^{(3)} = b^{(3)}_{\frac{1}{2}}, \quad \dots,$$

ce qui change la fonction (A) dans celle-ci,

$$(B) \quad \frac{\frac{P}{m'} m^2}{i - m} \left[\frac{b^{(1)}_{\frac{1}{2}} \sin(i-m)v}{1 - \frac{4}{3}m^2 - (i-m)^2} + \frac{\frac{1}{2} b^{(2)}_{\frac{1}{2}} \sin 2(i-m)v}{1 - \frac{4}{3}m^2 - 4(i-m)^2} + \frac{\frac{1}{3} b^{(3)}_{\frac{1}{2}} \sin 3(i-m)v}{1 - \frac{4}{3}m^2 - 9(i-m)^2} + \dots \right],$$

dans laquelle on peut prendre pour $(i-m)v$ la longitude moyenne de la planète, moins celle de la Terre.

Relativement à une planète supérieure, α exprime le rapport de la moyenne distance de la Terre au Soleil, à celle de la planète ; ainsi l'on a

$$a'^3 A^{(1)} = \alpha^3 b^{(1)}_{\frac{1}{2}}, \quad a'^3 A^{(2)} = \alpha^3 b^{(2)}_{\frac{1}{2}}, \quad a'^3 A^{(3)} = \alpha^3 b^{(3)}_{\frac{1}{2}}, \quad \dots,$$

ce qui change la fonction (A) dans celle-ci,

$$(C) \quad \frac{\frac{P}{m'} m^2 \alpha^3}{i - m} \left[\frac{b^{(1)}_{\frac{1}{2}} \sin(i-m)v}{1 - \frac{4}{3}m^2 - (i-m)^2} + \frac{\frac{1}{2} b^{(2)}_{\frac{1}{2}} \sin 2(i-m)v}{1 - \frac{4}{3}m^2 - 4(i-m)^2} + \frac{\frac{1}{3} b^{(3)}_{\frac{1}{2}} \sin 3(i-m)v}{1 - \frac{4}{3}m^2 - 9(i-m)^2} + \dots \right].$$

Ce sont les seuls termes sensibles qui peuvent résulter de l'action directe de la planète P sur la Lune.

Mais l'action du Soleil sur la Lune peut rendre sensibles, dans le mouvement de ce satellite, les perturbations du rayon vecteur de l'orbe terrestre dues à l'action de P sur la Terre, et y produire des inégalités du même ordre que celles que nous venons de considérer. Pour le faire voir, considérons le terme $\dfrac{m'u'^3}{2h^2u^3}$, qui, par le n° 6, fait partie de la seconde des équations (L) du n° 1. Soit

$$\frac{P}{m'}\,K\cos(6'n''t - 6n't + B)$$

un terme quelconque de $\dfrac{\delta r'}{a'}$, résultant de l'action de P sur la Terre, $n''t$ exprimant le moyen mouvement de P, et $n't$ étant celui de la Terre ; le terme correspondant de $\dfrac{\delta u'}{u'}$ sera

$$-\frac{P}{m'}\,K\cos(6'n''t - 6n't + B);$$

ainsi le terme $\dfrac{m'u'^3}{2h^2u^3}$ produit le suivant,

$$-\frac{3Pu'^3}{2h^2u^3}\,K\cos(6'n''t - 6n't + B).$$

Si l'on ne considère que les inégalités de $\dfrac{\delta r'}{a'}$ indépendantes des excentricités des orbites, et qu'on les représente par la série

$$\frac{P}{m'}\left[\begin{array}{l} K^{(1)}\cos(n''t - n't + \varepsilon'' - \varepsilon') + K^{(2)}\cos 2(n''t - n't + \varepsilon'' - \varepsilon') \\ \qquad\qquad + K^{(3)}\cos 3(n''t - n't + \varepsilon' - \varepsilon') + \ldots \end{array}\right],$$

le terme $\dfrac{m'u'^3}{2h^2u^3}$ produira, dans le second membre de l'équation (L') du n° 9, la fonction

$$-\frac{3m^2}{2a}\frac{P}{m'}\left[K^{(1)}\cos(i - m)v + K^{(2)}\cos 2(i - m)v + K^{(3)}\cos 3(i - m)v + \ldots\right],$$

d'où résulte dans $a\,\delta u$ la fonction

$$\frac{3m^2}{2}\frac{P}{m'}\left[\frac{K^{(1)}\cos(i - m)v}{1 - \frac{3}{2}m^2 - (i - m)^2} + \frac{K^{(2)}\cos 2(i - m)v}{1 - \frac{3}{2}m^2 - 4(i - m)^2} + \frac{K^{(3)}\cos 3(i - m)v}{1 - \frac{3}{2}m^2 - 9(i - m)^2} + \ldots\right],$$

et par conséquent, par le n° 15, dans $nt + \varepsilon$ la fonction

$$(\mathrm{D})\quad -\frac{3m^2}{i - m}\frac{P}{m'}\left[\frac{K^{(1)}\sin(i - m)v}{1 - \frac{3}{2}m^2 - (i - m)^2} + \frac{\frac{1}{2}K^{(2)}\sin 2(i - m)v}{1 - \frac{3}{2}m^2 - 4(i - m)^2} + \frac{\frac{1}{3}K^{(3)}\sin 3(i - m)v}{1 - \frac{3}{2}m^2 - 9(i - m)^2} + \ldots\right],$$

fonction du même ordre que celle qui résulte de l'action directe des planètes sur la Lune. Nous allons déterminer ces diverses inégalités pour Vénus, Mars et Jupiter.

Relativement à Vénus, on a, par le n° **23** du Livre VI,

$$\alpha = 0,7233230,$$
$$b_{\frac{3}{2}}^{(0)} = 9,992539,$$
$$b_{\frac{3}{2}}^{(1)} = 8,871894,$$
$$b_{\frac{3}{2}}^{(2)} = 7,386580,$$
$$b_{\frac{3}{2}}^{(3)} = 5,953940,$$

d'où l'on tire, par les formules du n° 49 du Livre II,

$$b_{\frac{5}{2}}^{(0)} = 85,77422,$$
$$b_{\frac{5}{2}}^{(1)} = 83,40760.$$

Les observations donnent

$$i - m = 0,0467900;$$

en supposant donc, comme dans le n° **22** du Livre VI,

$$\frac{\mathrm{P}}{m'} = \frac{1}{383130},$$

la fonction (B), réduite en arcs de cercle, devient

$$+ 1'',781706 . \sin (i - m) v$$
$$+ 0'',746665 . \sin 2 (i - m) v$$
$$+ 0'',405751 . \sin 3 (i - m) v$$
$$+ \dots\dots\dots\dots\dots\dots$$

Ce que nous désignons ici par $\dfrac{\delta r'}{a'}$ est désigné, dans le n° **29** du Livre VI, par $\delta r''$; on a donc par ce numéro, en vertu de l'action de

Vénus,

$$\frac{\delta r'}{a'} = 0,0000015553$$
$$- 0,00000600012 . \cos\ (i - m)v$$
$$+ 0,0000171431 . \cos 2(i - m)v$$
$$+ 0,00000370712 . \cos 3(i - m)v$$
$$+ \ldots\ldots\ldots\ldots\ldots\ldots$$

La fonction (D) réduite en arcs, devient ainsi

$$+ 1'',385241 . \sin\ (i - m)v$$
$$- 1'',991770 . \sin 2(i - m)v$$
$$- 0'',312054 . \sin 3(i - m)v$$
$$+ \ldots\ldots\ldots\ldots\ldots\ldots$$

En la réunissant à la précédente, on a, pour les inégalités lunaires dues aux actions directe et indirecte de Vénus sur la Lune,

$$+ 3'',166947 . \sin\ (i - m)v$$
$$- 1'',245105 . \sin 2(i - m)v$$
$$+ 0'',193697 . \sin 3(i - m)v$$
$$+ \ldots\ldots\ldots\ldots\ldots\ldots$$

Il faut, par le n° **44** du Livre VI, augmenter ces inégalités dans le rapport de $1,0743$ à l'unité.

Relativement à Mars, on a, par le n° **23** du Livre VI,

$$\alpha = 0,6563003o,$$
$$b_{\frac{3}{2}}^{(0)} = 6,856336,$$
$$b_{\frac{3}{2}}^{(1)} = 5,727893,$$
$$b_{\frac{3}{2}}^{(2)} = 4,404530,$$
$$b_{\frac{3}{2}}^{(3)} = 3,255964,$$
$$\ldots\ldots\ldots\ldots\ldots,$$

d'où l'on tire

$$b_{\frac{5}{2}}^{(0)} = 38,00346,$$
$$b_{\frac{5}{2}}^{(1)} = 36,20013.$$

Les observations donnent

$$i - m = -0,0350306;$$

en supposant donc, comme dans le n° **22** du Livre VI,

$$\frac{\mathrm{P}}{m'} = \frac{1}{1846082},$$

la fonction (C) devient

$$- 0'',090054 . \sin\ (i - m)v$$
$$- 0'',034753 . \sin 2(i - m)v$$
$$- 0'',017234 . \sin 3(i - m)v$$
$$- \ldots\ldots\ldots\ldots\ldots\ldots\ldots\ldots$$

On a ensuite, par le n° **29** du Livre VI, en vertu de l'action de Mars,

$$\frac{\delta r'}{a'} = - 0,0000000478$$
$$+ 0,0000005487 . \cos\ (i - m)v$$
$$+ 0,0000080620 . \cos 2(i - m)v$$
$$- 0,0000006475 . \cos 3(i - m)v$$
$$\ldots\ldots\ldots\ldots\ldots\ldots\ldots\ldots$$

La formule (D) réduite en arcs devient ainsi

$$+ 0'',169012 . \sin\ (i - m)v$$
$$+ 1'',246244 . \sin 2(i - m)v$$
$$- 0'',067139 . \sin 3(i - m)v$$
$$\ldots\ldots\ldots\ldots\ldots\ldots\ldots\ldots$$

En la réunissant à la précédente, on a, pour les inégalités lunaires dues aux actions directe et indirecte de Mars sur la Lune,

$$+ 0'',078958 . \sin\ (i - m)v$$
$$+ 1'',211491 . \sin 2(i - m)v$$
$$- 0'',084373 . \sin 3(i - m)v$$
$$\ldots\ldots\ldots\ldots\ldots\ldots\ldots\ldots$$

Il faut, par le n° 44 du Livre VI, diminuer ces inégalités dans le rapport de 0,725 à l'unité.

Relativement à Jupiter, on a, par le n° 23 du Livre VI,

$$\alpha = 0,19226461,$$
$$b^{(0)}_{\frac{3}{2}} = 2,176460,$$
$$b^{(1)}_{\frac{3}{2}} = 0,619063,$$
$$b^{(2)}_{\frac{3}{2}} = 0,148193,$$
$$b^{(3)}_{\frac{3}{2}} = 0,032439,$$
$$\dots\dots\dots\dots\dots,$$

d'où l'on tire

$$b^{(0)}_{\frac{5}{2}} = 2,51906,$$
$$b^{(1)}_{\frac{5}{2}} = 1,13310.$$

Les observations donnent

$$i - m = -0,0684952;$$

en supposant donc, comme dans le n° 22 du Livre VI,

$$\frac{\mathrm{P}}{m'} = \frac{1}{1067,09},$$

la fonction (C) devient

$$- 0'',217257 . \sin (i - m)v$$
$$- 0'',026380 . \sin 2(i - m)v$$
$$- 0'',003936 . \sin 3(i - m)v$$
$$\dots\dots\dots\dots\dots\dots\dots\dots$$

On a, par le n° 29 du Livre VI, en vertu de l'action de Jupiter,

$$\frac{\delta r'}{a'} = -0,00000115\overset{\cdot}{8}1$$
$$+ 0,0000159384 . \cos (i - m)v$$
$$- 0,0000090986 . \cos 2(i - m)v$$
$$- 0,0000006550 . \cos 3(i - m)v$$
$$\dots\dots\dots\dots\dots\dots\dots\dots\dots$$

La formule (D) réduite en arcs devient ainsi

$$+ 2'',519556 . \sin\ (i - m)v$$
$$- 0'',729560 . \sin 2 (i - m)v$$
$$- 0'',035879 . \sin 3 (i - m)v$$
$$\dots \dots \dots \dots \dots \dots \dots \dots$$

En la réunissant à la précédente, on a, pour les inégalités lunaires dues aux actions directe et indirecte de Jupiter sur la Lune,

$$+ 2'',302299 . \sin\ (i - m)v$$
$$- 0'',755940 . \sin 2 (i - m)v$$
$$- 0'',039815 . \sin 3 (i - m)v$$
$$\dots \dots \dots \dots \dots \dots \dots \dots$$

Si l'on prend avec un signe contraire toutes ces inégalités résultantes de l'action des planètes sur la Lune, on aura les inégalités que cette action produit dans l'expression de la longitude vraie de la Lune; on pourra donc les réduire en Tables, en observant que $(i - m)v$ peut être supposé égal à la longitude moyenne de la planète, moins celle de la Terre. Il serait utile de les employer dans les Tables de la Lune, vu la précision à laquelle ces Tables ont été portées.

Le terme $\dfrac{P A^{(0)}}{4 h^2 u^3}$ de l'expression de $- \dfrac{1}{h^2} \dfrac{\partial Q}{\partial u}$ donne, dans l'équation (L') du n° 9, le terme

$$- \frac{3 P a^2 A^{(0)}}{4} . e \cos(cv - \varpi);$$

d'où il est facile de conclure que la valeur de c est diminuée, par l'action d'une planète inférieure à la Terre, de la quantité

$$\frac{3}{8} \frac{P}{m'} m^2 b_{\frac{1}{2}}^{(0)},$$

et par l'action d'une planète supérieure, de la quantité

$$\frac{3}{8} \frac{P}{m'} m^2 \alpha^3 b_{\frac{1}{2}}^{(0)} .$$

Pareillement, le terme $\dfrac{m'u'^3}{2h^2u^3}$ donne, dans l'équation (L') du n° 9, la quantité ([1])

$$- \frac{9m'u'^3 \dfrac{\partial r'}{a'}}{2h^2u^3} \, e\cos(cv - \varpi),$$

$\dfrac{\partial r'}{a'}$ étant ici la partie constante des perturbations du rayon vecteur de l'orbe terrestre, donnée par le n° 29 du Livre VI; la valeur de c est donc par là diminuée de la quantité

$$\frac{9m^2}{4} \, \frac{\partial r'}{a'}.$$

Il est facile de s'assurer que toutes ces quantités sont insensibles.

Considérons présentement les perturbations du mouvement lunaire en latitude. La somme des termes

$$- \frac{s}{h^2u} \, \frac{\partial Q}{\partial u} - \frac{1 + s^2}{h^2u^2} \, \frac{\partial Q}{\partial s},$$

qui font partie de la troisième des équations (L) du n° 1, acquiert par l'action de P la quantité

$$\frac{3Ps}{2h^2a'f^3} + \frac{3PR r'S\cos(v - v') - 3PR^2S\cos(v - U)}{h^2a'f^3}.$$

Cette fonction contient, relativement à une planète inférieure, le terme

$$- \frac{3}{4}zP \, \frac{a^7}{a'^3} \left(2b^0_{\frac{3}{2}} - b^1_{\frac{5}{2}} \right) \lambda \sin(v - \vartheta),$$

λ étant l'inclinaison de l'orbite de P à l'écliptique, et ϑ étant la lon-

<hr>

[1] Bowditch fait remarquer que cette quantité doit être affectée du signe $+$ et non pas du signe $-$, d'où il suit que la valeur de c est *augmentée* et non pas *diminuée* de $\dfrac{9m^2}{4}\,\dfrac{\partial r'}{a'}$.

Il y a lieu également de changer les signes des deux formules de l'alinéa suivant qui ont $g - 1$ en dénominateur, ainsi que ceux des trois inégalités qui ont pour arguments $v - \vartheta'$, $v - \vartheta''$, $v - \vartheta'''$.   V. P.

gitude de son nœud ascendant. Il en résulte dans s, pour une planète inférieure, l'inégalité

$$\frac{\frac{1}{2}\,x\,\dfrac{\mathrm{P}}{m'}\,m^2\left(x\,b_{\frac{5}{2}}^{(0)}-b_{\frac{5}{2}}^{(1)}\right)}{g'-1}\,\lambda\sin(v-\vartheta');$$

pour une planète supérieure, cette inégalité devient

$$-\frac{\frac{1}{2}\,x^3\,\dfrac{\mathrm{P}}{m'}\,m^2\left(b_{\frac{5}{2}}^{0}-x\,b_{\frac{5}{2}}^{(1)}\right)}{g'-1}\,\lambda\sin(v-\vartheta).$$

En réduisant en nombres ces inégalités, on a, en employant les masses du n° 44 du Livre VI, relativement à Vénus,

$$+0'',853296.\sin(v-\vartheta');$$

relativement à Mars,

$$-0'',016966.\sin(v-\vartheta^m),$$

et relativement à Jupiter,

$$-0'',117051.\sin(v-\vartheta^{v}),$$

ϑ', ϑ'' et ϑ''' étant les longitudes des nœuds ascendants des orbites de Vénus, Mars et Jupiter.

Enfin il est aisé de voir que la valeur de g est augmentée, par l'action de P, de la quantité $\frac{3}{8}\dfrac{\mathrm{P}}{m'}m^2 b_{\frac{3}{2}}^{(0)}$ relativement à une planète inférieure à la Terre, et de la quantité $\frac{3}{8}\dfrac{\mathrm{P}}{m'}m^2 x^3 b_{\frac{3}{2}}^{(0)}$ relativement à une planète supérieure.

Le terme $\dfrac{3\,m'\,a'^3\,s}{2\,h^2\,a^3}$, qui, par le n° 11, fait partie de la troisième des équations (L) du n° 1, augmente encore la valeur de g de la quantité $\dfrac{9\,m^2}{4}\dfrac{\partial r'}{a'}$, $\dfrac{\partial r'}{a'}$ étant la partie constante des perturbations du rayon vecteur de l'orbe terrestre. Ainsi la valeur de g est augmentée par l'action des planètes de la même quantité dont cette action diminue la valeur de e. Mais ces quantités sont insensibles.

L'action directe de P sur la Lune introduit dans l'équation (L') du n° 9 une quantité de la forme

$$M \frac{P}{m'} m^2 e'^2 + M' \frac{P}{m'} m^2 e' e'' + M'' \frac{P}{m'} m^2 e''^2,$$

e'' étant le rapport de l'excentricité au demi-grand axe dans l'orbite de P. Il en résulte dans la longitude moyenne de la Lune une équation séculaire, analogue à celle que nous avons trouvée dans le n° 15 égale à

$$\tfrac{3}{2} m^2 \int (e'^2 - E'^2)\, dv.$$

Celle-ci résulte du développement du terme $\frac{m' u'^3}{2 h^2 u^3}$; elle est incomparablement supérieure à la première, à cause du très-petit facteur $\frac{P}{m'}$ qui multiplie cette première équation. Ainsi l'action indirecte de la planète P sur la Lune, transmise par le moyen du Soleil, l'emporte de beaucoup, à cet égard, sur son action directe, que l'on peut négliger ici sans erreur sensible.

CHAPITRE IV.

COMPARAISON DE LA THÉORIE PRÉCÉDENTE AVEC LES OBSERVATIONS.

23. Considérons d'abord les moyens mouvements de la Lune, de son périgée et de ses nœuds. L'expression de la longitude moyenne de la Lune en fonction de sa longitude vraie renferme, par le n° 15, l'inégalité séculaire

$$\tfrac{3}{4} m^2 \int (e'^2 - E'^2)\, de;$$

par conséquent, l'expression de la longitude vraie en fonction de la longitude moyenne renferme l'inégalité séculaire

$$-\tfrac{3}{4} m^2 \int (e'^2 - E'^2)\, n\, dt.$$

Si l'on représente par t le nombre des années juliennes écoulées depuis 1750, on a, par le n° 44 du Livre VI,

$$\varpi e' = 2E' - t.0'',530224 - t^2.0'',0000210474;$$

d'où l'on conclut l'inégalité précédente égale à

$$31'',424757.i^2 + 0'',05721742.i^3,$$

i étant le nombre des siècles écoulés depuis 1750. Les observations avaient fait reconnaitre cette équation séculaire avant que la théorie de la pesanteur m'en eût expliqué la cause. Il est certain, par la comparaison d'un grand nombre d'éclipses observées par les Chaldéens, les Grecs et les Arabes, que le moyen mouvement de la Lune s'est accéléré depuis les temps anciens jusqu'à nos jours, et que son accélération est à très-peu près celle qui résulte de la formule précédente. C'est ce que Bouvard a mis hors de doute, par la discussion approfon-

die des éclipses anciennes déjà connues et de celles qu'il a extraites
d'un manuscrit arabe d'Ibn Junis.

On a vu, dans le n° 16, que le mouvement sidéral du périgée lunaire, conclu de la théorie précédente, ne diffère du véritable que de
sa cinq cent soixantième partie. Suivant cette théorie, ce mouvement
est assujetti à une équation séculaire égale à — 3,00052.k, k étant
celle du moyen mouvement de la Lune; en sorte que l'équation séculaire de l'anomalie est 4,00052.k, ou à très-peu près quadruple de
celle du moyen mouvement. La théorie de la pesanteur universelle
m'a fait connaître cette équation, et j'en avais conclu que le mouvement du périgée lunaire se ralentit de siècle en siècle, et qu'il est
maintenant plus petit d'environ quinze minutes par siècle qu'au temps
d'Hipparque. Ce résultat de la théorie a été confirmé par la discussion
des observations anciennes et modernes.

On a vu, dans le n° 16, que le mouvement sidéral du nœud de
l'orbite lunaire sur l'écliptique vraie, conclu de l'analyse précédente,
ne diffère pas du véritable de sa trois cent cinquantième partie. L'é-
quation séculaire de la longitude du nœud est, par le même numéro,
égale à 0,735452.k. Les anciennes éclipses la confirment encore.

24. Considérons présentement les inégalités périodiques du mouvement lunaire en longitude. Pour comparer aux observations celles
qui ont été trouvées précédemment par la théorie, j'ai regardé comme
autant de résultats de l'observation les coefficients des dernières Tables
lunaires de Mason et des nouvelles Tables de Bürg. Les coefficients des
Tables de Mason ont été déterminés par la comparaison d'un très-grand
nombre d'observations de Bradley; ceux des Tables de Bürg l'ont été
au moyen de plus de trois mille observations de Maskelyne. Ces Tables
sont disposées d'une manière assez commode pour les calculs, et qui
diminue le nombre des arguments, en les faisant dépendre les uns des
autres. Voici le procédé qui résulte de celles de Mason, pour avoir les
équations de la longitude vraie de la Lune, procédé que j'ai développé
en série de sinus d'angles croissant proportionnellement à c.

On forme d'abord les termes suivants, dans lesquels je compte les anomalies du périgée :

Coefficients des Tables de Bürg   Coefficients des Tables de Mason.

$$-\ 2073'',46 \qquad -\ 2063'',58 \cdot \sin\left(\text{anom. moy. } \odot\right)$$

$$-\ 18'',52 \qquad -\ 27'',47 \cdot \sin\left(2\,\text{anom. moy. } \odot\right)$$

$$+\ 166'',36 \qquad +\ 172'',53 \cdot \sin\left(\begin{array}{l}2\,.\,\text{long. moy. } \mathbb{C} - 2\,.\,\text{long. vraie } \odot \\ +\,\text{anom. moy. } \odot\end{array}\right)$$

$$+\ 336'',11 \qquad +\ 232'',41 \cdot \sin\left(\begin{array}{l}2\,.\,\text{long. moy. } \mathbb{C} - 2\,.\,\text{long. vraie } \odot \\ -\,\text{anom. moy. } \odot\end{array}\right)$$

$$-\ 178'',40 \qquad -\ 178'',40 \cdot \sin\left(\begin{array}{l}2\,.\,\text{long. moy. } \mathbb{C} - 2\,.\,\text{long. vraie } \odot \\ +\,\text{anom. moy. } \mathbb{C}\end{array}\right)$$

$$+\ 14905'',87 \qquad +\ 14902'',47 \cdot \sin\left(\begin{array}{l}2\,.\,\text{long. moy. } \mathbb{C} - 2\,.\,\text{long. vraie } \odot \\ -\,\text{anom. moy. } \mathbb{C}\end{array}\right)$$

$$-\ 109'',26 \qquad -\ 108'',02 \cdot \sin\left(\begin{array}{l}4\,.\,\text{long. moy. } \mathbb{C} - 4\,.\,\text{long. vraie } \odot \\ -\,2\,\text{anom. moy. } \mathbb{C}\end{array}\right)$$

$$+\ 384'',57 \qquad +\ 381'',17 \cdot \sin\left(\begin{array}{l}2\,.\,\text{long. moy. } \mathbb{C} - 2\,.\,\text{long. vraie } \odot \\ -\,\text{anom.moy.} \mathbb{C} + \text{anom.moy.} \odot\end{array}\right)$$

$$(\text{M}) \qquad +\ 146'',91 \qquad +\ 143'',52 \cdot \sin\left(\begin{array}{l}2\,.\,\text{long. moy. } \mathbb{C} - 2\,.\,\text{long. vraie } \odot \\ -\,\text{anom.moy.} \mathbb{C} - \text{anom.moy.} \odot\end{array}\right)$$

$$-\ 121'',30 \qquad +\ 129'',63 \cdot \sin\left(\text{anom. moy. } \mathbb{C} - \text{anom. moy. } \odot\right)$$

$$-\ 66'',05 \qquad -\ 70'',06 \cdot \sin\left(\begin{array}{l}\text{long. moy. } \mathbb{C} - \text{long. vraie } \odot \\ -\,\text{anom. moy. } \mathbb{C}\end{array}\right)$$

$$-\ 180'',86 \qquad -\ 177'',16 \cdot \sin\left(\begin{array}{l}2\,.\,\text{long. moy. } \mathbb{C} - 2\,.\,\text{long. vraie } \odot \\ -\,2\,.\,\text{anom. moy. } \mathbb{C}\end{array}\right)$$

$$+\ 192'',90 \qquad +\ 186'',42 \cdot \sin\left(\begin{array}{l}2\,.\,\text{long. moy. du nœud de l'orbe} \\ \text{lunaire} - 2\,.\,\text{long. vraie } \odot\end{array}\right)$$

$$+\ 35'',49 \qquad +\ 52'',47 \cdot \sin\left(\begin{array}{l}\text{long. moy. } \mathbb{C} - \text{long. vraie } \odot \\ +\,\text{anom. moy. } \bigcirc\end{array}\right)$$

$$-\ 15'',12 \qquad +\ 9'',57 \cdot \sin\left(\begin{array}{l}\text{long. moy. } \mathbb{C} - \text{long. vraie } \odot \\ -\,\text{anom. moy. } \odot\end{array}\right)$$

$$-\ 14'',20 \qquad -\ 11'',42 \cdot \sin\left(\begin{array}{l}2\,.\,\text{long. moy. } \mathbb{C} - 2\,.\,\text{long. vraie } \odot \\ +\,2\,.\,\text{anom. moy. } \mathbb{C}\end{array}\right)$$

$$-\ 32'',72 \qquad -\ 38'',27 \cdot \sin\left(\begin{array}{l}4\,.\,\text{long. moy. } \mathbb{C} - 4\,.\,\text{long. vraie } \odot \\ -\,\text{anom. moy. } \mathbb{C}\end{array}\right)$$

Coefficients des Tables de Bürg	Coefficients des Tables de Mason	
— 19″,75	— 19″,44 . sin	$\left(\begin{array}{l}2.\text{long. moy. } \mathbb{C} - 2.\text{long. moy. du} \\ \text{nœud lunaire} - 2.\text{anom. moy.} \mathbb{C}\end{array}\right)$
— 27″,16	— 25″,62 . sin	$\left(\begin{array}{l}2.\text{long. moy. du nœud lunaire} \\ - 2.\text{long. vraie } \odot + \text{an. moy. } \mathbb{C}\end{array}\right)$
+ 21″,30	+ 16″,36 . sin	$\left(\begin{array}{l}2.\text{long. moy. du nœud lunaire} \\ - 2.\text{long. vraie } \odot - \text{an. moy. } \mathbb{C}\end{array}\right)$
+ 20″,987	+ 23″,765 . sin (long. moy. du nœud lunaire)	
+ 8″,02	— 0″,00 . sin	$\left(\begin{array}{l}2.\text{long. moy. } \mathbb{C} - 2.\text{long. vraie } \odot \\ - 2.\text{anom. moy. } \odot\end{array}\right)$
— 8″,02	— 0″,00 . sin	$\left(\begin{array}{l}\text{longit. moy. } \mathbb{C} - \text{long. vraie } \odot \\ + \text{anom. moy. } \mathbb{C}\end{array}\right)$
+ 6″,48	+ 0″,00 . sin	$\left(\begin{array}{l}3.\text{anom. moy. } \mathbb{C} - 2.\text{long. moy. } \mathbb{C} \\ + 2.\text{long. vraie } \odot\end{array}\right)$
+ 6″,79	+ 0″,00 . sin	$\left(\begin{array}{l}2.\text{long. moy. } \mathbb{C} - 2.\text{long. vraie } \odot \\ + \text{anom. moy. } \mathbb{C} + \text{anom. moy. } \odot\end{array}\right)$
+ 4″,01	+ 0″,00 . sin	$\left(\begin{array}{l}2.\text{long. moy. } \mathbb{C} - 2.\text{long. vraie } \odot \\ + \text{anom. moy. } \mathbb{C} - \text{anom. moy. } \odot\end{array}\right)$
— 3″,39	+ 0″,00 . sin	$\left(\begin{array}{l}4.\text{long. moy. } \mathbb{C} - 4.\text{long. vraie } \odot \\ - 3.\text{anom. moy. } \mathbb{C}\end{array}\right)$
+ 3″,70	+ 0″,00 . sin	$\left(\begin{array}{l}2.\text{long. moy. } \mathbb{C} - 2.\text{long. vraie } \odot \\ - 2.\text{an. moy. } \mathbb{C} + \text{an. moy. } \odot\end{array}\right)$
+ 3″,39	+ 0″,00 . sin	$\left(\begin{array}{l}\text{long. moy. } \mathbb{C} - \text{long. vraie } \odot \\ - \text{anom. moy. } \mathbb{C} + \text{anom. moy. } \odot\end{array}\right)$

(M)
(Suite.)

On ajoute la somme de tous ces termes à l'anomalie moyenne de la
Lune, à laquelle on ajoute encore la fonction A donnée par l'équation

Suivant Bürg.	Suivant Mason
A = — 4127″,47	— 4018″,52 . sin (anomalie moyenne $\odot$)
— 33″,95	— 43″,21 . sin (2.anomalie moyenne $\odot$);

et l'on a l'anomalie corrigée de la Lune, au moyen de laquelle on forme les termes suivants

	Bürg	Mason
(N)	$+ \ 70037'',67$	$+ \ 70047'',24.\sin(\text{ anom. corrig. } \mathbb{C})$
	$+ \ 2396'',30$	$+ \ 2398'',09.\sin(2.\text{anom. corrig. } \mathbb{C})$
	$+ \ \ \ 115'',12$	$+ \ \ \ 114'',75.\sin(3.\text{anom. corrig. } \mathbb{C})$
	$+ \ \ \ \ \ \ 6'',17$	$+ \ \ \ \ \ 6'',26.\sin(4.\text{anom. corrig. } \mathbb{C})$

On ajoute la somme de tous les termes (M) et (N) à la longitude
moyenne de la Lune, et l'on a une longitude corrigée au moyen de
laquelle on forme les termes suivants

	Bürg	Mason
(P)	$- \ \ 376'',85$	$- \ \ 359'',26.\sin(\text{ long. corrig. } \mathbb{C} - \text{ long. vraie } \odot)$
	$+ 6610'',18$	$+ 6608'',33.\sin(2.\text{long. corrig. } \mathbb{C} - 2.\text{long. vraie } \odot)$
	$+ \ \ \ 10'',19$	$+ \ \ \ 16'',05.\sin(3.\text{long. corrig. } \mathbb{C} - 3.\text{long. vraie } \odot)$
	$+ \ \ \ 22'',53$	$+ \ \ \ 27'',16.\sin(4.\text{long. corrig. } \mathbb{C} - 4.\text{long. vraie } \odot)$

On réunit les termes (P) à la longitude vraie corrigée de la Lune, et
l'on forme ainsi une seconde longitude corrigée à laquelle on ajoute
le supplément du nœud, ou la circonférence moins la longitude du
nœud; on lui ajoute encore la fonction B, que l'on détermine par l'é-
quation

$$\text{Bürg} \qquad \text{Mason} $$
$$B = + \ 1666'',67 \qquad + \ 1703'',70.\sin(\text{anom. moy. } \odot).$$

On a ainsi la distance de la Lune au nœud corrigé. On soustrait du
double de cette distance l'anomalie corrigée de la Lune, et l'on multiplie le sinus de cet argument par $- \ 260'',49$, suivant Bürg, et par
$- \ 259'',56$, suivant Mason, ce qui donne une nouvelle inégalité que
l'on ajoute aux inégalités (M), (N), (P). Enfin on ajoute cette même
inégalité à la distance précédente de la Lune au nœud corrigé, pour
former l'argument de latitude, et l'on multiplie le sinus du double de
cet argument par $- \ 1255'',56$, suivant Bürg, et par $- \ 1258'',34$, suivant Mason, ce qui donne l'inégalité nommée *réduction à l'écliptique*,
qui doit être ajoutée à toutes les inégalités précédentes, pour avoir la
longitude de la Lune comptée de l'équinoxe moyen du printemps. Il

faut observer ici que les longitudes moyennes de la Lune et de son nœud, et son anomalie moyenne doivent être corrigées par leurs équations séculaires.

J'ai conclu de ce procédé l'expression suivante des inégalités périodiques de la longitude moyenne de la Lune, développée en fonction de sa longitude vraie comptée sur l'écliptique, ce qui exige une attention particulière pour n'omettre aucun terme sensible : j'ai négligé les inégalités au-dessous d'une seconde. Une partie des inégalités de cette expression résulte du développement seul de la formule que donne le procédé des Tables de Mason, que je viens d'exposer, en sorte qu'elles ne peuvent point être considérées dans ces Tables comme des résultats de l'observation. Pour les distinguer, j'ai marqué d'un astérisque celles que Mason a déterminées par la comparaison des observations de Bradley, et qui toutes ont été déterminées de nouveau par Bürg, au moyen d'un très-grand nombre d'observations de Maskelyne. Je donne d'abord la grande inégalité du premier ordre, ensuite les cinq inégalités du second ordre, puis les quinze inégalités du troisième ordre; ensuite toutes les inégalités du quatrième ordre et d'un ordre supérieur qui ont été comparées aux observations, enfin toutes les autres inégalités. Je place à côté les résultats de mon analyse, et leur excès sur les coefficients déduits des Tables de Mason. Dans une quatrième colonne, je donne l'excès des coefficients des nouvelles Tables de Bürg, réduites à la forme de ma théorie, sur ceux des Tables de Mason. Bürg ayant conservé à ses Tables la forme de celles de Mason, qui lui-même avait adopté celle des Tables de Mayer, il suffit, pour les réduire à la forme de ma théorie, d'appliquer aux coefficients des Tables de Mason ainsi réduites la différence, prise avec un signe contraire, des inégalités correspondantes dans les deux Tables primitives. Les fonctions A et B sont un peu différentes dans ces deux Tables; j'ai eu égard à cette différence. J'observerai sur cela qu'en introduisant dans les Tables primitives une inégalité pour la longitude, dépendante de $\sin(\text{anom. moy. } ☾ + \text{anom. moy. } ☉)$, et pour la latitude une inégalité dépendante de $\sin(\text{arg. de lat.} + \text{anom. moy. } ☉)$, et en chan-

geant convenablement les coefficients des inégalités dépendantes de
$\sin(\text{an. moy. } \mathbb{C} - \text{an. moy. } \odot)$, et de $\sin(\text{arg. de lat.} - \text{an. moy. } \odot)$,
on pourrait se dispenser d'introduire les fonctions A et B, ce qui
donnerait aux Tables plus d'uniformité. Bürg a fait entrer dans ses
Tables du mouvement en longitude huit inégalités nouvelles, qui ne
sont données dans les Tables réduites de Mason que par leur développement : je les ai distinguées par un double astérisque. Enfin, il a
comparé aux observations plusieurs inégalités qu'il a trouvées insensibles; en sorte que leurs coefficients donnés par le développement des
Tables de Mason peuvent maintenant être considérés comme des résultats de l'observation : je les ai distingués par un triple astérisque.
On pourra ainsi reconnaitre les inégalités qui restent encore à comparer aux observations. Le peu de différence qui existe entre les deux
Tables permet de conclure ainsi le développement de l'une d'elles du
développement de l'autre, et l'on peut, par la méthode inverse, réduire les inégalités de ma théorie à la forme des Tables de Mayer.

Inégalités déduites des Tables de Mason	Coefficients de ma théorie	Excès de ces coefficients sur ceux déduits des Tables de Mason.	Excès des coefficients déduits des Tables de Bürg sur ceux déduits des Tables de Mason.
Inégalités du premier ordre.			
$-69992'',30 . \sin(cv - \varpi)^{*}$	$-69992'',30$	$+\ 0'',00$	$+\ 9',57,'$
Inégalités du second ordre.			
$-1427'',41 . \sin(2cv - 2\varpi)^{*}$	$+\ 1442'',66$	$+\ 15'',25$	$+\ 1'',79$
$-5874'',70 . \sin(2c - 2mv)^{*}$	$-\ 5856'',11$	$+\ 18'',59$	$-\ 1'',85$
$-1449'',19 . \sin(2v - 2mv - cv + \varpi)^{*}$	$-1461'',28$	$-\ 12'',09$	$-\ 3'',40$
$-2075'',71\ \sin(c'mv - \varpi')^{*}$	$+\ 2106'',09$	$+\ 30'',38$	$+\ 9'',88$
$-1256'',47 . \sin(2gv - 2\theta)^{*}$	$+\ 1255'',92$	$-\ 0'',55$	$-\ 2'',78$
Inégalités du troisième ordre.			
$-33'',19 . \sin(3cv - 3\varpi)^{*}$	$-\ 35'',34$	$-\ 2'',15$	$-\ 0'',47$
$-188'',67 . \sin(2gv - cv - 2\theta + \varpi)^{*}$	$+\ 204'',86$	$+\ 16'',19$	$-\ 0'',93$

(1) Le coefficient de cette inégalité est une des arbitraires de la théorie, et je pense qu'à
cet égard il convient d'adopter le résultat de Bürg.

Inégalités déduites des Tables de Mason.	Coefficients de ma théorie	Excès de ces coefficients sur ceux déduits des Tables de Mason.	Excès des coefficients déduits des Tables de Burg sur ceux déduits des Tables de Mason
$-\ 69'',16 . \sin(2gv + cv - 2\theta - \varpi)$****	$-\ 70'',86$	$-\ 1'',70$	$+\ 0'',00$
$+\ 450'',56 \sin(2v - 2mv + cv - \varpi)$*	$+\ 453'',58$	$+\ 3'',02$	$-\ 0'',00$
$+\ 44'',77 \sin(2v - 2mv + c'mv - \varpi')$*	$+\ 42'',02$	$-\ 2'',75$	$+\ 6'',17$
$-\ 421'',37 . \sin(2v - 2mv - c'mv + \varpi')$*	$-\ 415'',16$	$+\ 6'',21$	$-\ 3'',70$
$+\ 67'',11 . \sin(2v - 2mv - cv + c'mv + \varpi - \varpi')$*	$+\ 71'',96$	$+\ 7'',85$	$-\ 3'',40$
$-\ 635'',09 . \sin(2v - 2mv - cv - c'mv + \varpi + \varpi')$*	$-\ 635'',26$	$-\ 0'',17$	$-\ 3'',39$
$+\ 211'',84 . \sin(cv + c'mv - \varpi - \varpi')$*	$+\ 219'',11$	$+\ 7'',27$	$+\ 5'',96$
$-\ 360'',50 . \sin(cv - c'mv - \varpi + \varpi')$*	$-\ 362'',18$	$-\ 1'',68$	$+\ 2'',37$
$+\ 551'',31 . \sin(2cv - 2v + 2mv - 2\varpi)$*	$+\ 521'',91$	$-29'',40$	$-\ 3'',70$
$+\ 172'',38 . \sin(2gv - 2v + 2mv - 2\theta)$*	$+\ 171'',71$	$+\ 2'',46$	$+\ 6'',48$
$+\ 27'',17 . \sin(2c'mv - 2\varpi')$*	$+\ 31'',25$	$+\ 3'',78$	$-\ 8'',95$
$+\ 360'',12 . \sin(v - mv)$*	$+\ 376'',586 . (1+i)$	.....	$+17'',59$
$-\ 58'',50 . \sin(v - mv + c'mv - \varpi')$*	$-\ 58'',05 . (1+i)$	.....	$+16'',98$

Inégalités du quatrième ordre et d'un ordre supérieur, qui ont été comparées aux observations.

Inégalités déduites des Tables de Mason.	Coefficients de ma théorie	Excès de ces coefficients sur ceux déduits des Tables de Mason.	Excès des coefficients déduits des Tables de Burg sur ceux déduits des Tables de Mason
$-\ 1'',03 . \sin(4cv - 4\varpi)$*	....	.....	$+\ 0'',09$
$-\ 6'',10 . \sin(2gv - 2cv - 2\theta + 2\varpi)$*	....	.....	$+\ 0'',31$
$+\ 23'',765 . \sin(gv - v - \theta)$*	$+\ 17'',135$	$-\ 6'',63$	$-\ 2'',778$
$-\ 31'',67 . \sin(3v - 3mv)$*	....	.....	$+\ 5'',86$
$+\ 17'',50 . \sin(4v - 4mv)$*	....	.....	$+\ 4'',63$
$+\ 2'',38 . \sin(cv + 2c'mv - \varpi - 2\varpi')$*	....	.....	$-\ 0'',51$
$-\ 2'',38 . \sin(cv - 2c'mv - \varpi + 2\varpi')$*	....	.....	$+\ 0'',51$
$-\ 27'',49 . \sin(2cv + 2v - 2mv - 2\varpi)$*	$-\ 25'',03$	$+\ 1'',66$	$+\ 2'',78$
$+\ 89'',34 . \sin(4v - 4mv - cv + \varpi)$*	$+\ 103'',01$	$+13'',67$	$+\ 5'',55$
$+\ 46'',79 \sin(4v - 4mv - 2cv + 2\varpi)$*	$+\ 47'',71$	$+\ 0'',92$	$-\ 1'',24$
$-\ 52'',61 . \sin(cv - v + mv - \varpi)$*	$-\ 25'',65 . (1+i)$	.....	$+\ 1'',01$
$-\ 3'',53 . \sin(v - mv - c'mv + \varpi')$*	....	.....	$-\ 5'',55$
$+\ 29'',45 . \sin(2v - 2mv - 2gv + cv + 2\theta - \varpi)$*	$+\ 26'',77$	$-\ 2'',68$	$+\ 1'',54$
$+\ 3'',73 . \sin(2gv + cv - 2v + 2mv - 2\theta - \varpi)$*	......	.....	$+\ 1'',94$
$-\ 10'',87 . \sin(2v - 2mv - 2c'mv + 2\varpi')$**	....	.....	$-\ 8'',09$
$-\ 18'',12 . \sin(cv + v - mv - \varpi)$**	$-\ 15'',47 . (1+i)$	.....	$+\ 8'',09$
$+\ 3'',08 . \sin(3cv - 2v + 2mv - 2\varpi)$**	....	.....	$-\ 6'',48$
$+\ 1'',82 . \sin(2v - 2mv + cv + c'mv - \varpi - \varpi')$**	....	.....	$-\ 6'',79$
$+\ 39'',38 . \sin(2v - 2mv + cv - c'mv - \varpi + \varpi')$**	$+\ 31'',39$	$-\ 7'',99$	$-\ 4'',01$

Inégalités déduites des Tables de Mason	Coefficients de ma théorie	Excès de ces coefficients sur ceux déduits des Tables de Mason.	Excès des coefficients déduits des Tables de Tire sur ceux déduits des Tables de Mason
$+\ 2'',36.\sin(4v - 4mv - 3cv + 3\varpi)''$	......	......	$-\ 3'',49$
$+\ 3'',04.\sin(2cv - 2v + 2mv - c'mv - 2\varpi + \varpi')''$ ...	$-\ 0'',76$	$-\ 3'',80$	$-\ 3'',70$
$+\ 4'',05.\sin(cv - v + mv - c'mv - \varpi + \varpi')''$	......	......	$+\ 3'',49$
$+\ 19'',72.\sin(2cv - 2v + 2mv + c'mv - 2\varpi - \varpi')'''$ ...	$+\ 18'',15$	$-\ 1'',57$	
$-\ 3'',73.\sin(4v - 4mv + cv - \varpi)'''$			
$+\ 0'',56.\sin(4cv - 4v + 4mv - 4\varpi)'''$			
$-\ 12'',06.\sin(2v - 2mv + 2gv - 2\theta)'''$			
$\pm\ 3'',36.\sin(2gv \pm c'mv - 2\theta \mp \varpi')'''$			
$-\ 1'',03.\sin(2gv + 2cv - 2v + 2mv - 2\theta - 2\varpi)'''$			
$\pm\ 6'',36.\sin(2gv - 2v + 2mv \pm c'mv - 2\theta \mp \varpi')'''$			

Inégalités du quatrième ordre et d'un ordre supérieur, déduites des Tables de Mason, et qui n'ont point été comparées aux observations.

Inégalités déduites des Tables de Mason.	Coefficients de ma théorie	Excès de ces coefficients sur ceux déduits des Tables de Mason.
$+\ 15'',32.\sin(2cv - c'mv - 2\varpi + \varpi')$	$+\ 13'',89$	$-\ 1'',43$
$-\ 8'',71.\sin(2cv + c'mv - 2\varpi - \varpi')$	$-\ 9'',75$	$-\ 1'',04$
$+\ 14'',32.\sin(4v - 4mv - cv - c'mv + \varpi + \varpi')$		
$-\ 13'',78.\sin(2v - 2mv + 2gv - cv - 2\theta + \varpi)$		
$-\ 1'',18.\sin(2v - 2mv - 2gv + 2cv + 2\theta - 2\varpi)$		
$-\ 5'',99.\sin(4v - 4mv - 2cv + c'mv + 2\varpi - \varpi')$		
$+\ 4'',87.\sin(4v - 4mv - 2cv - c'mv + 2\varpi + \varpi')$		
$-\ 3'',63.\sin(3v - 3mv - cv + \varpi)$		
$-\ 2'',48.\sin(4gv - 4\theta)$		
$+\ 9'',36.\sin(2v - 2mv - cv + 2c'mv + \varpi - 2\varpi')$		
$-\ 17'',88.\sin(2v - 2mv - cv - 2c'mv + \varpi + 2\varpi')$		
$+\ 1'',69.\sin(4v - 4mv - 2gv - cv + 2\theta + \varpi)$		
$-\ 1'',39.\sin(4v - 4mv - c'mv + \varpi')$		
$+\ 2'',05.\sin(6v - 6mv - 3cv + 3\varpi)$		
$-\ 1'',20.\sin(cv - v + mv + c'mv - \varpi - \varpi')$		
$+\ 1'',03.\sin(4v - 4mv + c'mv - \varpi')$		

On voit par ce tableau que la plus grande différence entre les coefficients des Tables de Mason et ceux de notre théorie n'est que de 30″, et qu'elle n'est que de 26″ entre notre théorie et les Tables de Bürg. On la ferait sans doute disparaître en portant plus loin encore les approximations; mais la comparaison précédente suffit pour établir incontestablement que la gravitation universelle est l'unique cause de toutes les inégalités de la Lune.

Deux de ces inégalités méritent, par leur importance, d'être déterminées avec un soin particulier. La première est celle que l'on a nommée *inégalité parallactique*, et dont l'argument est $v - mv$. Elle dépend de la parallaxe du Soleil. Je l'ai déterminée en portant l'approximation jusqu'aux quantités du cinquième ordre inclusivement; j'ai donc lieu de croire la valeur à laquelle je suis parvenu très-exacte. Suivant les Tables de Mason, réduites à la forme de ma théorie, cette inégalité est égale à 360″,12; mais Bürg, qui vient de la déterminer par la comparaison d'un très-grand nombre d'observations, la trouve plus grande de 17″,59, et par conséquent égale à 377″,71. En égalant à ce dernier résultat le coefficient $(1 + i).376″,586$, donné par mon analyse, on a

$$1 + i = 1,002985,$$

partant

$$\frac{a}{a'} = \frac{1,002985}{400};$$

or la parallaxe solaire est $\dfrac{D}{a'}$ ou $\dfrac{D}{a}\dfrac{a}{a'}$: cette parallaxe est donc égale à

$$\frac{D}{a}\,\frac{1,002985}{400}.$$

En substituant pour $\dfrac{D}{a}$ sa valeur 0,0165101, trouvée dans le n° 19, on a 26″,4205 pour la parallaxe moyenne du Soleil, sur le parallèle dont le carré du sinus de la latitude est $\frac{1}{3}$, ce qui est à très-peu près celle que plusieurs astronomes ont conclue du dernier passage de Vénus sur le Soleil : la théorie de la Lune offre donc un moyen fort exact pour déterminer cette parallaxe.

La seconde inégalité est celle qui dépend de la longitude du nœud de l'orbite lunaire ou de l'argument $gv - v - \theta$. Son coefficient, suivant Mason, est $23'',765$; mais Bürg, qui vient de le déterminer par un très-grand nombre d'observations, le réduit à $20'',987$. La théorie donne, par le n° 20, $17'',135$, en supposant l'aplatissement de la Terre $\frac{1}{334}$, et $35'',490$, en supposant cet aplatissement $\frac{1}{230}$; d'où il est facile de conclure que la détermination de Bürg répond à $\frac{1}{305,05}$ d'aplatissement. Cette inégalité est déterminée avec beaucoup de précision par la théorie : on n'a point à craindre à son égard l'incertitude que le peu de convergence des approximations laisse sur les coefficients de la plupart des inégalités lunaires; et comme elle est liée à l'aplatissement de la Terre, sa détermination exacte par les observations mérite toute l'attention des astronomes. Il résulte sans aucun doute, des valeurs que Mason et Bürg lui ont assignées, que la Terre est moins aplatie que dans le cas de l'homogénéité, ce qui est conforme à ce que nous avons trouvé, par d'autres phénomènes, dans les Livres III, IV et V.

25. Considérons présentement le mouvement de la Lune en latitude. On le détermine par les Tables de la manière suivante. Si l'on nomme *longitude corrigée* de la Lune la longitude moyenne à laquelle on applique toutes les inégalités, à l'exception de la réduction, la latitude de la Lune est égale à

Bürg.	Mason.
$+57163'',03$	$+57174'',40 . \sin(\text{arg. de lat.})$
$-\quad 15'',43$	$-\quad 13'',58 . \sin(3 . \text{arg. de lat.})$
$+1630'',86$	$+1630'',86 . \sin\left(\begin{array}{l}2.\text{long. corr. } \mathbb{C} - 2.\text{long. vraie } \odot \\ \quad - \text{ arg. de lat.}\end{array}\right)$
$-\quad 9'',57$	$-\quad 9'',57 . \sin(\text{arg. de lat.} - \text{anom. moy. } \odot)$
$+\quad 54'',32$	$+\quad 54'',32 . \sin(\text{arg. de lat.} - \text{anom. moy. } \mathbb{C})$
$+\quad 77'',47$	$+\quad 77'',47 . \sin(2.\text{anom. moy. } \mathbb{C} - \text{arg. de lat.})$
$+\quad 5'',86$	$+\quad 5'',86 . \sin(3.\text{anom. moy. } \mathbb{C} - \text{arg. de lat.})$

Bürg	Mason
$+ 27″,78$	$+ 27″,78 . \sin\left(\begin{array}{l}2.\text{long. corr. }☾ - 2.\text{long. vraie }☉ \\ - \text{arg. de lat.} + \text{anom. moy. }☉\end{array}\right)$
$+ 11″,42$	$+ 11″,42 . \sin\left(\begin{array}{l}2.\text{long. corr. }☾ - 2\text{ long. vraie }☉ \\ - \text{arg. de lat.} - \text{anom. moy. }☉\end{array}\right)$
$- 6″,79$	$+ 6″,79 . \sin\left(\begin{array}{l}2.\text{long. corr. }☾ - 2.\text{long. vraie }☉ \\ - \text{arg. de lat.} + \text{anom. moy. }☾\end{array}\right)$
$+ 49″,07$	$+ 49″,07 . \sin\left(\begin{array}{l}\text{arg. de lat.} + \text{anom. moy. }☾ \\ - 2.\text{long. corr. }☾ + 2.\text{long. vr. }☉\end{array}\right)$
$+ 16″,05$	$+ 16″,05 . \sin\left(\begin{array}{l}\text{arg. de lat.} + 2.\text{anom. moy. }☾ \\ - 2.\text{long. corr. }☾ + 2.\text{long. vr. }☉\end{array}\right)$
$- 24″,6914$	$- 0″,00 . \sin(\text{long. corr. }☾)$

En réduisant ces formules en sinus d'angles croissant proportionnellement à c, j'ai obtenu les résultats suivants :

Tables de Mason.	Coefficients de ma théorie.	Excès de ces coefficients sur ceux déduits des Tables de Mason.	Excès des coefficients déduits des Tables de Bürg sur ceux déduits des Tables de Mason.
$5734″,37 . \sin(gv - θ)^{*}$	$5730″,83$	$- 3″,54$	$- 11″,37$ (¹)
$+ 42″,84 . \sin(3gv - 3θ)^{*}$	$+ 38″,78$	$- 4″,06$	$- 1″,85$
$+ 1627″,13 . \sin(2v - 2mv - gv + θ)^{*}$	$+ 1621″,09$	$- 6″,04$	$+ 0″,00$
$+ 2″,16 . \sin(2v - 2mv + gv - θ)$	$+ 3″,52$	$+ 1″,36$	$+ 0″,00$
$- 12″,64 . \sin(gv + cv - θ - ϖ)^{*}$	$- 17″,26$	$- 4″,62$	$+ 0″,00$
$+ 61″,21 . \sin(gv - cv - θ + ϖ)^{*}$	$+ 61″,37$	$+ 0″,06$	$+ 0″,00$
$- 66″,86 . \sin(gv + cv - 2v + 2mv - θ - ϖ)^{*}$	$+ 66″,66$	$- 0″,20$	$+ 0″,00$
$- 2″,61 \sin(2v - 2mv + gv - cv - θ + ϖ)$	$- 4″,28$	$- 1″,67$	$+ 0″,00$
$+ 18″,11 . \sin(2v - 2mv - gv + cv + θ - ϖ)^{*}$	$+ 19″,95$	$+ 1″,51$	$+ 0″,00$
$- 76″,50 . \sin(gv + c'mv - θ - ϖ')^{*}$	$+ 75″,14$	$- 1″,36$	$- 1″,66$
$- 86″,07 \sin(gv - c'mv - θ + ϖ')^{*}$	$- 80″,06$	$+ 6″,01$	$- 1″,66$
$- 29″,31 . \sin(2v - 2mv - gv + c'mv + θ - ϖ')^{*}$	$- 31″,17$	$- 2″,26$	$- 0″,00$
$- 68″,40 . \sin(2v - 2mv - gv - c'mv + θ + ϖ')^{*}$	$+ 69″,19$	$+ 0″,79$	$+ 0″,00$
$+ 79″,46 . \sin(2cv - gv - 2ϖ + θ)^{*}$	$+ 84″,57$	$+ 5″,11$	$+ 0″,00$
$- 13″,35 . \sin(2cv + gv - 2v + 2mv - 2ϖ - θ)^{*}$	$+ 15″,83$	$+ 2″,48$	$+ 0″,00$
$- 2″,65 . \sin(3cv - gv - 3ϖ + θ)^{*}$	$\ldots\ldots$	$\ldots\ldots$	$- 0″,00$
$+ 3″,22 . \sin(3gv - 2v + 2mv - 3θ)$	$\ldots\ldots$	$\ldots\ldots$	$- 0″,00$

(¹) Le coefficient de cette inégalité est une des arbitraires de la théorie, et le résultat de Bürg me parait devoir être préféré.

304   MÉCANIQUE CÉLESTE.

Tables de Mason	Coefficients de ma théorie	Excès de ces coefficients sur ceux déduits des Tables de Mason	Excès des coefficients déduits des Tables de Bürg sur ceux déduits des Tables de Mason
$+ 1'',13 . \sin(4v - 4mv - gv + \theta)$..........	......	.....	$+ 0'',00$
$+ 1',76 . \sin(3cv - gv - 2v + 2mv - 4\varpi + \theta)$......	......	.....	$+ 0'',00$
$\pm 1'',72 . \sin(cv + gv - 2v + 2mv \pm c'mv - \varpi - \theta \mp \varpi')$.	......	.....	$+ 0'',00$
$\mp 1'',77 . \sin(2cv + gv - 2v + 2mv \pm cv - 2\varpi - \theta \mp \varpi)$..	......	.....	.....
$+ 0'',77 . \sin(4v - 4mv - gv - cv + \theta + \varpi)$..........	......	.....	$+ 0'',00$
$- 0'',00 . \sin(\text{long. vraie } \mathbb{C})$..... ...	$- 20'',023$	.....	$- 24'',6914$

Ici la théorie se rapproche encore plus de l'observation que relativement au mouvement de la Lune en longitude, ce qui vient de ce que les approximations de son mouvement en latitude sont plus simples, et par conséquent plus exactes. Je pense donc qu'il convient de former les Tables de ce mouvement par la théorie, afin de ramener autant qu'il est possible toute l'Astronomie au seul principe de la pesanteur universelle. L'inégalité $- 20'',023 . \sin(\text{long. vraie } \mathbb{C})$ n'existe point dans les Tables de Mason. C'est la théorie qui me l'a fait connaitre, et toutes les observations la confirment d'une manière incontestable. Bürg l'a trouvée égale à $- 24'',6914 . \sin(\text{long. vraie } \mathbb{C})$, par la comparaison d'un très-grand nombre d'observations de Maskelyne. Son coefficient est, par le n° 20, égal à $- 20'',023$, en supposant l'aplatissement de la Terre $\frac{1}{334}$; il s'élèverait à $41'',70$, si cet aplatissement était $\frac{1}{230}$, comme dans le cas de l'homogénéité de cette planète; d'où il est facile de conclure que le coefficient $- 24'',6914$ trouvé par Bürg répond à l'aplatissement $\frac{1}{304,6}$. Il est très-remarquable que cette inégalité conduise au même aplatissement, que l'inégalité du mouvement en longitude, dépendante du sinus de la longitude du nœud, que nous avons donnée dans le n° 20. Ces deux inégalités qui, par la lumière qu'elles répandent sur la figure de la Terre, méritent toute l'attention des observateurs, se réunissent pour exclure son homogénéité. .

26. Il nous reste à considérer la parallaxe horizontale de la Lune. Voici l'expression de cette parallaxe à l'équateur, suivant les Tables de Bürg et de Mason.

Bürg.	Mason et Mayer.
$+10558'',64$	$+10590'',74$
$-\quad 0'',93$	$-\quad 0'',93.\cos(\text{anom. moy. } \odot)$
$+\quad 2'',16$	$+\quad 2'',16.\cos\left(\begin{array}{l}2.\text{long. moy. } ☾ - 2.\text{long. vraie } \odot \\ +\,\text{anom. moy. } \odot\end{array}\right)$
$+\quad 2'',47$	$+\quad 2'',47.\cos\left(\begin{array}{l}2.\text{long. moy. } ☾ - 2.\text{long. vraie } \odot \\ -\,\text{anom. moy. } \odot\end{array}\right)$
$-\quad 0'',31$	$-\quad 0'',31.\cos\left(\begin{array}{l}2.\text{long. moy. } ☾ - 2.\text{long. vraie } \odot \\ +\,\text{anom. moy. } ☾\end{array}\right)$
$+\quad 115'',12$	$+\quad 115'',12.\cos\left(\begin{array}{l}2.\text{long. moy. } ☾ - 2.\text{long. vraie } \odot \\ -\,\text{anom. moy. } ☾\end{array}\right)$
$+\quad 0'',93$	$+\quad 0'',93.\cos\left(\begin{array}{l}4.\text{long. moy. } ☾ - 4.\text{long. vraie } \odot \\ -\,2.\text{anom. moy. } ☾\end{array}\right)$
$+\quad 3'',09$	$+\quad 3'',09.\cos\left(\begin{array}{l}2.\text{long. moy. } ☾ - 2.\text{long. vraie } \odot \\ -\,\text{anom. moy. } ☾ +\,\text{anom. moy. } \odot\end{array}\right)$
$+\quad 1'',85$	$+\quad 1'',85.\cos\left(\begin{array}{l}2.\text{long. moy. } ☾ - 2.\text{long. vraie } \odot \\ -\,\text{anom. moy. } ☾ -\,\text{anom. moy. } \odot\end{array}\right)$
$+\quad 0'',62$	$+\quad 0'',62.\cos(\text{anom. moy. } ☾ - \text{anom. moy. } \odot)$
$+\quad 0'',62$	$+\quad 0'',62.\cos\left(\begin{array}{l}\text{long. moy. } ☾ - \text{long. vraie } \odot \\ -\,\text{anom. moy. } ☾\end{array}\right)$
$+\quad 6'',17$	$+\quad 6'',17.\cos\left(\begin{array}{l}2.\text{long. moy. } ☾ - 2.\text{long. vraie } \odot \\ -\,2.\text{anom. moy. } ☾\end{array}\right)$
$+\quad 1'',23$	$+\quad 1'',23.\cos\left(\begin{array}{l}2.\text{long. moy. du nœud lunaire} \\ -\,2.\text{long. vraie } \odot\end{array}\right)$
$+\quad 578'',09$	$+\quad 579'',32.\cos(\text{anom. corr. } ☾)$
$+\quad 30'',86$	$+\quad 30'',86.\cos(2.\text{anom. corr. } ☾)$
$+\quad 0'',62$	$+\quad 0'',93.\cos(3.\text{anom. corr. } ☾)$
$+\quad 80'',25$	$+\quad 80'',25.\cos(2.\text{long. corr. } ☾ - 2.\text{long. vraie } \odot)$
$-\quad 3'',09$	$-\quad 3'',09.\cos(\text{long. corr. } ☾ - \text{long. vraie } \odot)$
$+\quad 0'',62$	$+\quad 0'',62.\cos(3.\text{long. corr. } ☾ - 3.\text{long. vraie } \odot)$
$-\quad 2'',47$	$-\quad 2'',47.\cos\left(\begin{array}{l}\text{distance vraie de } ☾ \text{ au nœud} \\ -\,\text{anom. corr. } ☾\end{array}\right)$

Pour avoir la parallaxe horizontale à une hauteur quelconque du pôle,

Bürg suppose l'ellipticité de la Terre $\frac{1}{330}$; Mayer la suppose $\frac{1}{230}$. Je la supposerai, conformément à la détermination du numéro précédent, $\frac{1}{305}$. On multiplie ensuite les coefficients de cette Table par l'unité moins le produit de l'ellipticité de la Terre par le carré du sinus de la latitude. Cela posé, on a, pour la parallaxe horizontale de la Lune à l'équateur, réduite en cosinus d'angles croissant proportionnellement à l'angle v,

Mason et Mayer.	Coefficients de ma théorie.	Excès de ces coefficients sur ceux des Tables de Mason	Excès des coefficients de Bürg sur ceux de Mason
$-10624'',81\cdot$	$+10580'',03$	$-44'',78$	$-32'',10$
$+ 581'',66.\cos(cv - \varpi)$	$+ 579'',26$	$- 2'',40$	$- 1'',23$
$- 1'',61.\cos(2cv - 2\varpi)$	$+ 0'',03$	$+ 1'',61$	$+ 0'',00$
$- 0'',95.\cos(3cv - 3\varpi)$	......	.....	$+ 0'',00$
$+ 0'',30.\cos(4cv - 4\varpi)$	......	.....	$+ 0'',00$
$- 74'',81.\cos(2v - 2mv)$	$+ 76'',18$	$+ 1'',37$	$+ 0'',00$
$+ 118'',55.\cos(2v - 2mv - cv + \varpi)$	$+ 117'',62$	$- 0'',93$	$+ 0'',00$
$- 3'',62.\cos(2v - 2mv + cv - \varpi)$	$- 2'',16$	$+ 1'',46$	$+ 0'',00$
$- 0'',54.\cos(2v - 2mv + c'mv - \varpi')$	$- 0'',53$	$+ 0'',01$	$+ 0'',00$
$- 5'',17.\cos(2v - 2mv - c'mv + \varpi')$	$+ 5'',06$	$- 0'',11$	$+ 0'',00$
$- 0'',93.\cos(c'mv - \varpi')$	$- 1'',03$	$- 0'',10$	$+ 0'',00$
$- 0'',28.\cos(2v - 2mv - cv + c'mv + \varpi - \varpi')$	$- 0'',68$	$- 0'',40$	$+ 0'',00$
$- 5'',22.\cos(2v - 2mv - cv - c'mv + \varpi + \varpi')$	$+ 5'',04$	$- 0'',18$	$+ 0'',00$
$- 0'',89\ \cos(cv + c'mv - \varpi - \varpi')$	$- 2'',02$	$- 1'',13$	$+ 0'',00$
$+ 1'',50.\cos(cv - c'mv - \varpi + \varpi')$	$+ 2'',67$	$+ 1'',17$	$+ 0'',00$
$+ 11'',93.\cos(2cv - 2v + 2mv - 2\varpi)$	$+ 11'',10$	$- 0'',83$	$+ 0'',00$
$- 1'',23.\cos(2gv - 2v + 2mv - 2\theta)$	$- 0'',58$	$- 1'',81$	$+ 0'',00$
$- 3'',09.\cos(v - mv)$	$- 2'',99.(1+i)$	.....	$+ 0'',00$
$- 0'',22.\cos(4v - 4mv)$	......	.....	$+ 0'',00$
$- 0'',20.\cos(4v - 4mv - 2cv + 2\varpi)$	$+ 0'',14$	$+ 0'',34$	$+ 0'',00$
$- 0'',46.\cos(4v - 4mv - cv + \varpi)$	$- 0'',46$	$+ 0'',00$	$+ 0'',00$
$- 0'',68.\cos(3cv - 2v + 2mv - 3\varpi)$	......	.....	$+ 0'',00$
$- 3'',04.\cos(2gv - cv - 2\theta + \varpi)$	$- 2'',92$	$+ 0'',13$	$+ 0'',00$
$- 0'',57.\cos(2gv + cv - 2\theta - \varpi)$	......	.....	$+ 0'',00$
$- 0'',62.\cos(cv - v + mv - \varpi)$	$- 0'',38.(1+i)$	.....	$+ 0'',00$
$- 0'',32.\cos(2cv + 2v - 2mv - 2\varpi)$	$+ 0'',07$	$+ 0'',39$	$+ 0'',00$

Les inégalités de la parallaxe des Tables de Mayer, Mason et Bürg
sont dérivées de la théorie de Mayer, et l'on voit par le tableau précédent qu'il y a très-peu de différence entre les coefficients de ces inégalités et ceux de mon analyse; cependant j'ai lieu de croire ceux-ci
plus exacts, puisque ma théorie représente mieux que celle de Mayer
le mouvement de la Lune en longitude. C'est un point de pure analyse:
car les observations ne seront jamais assez précises pour déterminer
d'aussi petites différences. A l'égard de la constante de la parallaxe,
Mayer et Bürg l'ont déterminée par les observations. Ce dernier astronome a principalement fait usage d'un très-grand nombre d'observations de Maskelyne, et il a trouvé cette constante plus petite que celle
de Mayer de $32'',10$. J'ai déduit, dans le n° 19, cette constante des
expériences sur la longueur du pendule à secondes et des mesures des
degrés terrestres, et j'ai trouvé qu'il faut diminuer encore de $12'',7$
la constante déterminée par Bürg. Cette différence dépend-elle des
erreurs des observations, ou des éléments que j'ai employés dans mon
calcul? C'est ce que la suite des observations fera connaître. Le seul
élément qui me paraisse susceptible de quelque incertitude est la
masse de la Lune. On a vu, dans le Chapitre XVI du Livre VI, que, pour
faire coïncider le résultat de la théorie avec celui de Bürg, il faut diminuer la masse de la Lune et la réduire de $\frac{1}{58,6}$ à $\frac{1}{74,2}$. Cette diminution paraît un peu trop forte d'après les phénomènes des marées et
de la nutation de l'axe terrestre, et d'après l'équation lunaire des
Tables du Soleil. Il paraît donc qu'il faut encore diminuer de deux ou
trois secondes la constante de la parallaxe de la Lune, déterminée par
cet astronome, qui, par la comparaison d'un très-grand nombre d'observations, a déjà diminué la constante adoptée par les autres astronomes, et s'est ainsi fort rapproché de sa véritable valeur.

CHAPITRE V.

SUR UNE INÉGALITÉ A LONGUE PÉRIODE QUI PARAIT EXISTER DANS LE MOUVEMENT
DE LA LUNE.

27. Nous avons remarqué, dans le commencement de ce Livre, que
le mouvement de la Lune, conclu par la comparaison des observations
de Flamsteed et de Bradley, est sensiblement plus grand que celui qui résulte des observations de Bradley comparées aux observations de Maskelyne, et que les observations faites depuis quinze à vingt ans indiquent
dans ce mouvement une diminution plus grande encore. Cela semble
prouver qu'il existe dans la théorie de ce satellite une ou plusieurs inégalités à longues périodes, dont il est important de connaitre la loi. En
examinant avec la plus scrupuleuse attention cette théorie, on voit
que l'action des planètes ne produit aucune inégalité semblable,
comme on peut s'en convaincre par l'analyse exposée dans le n° 21;
mais l'attraction du Soleil produit, dans l'expression de $nt + \varepsilon$, une
inégalité proportionnelle au sinus de l'angle

$$3v - 3mv + 3c'mv - 2gv - cv + 2\vartheta + \varpi - 3\varpi'.$$

Les termes qui composent cette inégalité sont très-petits dans les
équations différentielles; mais quelques-uns d'eux acquièrent par les
intégrations successives le diviseur $(3 - 3m + 3c'm - 2g - c)^2$, et ce
diviseur peut les rendre sensibles par son excessive petitesse. Pour
déterminer ce diviseur, nous observerons que l'on a, par le n° 16,

$$3 - 2g - c = 0{,}0004084g.$$

De plus, le mouvement annuel du périgée solaire étant, par le n° 25 du Livre VI, égal à $36'',881443$, on a

$$\iota - c' = 0,00000922035,$$

d'où l'on tire

$$3 - 3m + 3c'm - 2g - c = 0,00040642,$$

et par conséquent,

$$(3 - 3m + 3c'm - 2g - c)^2 = 0,0000001651\mathrm{8}.$$

A la vérité, on a vu, dans le n° 5, que le carré du coefficient de l'angle v ne peut pas, en vertu des intégrations successives, être diviseur de l'inégalité correspondante, lorsque l'on n'a égard qu'à la première puissance de la force perturbatrice; mais cela cesse d'avoir lieu pour les termes dépendants du carré de cette force, et l'inégalité dépendante de $3v - 3mv + 3c'mv - 2gv - cv + 2\theta + \varpi - 3\varpi'$ ne peut résulter que de ces termes. Pour le faire voir considérons le terme $3a\!\int\!\!\int n\,dt\,d\mathrm{R}$ de l'expression de δv, donnée par la formule (Y) du n° 46 du Livre II; ce terme paraît être celui dont l'inégalité que nous considérons doit principalement dépendre. Le développement de R donne des termes de la forme

$$\mathrm{H}\cos\,(3nt - 3n't + 3c'n't - 2gnt - cnt + 2\theta + \varpi - 3\varpi').$$

Si ces termes ne résultent que de la première puissance de la force perturbatrice, $n't$ et $c'n't$ se rapportent aux coordonnées du Soleil, et alors la différentielle $d\mathrm{R}$, qui ne se rapporte qu'aux coordonnées de la Lune, devient

$$d\mathrm{R} = -(3 - 2g - c)\,n\,dt.\mathrm{H}\sin\,(3nt - 3n't + 3c'n't - 2gnt - cnt + 2\theta + \varpi - 3\varpi').$$

La double intégrale $3a\!\int\!\!\int n\,dt\,d\mathrm{R}$ acquiert le diviseur

$$(3 - 3m + 3c'm - 2g - c)^2,$$

m étant, par le n° 4, égal à $\dfrac{n'}{n}$; mais elle a pour facteur $3 - 2g - c$, qui est à très-peu près égal à $3 - 3m + 3c'm - 2g - c$; ainsi elle doit être considérée comme n'ayant que le diviseur $3 - 3m + 3c'm - 2g - c$, ce qui ne paraît pas suffire pour la rendre sensible. Si le terme précédent de l'expression de R résulte du carré de la force perturbatrice, c'est-à-dire de la substitution des termes de r et de v dépendants de cette force, alors les coordonnées de la Lune renferment les angles $n't$ et $c'n't$. Supposons, par exemple, que la partie $-2n't$ de l'angle $-3n't$ dans ce terme de R dépende des coordonnées de la Lune; on a dans ce cas

$$dR = -(3-2m-2g-c)$$
$$\times H\,ndt \sin(3nt - 3n't + 3c'n't - 2gnt - cnt + 2\vartheta + \varpi - 3\varpi'),$$

et le terme $3a\int\int ndt\,dR$ donne, dans l'expression de la longitude de la Lune, le suivant,

$$\frac{3a(3-2m-2g-c)n^2 H \sin(3nt - 3n't + 3c'n't - 2gnt - cnt + 2\vartheta + \varpi - 3\varpi')}{(3-3m+3c'm-2g-c)^2},$$

qui peut devenir sensible par l'extrême petitesse de son diviseur. Les termes de ce genre sont en très-grand nombre, et il est difficile de les déterminer avec exactitude; mais il suffit d'être averti de la possibilité de l'inégalité qui en résulte, pour suivre sous ce point de vue les observations. Cette inégalité doit être appliquée au moyen mouvement, et par conséquent à l'anomalie moyenne.

La théorie indique encore une inégalité dont la période est à très-peu près la même que celle de l'inégalité précédente, et qui dépend de l'aplatissement de la Terre. On a vu, dans le n° 20, que l'expression de Q contient le terme

$$\left(\tfrac{1}{2}\alpha\varphi - \alpha\rho\right) \frac{D^2}{r^3} \left(\mu^2 - \tfrac{1}{3}\right);$$

or on a, par le même numéro,

$$\mu = s\cos\lambda + \sqrt{1-s^2}\,\sin\lambda\,\sin fv;$$

de plus on a

$$r = \frac{\sqrt{1+s^2}}{u},$$

ce qui donne dans Q ou dans $-$ R la fonction

$$\left(\tfrac{1}{2}\alpha\varphi - \alpha\rho\right) \frac{D^2}{2} u^3 \left(1 - \tfrac{5}{2}s^2\right) \sin^2\lambda\,\cos 2fv.$$

Cette fonction produit, par son développement, des termes dépendants
de l'angle

$$2fnt + nt - n't + c'n't - 2gnt - cnt + 2\theta + \varpi - \varpi';$$

ils sont analogues à ceux que donne la fonction R relative à l'action
du Soleil, et qui dépendent de l'angle

$$3nt - 3n't + 3c'n't - 2gnt - cnt + 2\theta + \varpi - 3\varpi';$$

le coefficient du temps t est à très-peu près le même dans ces deux
angles, qui maintenant, vu la position du périgée solaire, diffèrent
peu de 200 degrés. Tous les termes de R se rapportant ici aux seules
coordonnées de la Lune, si l'on représente par

$$K \sin\left(2fnt + nt - n't + c'n't - 2gnt - cnt + 2\theta + \varpi - \varpi'\right)$$

le terme dépendant de l'angle précédent, que donne le développement
de R, ce terme acquerra dans la différentielle dR le facteur

$$(2f + 1 - m + c'm - 2g - c)n,$$

et par conséquent il n'aura pour diviseur, dans la double intégrale
$3a\iint n\,dt\,dR$, que la première puissance, et non le carré, de cette
quantité; l'inégalité correspondante à ce terme ne paraît donc pas devoir être sensible.

Le terme de la forme $Y^{(3)}$ qui, comme on l'a vu dans le Livre III,
peut exister dans l'expression du rayon vecteur du sphéroïde terrestre,
peut encore introduire, dans l'expression de la longitude vraie de la
Lune, une inégalité dépendante du sinus de $3fnt - 2gnt - cnt + 2\theta + \varpi$,
et qui maintenant se confond à peu près avec les deux précédentes. Si
cette inégalité devenait sensible, il en résulterait de nouvelles lu-
mières sur la figure de la Terre; mais quelques calculs que j'ai faits
sur cet objet me portent à croire que cette inégalité est insensible,
comme la précédente. La suite des siècles et de nouveaux progrès dans

l'analyse éclairciront ce point délicat et important de la théorie lunaire.

28. Nous allons maintenant établir par les observations l'existence de l'inégalité dépendante du sinus de l'angle

$$3nt - 3n't + 3c'n't - 2gnt - cnt + 2\theta + \varpi - 3\varpi'.$$

Cet angle est évidemment le double de la longitude du nœud de l'orbite lunaire, plus la longitude de son périgée, moins trois fois la longitude du périgée du Soleil; nous le désignerons par E, et nous allons faire voir que la loi des variations de sin E est la même que celle des anomalies observées dans le moyen mouvement de la Lune.

Les Tables lunaires insérées dans la troisième édition de l'*Astronomie* de Lalande supposent que, dans l'intervalle de cent années juliennes, le mouvement de la Lune par rapport aux équinoxes surpasse un nombre entier de circonférences, de $342°,09629$, et que l'époque de 1750 est de $209°,20820$. La correction de l'époque de ces Tables pour 1691 a été déterminée par Bouvard et Bürg, au moyen de plus de deux cents observations de La Hire et de Flamsteed; ils ont trouvé l'un et l'autre cette correction égale à $-13'',58$.

La correction de l'époque des mêmes Tables pour 1756 a été déterminée par Mason et Bouvard, au moyen d'un très-grand nombre d'observations de Bradley, et ils l'ont trouvée nulle. Ainsi, dans l'intervalle de 1691 à 1756, le moyen mouvement de la Lune a été de $13'',58$ plus grand que par ces Tables, ce qui donne $20'',9$ pour l'accroissement du moyen mouvement séculaire des mêmes Tables.

Bürg a trouvé, par un grand nombre d'observations de Maskelyne, la correction de l'époque de ces Tables égale à $-9'',26$ pour 1766, et égale à $-28'',09$ pour 1779.

Bouvard a trouvé, par un grand nombre d'observations de Maskelyne, $-54'',32$ pour la correction de l'époque de ces Tables en 1789.

Enfin, par un nombre considérable d'observations faites à Greenwich, à Paris et à Gotha, on trouve $-87'',96$ pour la correction des époques des mêmes Tables en 1801.

De là il suit que, depuis 1756 jusqu'à ce jour, le moyen mouvement de la Lune a diminué d'une manière sensible, et que cette diminution est maintenant croissante; car de 1756 à 1779, c'est-à-dire, dans un intervalle de vingt-trois ans, ce mouvement a été plus petit que par les Tables de 28″,09; et de 1779 à 1801, c'est-à-dire, en vingt-deux ans, il a été plus petit de 59″,97. L'époque de 1756, comparée à celle de 1779, donne 126″ pour la diminution du mouvement séculaire des Tables, tandis que l'époque de 1756 à 1801 donne 172″,5 pour cette diminution. L'ensemble des observations indique donc évidemment ces trois résultats : 1° un mouvement moyen plus grand que celui de ces Tables, depuis 1691 jusqu'en 1756; 2° un mouvement moyen plus petit, depuis 1756 jusqu'à ce jour; 3° une diminution de plus en plus rapide.

Ces résultats sont conformes à la marche de l'inégalité précédente; car, à l'époque de 1691, le sinus de E était négatif; il était positif en 1756; cette inégalité a donc augmenté, dans cet intervalle, le moyen mouvement de la Lune. En 1756, ce sinus était positif et vers son maximum, et depuis cette époque il a toujours été en diminuant; l'inégalité a donc diminué le moyen mouvement de la Lune. Enfin ce sinus était presque nul en 1801, et alors sa diminution est la plus grande; la diminution du moyen mouvement a dû par conséquent être plus considérable dans ces dernières années.

Déterminons présentement le coefficient de cette inégalité. Il est visible qu'elle doit produire un changement, soit dans l'époque des Tables pour 1750, soit dans le moyen mouvement séculaire de ces Tables. Nommons ε la correction de l'époque des Tables en 1750, x la diminution de leur moyen mouvement séculaire, et y le coefficient de l'inégalité précédente. La formule de correction des époques des Tables sera, en nommant i le nombre des siècles écoulés depuis 1750,

$$\varepsilon - xi + y\sin E.$$

Pour déterminer les trois inconnues ε, x et y, j'ai comparé cette formule aux trois époques de 1691, 1756 et 1801, déterminées par les observations, ce qui m'a donné les trois équations suivantes :

$$\varepsilon + x.\mathrm{o},59 - y.\mathrm{o},63660 = -13'',58,$$
$$\varepsilon - x.\mathrm{o},\mathrm{o}6 + y.\mathrm{o},99898 = \mathrm{o},$$
$$\varepsilon - x.\mathrm{o},51 + y.\mathrm{o},08199 = -87'',96.$$

Ces trois équations donnent

$$\varepsilon = -41'',54,$$
$$x = 98'',654,$$
$$y = 47'',51.$$

Au moyen de ces valeurs on trouve $-13'',58$, $+\mathrm{o}'',\mathrm{oo}$, $-11'',64$, $-35'',\mathrm{o}3$, $-57'',62$, et $-87'',96$, pour les corrections des six époques de 1691, 1756, 1766, 1779, 1789 et 1801. La somme de ces six corrections est $-205'',83$, et la somme des six corrections déterminées par les observations est $-193'',21$: l'ensemble de ces corrections indique par conséquent qu'il faut augmenter de $+2'',10$ la valeur précédente de ε, et alors la formule de correction des Tables devient

$$-39'',44 - 98'',654.i + 47'',51.\sin \mathrm{E}.$$

En calculant par cette formule les corrections pour les six époques, on a

	Corrections des Tables par les observations.	Correction par la formule.	Excès de ces corrections sur les premières.
1691..........	$-13'',58$	$-11'',48$	$+2'',10$
1756..........	$+\mathrm{o}'',\mathrm{oo}$	$+2'',10$	$+2'',10$
1766..........	$-9'',26$	$-9'',54$	$-\mathrm{o}'',28$
1779..........	$-28'',\mathrm{o}9$	$-32'',93$	$-4'',84$
1789..........	$-54'',32$	$-55'',52$	$-1'',20$
1801..........	$-87'',96$	$-85'',86$	$+2'',10$

Les différences entre les résultats des observations et ceux de la formule sont dans les limites des erreurs dont ces derniers résultats sont susceptibles ; elles peuvent dépendre en partie de la formule elle-même, que l'on rectifiera par de nouvelles observations.

CHAPITRE VI.

DES VARIATIONS SÉCULAIRES DES MOUVEMENTS DE LA LUNE ET DE LA TERRE QUI PEUVENT ÊTRE PRODUITES PAR LA RÉSISTANCE D'UN FLUIDE ÉTHÉRÉ RÉPANDU AUTOUR DU SOLEIL.

29. Il est possible qu'il y ait autour du Soleil un fluide extrêmement rare qui altère les moyens mouvements des planètes et des satellites ; il est donc intéressant de connaître son influence sur les mouvements de la Lune et de la Terre. Pour la déterminer, nommons x, y, z les coordonnées de la Lune, rapportées au centre de gravité de la Terre, et x', y', z' celles de la Terre, rapportées au centre du Soleil. La vitesse absolue de la Lune autour du Soleil sera

$$\frac{\sqrt{(dx' + dx)^2 + (dy' + dy)^2 + (dz' + dz)^2}}{dt}.$$

Supposons la résistance que la Lune éprouve égale au carré de cette vitesse, multiplié par un coefficient K qui dépend de la densité de l'éther, de la surface et de la densité de la Lune. En la décomposant parallèlement aux axes des x, des y et des z, elle produit les trois forces suivantes

$$- \frac{K(dx' + dx)}{dt^2} \sqrt{(dx' + dx)^2 + (dy' + dy)^2 + (dz' + dz)^2},$$

$$- \frac{K(dy' + dy)}{dt^2} \sqrt{(dx' + dx)^2 + (dy' + dy)^2 + (dz' + dz)^2},$$

$$- \frac{K(dz' + dz)}{dt^2} \sqrt{(dx' + dx)^2 + (dy' + dy)^2 + (dz' + dz)^2}.$$

Mais, la Terre étant supposée immobile dans la théorie lunaire, il faut transporter en sens contraire à la Lune la résistance qu'elle éprouve, et qui, décomposée parallèlement aux mêmes axes, donne les trois forces

$$- \mathrm{K}' \frac{dx'}{dt^2} \sqrt{dx'^2 + dy'^2 + dz'^2},$$

$$- \mathrm{K}' \frac{dy'}{dt^2} \sqrt{dx'^2 + dy'^2 + dz'^2},$$

$$- \mathrm{K}' \frac{dz'}{dt^2} \sqrt{dx'^2 + dy'^2 + dz'^2},$$

K' étant un coefficient différent de K, et qui dépend de la résistance éprouvée par la Terre. Ayant donc représenté par $\frac{\partial \mathrm{Q}}{\partial x}$, $\frac{\partial \mathrm{Q}}{\partial y}$ et $\frac{\partial \mathrm{Q}}{\partial z}$ les forces qui sollicitent la Lune parallèlement aux axes des x, des y et des z, on aura, en n'ayant égard qu'aux forces précédentes,

$$\frac{\partial \mathrm{Q}}{\partial x} = \mathrm{K}' \frac{dx'}{dt^2} \sqrt{dx'^2 + dy'^2 + dz'^2}$$
$$\qquad - \mathrm{K} \frac{dx' + dx}{dt^2} \sqrt{(dx' + dx)^2 + (dy' + dy)^2 + (dz' + dz)^2},$$

$$\frac{\partial \mathrm{Q}}{\partial y} = \mathrm{K}' \frac{dy'}{dt^2} \sqrt{dx'^2 + dy'^2 + dz'^2}$$
$$\qquad - \mathrm{K} \frac{dy' + dy}{dt^2} \sqrt{(dx' + dx)^2 + (dy' + dy)^2 + (dz' + dz)^2},$$

$$\frac{\partial \mathrm{Q}}{\partial z} = \mathrm{K}' \frac{dz'}{dt^2} \sqrt{dx'^2 + dy'^2 + dz'^2}$$
$$\qquad - \mathrm{K} \frac{dz' + dz}{dt^2} \sqrt{(dx' + dx)^2 + (dy' + dy)^2 + (dz' + dz)^2}.$$

Maintenant on a, en ne faisant varier que les coordonnées de la Lune,

$$d\mathrm{Q} = dx \frac{\partial \mathrm{Q}}{\partial x} + dy \frac{\partial \mathrm{Q}}{\partial y} + dz \frac{\partial \mathrm{Q}}{\partial z}.$$

En substituant pour x, y, z leurs valeurs $\frac{\cos v}{u}$, $\frac{\sin v}{u}$, $\frac{s}{u}$, données dans le n° **2**, on aura

$$dQ = - \frac{du}{u^2}\left(\cos v\, \frac{\partial Q}{\partial x} + \sin v\, \frac{\partial Q}{\partial y} + s\, \frac{\partial Q}{\partial z}\right)$$

$$- \frac{dv}{u}\left(\sin v\, \frac{\partial Q}{\partial x} - \cos v\, \frac{\partial Q}{\partial y}\right)$$

$$+ \frac{ds}{u}\, \frac{\partial Q}{\partial z};$$

or on a

$$dQ = \frac{\partial Q}{\partial u}\, du + \frac{\partial Q}{\partial v}\, dv + \frac{\partial Q}{\partial s}\, ds;$$

en comparant ces deux valeurs de dQ, on aura

$$\frac{\partial Q}{\partial u} = - \frac{1}{u^2}\left(\cos v\, \frac{\partial Q}{\partial x} + \sin v\, \frac{\partial Q}{\partial y} + s\, \frac{\partial Q}{\partial z}\right),$$

$$\frac{\partial Q}{\partial v} = - \frac{1}{u}\left(\sin v\, \frac{\partial Q}{\partial x} - \cos v\, \frac{\partial Q}{\partial y}\right),$$

$$\frac{\partial Q}{\partial s} = \frac{1}{u}\, \frac{\partial Q}{\partial z},$$

d'où l'on tire

$$- \frac{\partial Q}{\partial u} - \frac{s}{u}\, \frac{\partial Q}{\partial s} = \frac{1}{u^2}\left(\cos v\, \frac{\partial Q}{\partial x} + \sin v\, \frac{\partial Q}{\partial y}\right).$$

On a, par le n° **2**,

$$x' = \frac{\cos v'}{u'}, \quad y' = \frac{\sin v'}{u'}, \quad z' = \frac{s'}{u'},$$

v' étant ici la longitude de la Terre vue du Soleil. Si l'on prend pour plan fixe celui de l'écliptique en 1750, on pourra supposer $s' = 0$. Représentons par $r'dq'$ le petit arc décrit par la Terre dans l'instant dt, et qui est égal à $\sqrt{dx'^2 + dy'^2 + dz'^2}$; cet arc est à celui que la Lune décrit par son mouvement relatif autour de la Terre à très-peu près dans le rapport de $\frac{a'm}{a}$ à l'unité, et par conséquent trente fois au moins plus considérable; on a donc, à fort peu près,

$$\sqrt{(dx' + dx)^2 + (dy' + dy)^2 + (dz' + dz)^2} = r'dq' + \frac{dx'\, dx}{r'dq'} + \frac{dy'\, dy}{r'dq'}.$$

Si l'on néglige l'excentricité de l'orbe terrestre, on a $dq' = mdt$, le temps t étant représenté par le moyen mouvement de la Lune. On a ensuite

$$\frac{dx'}{r'dq'} = -\sin v', \qquad \frac{dy'}{r'dq'} = \cos v',$$

et par conséquent,

$$\sqrt{(dx' + dx)^2 + (dy' + dy)^2 + (dz' + dz)^2} = ma'dt - dx \sin v' + dy \cos v'.$$

De là il est facile de conclure

$$\frac{\partial Q}{\partial x} = \frac{(K - K')m^2 \sin v'}{u'^2} - \frac{3Km}{2u'} \frac{dx}{dt} + \frac{Km}{2u'} \frac{dx}{dt} \cos 2v' + \frac{Km}{2u'} \frac{dy}{dt} \sin 2v',$$

$$\frac{\partial Q}{\partial y} = \frac{(K' - K)m^2 \cos v'}{u'^2} - \frac{3Km}{2u'} \frac{dy}{dt} + \frac{Km}{2u'} \frac{dx}{dt} \sin 2v' - \frac{Km}{2u'} \frac{dy}{dt} \cos 2v',$$

$$\frac{\partial Q}{\partial z} = -\frac{Km}{u'} \frac{dz}{dt},$$

et par conséquent, en substituant pour x et y leurs valeurs, et négligeant le carré de l'excentricité de l'orbe lunaire,

$$-\frac{\partial Q}{\partial u} - \frac{s}{u} \frac{dQ}{ds} = \frac{(K' - K)m^2 \sin(v - v')}{u^2 u'^2} + \frac{3Km}{2u'u'} \frac{du}{dt}$$
$$- \frac{Km}{2u^3u'} \frac{dv}{dt} \sin(2v - 2v') - \frac{Km}{2u'u'} \frac{du}{dt} \cos(2v - 2v'),$$

$$\frac{\partial Q}{\partial v} \frac{dv}{u^2} = \frac{(K' - K)m^2 dv}{u'^2 u^3} \cos(v - v') - \frac{3Km}{2u'u'} dv \frac{dv}{dt}$$
$$- \frac{Km}{2u'u'} dv \frac{dv}{dt} \cos(2v - 2v') + \frac{Km}{2u'u^5} dv \frac{du}{dt} \sin(2v - 2v'),$$

$$\frac{\partial Q}{\partial v} \frac{du}{u^2 dv} = \frac{(K' - K)m^2}{u'^2 u^3} \frac{du}{dv} \cos(v - v') - \frac{3Km}{2u'u'} \frac{du}{dt}$$
$$- \frac{Km}{2u'u'} \frac{du}{dt} \cos(2v - 2v').$$

La valeur de K n'est pas constante : si l'on suppose la densité de l'éther proportionnelle à une fonction de la distance au Soleil, en désignant par $\varphi(u')$ cette fonction, elle sera, relativement à la Lune, pour laquelle u' devient $u' - \dfrac{u'^2}{u}\cos(v-v')$,

$$\varphi(u') - \frac{u'^2}{u}\,\varphi'(u')\cos(v-v'),$$

$\varphi'(u')$ étant la différentielle de $\varphi(u')$ divisée par du'; ainsi l'on pourra supposer

$$\mathrm{K} = \Pi\,\varphi(u') - \frac{\Pi\,u'^2}{u}\,\varphi'(u')\cos(v-v').$$

Cela posé, si l'on néglige les quantités périodiques autres que les sinus et cosinus de $cv - \varpi$, on aura

$$\frac{\partial \mathrm{Q}}{\partial v}\,\frac{dv}{u^2} = \frac{\Pi\,m^2\,dv}{2\,u'^4}\,\varphi'(u') - \frac{3\,\Pi\,m}{2\,u'u'^4}\,\varphi(u')\,dv\,\frac{dv}{dt}.$$

En substituant $\dfrac{1}{a}\big[1 + e\cos(cv - \varpi)\big]$ pour u, et $dv\big[1 - 2e\cos(cv - \varpi)\big]$ pour dt, on aura

$$\int \frac{\partial \mathrm{Q}}{\partial v}\,\frac{dv}{u^2} = -\tfrac{1}{2}\Pi\,ma^4\,v\left[\frac{3\,\varphi(u')}{u'} - m\,\varphi'(u')\right]$$
$$+ \Pi\,ma^4\left[\frac{3}{u'}\,\varphi(u') - 2m\,\varphi'(u')\right]e\sin(cv - \varpi).$$

On aura ensuite

$$-\frac{\partial \mathrm{Q}}{\partial u} - \frac{s}{u}\,\frac{\partial \mathrm{Q}}{\partial s} = -\tfrac{3}{2}\Pi\,ma^3\,\frac{\varphi(u')}{u'}\,e\sin(cv - \varpi),$$

$$\frac{\partial \mathrm{Q}}{\partial v}\,\frac{du}{u^2\,dv} = \frac{\Pi\,m}{2}\,a^3\left[\frac{3\,\varphi(u')}{u'} - m\,\varphi'(u')\right]e\sin(cv - \varpi).$$

Soit donc

$$\alpha = \Pi\,ma^3\left[\frac{3\,\varphi(u')}{u'} - m\,\varphi'(u')\right],$$

$$6 = \Pi\,ma^3\left[\frac{6\,\varphi(u')}{u'} - \tfrac{9}{2}m\,\varphi'(u')\right];$$

il faudra ajouter au second membre de la seconde des équations (L) du

n° 1, et par conséquent au second membre de l'équation (L') du n° 9,
la fonction

$$- \frac{\alpha v}{a_{,}} + 6 \frac{c}{a_{,}} \sin(cv - \varpi).$$

La valeur de $\frac{1}{a}$ sera ainsi, par le n° 10, augmentée de la quantité $\frac{\alpha v}{a_{,}}$,
et conséquemment la valeur de a sera diminuée de $\alpha a_{,} v$; on aura ensuite à très-peu près, par le même numéro,

$$\frac{- 2 d \frac{c}{a}}{dv} + 6 \frac{c}{a_{,}} = 0,$$

ce qui donne

$$\frac{c}{a} = \text{const.} (1 + \tfrac{1}{2} 6 v),$$

et, par conséquent,

$$c = \text{const.} [1 - (\alpha - \tfrac{1}{2} 6) v].$$

Le rapport de l'excentricité au demi-grand axe est donc assujetti, par
la résistance de l'éther, à une équation séculaire; mais elle est insensible par rapport à l'accélération correspondante du moyen mouvement
de la Lune, parce que cette dernière accélération est, comme on va le
voir, multipliée par le carré de v. Cette résistance ne produit aucune
équation séculaire dans le mouvement du périgée.

L'expression de dt du n° 15 donne, dans l'expression de $t + \varepsilon$, la
fonction

$$- \tfrac{3}{4} \alpha v^2 + (5 \alpha - 6) v e \sin(cv - \varpi).$$

En substituant, au lieu de v, $t + \varepsilon + 2 e \sin(ct - \varpi)$, on aura dans
l'expression de v l'équation séculaire

$$\tfrac{3}{4} \alpha t^2 - (2 \alpha - 6) t e \sin(ct - \varpi).$$

La résistance de l'éther produit donc, dans le moyen mouvement de la
Lune, une équation séculaire qui accélère ce moyen mouvement, sans
en produire aucune sur le mouvement du périgée.

On s'assurera de la même manière que la résistance de l'éther ne produit aucune équation séculaire sensible ni dans le mouvement des nœuds, ni dans l'inclinaison de l'orbite lunaire à l'écliptique.

De là il suit que la résistance de l'éther ne peut être sensible que dans le moyen mouvement de la Lune. Les observations anciennes et modernes prouvent évidemment que les moyens mouvements de son périgée et de ses nœuds sont assujettis à des équations séculaires très-sensibles. Le mouvement séculaire du périgée, conclu par la comparaison des observations anciennes et modernes, est plus petit de quinze à seize minutes que celui qui résulte de la comparaison des observations faites depuis un siècle; ce phénomène incontestable indique donc une autre cause que la résistance de l'éther. On a vu précédemment qu'il dépend de la variation de l'excentricité de l'orbe terrestre, et comme les équations séculaires résultantes de cette variation satisfont exactement à l'ensemble de toutes les observations anciennes et modernes, on doit en conclure que l'accélération produite par la résistance d'un fluide éthéré, dans le moyen mouvement de la Lune, est jusqu'à présent insensible.

30. L'accélération produite par cette résistance dans le moyen mouvement de la Terre est beaucoup plus petite que l'accélération correspondante du moyen mouvement de la Lune. Pour le faire voir reprenons la formule (Y) du n° 46 du Livre II. Cette formule, appliquée à la Terre, donne dans l'expression de $\delta c'$ le terme

$$-\frac{3a}{S}\int\int de'\, d'Q',$$

S étant la masse du Soleil, la somme des masses de la Terre et de la Lune étant prise pour unité; Q' correspondant pour la Terre à ce que nous avons désigné par Q pour la Lune; et la caractéristique différentielle d' se rapportant aux coordonnées du Soleil. On a

$$d'Q' = \frac{\partial Q'}{\partial x'}\,dx' + \frac{\partial Q'}{\partial y'}\,dy' + \frac{\partial Q'}{\partial z'}\,dz',$$

$\dfrac{\partial Q'}{\partial x'}$, $\dfrac{\partial Q'}{\partial y'}$ et $\dfrac{\partial Q'}{\partial z'}$ étant les forces dont la Terre est animée parallèlement aux axes des x', des y' et des z', en vertu de la résistance de l'éther. Ces forces sont, par le numéro précédent, en négligeant l'excentricité de l'orbe terrestre, et en représentant l'élément dt du temps par la différentielle du moyen mouvement lunaire,

$$K'a'^2 m^2 \sin v', \quad -K'a'^2 m^2 \cos v', \quad -K'a'^2 m \frac{ds'}{dt};$$

en négligeant donc le carré de $\frac{ds'}{dt}$, on aura

$$d'Q' = -K'a'^3 m^3 dt,$$

ce qui donne

$$-\frac{3a'}{S} \int\!\int dv' \, d'Q' = \frac{3}{2} \frac{K'a'^4 m^3 t^2}{S}.$$

K' doit être supposé égal à $H'\varphi(u')$, H' étant une constante dépendante de la surface et de la masse de la Terre; ainsi l'équation séculaire produite par la résistance de l'éther, dans le moyen mouvement de la Terre, est

$$\frac{3}{2} \frac{H'a'^4 m^3 t^2 \varphi(u')}{S}.$$

L'accélération correspondante du moyen mouvement de la Lune est, par ce qui précède,

$$\frac{3}{4} H a^3 a' m t^2 \left[3\varphi(u') - \frac{m}{a} \varphi'(u') \right].$$

De plus, on a $\frac{Sa^3}{a'^3} = m^2$; l'accélération du moyen mouvement de la Lune est donc à l'accélération correspondante du moyen mouvement de la Terre comme l'unité est à

$$\frac{2H'm \varphi'(u')}{H \left[3\varphi(u') - \frac{m}{a'} \varphi'(u') \right]},$$

et conséquemment, comme l'unité est à $\frac{2}{3} \frac{H'm}{H}$, en négligeant le terme

$$-\frac{m}{a'} \varphi'(u').$$

Il est facile de voir que

$$\frac{\Pi'}{\Pi} = \frac{\text{masse de la Lune}}{\text{masse de la Terre}} \cdot \frac{\text{carré de la parallaxe lunaire}}{\text{carré du demi-diamètre apparent de la Lune}}.$$

Les observations donnent

$$\text{demi-diamètre apparent de la Lune} = 2911'',$$
$$\text{parallaxe lunaire} = 10661'',$$

et, par le n° 44 du Livre VI, la masse de la Lune est $\frac{1}{68,5}$ de celle de la Terre ; on aura ainsi

$$\frac{\Pi'}{\Pi} = 0,195804,$$

d'où il suit que l'accélération du moyen mouvement de la Terre, produite par la résistance de l'éther, est égale à l'accélération correspondante du moyen mouvement de la Lune, multipliée par 0,0097642, ou environ cent fois plus petite que cette accélération.

SUPPLÉMENT

AU

TRAITÉ DE MÉCANIQUE CÉLESTE

PRÉSENTÉ AU BUREAU DES LONGITUDES LE 17 AOÛT 1808.

Mon objet, dans ce Supplément, est de perfectionner la théorie des perturbations planétaires, que j'ai présentée, dans les Livres V et VI de mon *Traité de Mécanique céleste*. En cherchant à donner aux expressions des éléments des orbites la forme la plus simple dont elles sont susceptibles, je suis parvenu à ne les faire dépendre que des différences partielles d'une même fonction, prises par rapport à ces éléments; et ce qui est remarquable, les coefficients de ces différences ne sont fonctions que des éléments eux-mêmes. Ces éléments sont les six arbitraires des trois équations différentielles du second ordre qui déterminent le mouvement de chaque planète. En regardant son orbite comme une ellipse variable à chaque instant, ils sont représentés : 1° par le demi-grand axe, dont dépend le moyen mouvement de la planète; 2° par l'époque de la longitude moyenne; 3° par l'excentricité de l'orbite; 4° par la longitude du périhélie; 5° par l'inclinaison de l'orbite à un plan fixe; 6° enfin, par la longitude de ses nœuds. M. Lagrange a donné depuis longtemps à l'expression différentielle du grand axe la forme dont je viens de parler, et il en a conclu d'une manière très-heureuse l'invariabilité des moyens mouvements, lorsque l'on n'a égard qu'à la première puissance des masses perturbatrices, invariabilité que j'ai reconnue le premier, en ne rejetant que les quatrièmes puissances des excentricités et des inclinaisons, ce qui suffit aux besoins de l'Astronomie. J'ai donné, dans le Livre II de la *Mécanique céleste*, la même forme aux expressions différentielles de l'excentricité de l'orbite, de son inclinaison et de la longitude de ses nœuds. Il ne restait donc qu'à donner la même forme aux expressions différentielles des longitudes de l'époque et du périhélie : c'est ce que je fais ici.

Le principal avantage de cette forme des expressions différentielles des éléments est de donner leurs variations finies par le développement seul de la fonction que j'ai nommée R dans le Livre II de la *Mécanique céleste*. En réduisant cette fonction dans une série de cosinus d'angles croissant proportionnellement au temps, on obtient par la différentiation de chaque terme les termes correspondants des variations des éléments. Je m'étais attaché à remplir cette condition dans le Livre II de la *Mécanique céleste;* mais on y satisfait d'une manière encore plus générale et plus simple, au moyen des nouvelles expressions de ces variations. Elles ont de plus l'avantage de mettre en évidence le beau théorème auquel M. Poisson est parvenu sur l'invariabilité des moyens mouvements, en ayant égard au carré des masses perturbatrices. Dans le Livre VI de la *Mécanique céleste*, j'ai prouvé, au moyen d'expressions analogues, que cette uniformité n'est point altérée par les grandes inégalités de Jupiter et de Saturne, ce qui était d'autant plus important que j'ai fait voir, dans le même Livre, que ces grandes inégalités ont une influence considérable sur les variations séculaires des orbites de ces deux planètes. La substitution des nouvelles expressions dont je viens de parler montre que l'uniformité des moyens mouvements planétaires n'est troublée par aucune autre inégalité périodique ou séculaire. Ces expressions me conduisent encore à la solution la plus générale et la plus simple des variations séculaires des éléments des orbes planétaires. Enfin elles donnent avec une extrême facilité les deux inégalités du mouvement lunaire en longitude et en latitude, qui dépendent de l'aplatissement de la Terre, et que j'ai déterminées dans le Chapitre II du Livre VII. Cette confirmation des résultats auxquels je suis parvenu sur cet objet me paraît intéressante en ce que leur comparaison avec les observations donne l'ellipticité de la Terre d'une manière au moins aussi précise que les mesures directes, avec lesquelles ils sont aussi bien d'accord qu'il est possible de l'espérer, vu les irrégularités de la surface de la Terre.

Dans la théorie des deux grandes inégalités de Jupiter et de Saturne, que j'ai donnée dans le Livre VII, j'ai eu égard aux cinquièmes puissances des excentricités et des inclinaisons des orbites. M. Burckhardt avait calculé les termes dépendants de ces puissances. Mais j'ai reconnu, depuis, que l'inégalité résultante de ces termes avait été prise avec un signe contraire. Je rectifie donc, à la fin de ces recherches, les formules des mouvements de Jupiter et de Saturne que j'ai présentées dans le Chapitre VIII du Livre X. Il en résulte un léger changement dans les moyens mouvements et les époques de ces deux planètes, et ce changement satisfait à l'observation qu'Ebn-Junis fit au Caire, en l'an 1007, de leur conjonction mutuelle, observation qui ne s'écarte plus des formules que d'une quantité beaucoup moindre que l'erreur dont elle est susceptible. Les observations anciennes citées par Ptolémée sont également représentées par mes formules. Cet accord prouve que les moyens mouvements des deux plus grosses planètes du système solaire sont maintenant bien connus, et n'ont point éprouvé, depuis Hipparque, d'altération sensible; il garantit pour longtemps l'exactitude des Tables que M. Bouvard a construites d'après ma théorie, et que le Bureau des Longitudes vient de publier.

Dans la même séance où j'ai présenté ces Recherches au Bureau des Longitudes, M. Lagrange lui a pareillement communiqué de savantes recherches qui ont rapport à leur objet. Il y parvient, par une analyse très-élégante, à exprimer la différence partielle de R, prise par rapport à chaque élément, par une fonction linéaire des différences infiniment petites de ces éléments, et dans laquelle les coefficients de ces différences ne sont fonctions que des éléments eux-mêmes. En déterminant, au moyen de ces expressions, les différences de chaque élément,

on doit, après les réductions convenables, retrouver les expressions
très-simples auxquelles je suis parvenu, et qui, tirées de méthodes
aussi différentes, seront par là confirmées.

1. Je reprends l'expression de $e\,de$, donnée dans le n° 67 du Livre II
du *Traité de Mécanique céleste*. En faisant, pour simplifier, $\mu = 1$,
elle devient

$$e\,de = an\,dt\,\sqrt{1-e^2}\,\frac{\partial R}{\partial v} - a\,(1-e^2)\,dR.$$

Dans cette équation, t est le temps, nt est le moyen mouvement de la
planète m, a est le demi-grand axe de son orbite, e en est l'excentricité, v est la longitude vraie de la planète, R est une fonction des
coordonnées des deux planètes m et m', telle qu'en nommant x, y, z,
x', y', z' ces coordonnées, on a

$$R = m'\,\frac{xx' + yy' + zz'}{r'^3} - \frac{m'}{\rho},$$

ρ étant la distance mutuelle des deux planètes, et par conséquent étant
égal à $\sqrt{(x'-x)^2 + (y'-y)^2 + (z'-z)^2}$; r' est le rayon vecteur de la
planète m', r étant celui de la planète m; enfin la caractéristique différentielle d se rapporte aux seules coordonnées de la planète m.

J'observe que l'on a $\frac{\partial R}{\partial v}$ en différentiant par rapport à nt l'expression
de R développée en série d'angles proportionnels au temps t, en la
divisant par $n\,dt$, et en ajoutant à cette différentielle ainsi divisée la
différence partielle $\frac{\partial R}{\partial \varpi}$, ϖ étant la longitude du périhélie de l'orbite
de m. En effet, on ne doit point, dans la différence partielle de R,
prise par rapport à v, avoir égard à l'angle nt, qu'introduit dans R soit
le rayon vecteur r de la planète m, soit la partie périodique de l'expression elliptique de v, développée en série de sinus d'angles proportionnels au temps; or dans ces fonctions l'angle nt est toujours accompagné de l'angle $-\varpi$, qui n'est introduit dans R que de cette manière;

en ajoutant donc à la différence partielle $\dfrac{dR}{n\,dt}$ la différence partielle $\dfrac{\partial R}{\partial \varpi}$,
on aura la valeur de $\dfrac{\partial R}{\partial v}$. L'expression précédente de $e\,de$ donnera ainsi

$$de = \frac{a\sqrt{1-e^2}}{e}\left(1 - \sqrt{1-e^2}\right)dR + \frac{a\sqrt{1-e^2}}{e}\,n\,dt\,\frac{\partial R}{\partial \varpi}.$$

On a ensuite, par le n° 3 du Livre IX de la *Mécanique céleste*,

$$d\varepsilon - d\varpi = -\frac{d\varpi\,(1 - e\cos u)^2}{\sqrt{1-e^2}} - \frac{de\sin u\,(2 - e^2 - e\cos u)}{1-e^2};$$

u est ici l'anomalie de l'excentrique, et ε est la longitude de l'époque.
On peut mettre le second membre de l'équation précédente sous cette
forme

$$-d\varpi\sqrt{1-e^2} + \frac{e\,d\varpi}{\sqrt{1-e^2}}(2\cos u - e - e\cos^2 u) - \frac{de\sin u}{1-e^2}(2 - e^2 - e\cos u).$$

L'anomalie u de l'excentrique est donnée en fonction de l'anomalie
vraie $v - \varpi$ au moyen des équations

$$r = \frac{a(1-e^2)}{1 + e\cos(v - \varpi)} = a(1 - e\cos u),$$

d'où l'on tire

$$\cos u = \frac{e + \cos(v - \varpi)}{1 + e\cos(v - \varpi)},$$

$$\sin u = \frac{\sqrt{1-e^2}\sin(v - \varpi)}{1 + e\cos(v - \varpi)};$$

par conséquent,

$$\frac{e\,d\varpi}{\sqrt{1-e^2}}(2\cos u - e - e\cos^2 u) - \frac{de\sin u}{1-e^2}(2 - e^2 - e\cos u)$$

$$= \sqrt{1-e^2}\,\frac{2\cos(v-\varpi) + e + e\cos^2(v-\varpi)}{[1 + e\cos(v-\varpi)]^2}\,e\,d\varpi$$

$$- \sqrt{1-e^2}\,\frac{2 + e\cos(v-\varpi)}{[1 + e\cos(v-\varpi)]^2}\,de\sin(v-\varpi).$$

Substituant pour $e\,d\varpi$ et de leurs valeurs données à la fin de la

page 373 du tome I de la *Mécanique céleste*, le second membre de
cette équation se réduit à

$$2\,an\,dt\,.\,r\,\frac{\partial R}{\partial r},$$

et comme on a $r\,\dfrac{\partial R}{\partial r} = a\,\dfrac{\partial R}{\partial a}$, il devient

$$2\,a^2\,n\,dt\,\frac{\partial R}{\partial a};$$

l'expression précédente de $d\varepsilon - d\varpi$ donne ainsi cette équation fort
simple, que M. Poisson a trouvée le premier,

$$d\varepsilon = d\varpi\left(1 - \sqrt{1 - e^2}\right) + 2\,a^2\,\frac{\partial R}{\partial a}\,n\,dt.$$

Si l'on rapporte, comme on l'a fait dans le Livre II de la *Mécanique
céleste*, le mouvement de la planète m au plan de son orbite primitive,
et que l'on fasse, comme dans le même ouvrage,

$$p = \tang\varphi\sin\theta,\qquad q = \tang\varphi\cos\theta,$$

φ étant l'inclinaison de l'orbite, et θ étant la longitude de son nœud
ascendant, on aura, par le n° 71 du Livre II,

$$dp = -\;\frac{dt}{\sqrt{a(1-e^2)}}\,\frac{\partial R}{\partial q},$$

$$dq = \;\frac{dt}{\sqrt{a(1-e^2)}}\,\frac{\partial R}{\partial p}.$$

Maintenant, on a, par le n° 44 du Livre II,

$$0 = \frac{\partial R}{\partial a}\,da + \frac{\partial R}{\partial e}\,de + \frac{\partial R}{\partial \varpi}\,d\varpi + \frac{\partial R}{\partial \varepsilon}\,d\varepsilon + \frac{\partial R}{\partial p}\,dp + \frac{\partial R}{\partial q}\,dq;$$

de plus, on a, par le n° 64 du même Livre,

$$da = -\,2\,a^2\,dR,$$

et $\dfrac{\partial R}{\partial \varepsilon} = \dfrac{dR}{n\,dt}$, parce que l'angle nt est toujours accompagné de l'angle
$-\varepsilon$; en substituant donc, au lieu de da, de, $d\varepsilon$, dp et dq, leurs va-

eurs précédentes, on aura cette équation très-simple,

$$d\varpi = - \frac{an\,dt\,\sqrt{1-e^2}}{e}\,\frac{\partial R}{\partial e},$$

ce qui donne

$$d\varepsilon = - \frac{an\,dt\,\sqrt{1-e^2}}{e}\left(1 - \sqrt{1-e^2}\right)\frac{\partial R}{\partial e} + 2a^2\,\frac{\partial R}{\partial a}\,n\,dt.$$

En réunissant ces diverses équations, on aura, en observant que $n = a^{-\frac{3}{2}}$,

$$(1)\qquad da = -2a^2 dR,$$

$$(2)\qquad d\varepsilon = - \frac{an\,dt\,\sqrt{1-e^2}}{e}\left(1 - \sqrt{1-e^2}\right)\frac{\partial R}{\partial e} + 2a^2\,\frac{\partial R}{\partial a}\,n\,dt,$$

$$(3)\qquad de = \frac{a\sqrt{1-e^2}}{e}\left(1 - \sqrt{1-e^2}\right)dR + \frac{a\sqrt{1-e^2}}{e}\,n\,dt\,\frac{\partial R}{\partial \varpi},$$

$$(4)\qquad d\varpi = - \frac{an\,dt\,\sqrt{1-e^2}}{e}\,\frac{\partial R}{\partial e},$$

$$(5)\qquad dp = - \frac{an\,dt}{\sqrt{1-e^2}}\,\frac{\partial R}{\partial q},$$

$$(6)\qquad dq = \frac{an\,dt}{\sqrt{1-e^2}}\,\frac{\partial R}{\partial p}.$$

On peut substituer dans ces équations, au lieu de dR, $n\,dt\,\frac{\partial R}{\partial \varepsilon}$, et par là réduire les expressions précédentes à ne renfermer que des différences partielles des éléments; mais il est aussi simple de conserver la différentielle dR.

Dans le mouvement considéré comme elliptique, on doit rigoureusement substituer $\int n\,dt$ au lieu de nt; or $n = a^{-\frac{3}{2}}$; on a donc, en nommant ζ le moyen mouvement de la planète m,

$$(7)\qquad \zeta = \int n\,dt = 3\iint an\,dt\,dR.$$

2. Ces équations mettent en évidence le résultat auquel M. Poisson est parvenu, sur l'invariabilité des moyens mouvements planétaires, en ayant même égard au carré de la force perturbatrice. En désignant par la caractéristique δ les variations finies, on aura, en ne faisant varier dans R que ce qui est relatif à la planète m, et en observant que $\frac{\partial R}{\partial \varepsilon} = \frac{dR}{n dt}$,

$$\delta R = \frac{dR}{n dt}\left[\delta(\textstyle\int n\,dt) + \delta\varepsilon\right] + \frac{\partial R}{\partial a}\delta a + \frac{\partial R}{\partial e}\delta e + \frac{\partial R}{\partial \varpi}\delta\varpi + \frac{\partial R}{\partial p}\delta p + \frac{\partial R}{\partial q}\delta q.$$

En substituant, pour δa, δe, $\delta\varpi$, ..., les intégrales des valeurs précédentes de da, de, $d\varpi$, ..., on aura

$$\begin{aligned}
\delta R = {}& \frac{dR}{n dt}\,\delta(\textstyle\int n\,dt) + 2a^2\left(\frac{dR}{n dt}\int n\,dt\,\frac{\partial R}{\partial a} - \frac{\partial R}{\partial a}\int dR\right) \\
& + \frac{a\sqrt{1-e^2}}{e}\left(1 - \sqrt{1-e^2}\right)\left(\frac{\partial R}{\partial e}\int dR - \frac{dR}{n dt}\int n\,dt\,\frac{\partial R}{\partial e}\right) \\
& + \frac{a\sqrt{1-e^2}}{e}\left(\frac{\partial R}{\partial e}\int n\,dt\,\frac{\partial R}{\partial \varpi} - \frac{\partial R}{\partial \varpi}\int n\,dt\,\frac{\partial R}{\partial e}\right) \\
& + \frac{a}{\sqrt{1-e^2}}\left(\frac{\partial R}{\partial q}\int n\,dt\,\frac{\partial R}{\partial p} - \frac{\partial R}{\partial p}\int n\,dt\,\frac{\partial R}{\partial q}\right).
\end{aligned}$$

Pour avoir la valeur de $d\left[\delta R - \frac{dR}{n dt}\delta(\int n\,dt)\right]$, donnée par cette équation, il faut différentier par rapport aux seules quantités relatives à la planète m. Pour avoir la différentielle relative aux éléments de cette planète, il suffit de supprimer les signes $\int$, qui n'ont été introduits que par les intégrales des valeurs différentielles de ces éléments, et alors cette expression devient identiquement nulle ; il suffit donc, pour avoir la différentielle d de la fonction $\delta R - \frac{dR}{n dt}\delta(\int n\,dt)$, de différentier par rapport à nt les quantités hors du signe $\int$. L'expression de cette fonction est composée de termes de la forme $M\int N\,dt - N\int M\,dt$, M et N pouvant se développer en cosinus de la forme $k\cos(i'n't - int + A)$, i et i' étant des nombres quelconques entiers, positifs ou négatifs. Supposons que le cosinus précédent appartienne à M, et que $k'\cos(i'n't - int + A')$ soit le terme correspondant de N. Il faut combiner ces deux termes ensemble, pour avoir des quantités non périodiques dans $d(M \int N \, dt - N \int M \, dt)$; cette fonction devient alors

$$k \, in \, dt \sin(i'n't - int + A) \int k' \, dt \cos(i'n't - int + A')$$
$$- k' \, in \, dt \sin(i'n't - int + A') \int k \, dt \cos(i'n't - int + A),$$

fonction qui, en effectuant les intégrations, se réduit à zéro, ce qui est conforme à ce que j'ai démontré dans le n° 12 du Livre VI, relativement aux grandes inégalités de Jupiter et de Saturne. L'expression de $d\left(\delta R - \frac{dR}{n \, dt} \delta \int n \, dt\right)$ est donc une fonction périodique.

L'expression de $d\left(\frac{dR}{n \, dt} \delta \int n \, dt\right)$ ne renferme que des quantités périodiques; car on a

$$d\left(\frac{dR}{n \, dt} \delta \int n \, dt\right) = \frac{d^2 R}{n \, dt} \delta \int n \, dt + \frac{dR}{n \, dt} dt \, \delta n.$$

Substituant pour δn sa valeur $3 \int an \, dR$, on aura

$$d\left(\frac{dR}{n \, dt} \delta \int n \, dt\right) = 3an \frac{d^2 R}{n \, dt} \int\int dR \, dt + 3an \frac{dR}{n \, dt} dt \int dR.$$

On peut réunir dans un seul terme tous ceux du développement de R qui dépendent d'un même angle $i'n't - int$, et il devient de la forme $k \cos(i'n't - int + A)$. En le substituant pour R dans les fonctions $\frac{d^2 R}{n \, dt} \int\int dR \, dt$ et $\frac{dR}{n \, dt} \int dR$, on voit qu'elles se réduisent à des sinus du double de l'angle $i'n't - int + A$; ainsi la différentielle $d\left(\frac{dR}{n \, dt} \delta \int n \, dt\right)$ ne renferme que des quantités périodiques, d'où il suit que $d\delta R$ ne renferme pareillement que des quantités périodiques, lorsque l'on ne fait varier dans δR que les quantités relatives à la planète m.

Pour avoir la valeur complète de $d\delta R$, il faut encore faire varier dans δR ce qui est relatif à la planète m'. Pour cela, nommons R' ce que devient R relativement à la planète m' troublée par l'action de m: on aura

$$R' = \frac{m(xx' + yy' + zz')}{r^3} - \frac{m}{\rho};$$

ainsi

$$R = \frac{m'}{m} R' + m'(xx' + yy' + zz')\left(\frac{1}{r'^3} - \frac{1}{r^3}\right).$$

La variation de R relative aux variations de ce qui se rapporte à la planète m' est donc égale à la variation du second membre de cette équation, relative aux variations des coordonnées de m'. Désignons par δ' les variations qui se rapportent à ces coordonnées. On voit évidemment, par l'analyse précédente, que

$$\frac{m'}{m}\left(\delta' R - \frac{d'R'}{n'dt}\, \delta'\!\int n'dt\right)$$

se décompose en termes de la forme $M\!\int\! N dt - N\!\int\! M dt$. Pour avoir leur différentielle par rapport à la caractéristique d, il faut ne faire varier que les quantités hors du signe intégral, parce que les quantités enveloppées par le signe intégral sont relatives aux éléments de la planète m'. Soit donc $k\cos(i'n't - int + A)$ un terme de M, et $k'\cos(i'n't - int + A')$ le terme correspondant de N; il faut combiner ces termes ensemble pour avoir des quantités non périodiques dans $d(M\!\int\! N dt - N\!\int\! M dt)$, et alors il est facile de voir que cette fonction différentielle n'en renferme point. On s'assurera facilement que $d\left(\frac{d'R'}{n'dt}\,\delta'\!\int\! f n'dt\right)$ n'en contient aucune, par le même raisonnement qui nous a fait voir que $d\left(\frac{dR}{ndt}\,\delta\!\int n dt\right)$ ne renferme que des quantités périodiques; ainsi $d\delta'R'$ ne contient que des quantités semblables.

Il nous reste à considérer la variation de

$$m'(xx' + yy' + zz')\left(\frac{1}{r'^3} - \frac{1}{r^3}\right).$$

Nommons P cette fonction. On a, par le n° 46 du Livre II,

$$\frac{m'x}{r^3} = -\frac{m'}{M}\frac{d^2x}{dt^2} - \frac{mm'}{M}\frac{x}{r^3} - \frac{m'}{M}\frac{\partial R}{\partial x},$$

M étant la masse du Soleil. On a pareillement

$$\frac{m'x'}{r'^3} = -\frac{m'}{M}\frac{d^2x'}{dt^2} - \frac{m'^2}{M}\frac{x'}{r'^3} - \frac{m'}{M}\frac{\partial R'}{\partial x'}.$$

Les coordonnées y, z, y', z' fournissent des équations semblables, et il est facile d'en conclure

$$P = \frac{m'}{M} \frac{d'(x'dx - xdx' + y'dy - ydy' + z'dz - zdz')}{dt^2} + Q,$$

Q étant une fonction en x, y, z, x', y', z', de l'ordre du carré des masses m et m'. Il est clair que, la variation

$$\frac{m'}{M} \frac{d\delta'(x'dx - xdx' + y'dy - ydy' + z'dz - zdz')}{dt^2}$$

étant une différence exacte, on aura $\int d\delta' P$ en y changeant la caractéristique d en d, et alors il est visible qu'elle ne renferme dans l'ordre m que des quantités périodiques.

Le terme Q donnera dans $\int dP$ celui-ci $\int dQ$. En n'ayant égard qu'aux quantités de l'ordre m^2 dans dQ, il suffit de substituer dans Q, au lieu des coordonnées, leurs valeurs elliptiques, et alors $\int dQ$ ne contient que des quantités périodiques. Ainsi $\int d\delta' P$ ne renferme que de semblables quantités. Il suit de là que $\int d\delta R$ ne contient dans l'ordre m' que des quantités périodiques, en faisant varier dans R les coordonnées des deux planètes m et m'.

S'il y a une troisième planète m'', elle ajoute à R la fonction

$$\frac{m''(xx'' + yy'' + zz'')}{r''^3} - \frac{m''}{\rho'},$$

ρ' étant la distance de m'' à m. La partie de R, relative à l'action de m' sur m, reçoit alors une variation dépendante de l'action de m'' sur m'. Cette partie de R est

$$\frac{m'(xx' + yy' + zz')}{r'^3} - \frac{m'}{\rho};$$

la variation des coordonnées x', y', z' par l'action de m'' y produit des termes multipliés par $m'm''$, et qui sont fonctions des coordonnées elliptiques x, y, z, et des angles $n't$ et $n''t$. Mais ces angles devant disparaitre dans la partie non périodique de dR, et ne pouvant être détruits par l'angle nt, qu'introduisent les valeurs de x, y, z, il faut n'avoir égard, dans le développement de la variation de R, qu'aux termes indépendants de $n't$ et de $n''t$. Ces termes seront de la forme $m'm''X$, X étant fonction des coordonnées de la planète m; ils introduisent dans $\int dR$ des termes de la forme $m'm''\int dX$ ou $m'm''X$, qui ne peuvent donner que des quantités non périodiques de l'ordre $m'm''$, quantités que nous avons négligées dans $\int dR$.

Pareillement, la variation des coordonnées x, y, z par l'action de m'' ne peut introduire dans la partie précédente de R que les angles nt et $n''t$; il ne faut donc considérer dans cette partie que les termes indépendants de $n't$, et par conséquent de la forme $m'm''X$, X étant fonction des seules coordonnées x, y, z, ce qui, comme on vient de le voir, ne peut produire que des quantités négligeables. Ainsi, en n'ayant égard qu'aux quantités non périodiques de l'ordre m dans $\int dR$, on peut supposer que m'' est nul, lorsque l'on considère la partie de R relative à l'action de m' sur m, et l'on peut supposer m' nul lorsque l'on considère la partie de R relative à l'action de m'' sur m: on vient de voir que, dans ces deux cas, la variation séculaire de $\int dR$ est nulle. Cette variation est donc généralement nulle, lorsque l'on considère les actions réciproques de trois ou d'un nombre quelconque de planètes, si l'on n'a égard qu'aux carrés et aux produits des masses perturbatrices dans la valeur de dR.

Reprenons maintenant l'équation $\left(\frac{7}{}\right)$ du n° 1,

$$\zeta = 3\int\int an\,dt\,dR.$$

Sa variation est

$$\delta\zeta = 3an\int\int dt\,d\delta R + 3a^2\int\int(n\,dt\,dR\int dR).$$

On vient de voir que $d\delta R$ est nul, lorsque l'on n'a égard qu'aux quantités séculaires de l'ordre du carré des masses planétaires; on a vu pareillement que $dR\int dR$ est nul, eu égard à ces quantités. En ne considérant donc que les quantités séculaires qui, par la double intégration, acquièrent un dénominateur de l'ordre du carré des masses planétaires, on voit que la variation $\delta\zeta$ est nulle. Ainsi l'on peut assurer que cette variation, en ayant égard soit aux quantités séculaires, soit aux quantités périodiques, ne peut être que de l'ordre des masses perturbatrices; résultat important auquel M. Poisson est parvenu le premier.

3. Considérons deux planètes m et m', en mouvement autour du Soleil, dont nous prendrons la masse pour unité. Nommons v la distance angulaire de la planète m à la ligne d'intersection des deux orbites, v' la distance angulaire de la planète m' à la même droite; nommons encore γ l'inclinaison mutuelle des orbites. En prenant pour plan des coordonnées l'orbite de m, et la ligne des nœuds des orbites pour origine des x, on aura

$$x = r\cos v, \qquad y = r\sin v, \qquad z = 0,$$

$$x' = r'\cos v', \qquad y' = r'\sin v'\cos\gamma, \qquad z' = r'\sin v'\sin\gamma,$$

ce qui donne, en faisant $1 - \cos\gamma = 2\sin^2\tfrac{1}{2}\gamma = \varsigma$,

$$R = \frac{m'(xx' + yy' + zz')}{r'^3} - \frac{m'}{\sqrt{(x'-x)^2 + (y'-y)^2 + (z'-z)^2}}$$

$$= \frac{m'r}{r'^2}\left[\cos(v'-v) - \varsigma\sin v\sin v'\right] - \frac{m'}{\sqrt{r^2 + r'^2 - 2rr'\cos(v'-v) + 2\varsigma rr'\sin v\sin v'}} ;$$

R, sous cette forme, devient indépendant du plan auquel on a rapporté les coordonnées. En le développant en sinus et cosinus d'angles croissant proportionnellement au temps t, par la substitution des valeurs elliptiques de r, r', v, v', il devient fonction des distances moyennes $nt + \varepsilon$, $n't + \varepsilon'$ des planètes à la ligne des nœuds, des distances des périhélies à la même ligne, des demi-grands axes a et a', des excentricités e et e', et de ς ou de l'inclinaison mutuelle des orbites, ς étant très-petit et de l'ordre du carré de cette inclinaison. Sous cette forme, R ne renferme point explicitement les variables p et q; mais on peut les y faire naître de la manière suivante.

Si, au lieu de rapporter les mouvements des planètes à leurs orbites, on les rapporte au plan fixe de l'orbite primitive de m, alors z ne sera point nul, et il sera égal à rs, s étant le sinus de la latitude de m au-dessus de ce plan. En négligeant le carré des forces perturbatrices, on pourra négliger le carré de s; on aura ainsi, au lieu de R, la fonction suivante, que nous désignerons par $\overline{R}$,

$$\frac{m'r}{r'^2}\left[\cos(v'-v)-6\sin v\sin v'+s\sin\gamma\sin v'\right]$$

$$-\frac{m'}{\sqrt{r^2+r'^2-2rr'\cos(v'-v)+26rr'\sin v\sin v'-2rr's\sin v\sin v'}}.$$

Retranchons de v et de v', tant dans R que dans $\overline{R}$, la longitude θ' du nœud de l'orbite de m' avec m, cette longitude étant comptée sur l'orbite de m, ce qui revient à changer les origines de v et de v', et supposons

$$s=q\sin(v-\theta')-p\cos(v-\theta');$$

on aura

$$R=\frac{m'r}{r'^2}\left[(1-\tfrac{1}{2}6)\cos(v'-v)+\tfrac{1}{2}6\cos(v'+v-2\theta')\right]$$

$$-\frac{m'}{\sqrt{r^2+r'^2-2rr'\left[(1-\tfrac{1}{2}6)\cos(v'-v)+\tfrac{1}{2}6\cos(v'+v-2\theta')\right]}},$$

$$R=\frac{m'r}{r'^2}\left[\begin{array}{l}(1-\tfrac{1}{2}6+\tfrac{1}{2}q\sin\gamma)\cos(v'-v)+(\tfrac{1}{2}6-\tfrac{1}{2}q\sin\gamma)\cos(v'+v-2\theta')\\[2pt] -\tfrac{1}{2}p\sin\gamma\sin(v'-v)-\tfrac{1}{2}p\sin\gamma\sin(v'+v-2\theta')\end{array}\right]$$

$$-\frac{m'}{\sqrt{r^2+r'^2-2rr'\left[\begin{array}{l}(1-\tfrac{1}{2}6+\tfrac{1}{2}q\sin\gamma)\cos(v'-v)+(\tfrac{1}{2}6-\tfrac{1}{2}q\sin\gamma)\cos(v'+v-2\theta')\\[2pt] -\tfrac{1}{2}p\sin\gamma\sin(v'-v)-\tfrac{1}{2}p\sin\gamma\sin(v'+v-2\theta')\end{array}\right]}}.$$

Maintenant il est visible que l'on changera R dans $\overline{R}$, si l'on fait varier, dans R, 6 de $\delta 6$, v de δv, et θ' de $\delta\theta'$, de manière que l'on ait

$$\delta 6=-q\sin\gamma,$$

$$(1-\tfrac{1}{2}6)\delta v=\cos^2\tfrac{1}{2}\gamma\,\delta v=-\tfrac{1}{2}p\sin\gamma,$$

$$6\delta\theta'-\tfrac{1}{2}6\delta v=-\tfrac{1}{2}p\sin\gamma.$$

On aura ainsi

$$\overline{R}=R-q\sin\gamma\frac{\partial R}{\partial 6}-p\tan\tfrac{1}{2}\gamma\frac{\partial R}{\partial v}-\frac{p}{\sin\gamma}\frac{\partial R}{\partial\theta'};$$

on a, par le n° 1, $\dfrac{\partial R}{\partial v}=\dfrac{dR}{n\,dt}+\dfrac{\partial R}{\partial\varpi}$; cela posé, les équations (5) et (6) donnéront les deux suivantes

$$(8) \qquad dp = \frac{an\,dt}{\sqrt{1-e^2}} \sin\gamma\, \frac{\partial R}{\partial\theta},$$

$$(9) \qquad dq = -\frac{an\,dt}{\sin\gamma\,\sqrt{1-e^2}}\left[\frac{\partial R}{\partial\theta'} + 6\left(\frac{dR}{n\,dt} + \frac{\partial R}{\partial\varpi}\right)\right].$$

En réunissant ces équations aux équations (1), (2), (3), (4), (7) du n° 1, on aura, par la seule différentiation des termes du développement de R, les termes correspondants de chacun des éléments du mouvement de m, ce qui facilite extrêmement le calcul de ces différents termes. Soit

$$m' k \cos(i'n't - int + i'\varepsilon' - i\varepsilon - g\varpi - g'\varpi' - 2g''\theta')$$

un des termes du développement de R; le terme correspondant du demi-grand axe sera

$$\frac{2m'a^2in}{i'n' - in}\, k \cos(i'n't - int + i'\varepsilon' - i\varepsilon - g\varpi - g'\varpi' - 2g''\theta');$$

le terme correspondant du mouvement moyen sera

$$-\frac{3m'in^2}{(i'n' - in)^2}\, ak \sin(i'n't - int + i'\varepsilon' - i\varepsilon - g\varpi - g'\varpi' - 2g''\theta');$$

le terme correspondant de l'époque sera

$$-\frac{m'na}{i'n' - in}\left[(1 - \sqrt{1-e^2})\frac{\sqrt{1-e^2}}{e}\frac{\partial k}{\partial e} - 2a\frac{\partial k}{\partial a}\right]\sin(i'n't - int + i'\varepsilon' - i\varepsilon - g\varpi - g'\varpi' - 2g''\theta');$$

le terme correspondant de l'excentricité sera

$$-\frac{m'n\sqrt{1-e^2}}{e}\, ak\, \frac{g + i\left(1 - \sqrt{1-e^2}\right)}{i'n' - in}\cos(i'n't - int + i'\varepsilon' - i\varepsilon - g\varpi - g'\varpi' - 2g''\theta');$$

celui de la longitude du périhélie sera

$$-\frac{m'n\sqrt{1-e^2}}{e(i'n' - in)}\, a\, \frac{\partial k}{\partial e}\sin(i'n't - int + i'\varepsilon' - i\varepsilon - g\varpi - g'\varpi' - 2g''\theta);$$

le terme correspondant de p sera

$$\frac{m'n\sin\gamma.a}{\sqrt{1-e^2}(i'n'-in)}\frac{\partial k}{\partial\varpi}\sin(i'n't-int+i'\varepsilon'-i\varepsilon-g\varpi-g'\varpi'-2g''\vartheta');$$

enfin le terme correspondant de q sera

$$\frac{2m'nak}{(i'n'-in)\sin\gamma\sqrt{1-e^2}}[g''+(i+g)\sin^2\tfrac{1}{2}\gamma]\cos(i'n't-int-i'\varepsilon'-i\varepsilon-g\varpi-g'\varpi'-2g''\vartheta').$$

Ces résultats sont conformes à ceux que l'on a trouvés dans le Chapitre VIII du Livre II de la *Mécanique céleste;* mais ils ont sur eux l'avantage de s'étendre à toutes les puissances des excentricités et des inclinaisons.

On aura les variations séculaires des éléments de l'orbite de m, en réduisant R à sa partie non périodique, que nous désignerons par m'F. Alors dR est nul, ainsi que da, et l'on a

$$de = \frac{a\sqrt{1-e^2}}{e}\,m'n\,dt\,\frac{\partial F}{\partial\varpi},$$

$$d\varpi = -\frac{am'n\,dt\sqrt{1-e^2}}{e}\frac{\partial F}{\partial e},$$

$$d\varepsilon = -\frac{am'n\,dt\sqrt{1-e^2}}{e}\left(1-\sqrt{1-e^2}\right)\frac{\partial F}{\partial e}+2a^2\frac{\partial F}{\partial a}\,m'n\,dt,$$

$$dp = -\frac{am'n\,dt}{\sqrt{1-e^2}}\frac{\partial F}{\partial q},$$

$$dq = \frac{am'n\,dt}{\sqrt{1-e^2}}\frac{\partial F}{\partial p},$$

ou

$$dp = \frac{am'n\,dt}{\sqrt{1-e^2}}\sin\gamma\frac{\partial F}{\partial\varepsilon},$$

$$dq = -\frac{am'n\,dt}{\sin\gamma\sqrt{1-e^2}}\left(\frac{\partial F}{\partial\vartheta}+\varepsilon\frac{\partial F}{\partial\varpi}\right).$$

On peut observer ici que, R étant égal à

$$m'\frac{xx'+yy'+zz'}{r'^3}-\frac{m'}{\rho},$$

il est, aux quantités près de l'ordre m'^2, égal à

$$- m' \frac{x\, d^2x' + y\, d^2y' + z\, d^2z'}{dt^2} - \frac{m'}{\rho};$$

sa partie non périodique ne dépend donc que de la partie non périodique de $-\dfrac{m'}{\rho}$; F est donc égale à la partie non périodique de $-\dfrac{1}{\rho}$, développé en série de cosinus d'angles croissant proportionnellement au temps t, en sorte qu'il est le même pour les deux planètes. En faisant varier dans F les éléments de l'orbite de m, et substituant, pour δe, $\delta\varpi$, δp, δq, leurs valeurs données par les intégrales des équations différentielles précédentes, on voit que δF se réduit à zéro, et la même égalité a lieu relativement aux éléments de l'orbite de m', ce que j'ai démontré dans le n° 5 du Livre VI de la *Mécanique céleste*, en ne portant l'approximation que jusqu'aux termes de l'ordre des quatrièmes puissances des excentricités exclusivement.

On a, par ce qui précède,

$$\delta\theta = - q\sin\gamma, \qquad \delta\theta' = - \frac{p}{\sin\gamma}.$$

Supposons que $\delta\theta$ et $\delta\theta'$ croissent respectivement des quantités $d\theta$ et $d\theta'$; on aura

$$d\theta = - dq\sin\gamma, \qquad d\theta' = - \frac{dp}{\sin\gamma};$$

substituant pour dp et dq leurs valeurs, on aura

$$d\theta' = - \frac{am'n\,dt}{\sqrt{1-e^2}} \frac{\partial F}{\partial\theta},$$

$$d\gamma = \frac{am'n\,dt}{\sin\gamma\sqrt{1-e^2}} \left(\frac{\partial F}{\partial\theta'} + \theta\,\frac{\partial F}{\partial\varpi} \right).$$

On a

$$\frac{\partial F}{\partial\theta'} = - \frac{\partial F}{\partial\varpi} - \frac{\partial F}{\partial\varpi'},$$

parce que, F étant développé en cosinus de la forme

$$H\cos(g\varpi + g'\varpi' + 2g''\theta'),$$

la somme $g + g' + 2g''$ des coefficients des angles ϖ, ϖ' et θ' doit être nulle, pour que ce terme soit indépendant de l'origine arbitraire de ces angles. On a donc

$$d\gamma = - \frac{am'n\,dt}{\sin\gamma\sqrt{1-e^2}}\left[(1-\mathfrak{b})\frac{\partial F}{\partial\varpi} + \frac{\partial F}{\partial\varpi'}\right],$$

et par conséquent on a, en vertu des expressions précédentes de de et de de',

$$\frac{d\gamma\sin\gamma}{\cos\gamma} + \frac{e\,de}{1-e^2} + \frac{e'\,de'}{1-e'^2} = - \frac{a'mn'\,e\,de}{am'n\cos\gamma\sqrt{1-e^2}\sqrt{1-e'^2}}$$
$$- \frac{am'ne'\,de'}{a'mn'\cos\gamma\sqrt{1-e^2}\sqrt{1-e'^2}}.$$

En multipliant cette équation par $\cos\gamma\sqrt{1-e^2}\sqrt{1-e'^2}$, et intégrant, on aura

$$2\cos\gamma\sqrt{1-e^2}\sqrt{1-e'^2} = \text{const.} - \frac{m\sqrt{a}}{m'\sqrt{a'}}(1-e^2) - \frac{m'\sqrt{a'}}{m\sqrt{a}}(1-e'^2).$$

Faisons, pour abréger,

$$\sqrt{a(1-e^2)} = f, \quad \sqrt{a'(1-e'^2)} = f';$$

nous aurons

$$\mathfrak{b} = \frac{(mf + m'f')^2 - c^2}{2mm'ff'},$$

c^2 étant une constante arbitraire, indépendante des éléments.

La valeur précédente de $d\theta'$ exprime le mouvement de l'intersection des deux orbites, produit par l'action de m' et rapporté à l'orbite de m. Concevons un plan intermédiaire entre ceux des deux orbites, et qui passe par leur intersection mutuelle. Nommons φ l'inclinaison de l'orbite de m à ce plan. Pour avoir le mouvement différentiel du nœud de l'orbite de m sur ce plan, produit par l'action de m', il faut multiplier la valeur précédente de $d\theta'$ par $\dfrac{\sin\gamma}{\sin\varphi}$. En nommant donc $d\theta$ ce mouvement, on aura

$$d\theta = - \frac{m'\,dt}{f}\frac{\sin\gamma}{\sin\varphi}\frac{\partial F}{\partial\mathfrak{b}}.$$

En nommant φ' l'inclinaison de l'orbite de m' sur le même plan, on aura $\varphi + \varphi' = \gamma$, et

$$d'\theta = - \frac{m\,dt}{f'} \frac{\sin\gamma}{\sin\varphi'} \frac{\partial F}{\partial\theta},$$

$d'\theta$ étant le mouvement du nœud de l'orbite de m' sur ce plan, et produit par l'action de m sur m'. Les deux mouvements $d\theta$ et $d'\theta$ seront égaux, et l'intersection des deux orbites restera sur le plan que nous venons de considérer, s'il partage l'angle γ de l'inclinaison mutuelle des orbites de manière que l'on ait

$$mf\sin\varphi = m'f'\sin\varphi'.$$

Ce résultat est le même que l'on a trouvé dans le n° 62 du Livre II de la *Mécanique céleste*, où l'on voit que le plan dont il s'agit est celui du maximum des aires, et que l'on a

$$c = mf\cos\varphi + m'f'\cos\varphi'.$$

Cette équation, combinée avec la précédente, donne l'intégrale trouvée ci-dessus,

$$\theta = \frac{(mf + m'f')^2 - c^2}{2\,mm'ff'}.$$

Ces deux équations donnent encore les suivantes :

$$\sin\varphi = \frac{m'f'\sin\gamma}{c}, \qquad\qquad \sin\varphi' = \frac{mf\sin\gamma}{c},$$

$$\cos\varphi = \frac{c^2 + m^2f^2 - m'^2f'^2}{2\,mfc}, \quad \cos\varphi' = \frac{c^2 + m'^2f'^2 - m^2f^2}{2\,m'f'c},$$

$$d\theta = - \frac{c\,dt}{ff'} \frac{\partial F}{\partial\theta} = \frac{dt\,\sqrt{(mf + m'f')^2 - 2\,mm'ff'\theta}}{ff'} \frac{\partial F}{\partial\theta}.$$

Désignons par $\varpi_{\scriptscriptstyle,}$ et $\varpi'_{\scriptscriptstyle,}$ les distances des périhélies de m et de m' à la ligne d'intersection mutuelle des orbites; on aura $d\varpi_{\scriptscriptstyle,}$ en retranchant de la différentielle $d\varpi$ le mouvement $d\theta$ de cette intersection, rapporté à l'orbite de m; et il est visible qu'il suffit pour cela de le multiplier par $\cos\varphi$; or on a

$$d\theta\cos\varphi = - \frac{mf + m'f' - m'f'\theta}{ff'}\,dt\,\frac{\partial F}{\partial\theta};$$

on aura donc

$$e\,d\varpi_{1} = -\,am'n\,dt\,\sqrt{1-e^{2}}\,\frac{\partial F}{\partial e} + \frac{mf + m'f' - m'f'\epsilon}{ff'}\,e\,dt\,\frac{\partial F}{\partial \epsilon},$$

$$e\,de = am'n\,dt\,\sqrt{1-e^{2}}\,\frac{\partial F}{\partial \varpi_{1}};$$

on aura pareillement

$$e'\,d\varpi'_{1} = -\,a'mn'\,dt\,\sqrt{1-e'^{2}}\,\frac{\partial F}{\partial e'} + \frac{mf + m'f' - mf\epsilon}{ff'}\,e'\,dt\,\frac{\partial F}{\partial \epsilon},$$

$$e'\,de' = a'mn'\,dt\,\sqrt{1-e'^{2}}\,\frac{\partial F}{\partial \varpi'_{1}};$$

F est fonction de a, a', e, e', ϖ_{1}, ϖ'_{1} et ϵ. Si l'on élimine, des seconds membres de ces équations, ϵ au moyen de sa valeur

$$\epsilon = \frac{(mf + m'f')^{2} - c^{2}}{2\,mm'ff'},$$

on aura quatre équations différentielles entre les quatre variables e, e', ϖ_{1} et ϖ'_{1}. On pourra même leur donner une forme plus simple encore, en faisant

$$h = e\,\sin\varpi_{1}, \quad l = e\,\cos\varpi_{1},$$
$$h' = e'\,\sin\varpi'_{1}, \quad l' = e'\,\cos\varpi'_{1},$$

ce qui les rend linéaires, lorsque l'on néglige les puissances supérieures des excentricités, et ce qui facilite leur intégration étendue par approximation à des puissances quelconques des excentricités. On n'aura ainsi que la position des orbites relative à la position variable de la ligne de leur intersection mutuelle. On aura ensuite leur inclinaison respective au moyen de la valeur précédente de ϵ, et l'on en conclura leurs inclinaisons sur le plan du maximum des aires, au moyen des valeurs précédentes de $\sin\varphi$ et de $\sin\varphi'$. Enfin on aura le mouvement de l'intersection des deux orbites sur ce plan, en intégrant l'expression précédente de $d\theta$. Telle est, si je ne me trompe, la solution la plus générale et la plus simple du problème des variations séculaires des éléments des orbites planétaires.

Reprenons l'équation

$$c^2 = (mf + m'f')^2 - 2mm'ff'\delta.$$

Si l'on néglige les quantités de l'ordre des quatrièmes puissances des excentricités et des inclinaisons, elle donnera

$$\text{const.} = m\sqrt{a}.e^2 + m'\sqrt{a'}.e'^2 + \frac{2mm'\sqrt{aa'}.\delta}{m\sqrt{a} + m'\sqrt{a'}};$$

ainsi, a et a' étant, par ce qui précède, constants, même en ayant égard au carré de la force perturbatrice, on aura

$$0 = m\sqrt{a}.e\,\partial e + m'\sqrt{a'}.e'\,\partial e' + \frac{mm'\sqrt{aa'}.\gamma\partial\gamma}{m\sqrt{a} + m'\sqrt{a'}}.$$

équation à laquelle je suis parvenu dans le n° 15 du Livre VI, en n'ayant égard qu'aux grandes inégalités de Jupiter et de Saturne. Il en résulte que le plan invariable, déterminé dans le n° 62 du Livre II, reste invariable, en ayant même égard au carré de la force perturbatrice.

4. On peut, au moyen des expressions différentielles des éléments, déterminer d'une manière fort simple l'influence de la figure de la Terre sur les mouvements de la Lune. On a vu, dans le Chapitre II du Livre VII, que cette action ajoute à la valeur de R la fonction

$$(\alpha\rho - \tfrac{1}{2}\alpha\varphi)\frac{D^2}{r^3}(\mu^2 - \tfrac{1}{3});$$

$\alpha\rho$ est l'aplatissement de la Terre, $\alpha\varphi$ est le rapport de la force centrifuge à la pesanteur à l'équateur, D est le rayon moyen du sphéroïde terrestre, et μ est le sinus de la déclinaison de la Lune, sinus qui, par le numéro cité, est, à fort peu près,

$$\mu = \sqrt{1 - s^2}.\sin\lambda.\sin fv + s\cos\lambda,$$

ou exactement

$$\mu = \frac{\sin\lambda.\sin fv + s\cos\lambda}{\sqrt{1 + s^2}},$$

$f\upsilon$ étant la longitude vraie de la Lune, comptée de l'équinoxe du printemps; λ étant l'obliquité de l'écliptique, et s étant la tangente de la latitude de la Lune.

La partie R, dépendante de l'action du Soleil, est de la forme $r^2 Q$, en négligeant les termes qui, dépendant de la parallaxe du Soleil, sont très-petits. On aura ainsi, à fort peu près,

$$R = r^2 Q + (\alpha\wp - \tfrac{1}{2}\alpha\varphi) \frac{D^2}{r^3} (\sin^2\lambda \sin^2 f\upsilon + 2 s \sin\lambda\cos\lambda\sin f\upsilon - \tfrac{1}{3}),$$

ce qui donne

$$2 r \frac{\partial R}{\partial r} = 2 a \frac{\partial R}{\partial a} = 4 r^2 Q - 6(\alpha\wp - \tfrac{1}{4}\alpha\varphi) \frac{D^2}{r^3} (\sin^2\lambda \sin^2 f\upsilon + 2 s\sin\lambda\cos\lambda\sin f\upsilon - \tfrac{1}{3}).$$

Ne considérons ici que les inégalités dépendantes de l'angle $g\upsilon - f\upsilon$, $g\upsilon$ étant ce que l'on nomme *l'argument de latitude*; en sorte que l'on a à fort peu près $s = \gamma \sin g\upsilon$, γ étant l'inclinaison de l'orbe lunaire à l'écliptique. On aura ainsi

$$R = r^2 Q + (\alpha\wp - \tfrac{1}{2}\alpha\varphi) \frac{D^2}{a^3} \sin\lambda\cos\lambda . \gamma \cos(g\upsilon - f\upsilon),$$

$$2 a^2 \frac{\partial R}{\partial a} = 4 a r^2 Q - 6(\alpha\wp - \tfrac{1}{2}\alpha\varphi) \frac{D^2}{a^2} \sin\lambda\cos\lambda . \gamma \cos(g\upsilon - f\upsilon).$$

On a vu, dans le n° 1, que la variation de dR est nulle, en ayant même égard au carré de la force perturbatrice; le coefficient de $\cos(g\upsilon - f\upsilon)$ dans R doit donc être nul. Désignons par la caractéristique δ, placée devant une fonction, la partie de cette fonction qui dépend de l'aplatissement de la Terre; nous aurons

$$0 = \delta . r^2 Q + (\alpha\wp - \tfrac{1}{2}\alpha\varphi) \frac{D^2}{a^3} \sin\lambda . \cos\lambda . \gamma \cos(g\upsilon - f\upsilon),$$

d'où l'on tire

$$2\delta . a^2 \frac{\partial R}{\partial a} = - 10(\alpha\wp - \tfrac{1}{2}\alpha\varphi) \frac{D^2}{a^2} \sin\lambda . \cos\lambda . \gamma \cos(g\upsilon - f\upsilon).$$

Reprenons maintenant l'expression de $d\varepsilon$ du n° 1,

$$d\varepsilon = - \frac{an\, dt \sqrt{1 - e^2}}{e} (1 - \sqrt{1 - e^2}) \frac{\partial R}{\partial e} + 2 a^2 \frac{\partial R}{\partial a} n\, dt.$$

Il est facile de voir que, si l'on néglige l'excentricité de l'orbite, on aura

$$d\varepsilon = 2a^2 \frac{\partial R}{\partial a} n\,dt,$$

et par conséquent, en n'ayant égard qu'au cosinus de l'angle $gv - fv$, et substituant dv pour $n\,dt$, on aura

$$d\varepsilon = -10\left(\alpha\rho - \tfrac{1}{2}\alpha\varphi\right)\frac{D^2}{a^2}\sin\lambda.\cos\lambda.\gamma\,dv\cos(gv - fv).$$

La valeur de $d\varepsilon$ est ici rapportée au plan de l'orbite lunaire : pour la rapporter à l'écliptique, il faut, par le n° 5 du Livre VI, lui ajouter la quantité $\dfrac{q\,dp - p\,dq}{2}$. Déterminons présentement p et q.

L'équation

$$s = \gamma \sin gv$$

peut être mise sous cette forme

$$s = \gamma\cos(g-f)v\sin fv + \gamma\sin(g-f)v\cos fv;$$

en la comparant à celle-ci

$$s = q\sin fv - p\cos fv,$$

on aura

$$p = -\gamma\sin(g-f)v, \quad q = \gamma\cos(g-f)v,$$

ce qui donne

$$dp = -(g-f)q\,dv,$$
$$dq = \;\;\;(g-f)p\,dv.$$

La valeur de R renfermant le terme $\left(\alpha\rho - \tfrac{1}{2}\alpha\varphi\right)\dfrac{D^2}{a^3}\sin\lambda.\cos\lambda.q$, elle ajoute, par les équations (5) et (6) du n° 1, à la valeur de dp le terme

$$-\left(\alpha\rho - \tfrac{1}{2}\alpha\varphi\right)\frac{D^2}{a^2}\sin\lambda.\cos\lambda.dv;$$

on a ainsi les deux équations

$$dp = -(g-f)q\,dv - \left(\alpha\rho - \tfrac{1}{2}\alpha\varphi\right)\frac{D^2}{a^2}\sin\lambda.\cos\lambda.dv,$$
$$dq = \;\;\;(g-f)p\,dv.$$

Ces équations donnent, dans l'expression de q, le terme constant

$$- \frac{\alpha\rho - \frac{1}{2}\alpha\gamma}{g - f} \frac{D^2}{a^2} \sin\lambda. \cos\lambda,$$

d'où résulte, dans la latitude s, l'inégalité

$$- \frac{\alpha\rho - \frac{1}{2}\alpha\gamma}{g - f} \frac{D^2}{a^2} \sin\lambda. \cos\lambda. \sin f\upsilon,$$

ce qui est conforme au résultat du Chapitre II du Livre VII.

Le terme constant de q donne, dans la fonction $\frac{q\,dp - p\,dq}{2}$, le terme

$$\frac{1}{2}(\alpha\rho - \frac{1}{2}\alpha\gamma) \frac{D^2}{a^2} \sin\lambda. \cos\lambda. \gamma \cos(g\upsilon - f\upsilon)\, d\upsilon;$$

en nommant donc $d\varepsilon_{\prime}$ la valeur précédente de $d\varepsilon$, rapportée à l'écliptique, on aura

$$d\varepsilon_{\prime} = - \frac{19}{2}(\alpha\rho - \frac{1}{2}\alpha\gamma) \frac{D^2}{a^2} \sin\lambda. \cos\lambda. \gamma \cos(g\upsilon - f\upsilon)\, d\upsilon,$$

ce qui donne dans $\varepsilon_{\prime}$, et, par conséquent, dans le mouvement de la Lune en longitude, l'inégalité

$$- \frac{19}{2} \frac{\alpha\rho - \frac{1}{2}\alpha\gamma}{g - f} \frac{D^2}{a^2} \sin\lambda. \cos\lambda. \gamma \sin(g\upsilon - f\upsilon),$$

résultat entièrement conforme à celui du Chapitre II du Livre VII.

Enfin, la fonction R étant indéterminée, les expressions différentielles précédentes des éléments des orbites peuvent également servir à déterminer les variations qu'ils reçoivent, soit par la résistance de milieux éthérés, soit par l'impulsion de la lumière solaire, soit par les changements que la suite des temps peut apporter dans les masses du Soleil et des planètes. Il suffit pour cela de déterminer la fonction R qui en résulte, par les considérations exposées dans le Chapitre VII du Livre X.

Sur les deux grandes inégalités de Jupiter et de Saturne (¹).

5. Dans la théorie de ces inégalités, exposée dans le Livre VI, j'ai eu égard aux cinquièmes puissances des excentricités et des inclinaisons des orbites. Mais j'ai reconnu que les valeurs de $N^{(0)}$, $N^{(1)}$, ... du n° 7 du Livre VI, avaient été prises avec un signe contraire, et qu'ainsi la partie de ces inégalités dépendante de ces valeurs doit changer de signe. Il faut donc ajouter aux expressions des longitudes moyennes, que j'ai données dans le Chapitre VIII du Livre X, le double de cette partie prise avec un signe contraire. Cette partie, pour Jupiter, est, par le n° 33 du Livre VI,

$$(38'',692571 - t.0'',003418)\sin(5n't - 2n'''t + 5\varepsilon' - 2\varepsilon''')$$
$$-(25'',064701 + t.0'',015076)\cos(5n't - 2n'''t + 5\varepsilon' - 2\varepsilon'''),$$

et pour Saturne, elle est, par le n° 35 du même Livre,

$$-(89'',952440 - t.0'',012596)\sin(5n't - 2n'''t + 5\varepsilon' - 2\varepsilon''')$$
$$+(58'',270353 + t.0'',035048)\cos(5n't - 2n'''t + 5\varepsilon' - 2\varepsilon''').$$

L'addition aux longitudes moyennes de Jupiter et de Saturne, du double de ces inégalités prises avec un signe contraire, ne doit changer que les moyens mouvements et les époques de ces deux planètes; elle ne peut altérer que d'une manière insensible les autres éléments elliptiques conclus des observations faites depuis 1750 jusqu'en 1800, parce que, dans cet intervalle, les variations de ces inégalités sont à fort peu près proportionnelles aux temps : on peut donc déterminer les corrections des moyens mouvements de manière qu'elles rendent le double de ces inégalités, affectées d'un signe contraire, nul en 1750 où t est nul, et en 1800 où $t = 50$. On trouve ainsi, en ayant égard

(¹) On a reproduit sans aucun changement le texte original. (*Voir* les notes des pages 28, 135, 136 et 145.)   V. P.

à la correction de la masse de Saturne, trouvée dans le Chapitre VIII
du Livre X, qu'il faut ajouter à la longitude moyenne q'' de Jupiter,
donnée dans le même Chapitre, la fonction

$$51'',98 + t.0'',4156$$
$$- (73'',58 - t.0'',01030) \sin(5n't - 2n''t + 5\varepsilon^v - 2\varepsilon^{vi})$$
$$+ (47'',65 + t.0'',02870) \cos(5n't - 2n''t + 5\varepsilon^v - 2\varepsilon^{vi}),$$

et à la longitude moyenne q' de Saturne, donnée dans le même Chapitre, la fonction

$$- 127'',13 - t.1'',0212$$
$$+ (179'',952 - t.0'',025192) \sin(5n't - 2n''t + 5\varepsilon^v - 2\varepsilon^{vi})$$
$$- (116'',541 + t.0'',070196) \cos(5n't - 2n''t + 5\varepsilon^v - 2\varepsilon^{vi}).$$

Ces corrections ont l'avantage de rapprocher les formules des mouvements de Jupiter et de Saturne, données dans le Chapitre cité, d'une
observation très-précieuse d'Ebn-Junis, et qui, réduite au méridien de
Paris, eut lieu le 31 octobre 1007, à 0ʰ,16. Les formules citées donnent 2251″ pour l'excès de la longitude géocentrique de Saturne sur
celle de Jupiter à cet instant, et l'astronome arabe la trouva, par son
observation, de 4444″; la différence est 2193″; mais les corrections
précédentes augmentent de 1198″ l'excès de la longitude de Jupiter
sur celle de Saturne, et rapprochent conséquemment de cette quantité
les formules, de l'observation, qui n'en diffère plus que de 995″, ou
d'environ cinq minutes sexagésimales; ce qui est bien inférieur à l'erreur dont cette observation est susceptible.

FIN DU TOME TROISIÈME.